广适性小麦新品种鉴定与评价

(2018—2019 年度)

国家小麦产业技术体系
中国农业科学院作物科学研究所　编

中国农业出版社
北　京

图书在版编目（CIP）数据

广适性小麦新品种鉴定与评价．2018—2019年度／国家小麦产业技术体系，中国农业科学院作物科学研究所编．—北京：中国农业出版社，2020.4

ISBN 978-7-109-26536-3

Ⅰ．①广…　Ⅱ．①国…②中…　Ⅲ．①小麦—品种鉴定②小麦—品种—评价　Ⅳ．①S512.103.7

中国版本图书馆CIP数据核字（2020）第021887号

中国农业出版社出版
地址：北京市朝阳区麦子店街18号楼
邮编：100125
责任编辑：郭　科　孟令洋
版式设计：韩小丽　　责任校对：刘飚雨
印刷：中农印务有限公司
版次：2020年4月第1版
印次：2020年4月北京第1次印刷
发行：新华书店北京发行所
开本：787mm×1092mm　1/16
印张：23.5
字数：600千字
定价：90.00元

编　委　会

前言

QIANYAN

为筛选适合不同区域种植的广适性小麦新品种，建立小麦品种评价体系和测试网络，加快优良品种审定和推广步伐，推进农业供给侧结构性改革，根据农业农村部种业管理司部署，由小麦良种联合攻关参加单位与国家小麦产业技术体系协作实施、开展国家小麦良种联合攻关广适性新品种试验。

2018—2019年度国家小麦良种联合攻关广适性品种试验设置了长江上游组和长江中下游组、黄淮冬麦区南片抗赤霉病组和广适组、黄淮冬麦区北片节水组和广适组6个区组的大区试验以及长江中下游组、黄淮冬麦区南片组和黄淮冬麦区北片组3个区组的生产试验，参试品种85个（不含对照），试验点次170个。同时开展了赤霉病抗性、锈病抗性、白粉病和纹枯病抗性、抗旱节水性、冬季抗寒性、冬春性、抗穗发芽特性、春季低温晚霜抗性、氮磷利用效率特性、耐热性、耐湿性、品质、DNA指纹、关键养分等重要性状测试，以便更加全面地评价参试品种。

应广大承试单位、参试单位的要求，现将2018—2019年度国家小麦良种联合攻关广适性品种试验结果汇编成册。本书包括各组别的试验总结、抗性鉴定报告、关键养分测试报告、氮磷利用效率特性鉴定报告、品质检测报告和DNA指纹检测报告等。

由于时间仓促，汇编过程中难免出现疏漏，恭请读者批评指正。

编　者

2019年12月

目 录

MULU

2018—2019 年度广适性小麦新品种试验长江上游组大区试验总结

为了鉴定国家小麦良种联合攻关单位育成新品种的丰产性、稳定性、抗逆性、适应性和品质特性，筛选适合长江上游麦区种植的小麦新品种，为国家小麦品种审定及合理利用提供重要科学依据，按照农业农村部关于国家四大粮食作物良种重大科研联合攻关部署，以及全国农业技术推广服务中心农技种函〔2018〕488 号文件《关于印发〈2018—2019 年度国家小麦良种联合攻关广适性品种试验实施方案〉的通知》精神，设置了本试验。

一、试验概况

（一）试验设计

试验采用顺序排列，不设重复，每个小区面积不少于 0.5 亩①。试验全区收获并现场称重计产。对照为国家长江上游组区试对照品种及承试单位所在地省区试对照品种。

（二）参试品种

本组试验参试品种共计 6 个（含对照），参试品种主要来自攻关联合体长江上游各成员单位、长江上游国家小麦产业技术体系建设依托单位和四川国豪种业股份有限公司，详见表 1。

表 1　2018—2019 年度长江上游组大区试验参试品种

序号	品种名称	组　合	选育单位	联系地址
1	川麦 82	Singh6/3 * 1231	四川省农业科学院	四川省成都市锦江区狮子山路 4 号
2	SW1747	内 4315/07EW52//SW20812	四川省农业科学院	四川省成都市锦江区狮子山路 4 号
3	川麦 1690	川重组 104/CN16 选-1	四川省农业科学院	四川省成都市锦江区狮子山路 4 号
4	2017TP506	川农 23/川农 19	四川农业大学	四川省成都市温江区惠民路 211 号
5	川麦 42（CK1）			
6	当地区试对照（CK2）			

（三）试验点设置

本年度试验共安排 20 个试验点，分布情况为四川省 8 个，重庆市 3 个，云南省 4 个，

① 亩为非法定计量单位，1 亩≈667 米^2。——编者注

贵州省 3 个，陕西省 1 个，甘肃省 1 个。承试单位详见表 2。

表 2　2018—2019 年度长江上游组大区试验承试单位

序号	承试单位	联系人	试验地址
1	四川国豪种业股份有限公司	邓元宝	陕西省安康市汉滨区农技中心试验站
2			云南省文山壮族苗族自治州农业科学院试验基地
3			甘肃省两当县种子站试验基地
4	绵阳市农业科学研究院	杜小英	四川省绵阳市游仙区松垭镇松江路 18 号
5			四川省绵阳市三台县建设镇
6			四川省江油市大堰镇
7	云南省农业科学院	于亚雄	云南省昆明市小街乡
8			云南省玉溪市农业科学院试验基地
9			云南省红河哈尼族彝族自治州弥勒市试验基地
10	重庆市农业科学院	李伯群	重庆市农业科学院特色作物试验点
11			重庆市潼南区桂林街道
12	西南大学	阮仁武	西南大学试验基地
13	内江市农业科学院	杨杰智	四川省内江市农业科学院基地
14			四川省资阳市安岳县元坝镇
15	四川农业大学	谭飞泉	四川农业大学崇州基地
16	四川省农业科学院	李　俊	四川省广汉市金鱼镇青岗村
17			四川省成都市新都区泰兴镇高筒村
18	贵州省农业科学院	王　伟	贵州省惠水县好花红乡好花红村
19			贵州省义龙新区德卧镇毛沙村
20			贵州省黔西县永燊乡新寨村

（四）试验实施情况

试验一般安排在当地种粮大户的生产田中，选土壤肥力均匀具有代表性的地块，按当地生态条件下上等栽培水平管理，播期按当地生产实际确定。各试验点苗期管理和中后期田间施肥、浇水、除草等管理措施均比较到位，保证获得较高产量，并及时按记载项目和要求进行田间调查，认真进行数据汇总和总结。保证获得较高产量。本年度多数试验点在适播期内完成播种，播期 10 月 14 日至 11 月 15 日，亩基本苗数 8 万～22 万。云南省红河哈尼族彝族自治州试验因播种后极度干旱，又无法组织人工浇水，导致该试验点出苗严重不足，试验报废。

二、气候条件对小麦生长发育的影响

2018—2019 年度小麦播种期间，四川、云南普遍多雨，导致个别试验点播期延迟，贵州各试验点播种期间土壤墒情较好，播种正常；出苗后冬季及春季，重庆、云南干旱严重，初春倒春寒较重，导致部分品种分蘖不足，成穗率低，结实差，四川、贵州各验试点在该时间段内天气较正常；成熟期，四川、贵州各试验点雨水较多，导致部分品种倒伏、穗发芽较重，云南、重庆各试验点在该时间段内天气正常。

三、试验结果和分析

试验产量和其他农艺性状数据均采用平均数法统计分析。

（一）产量

1. 各试验点产量　本年度除云南省红河哈尼族彝族自治州试验点外其余 19 个点参加汇总，平均亩产 355.79 千克，亩产变幅为 160.47～531.33 千克。平均亩产在 450 千克以上的试验点有 2 个，分别是江油、新都；平均亩产在 300 千克以下的试验点有 7 个，分别是内江、合川、文山、昆明、永川、兴义、黔西，各试验点产量见表 3。

表 3　2018—2019 年度长江上游组大区试验各试验点产量

玉溪试验点					松垭试验点				
品种名称	亩产量（千克）	比川麦 42 增产（%）	比本省对照增产（%）	位次	品种名称	亩产量（千克）	比川麦 42 增产（%）	比本省对照增产（%）	位次
川麦 82	419.70	−13.09	0.43	4	川麦 82	396.03	−9.11	−14.45	6
川麦 1690	511.00	5.82	22.28	1	川麦 1690	479.69	10.09	3.61	1
SW1747	370.70	−23.23	−11.29	6	SW1747	455.01	4.43	−1.71	3
2017TP506	481.40	−0.31	15.20	3	2017TP506	444.84	2.10	−3.91	4
川麦 42（CK1）	482.90	—	15.55	2	川麦 42（CK1）	435.71	—	−5.88	5
云麦 56（CK2）	417.90	−13.46	—	5	绵麦 367（CK2）	462.94	6.25		2
平均	447.27				平均	445.70			
永川试验点					黔西试验点				
品种名称	亩产量（千克）	比川麦 42 增产（%）	比本省对照增产（%）	位次	品种名称	亩产量（千克）	比川麦 42 增产（%）	比本省对照增产（%）	位次
川麦 82	247.81	0.05	9.32	3	川麦 82	135.93	−16.38	−9.40	6
川麦 1690	255.01	2.96	12.50	2	川麦 1690	157.94	−2.84	5.27	3
SW1747	218.77	−11.67	−3.49	6	SW1747	154.05	−5.23	2.68	4
2017TP506	291.44	17.67	28.57	1	2017TP506	202.31	24.45	34.85	1
川麦 42（CK1）	247.68	—	9.26	4	川麦 42（CK1）	162.56	—	8.35	2
渝麦 13（CK2）	226.68	−8.48	—	5	贵农 19（CK2）	150.03	−7.71	—	5
平均	247.90				平均	160.47			

（续）

兴义试验点					内江试验点				
品种名称	亩产量（千克）	比川麦 42 增产（%）	比本省对照增产（%）	位次	品种名称	亩产量（千克）	比川麦 42 增产（%）	比本省对照增产（%）	位次
川麦 82	228.90	6.59	0.00	3	川麦 82	289.46	9.43	0.62	3
川麦 1690	271.24	26.31	18.50	1	川麦 1690	358.64	35.58	24.67	1
SW1747	201.60	−6.12	−11.93	4	SW1747	305.46	15.48	6.18	2
2017TP506	251.10	16.93	9.70	2	2017TP506	286.46	8.29	−0.42	5
川麦 42（CK1）	214.75	—	−6.18	5	川麦 42（CK1）	264.52	—	−8.05	6
贵农 19（CK2）	228.90	6.59	—	3	绵麦 367（CK2）	287.68	8.76	—	4
平均	232.75				平均	298.70			
新都试验点					两当试验点				
品种名称	亩产量（千克）	比川麦 42 增产（%）	比本省对照增产（%）	位次	品种名称	亩产量（千克）	比川麦 42 增产（%）	比本省对照增产（%）	位次
川麦 82	445.20	−9.33	−9.32	6	川麦 82	308.60	−9.29	−14.13	6
川麦 1690	504.40	2.73	2.73	1	川麦 1690	345.10	1.44	−3.98	3
SW1747	477.00	−2.85	−2.85	4	SW1747	408.10	19.96	13.55	1
2017TP506	474.80	−3.30	−3.30	5	2017TP506	334.10	−1.79	−7.04	5
川麦 42（CK1）	491.00	—	0.02	2	川麦 42（CK1）	340.20	—	−5.34	4
绵麦 367（CK2）	490.90	−0.02	—	3	兰天 35（CK2）	359.40	5.64	—	2
平均	480.55				平均	349.25			
文山试验点					昆明试验点				
品种名称	亩产量（千克）	比川麦 42 增产（%）	比本省对照增产（%）	位次	品种名称	亩产量（千克）	比川麦 42 增产（%）	比本省对照增产（%）	位次
川麦 82	345.43	23.73	38.73	1	川麦 82	283.45	8.46	1.25	3
川麦 1690	323.21	15.78	29.81	2	川麦 1690	311.61	19.23	11.31	1
SW1747	217.92	−21.94	−12.49	6	SW1747	255.81	−2.12	−8.63	6
2017TP506	301.48	7.99	21.08	3	2017TP506	288.77	10.49	3.15	2
川麦 42（CK1）	279.17	—	12.12	4	川麦 42（CK1）	261.35	—	−4.28	5
云麦 56（CK2）	248.99	−10.81	—	5	云麦 56（CK2）	279.96	7.12	—	4
平均	286.03				平均	280.16			
江油试验点					垫江试验点				
品种名称	亩产量（千克）	比川麦 42 增产（%）	比本省对照增产（%）	位次	品种名称	亩产量（千克）	比川麦 42 增产（%）	比本省对照增产（%）	位次
川麦 82	507.46	−5.20	−6.70	5	川麦 82	351.42	13.59	10.20	2
川麦 1690	581.08	8.50	6.80	1	川麦 1690	351.64	13.66	10.27	1

（续）

江油试验点					垫江试验点				
品种名称	亩产量（千克）	比川麦 42 增产（%）	比本省对照增产（%）	位次	品种名称	亩产量（千克）	比川麦 42 增产（%）	比本省对照增产（%）	位次
SW1747	473.60	−11.60	−12.90	6	SW1747	299.86	−3.07	−5.97	6
2017TP506	545.91	1.90	0.30	2	2017TP506	307.19	−0.71	−3.67	5
川麦 42（CK1）	535.75	—	−1.50	4	川麦 42（CK1）	309.37	—	−2.99	4
绵麦 367（CK2）	544.15	1.50	—	3	渝麦 13（CK2）	318.90	3.08	—	3
平均	531.33				平均	323.06			

建设试验点					崇州试验点				
品种名称	亩产量（千克）	比川麦 42 增产（%）	比本省对照增产（%）	位次	品种名称	亩产量（千克）	比川麦 42 增产（%）	比本省对照增产（%）	位次
川麦 82	422.58	−9.44	6.69	3	川麦 82	463.44	18.45	10.09	2
川麦 1690	415.20	−11.02	4.83	4	川麦 1690	485.18	24.00	15.26	1
SW1747	324.31	−30.50	−18.12	6	SW1747	440.71	12.63	4.70	4
2017TP506	433.76	−7.04	9.52	2	2017TP506	459.48	17.44	9.16	3
川麦 42（CK1）	466.62	—	17.81	1	川麦 42（CK1）	391.30	—	−7.04	6
绵麦 367（CK2）	396.07	−15.12	—	5	绵麦 367（CK2）	420.95	7.58	—	5
平均	409.76				平均	443.51			

惠水试验点					安岳试验点				
品种名称	亩产量（千克）	比川麦 42 增产（%）	比本省对照增产（%）	位次	品种名称	亩产量（千克）	比川麦 42 增产（%）	比本省对照增产（%）	位次
川麦 82	392.80	−11.25	13.90	4	川麦 82	303.73	7.71	1.27	4
川麦 1690	475.20	7.37	37.70	2	川麦 1690	355.24	25.16	17.67	1
SW1747	421.70	−4.72	22.20	3	SW1747	330.35	16.39	9.42	2
2017TP506	480.70	8.61	39.30	1	2017TP506	314.53	10.81	4.18	3
川麦 42（CK1）	442.60	—	1.90	5	川麦 42（CK1）	283.84	—	−5.98	6
贵农 19（CK2）	345.00	−1.88	—	6	绵麦 367（CK2）	301.90	6.36	—	5
平均	426.33				平均	314.93			

合川试验点					安康试验点				
品种名称	亩产量（千克）	比川麦 42 增产（%）	比本省对照增产（%）	位次	品种名称	亩产量（千克）	比川麦 42 增产（%）	比本省对照增产（%）	位次
川麦 82	289.81	3.08	12.83	2	川麦 82	435.60	4.20	3.00	1
川麦 1690	289.54	2.99	12.72	3	川麦 1690	424.30	1.50	0.30	3
SW1747	284.61	1.23	10.80	4	SW1747	394.60	−5.60	−6.70	6
2017TP506	314.69	11.93	22.51	1	2017TP506	432.60	3.50	2.30	2

（续）

合川试验点				
品种名称	亩产量（千克）	比川麦 42 增产（%）	比本省对照增产（%）	位次
川麦 42（CK1）	281.14	—	9.45	5
渝麦 13（CK2）	256.86	−8.64	—	6
平均	286.11			

安康试验点				
品种名称	亩产量（千克）	比川麦 42 增产（%）	比本省对照增产（%）	位次
川麦 42（CK1）	418.00	—	−1.18	5
绵麦 31（CK2）	423.00	1.20	—	4
平均	421.35			

广汉试验点				
品种名称	亩产量（千克）	比川麦 42 增产（%）	比本省对照增产（%）	位次
川麦 82	413.30	−6.07	−4.99	6
川麦 1690	423.40	−3.77	−2.67	5
SW1747	453.30	3.02	4.21	1
2017TP506	426.70	−3.02	−1.91	4
川麦 42（CK1）	440.00	—	1.15	2
绵麦 367（CK2）	435.00	−1.14	—	3
平均	431.95			

2. 品种产量及品质测试结果 详见表 4 和表 5。

表 4 2018—2019 年度长江上游组大区试验参试品种平均亩产量

品种名称	19 个试验点平均亩产量（千克）	比川麦 42 增产（%）	位次
川麦 1690	385.19	8.45	1
2017TP506	372.22	4.80	2
川麦 82	351.61	−1.00	4
SW1747	341.45	−3.87	5
川麦 42（CK1）	355.18	—	3

表 5 2018—2019 年度长江上游组大区试验参试品种品质测试结果

品种名称	粗蛋白（%，以干基计）	湿面筋（%，以 14%水分基计）	吸水率（%）	稳定时间（分钟）	最大拉伸阻力（EU）	拉伸面积（厘米²）	评价
云麦 56（CK）	11.5	26.4	60.0	1.2	66.0	9.0	中筋
渝麦 13（CK）	15.2	32.5	52.0	2.7	220.0	49.0	中筋
绵麦 367（CK）	9.1	17.0	47.1	1.4	530.0	58.0	弱筋
贵农 19（CK）	11.7	25.0	57.7	2.0	264.0	60.0	中筋
川麦 82	12.7	25.5	58.9	3.1	334.0	64.3	中筋
川麦 42（CK）	11.3	20.8	53.4	3.6	551.0	86.8	中筋
川麦 1690	12.7	25.2	55.3	2.7	407.8	71.0	中筋
SW1747	13.7	30.7	53.9	2.0	334.5	60.0	中筋
2017TP506	12.9	28.3	52.5	2.2	256.8	50.5	中筋
弱筋标准	<12	<24	<55	<3	—	—	

3. 品种抗性鉴定结果　详见表 6。

表 6　2018—2019 年度长江上游组大区试验参试品种抗性鉴定

	条锈病	叶锈病	赤霉病		白粉病	纹枯病	穗发芽
			人工接种	自然鉴定			
川麦 82	慢锈	免疫	MR	MS	MR	MS	R
SW1747	HR	免疫	MR	MS	MS	MS	S
川麦 1690	HR	免疫	MS	S	MS	MS	HR
2017TP506	HR	免疫	MR	MR	MS	MS	HS

注：HR 为高抗，R 为抗，MR 为中抗，MS 为中感，S 为感，HS 为高感。

（二）参试品种评价

根据产量、抗性鉴定结果、品质测试结果，结合田间考察情况，依据《主要农作物品种审定标准（国家级）》中小麦品种审定标准对参试品种提出如下处理意见：

（1）川麦 1690 较对照增产 8.45%，增产≥2%点率为 73.68%，高抗条锈病，符合小麦区试晋级续生同步标准，推荐下年度大区试验和生产试验同步进行。

（2）2017TP506 较对照增产 4.80%，增产≥2%点率为 63.15%，高抗条锈病，符合小麦区试晋级标准，推荐下年度大区试验和生产试验同步进行。

（3）川麦 82 较对照减产 1.0%，增产≥2%点率为 47.37%，增产幅度及增产点率未达标，建议结束试验。

（4）SW1747 较对照减产 3.87%，增产≥2%点率为 31.57%，增产幅度及增产点率未达标，建议结束试验。

参试品种在各试验点的抗性鉴定和农艺性状汇总见表 7 至表 33。

表 7　2018—2019 年度长江上游组大区试验参试品种茎蘖动态及产量构成

序号	品种名称	生育期（天）	亩基本苗数（万）	亩最高苗数（万）	穗粒数（粒）	千粒重（克）	株高（厘米）	容重（克/升）	成穗率（%）
1	川麦 1690	178.0	14.7	38.5	40.8	43.5	87.7	755.4	69.3
2	2017TP506	179.2	14.2	39.3	40.9	46.0	86.3	756.7	68.3
3	川麦 42	175.7	13.9	34.8	38.0	42.6	87.5	717.8	70.7
4	川麦 82	179.1	13.0	36.3	38.1	45.0	83.3	752.6	70.7
5	SW1747	178.9	11.8	33.5	41.2	46.7	89.5	708.8	71.4

表 8　2018—2019 年度长江上游组大区试验参试品种条锈病田间抗性汇总

序号	品种名称	玉溪	永川	兴义	新都	文山	松垭	黔西	内江	两当	昆明	江油	建设	惠水	合川	广汉	垫江	崇州	安岳	安康
		反应型	反应型	反应型	反应型	反应型	反应型	反应型	反应型	反应型	反应型	反应型	反应型	反应型	反应型	反应型	反应型	反应型	反应型	反应型
1	川麦 82	0	2	3	—	1	2	2	2	0	2	2	—	3	1	—	2	2	2	2
2	川麦 42	4	4	5	—	1	2	5	5	0	5	2	—	5	5	—	3	2	5	3
3	川麦 1690	0	3	3	—	1	2	3	2	0	4	2	—	3	4	—	2	—	2	2
4	SW1747	0	3	3	—	1	2	1	2	0	3	2	—	3	1	—	2	2	2	3
5	2017TP506	0	2	0	—	1	2	1	2	0	2	2	—	0	1	—	2	2	2	2

表 9　2018—2019 年度长江上游组大区试验参试品种叶锈病田间抗性汇总

序号	品种名称	玉溪	永川	兴义	新都	文山	松垭	黔西	内江	两当	昆明	江油	建设	惠水	合川	广汉	垫江	崇州	安岳	安康
		反应型	反应型	反应型	反应型	反应型	反应型	反应型	反应型	反应型	反应型	反应型	反应型	反应型	反应型	反应型	反应型	反应型	反应型	反应型
1	川麦 82	0	—	1	—	2	—	2	—	0	—	1	—	1	—	—	—	1	—	2
2	川麦 42	0	—	5	—	2	—	5	—	—	—	1	—	5	—	—	—	1	—	2
3	川麦 1690	0	—	3	—	2	—	3	—	0	—	1	—	3	—	—	—	—	—	2
4	SW1747	0	—	3	—	2	—	1	—	0	—	1	—	3	—	—	—	1	—	2
5	2017TP506	0	—	0	—	2	—	1	—	0	—	1	—	0	—	—	—	1	—	2

表 10　2018—2019 年度长江上游组大区试验参试品种白粉病田间抗性汇总

序号	品种名称	玉溪	永川	兴义	新都	文山	松垭	黔西	内江	两当	昆明	江油	建设	惠水	合川	广汉	垫江	崇州	安岳	安康
1	川麦 82	2	—	1	—	1	3	0	2	0	—	1	—	1	2	—	—	2	2	—
2	川麦 42	2	—	5	—	1	5	0	2	0	—	1	—	5	2	—	—	2	2	—
3	川麦 1690	2	—	3	—	2	3	0	2	0	—	1	—	3	2	—	—	—	1	—
4	SW1747	2	—	3	—	2	—	0	2	0	—	1	—	3	2	—	—	2	2	—
5	2017TP506	2	—	1	—	1	5	0	2	0	—	1	—	1	2	—	—	2	1	—

表 11　2018—2019 年度长江上游组大区试验参试品种赤霉病田间抗性汇总

序号	品种名称	玉溪	永川	兴义	新都	文山	松垭	黔西	内江	两当	昆明	江油	建设	惠水	合川	广汉	垫江	崇州	安岳	安康
		严重度	严重度	严重度	严重度	严重度	严重度	严重度	严重度	严重度	严重度	严重度	严重度	严重度	严重度	严重度	严重度	严重度	严重度	严重度
1	川麦 82	0	2	0	2	1	—	0	2	0	—	2	—	0	2	—	2	2	2	1
2	川麦 42	0	2	0	5	1	—	0	3	0	—	2	—	0	2	—	2	2	3	1
3	川麦 1690	0	2	0	2	1	—	0	2	0	—	2	—	0	2	—	2	—	2	1
4	SW1747	0	2	0	5	1	—	0	2	0	—	2	—	0	2	—	2	2	2	1
5	2017TP506	0	2	0	3	1	—	0	2	0	—	2	—	0	2	—	2	2	2	1

表 12　2018—2019 年度长江上游组大区试验参试品种纹枯病田间抗性汇总

序号	品种名称	玉溪	永川	兴义	新都	文山	松垭	黔西	内江	两当	昆明	江油	建设	惠水	合川	广汉	垫江	崇州	安岳	安康
1	川麦 82	0	—	0	—	1	—	0	—	0	—	1	—	0	—	—	—	—	—	1
2	川麦 42	0	—	0	—	1	—	0	—	0	—	1	—	0	—	—	—	—	—	1
3	川麦 1690	0	—	0	—	1	—	0	—	0	—	1	—	0	—	—	—	—	—	1
4	SW1747	0	—	0	—	1	—	0	—	0	—	1	—	0	—	—	—	—	—	1
5	2017TP506	0	—	0	—	1	—	0	—	0	—	1	—	0	—	—	—	—	—	1

表 13　2018—2019 年度长江上游组大区试验参试品种叶枯病田间抗性汇总

序号	品种名称	玉溪	永川	兴义	新都	文山	松垭	黔西	内江	两当	昆明	江油	建设	惠水	合川	广汉	垫江	崇州	安岳	安康
1	川麦 82	—	—	0	5	1	—	0	—	0	—	1	—	0	—	—	—	—	—	—
2	川麦 42	—	—	0	—	1	—	0	—	0	—	1	—	0	—	—	—	—	—	—
3	川麦 1690	—	—	0	—	1	—	0	—	0	—	1	—	0	—	2	—	—	—	—
4	SW1747	—	—	0	—	1	—	0	—	0	—	1	—	0	—	—	—	—	—	—
5	2017TP506	—	—	0	5	1	—	0	—	0	—	1	—	0	—	5	—	—	—	—

表 14　2018—2019 年度长江上游组大区试验参试品种出苗期汇总（月-日）

序号	品种名称	玉溪	永川	兴义	新都	文山	松垭	黔西	内江	两当	昆明	江油	建设	惠水	合川	广汉	垫江	崇州	安岳	安康
1	川麦 82	11-16	11-11	12-2	11-20	11-14	11-8	12-3	11-16	10-23	11-20	11-2	11-2	11-12	11-14	11-7	11-21	11-8	11-16	10-14
2	川麦 42	11-16	11-11	12-2	11-20	11-14	11-8	12-4	11-16	10-23	11-20	11-2	11-2	11-12	11-14	11-7	11-21	11-11	11-16	10-14
3	川麦 1690	11-16	11-11	12-2	11-20	11-14	11-8	12-3	11-16	10-23	11-20	11-2	11-2	11-12	11-14	11-7	11-21	11-8	11-16	10-14
4	SW1747	11-16	11-11	12-4	11-20	11-14	11-8	12-3	11-16	10-23	11-20	11-2	11-2	11-12	11-14	11-7	11-21	11-8	11-16	10-14
5	2017TP506	11-16	11-11	12-2	11-20	11-14	11-8	12-2	11-16	10-23	11-20	11-2	11-2	11-13	11-14	11-6	11-21	11-9	11-16	10-14

表 15　2018—2019 年度长江上游组大区试验参试品种成熟期汇总（月-日）

序号	品种名称	玉溪	永川	兴义	新都	文山	松垭	黔西	内江	两当	昆明	江油	建设	惠水	合川	广汉	垫江	崇州	安岳	安康
1	川麦 82	4-24	5-4	4-24	5-10	4-8	5-10	6-1	5-10	6-15	5-6	5-22	5-11	5-16	4-25	5-11	5-15	5-5	5-11	5-19
2	川麦 42	4-20	5-1	4-20	5-12	4-8	5-8	5-16	5-4	6-11	4-30	5-18	5-6	5-13	4-25	5-11	5-13	5-8	5-6	5-19
3	川麦 1690	4-24	5-3	4-20	5-14	4-10	5-10	5-25	5-6	6-14	5-2	5-23	5-9	5-15	4-25	5-10	5-14	5-8	5-6	5-20
4	SW1747	4-20	5-4	4-22	5-12	4-8	5-8	6-1	5-10	6-14	5-6	5-25	5-8	5-16	4-25	5-12	5-16	5-8	5-11	5-21
5	2017TP506	4-24	5-5	4-20	5-11	4-10	5-10	6-2	5-11	6-15	5-4	5-20	5-9	5-16	4-25	5-12	5-15	5-10	5-12	5-19

表 16　2018—2019 年度长江上游组大区试验参试品种生育期汇总（天）

序号	品种名称	玉溪	永川	兴义	新都	文山	松垭	黔西	内江	两当	昆明	江油	建设	惠水	合川	广汉	垫江	崇州	安岳	安康
1	川麦 82	159	174	143	171	145	183	180	175	235	167	201	190	185	163	185	175	178	176	217
2	川麦 42	155	171	139	173	145	181	163	169	231	161	197	185	182	163	185	173	178	171	217
3	川麦 1690	159	173	139	175	147	183	173	171	234	163	202	188	184	163	184	174	181	171	218
4	SW1747	155	174	139	173	145	181	180	175	234	167	204	187	185	163	186	176	181	176	219
5	2017TP506	159	175	139	172	147	183	182	176	235	165	199	188	184	163	187	175	182	177	217

表 17　2018—2019 年度长江上游组大区试验参试品种亩基本苗数汇总（万苗）

序号	品种名称	玉溪	永川	兴义	新都	文山	松垭	黔西	内江	两当	昆明	江油	建设	惠水	合川	广汉	垫江	崇州	安岳	安康
1	川麦 82	14.9	10.8	16.3	14.4	12.5	12.8	10.1	15.2	9.2	11.2	10.1	14.2	15.1	10.9	13.2	13.3	11.2	14.9	16.5
2	川麦 42	14.1	12.2	15.2	16.1	12.1	14.5	8.1	14.8	9.8	17.5	10.3	16.4	15.2	12.3	18.2	13.1	10.8	15.2	17.3
3	川麦 1690	18.1	10.5	15.9	13.9	13.0	14.3	12.3	15.3	9.8	22.9	11.2	16.7	15.8	11.2	18.4	14.3	11.5	16.1	17.2
4	SW1747	12.3	11.4	14.3	10.4	10.1	8.2	11.2	14.7	10.7	8.0	10.1	11.8	15.6	9.3	10.6	12.8	10.5	15.8	—
5	2017TP506	13.3	11.3	17.6	16.2	12.4	13.2	13.9	15.6	10.3	17.5	11.1	17.1	15.7	11.5	16.3	13.4	11.3	15.6	16.3

表 18　2018—2019 年度长江上游组大区试验参试品种亩最高苗数汇总（万苗）

序号	品种名称	玉溪	永川	兴义	新都	文山	松垭	黔西	内江	两当	昆明	江油	建设	惠水	合川	广汉	垫江	崇州	安岳	安康
1	川麦 82	56.8	18.7	32.5	34.6	37.2	30.0	20.9	42.3	29.7	59.2	31.2	48.5	33.9	32.1	27.3	32.7	40.6	47.2	47.3
2	川麦 42	49.6	20.6	28.2	32.1	35.6	31.5	23.7	37.6	24.6	47.1	38.3	39.6	29.1	34.0	37.5	28.4	38.2	41.4	44.1
3	川麦 1690	57.9	21.1	33.2	35.2	40.1	31.6	19.1	39.8	32.9	75.5	39.9	39.6	33.9	31.7	40.2	31.0	38.5	44.3	45.7
4	SW1747	54.1	14.2	29.4	32.6	29.9	20.8	20.1	41.2	26.8	50.5	27.5	29.3	30.5	28.4	32.6	30.6	39.3	50.3	48.4
5	2017TP506	62.9	24.3	32.0	36.2	36.9	26.9	21.4	44.3	24.7	76.5	40.3	40.5	28.3	37.0	42.7	35.6	40.3	49.7	47.1

表 19　2018—2019 年度长江上游组大区试验参试品种亩有效穗数汇总（万穗）

序号	品种名称	玉溪	永川	兴义	新都	文山	松垭	黔西	内江	两当	昆明	江油	建设	惠水	合川	广汉	垫江	崇州	安岳	安康
1	川麦 82	29.6	15.9	27.6	29.2	25.0	24.1	15.6	21.6	27.6	30.5	29.7	20.7	21.5	65.7	24.8	22.9	25.5	22.1	35.7
2	川麦 42	30.3	16.0	22.8	28.1	22.1	23.0	17.1	21.3	20.2	35.6	28.4	23.3	24.8	21.9	25.0	20.6	22.3	23.7	34.8
3	川麦 1690	30.2	16.2	28.0	30.3	23.7	23.9	16.9	23.2	29.6	40.2	31.7	16.7	28.2	17.5	26.6	22.1	21.4	25.3	34.6
4	SW1747	27.7	14.7	24.4	28.8	18.2	19.6	17.6	20.4	26.0	25.6	23.6	17.5	23.0	22.9	25.8	19.5	22.4	21.8	36.2
5	2017TP506	31.8	16.6	27.5	28.6	23.4	23.4	19.4	19.7	24.0	44.0	29.9	16.8	24.7	18.1	25.9	20.2	23.9	24.2	38.5

表 20　2018—2019年度长江上游组大区试验参试品种穗粒数汇总（粒）

序号	品种名称	玉溪	永川	兴义	新都	文山	松垭	黔西	内江	两当	昆明	江油	建设	惠水	合川	广汉	垫江	崇州	安岳	安康
1	川麦82	34.0	38.7	45.2	32.0	44.8	33.8	32.1	41.3	29.0	42.0	38.1	41.9	32.1	36.4	43.7	42.7	35.2	41.3	39.9
2	川麦42	40.0	36.7	39.3	37.1	42.2	38.7	34.4	39.8	32.0	38.2	37.7	43.2	34.4	32.6	43.0	38.6	34.6	40.8	38.5
3	川麦1690	44.0	41.3	46.2	37.5	47.3	42.9	36.6	44.7	36.0	36.1	38.3	44.5	36.6	37.3	41.5	43.3	40.2	42.7	37.7
4	SW1747	38.0	38.9	46.3	34.8	45.2	43.5	40.2	42.7	26.0	34.7	41.9	50.9	40.2	53.1	42.0	41.9	36.5	43.2	42.5
5	2017TP506	43.0	43.9	48.0	34.0	43.8	42.1	37.3	43.5	32.0	52.7	39.3	45.9	37.3	38.6	33.1	40.2	39.7	41.9	40.1

表 21　2018—2019年度长江上游组大区试验参试品种千粒重汇总（克）

序号	品种名称	玉溪	永川	兴义	新都	文山	松垭	黔西	内江	两当	昆明	江油	建设	惠水	合川	广汉	垫江	崇州	安岳	安康
1	川麦82	51.7	44.5	47.7	48.0	56.2	48.6	42.7	40.1	42.3	40.7	45.2	41.8	42.7	45.1	48.9	38.5	41.3	42.1	47.5
2	川麦42	48.1	35.4	46.2	46.6	47.2	44.01	37.1	39.5	46.0	39.6	47.1	38.9	39.1	37.2	47.9	40.1	39.1	41.6	48.3
3	川麦1690	46.0	40.0	47.0	44.3	49.6	47.34	35.7	43.5	44.5	30.8	47.2	42.7	45.2	44.6	46.0	39.3	38.7	43.8	49.5
4	SW1747	55.8	45.4	50.1	45.2	54.8	53.41	45.5	41.9	44.1	38.9	46.5	46.8	45.5	40.8	51.1	43.1	43.8	44.5	50.1
5	2017TP506	51.7	45.2	52.0	46.5	53.2	48.74	55.9	41.7	43.2	34.7	47.5	41.2	50.9	44.7	49.5	41.2	40.9	42.4	47.1

表 22　2018—2019年度长江上游组大区试验参试品种株高汇总（厘米）

序号	品种名称	玉溪	永川	兴义	新都	文山	松垭	黔西	内江	两当	昆明	江油	建设	惠水	合川	广汉	垫江	崇州	安岳	安康
1	川麦82	81	86	83	93.0	76.5	87	69.2	81	75	78	88	84.2	83	81	84.5	88	90.5	83	91
2	川麦42	85	92	84	93.0	86.2	95	75.0	87	73	76	98	85.2	85	87	89.0	95	95.2	91	90
3	川麦1690	82	90	84	90.0	77.5	102	72.4	91	80	82	102	84.4	84	86	92.5	90	91.7	92	92
4	SW1747	97	88	85	92.0	99.5	103	72.6	93	65	76	103	88.3	85	89	90.5	90	92.5	92	100
5	2017TP506	87	86	86	91.5	84.0	95	75.0	87	65	78	98	86.3	87	85	85.0	85	93.5	90	96

表 23　2018—2019 年度长江上游组大区试验参试品种幼苗习性汇总

序号	品种名称	玉溪	永川	兴义	新都	文山	松垭	黔西	内江	两当	昆明	江油	建设	惠水	合川	广汉	垫江	崇州	安岳	安康
1	川麦 82	1	2	1	3	3	3	3	2	3	2	3	3	1	3	—	2	2	2	3
2	川麦 42	3	2	1	3	3	3	2	3	2	1	2	3	1	3	—	2	2	3	3
3	川麦 1690	2	2	1	3	3	3	2	2	3	2	3	3	1	3	—	2	—	2	3
4	SW1747	2	3	1	3	3	3	2	2	3	2	3	3	1	3	—	3	2	2	3
5	2017TP506	1	3	1	3	3	3	2	1	3	3	3	1	1	3	—	3	2	1	3

表 24　2018—2019 年度长江上游组大区试验参试品种穗形汇总

序号	品种名称	玉溪	永川	兴义	新都	文山	松垭	黔西	内江	两当	昆明	江油	建设	惠水	合川	广汉	垫江	崇州	安岳	安康
1	川麦 82	3	3	1	1	5	3	1	4	1	5	1	3	1	3	3	3	3	4	3
2	川麦 42	3	1	1	3	5	3	1	3	1	5	1	3	1	3	1	1	3	3	1
3	川麦 1690	3	3	3	3	5	3	1	3	1	5	1	3	3	3	1	3	3	3	1
4	SW1747	3	3	1	3	5	3	3	3	3	4	1	3	1	3	3	3	3	3	3
5	2017TP506	3	1	3	1	5	3	3	3	3	5	1	3	3	3	3	1	3	3	3

表 25　2018—2019 年度长江上游组大区试验参试品种芒形态汇总

序号	品种名称	玉溪	永川	兴义	新都	文山	松垭	黔西	内江	两当	昆明	江油	建设	惠水	合川	广汉	垫江	崇州	安岳	安康
1	川麦 82	5	5	5	5	5	5	5	5	5	5	5	5	5	5	5	5	5	5	5
2	川麦 42	5	5	5	5	5	5	5	5	5	5	5	5	5	5	5	5	5	5	5
3	川麦 1690	5	5	5	5	5	5	5	5	5	5	5	5	5	5	5	5	5	5	5
4	SW1747	5	5	5	5	5	5	5	5	5	5	5	5	5	5	5	5	5	5	5
5	2017TP506	5	5	5	5	5	5	5	5	5	5	5	5	5	5	5	5	5	5	5

表 26　2018—2019 年度长江上游组大区试验参试品种粒色汇总

序号	品种名称	玉溪	永川	兴义	新都	文山	松垭	黔西	内江	两当	昆明	江油	建设	惠水	合川	广汉	垫江	崇州	安岳	安康
1	川麦 82	1	5	5	5	5	5	5	5	5	5	5	5	5	5	5	5	5	5	5
2	川麦 42	1	5	5	1	1	5	5	5	5	5	5	5	5	5	5	5	5	5	5
3	川麦 1690	5	5	5	5	5	5	5	5	5	5	5	5	5	5	5	5	5	5	5
4	SW1747	5	5	5	5	5	5	5	5	5	5	5	5	5	5	5	5	5	5	5
5	2017TP506	1	1	1	1	1	5	1	1	1	1	1	1	1	1	1	1	3	1	1

表 27　2018—2019 年度长江上游组大区试验参试品种饱满度汇总

序号	品种名称	玉溪	永川	兴义	新都	文山	松垭	黔西	内江	两当	昆明	江油	建设	惠水	合川	广汉	垫江	崇州	安岳	安康
1	川麦 82	2	2	1	1	1	1	1	3	1	1	1	2	1	4	1	2	2	3	1
2	川麦 42	2	4	3	1	1	2	5	3	1	1	1	2	3	5	1	3	2	5	1
3	川麦 1690	2	2	3	1	1	1	1	3	1	1	1	1	1	2	1	3	2	3	1
4	SW1747	2	3	3	1	2	2	1	3	1	1	1	2	3	2	1	3	2	3	1
5	2017TP506	2	2	1	1	2	1	1	3	1	1	1	1	1	1	1	2	2	3	1

表 28　2018—2019 年度长江上游组大区试验参试品种粒质汇总

序号	品种名称	玉溪	永川	兴义	新都	文山	松垭	黔西	内江	两当	昆明	江油	建设	惠水	合川	广汉	垫江	崇州	安岳	安康
1	川麦 82	5	1	3	—	3	3	3	1	1	1	5	3	3	3	3	3	3	1	3
2	川麦 42	5	5	3	—	5	3	5	3	3	3	5	3	3	3	3	5	5	3	3
3	川麦 1690	5	5	3	—	5	5	3	3	1	1	5	3	3	3	3	3	3	3	3
4	SW1747	5	5	3	—	5	5	3	5	1	1	5	1	3	3	3	5	3	5	3
5	2017TP506	5	1	3	—	5	5	3	5	3	3	5	3	3	3	5	5	3	5	5

表29　2018—2019年度长江上游组大区试验参试品种容重汇总（克/升）

序号	品种名称	玉溪	永川	兴义	新都	文山	松垭	黔西	内江	两当	昆明	江油	建设	惠水	合川	广汉	垫江	崇州	安岳	安康	平均
1	川麦82	927.7	719	712	836.3	760.2	685	728	754	678	765.8	633	610	748	778	824.08	747	816.0	750	828	**752.6**
2	川麦42	853.7	664	654	822.1	747.2	622	670	712	640	749.2	599	604	690	734	817.17	711	825.1	714	809	**717.8**
3	川麦1690	940.7	728	710	826.4	779.4	711	753	766	652	783.4	650	623	781	802	830.21	598	827.8	763	827	**755.4**
4	SW1747	848.7	706	724	824.5	752.2	702	720	714	61	750.1	621	590	738	786	853.65	676	822.4	712	866	**708.8**
5	2017TP506	902.7	665	730	831.7	804.4	694	756	772	660	778.1	627	631	761	774	828.54	729	830.8	770	833	**756.7**

表30　2018—2019年度长江上游组大区试验参试品种穗发芽情况汇总

序号	品种名称	玉溪	永川	兴义	新都	文山	松垭	黔西	内江	两当	昆明	江油	建设	惠水	合川	广汉	垫江	崇州	安岳	安康
1	川麦82	1	3	1	—	1	—	—	3	1	1	1	1	1	3	1	1	3	5	1
2	川麦42	1	1	1	—	1	—	—	5	1	1	1	1	1	3	1	1	5	3	1
3	川麦1690	1	1	1	—	1	—	—	5	1	1	1	1	1	1	1	1	3	5	1
4	SW1747	1	3	1	—	1	—	—	5	1	1	1	1	1	3	1	1	3	3	1
5	2017TP506	1	3	1	—	1	—	—	5	1	1	1	1	1	5	5	1	3	5	1

表31　2018—2019年度长江上游组大区试验参试品种黑胚情况汇总（%）

序号	品种名称	玉溪	永川	兴义	新都	文山	松垭	黔西	内江	两当	昆明	江油	建设	惠水	合川	广汉	垫江	崇州	安岳	安康
1	川麦82	未发	5	0	0	9	—	—	1.5	—	0	0	—	0	0	14	0	—	2.25	0
2	川麦42	未发	0	0	0	11	—	—	0.5	—	0	0	—	0	0	0	2	—	1.25	0
3	川麦1690	未发	6	0	0	8	—	—	0.25	—	0	0	—	0	0	0	1	—	0.5	0
4	SW1747	未发	4	0	0	11	—	—	0.75	—	0	0	—	0	0	2	4	—	1.75	0
5	2017TP506	未发	2	0	0	10	—	—	1	—	0	0	—	0	0	0	2	—	1.25	0

表 32 2018—2019 年度长江上游组大区试验参试品种亩产量汇总（千克）

序号	品种名称	玉溪	永川	兴义	新都	文山	松垭	黔西	内江	两当	昆明	江油	建设	惠水	合川	广汉	垫江	崇州	安岳	安康	平均
1	川麦 82	419.70	247.81	228.90	445.20	345.43	396.03	135.93	289.46	308.60	283.45	507.46	422.58	392.80	289.81	413.30	351.42	463.44	303.73	435.60	**351.61**
2	川麦 42	482.90	247.68	214.75	491.00	279.17	435.71	162.56	264.52	340.20	261.35	535.75	466.62	442.60	281.14	440.00	309.37	391.30	283.84	418.00	**355.18**
3	川麦 1690	511.00	255.01	271.24	504.40	323.21	479.69	157.94	358.64	345.10	311.61	581.08	415.20	475.20	289.54	423.40	351.64	485.18	355.24	424.30	**385.19**
4	SW1747	370.70	218.77	201.60	477.00	217.92	455.01	154.05	305.46	408.10	255.81	473.60	324.31	421.70	284.61	453.30	299.86	440.71	330.35	394.60	**341.45**
5	2017TP506	481.40	291.44	251.10	474.80	301.48	444.84	202.31	286.46	334.10	288.77	545.91	433.76	480.70	314.69	426.70	307.19	459.48	314.53	432.60	**372.22**

表 33 2018—2019 年度长江上游组大区试验参试品种成穗率汇总（%）

序号	品种名称	玉溪	永川	兴义	新都	文山	松垭	黔西	内江	两当	昆明	江油	建设	惠水	合川	广汉	垫江	崇州	安岳	安康
1	川麦 82	52.1	85.0	85.0	84.5	57.2	80.2	74.6	51.1	93.0	51.5	95.0	42.7	67.0	65.7	90.8	73.0	62.7	46.8	75.5
2	川麦 42	61.1	73.0	81.0	87.4	52.1	73.2	72.1	56.6	90.0	75.5	74.0	58.9	85.0	59.2	66.7	73.0	58.4	57.2	78.9
3	川麦 1690	52.2	77.0	84.6	86.1	59.1	75.8	88.4	58.3	90.0	53.2	79.0	42.3	83.0	61.5	66.2	71.0	55.5	57.1	75.7
4	SW1747	51.2	96.0	83.0	88.6	50.9	94.2	87.5	49.5	97.0	50.8	74.0	59.6	75.0	71.4	79.1	64.0	57.0	43.3	74.8
5	2017TP506	50.6	68.0	86.0	78.9	63.4	87.0	90.6	44.5	97.0	57.4	81.0	41.4	88.0	57.1	60.7	57.0	59.4	48.7	81.7

四、参试品种简评

1. 川麦 1690　第一年参加大区试验，19 点汇总，平均亩产 385.19 千克，比对照川麦 42 增产 8.45%，增产点率 84.21%，增产≥2%点率 73.68%，居 4 个参试品种的第一位。非严重倒伏点率 94.73%。

春性，全生育期 178.0 天，比对照川麦 42 晚熟 2.3 天。幼苗直立—半匍匐，分蘖力较强，株高 87.7 厘米，抗病性较好，熟相较好。穗纺锤形，长芒，白壳，红粒，籽粒较饱满，粉质—半硬质。亩有效穗数 25.6 万，穗粒数 40.8 粒，千粒重 43.5 克。接种抗病性鉴定结果：高抗条锈病，叶锈病免疫，中感白粉病、纹枯病和赤霉病。品质测定结果：粗蛋白（干基）含量 12.7%，湿面筋（14%水分基）含量 25.2%，吸水率 55.3%，稳定时间 2.7 分钟，最大拉伸阻力 407.8EU，最大拉伸面积 71.0 厘米^2。

该品种产量增产幅度、增产点率、抗性均符合《主要农作物品种审定标准（国家级）》中小麦试验品种晋级标准（续生同步），建议 2019—2020 年度续试和生产试验。

2. 2017TP506　第一年参加大区试验，19 点汇总，平均亩产 372.22 千克，比对照川麦 42 增产 4.80%，增产点率 68.42%，增产≥2%点率 63.15%，居 4 个参试品种的第二位。非严重倒伏点率 94.73%。

春性，全生育期 179.2 天，比对照川麦 42 晚熟 3.5 天。幼苗直立—半匍匐，分蘖力较强，株高 86.3 厘米，抗病性较好，熟相较好。穗长方形，长芒，白壳，红粒，籽粒较饱满，粉质—半硬质。亩有效穗数 25.3 万，穗粒数 40.9 粒，千粒重 46.0 克。接种抗病性鉴定结果：高抗条锈病，叶锈病免疫，中感白粉病和纹枯病，中抗赤霉病。品质测定结果：粗蛋白（干基）含量 12.9%，湿面筋（14%水分基）含量 28.3%，吸水率 52.5%，稳定时间 2.2 分钟，最大拉伸阻力 256.8EU，最大拉伸面积 50.5 厘米^2。

该品种产量增产幅度、增产点率、抗性均符合《主要农作物品种审定标准（国家级）》中小麦试验品种晋级标准，建议 2019—2020 年度续试和生产试验。

3. 川麦 82　第一年参加大区试验，19 点汇总，平均亩产 351.61 千克，比对照川麦 42 减产 1.00%，增产点率 47.37%，增产≥2%点率 47.37%，居 4 个参试品种的第三位。非严重倒伏点率 94.73%。

春性，全生育期 179.1 天，比对照川麦 42 晚熟 3.4 天。幼苗直立—半匍匐，分蘖力较强，株高 83.3 厘米，抗病性较好，熟相较好。穗纺锤形，长芒，白壳，红粒，籽粒较饱满，粉质—半硬质。亩有效穗数 27.1 万，穗粒数 38.1 粒，千粒重 45.0 克。接种抗病性鉴定结果：慢条锈病，叶锈病免疫，中抗白粉病和赤霉病，中感纹枯病。品质测定结果：粗蛋白（干基）含量 12.7%，湿面筋（14%水分基）含量 25.5%，吸水率 58.9%，稳定时间 3.1 分钟，最大拉伸阻力 334.0EU，最大拉伸面积 64.3 厘米^2。

该品种产量增产幅度、增产点率未达到《主要农作物品种审定标准（国家级）》中小麦试验品种晋级标准，建议停止试验。

4. SW1747　第一年参加大区试验，19 点汇总，平均亩产 341.45 千克，比对照川麦 42 减产 3.87%，增产点率 36.84%，增产≥2%点率 31.57%，居 4 个参试品种的第四位。

非严重倒伏点率 89.47%。

春性，全生育期 178.9 天，比对照川麦 42 晚熟 3.2 天。幼苗直立—半匍匐，分蘖力较强，株高 89.5 厘米，抗病性较好，熟相较好。穗纺锤形，长芒，白壳，红粒，籽粒较饱满，粉质—半硬质。亩有效穗数 22.9 万，穗粒数 41.2 粒，千粒重 46.7 克。接种抗病性鉴定结果：高抗条锈病，叶锈病免疫，中感白粉病和纹枯病，中抗赤霉病。品质测定结果：粗蛋白（干基）含量 13.7%，湿面筋（14%水分基）含量 30.7%，吸水率 53.9%，稳定时间 2.0 分钟，最大拉伸阻力 334.5EU，最大拉伸面积 60.0 厘米^2。

该品种产量增产幅度、增产点率未达到《主要农作物品种审定标准（国家级）》中小麦试验品种晋级标准，建议停止试验。

五、建议

长江上游冬麦区地理条件特殊，小气候较多，本区域主要病害为条锈病和白粉病，参照《国家主要农作物品种审定标准（国家级）》长江中下游及黄淮麦区绿色优质品种审定标准，提出如下建议：因该区主要病害为条锈病和白粉病，故建议长江上游冬麦区增加针对条锈病和白粉病抗性均较好的品种作为绿色品种审定。

2018—2019年度广适性小麦新品种试验长江中下游组大区试验总结

为了鉴定国家小麦良种联合攻关单位育成新品种的丰产性、稳产性、抗逆性、适应性和品质特性，筛选适合长江中下游麦区种植的小麦新品种，为国家小麦品种审定及合理利用提供重要科学依据，按照农业农村部关于国家四大粮食作物良种重大科研联合攻关部署，以及全国农业技术推广服务中心农技种函〔2018〕488号文件《关于印发〈2018—2019年度国家小麦良种联合攻关广适性品种试验实施方案〉的通知》精神，设置了本试验。

一、试验概况

（一）试验设计

试验采用顺序排列，不设重复，小区面积不少于0.5亩，试验采用机械播种，全区机械收获并现场称重计产。

（二）参试品种

本年度参试品种6个，统一对照品种扬麦20（表1），各试验点所在省份相应组别区试对照品种郑麦9023、偃展4110为辅助对照品种。

表1　2018—2019年度长江中下游组大区试验参试品种及供种单位

序号	品种名称	组　合	选育单位	联系人
1	扬11品19	2*扬17//扬麦11/豫麦18	江苏里下河地区农业科学研究所	高德荣
2	信麦156	扬麦158-1/信麦69	河南省信阳市农业科学院	陈金平
3	扬16-157	苏麦6号/97G59//扬麦19	江苏里下河地区农业科学研究所	吕国锋
4	华麦1062	华麦2号/镇08066	江苏省大华种业集团有限公司	周凤明
5	扬15-133	镇02166//02Y393/扬麦15	江苏里下河地区农业科学研究所	张　勇
6	扬辐麦5054	扬麦22/镇麦9号M	江苏金土地种业有限公司，江苏里下河地区农业科学研究所	何震天
7	扬麦20（长江中下游对照品种）			
8	郑麦9023（湖北省相应区域对照品种）			
9	偃展4110（河南省相应区域对照品种）			

（三）试验点分布

本年度共设置试验点20个（表2），分布在江苏省、湖北省、安徽省、河南省。

表2　2018—2019年度长江中下游组大区试验承试单位

序号	承试单位	联系人	通信地址	试验地点
1	江苏里下河地区农业科学研究所	朱冬梅	江苏省扬州市扬子江北路568号	江苏省大丰区刘庄镇民主村
2				江苏省姜堰区沈高镇河横村
3				江苏省高邮市甘垛镇带程村
4	江苏省农业科学院	马鸿翔	江苏省南京市钟灵街50号	江苏省海安县雅周镇东楼村
5				江苏省靖江市孤山镇新联村
6				江苏省仪征市新城镇桃坞村
7	湖北省农业科学院粮食作物研究所	高春保	湖北省武汉市洪山区南湖大道3号	湖北省随州市随县厉山镇星旗村
8				湖北省随州市曾都区何店镇王店村
9				湖北省荆门市钟祥市东桥镇东桥村
10	襄阳市农业科学院	凌　冬	湖北省襄阳市高新区邓城大道81号	湖北省襄州区张家集镇何岗村
11				湖北省枣阳市太平镇胡庄村
12				湖北省宜城市润禾农作物科研所
13	信阳市农业科学院	陈金平	河南省信阳市民权南街20号	河南省罗山县东铺镇马店村
14				河南省息县孙庙乡何迎村
15				河南省潢川县付店镇骆店村
16	六安市农业科学研究院	姜文武	安徽省六安市梅山南路农科大厦25楼	安徽省舒城县千人桥镇千人桥村
17				安徽省金安区孙岗镇新桥村
18				安徽省裕安区徐集镇徐集村
19	江苏省大华种业集团有限公司	王先如	南京市中山东路218号长安国际中心17楼	江苏省东台市弶港农场
20	江苏金土地种业有限公司	张林巧	江苏省扬州市文昌西路440号国泰大厦1号楼	江苏省扬州市江都区小纪镇竹墩村

（四）试验实施情况

试验安排在当地种粮大户的生产田中，按当地生态条件上等栽培水平管理。本年度各试验点基本做到适时播种、施肥、浇水、除草等田间管理，及时按记载项目和要求进行调查记载，认真进行数据汇总和总结。本年度20个试验点均在适期完成播种，播期在10月16日至11月6日，亩基本苗数8万～35万，20个试验点试验质量均达到汇总要求。

二、气候条件对小麦生长发育的影响

播种期间天气晴朗，前茬作物收获及时，各试验点均在适播期完成播种。播种后有明显降雨过程，气温与常年同期相比略高，气候条件整体对出苗较为有利，出苗均匀整齐。但由于2018年12月至2019年2月上旬出现连续阴雨寡照天气，部分品种出现轻微渍害，

根系生长受一定影响，越冬期分蘖性有所减弱。2019 年 3～4 月以晴好天气为主，光照充足，小麦成穗率较常年明显提高，白粉病、锈病发生较轻；5 月降水量明显偏少，赤霉病等穗期病害明显较轻，气温适宜，未出现高温天气，有利于小麦灌浆充实，小麦粒重高、商品性好，收获及时。

三、试验结果与分析

（一）产量

1. 试验点产量　本年度 20 个试验点全部参加汇总。各试验点平均亩产 443.5 千克，亩产变幅为 320.8（扬州仪征）～622.9 千克（盐城东台）。平均亩产超过 500 千克的试验点有 5 个，为扬州高邮（584.6 千克）、盐城大丰（576.4 千克）、南通海安（562.6 千克）、盐城东台（622.9 千克）、扬州江都（500.4 千克）；低于 400 千克的试验点有 4 个，为扬州仪征（320.8 千克）、六安金安（351.1 千克）、六安裕安（340.0 千克）、随州随县（370.0 千克）。由此可见本年度气候条件适宜，小麦总体产量水平较高（表 3）。

表 3　2018—2019 年度长江中下游组大区试验各试验点参试品种产量

江苏里下河地区农业科学研究所（高邮）				
品种名称	亩产量（千克）	比扬麦 20 增产（%）	比本省对照增产（%）	位次
扬 11 品 19	616.6	13.18		3
信麦 156	553.6	1.62		6
扬 16 - 157	630.4	15.71		1
华麦 1062	624.0	14.54		2
扬 15 - 133	562.6	3.27		4
扬辐麦 5054	560.1	2.81		5
扬麦 20	544.8	—		7
平均	584.6			

江苏里下河地区农业科学研究所（大丰）				
品种名称	亩产量（千克）	比扬麦 20 增产（%）	比本省对照增产（%）	位次
扬 11 品 19	570.4	2.37		3
信麦 156	564.2	1.27		6
扬 16 - 157	574.1	3.03		2
华麦 1062	630.3	13.13		1
扬 15 - 133	569.5	2.21		4
扬辐麦 5054	568.8	2.08		5
扬麦 20	557.2	—		7
平均	576.4			

江苏里下河地区农业科学研究所（姜堰）				
品种名称	亩产量（千克）	比扬麦 20 增产（%）	比本省对照增产（%）	位次
扬 11 品 19	452.0	4.08		2
信麦 156	439.3	1.15		5
扬 16 - 157	442.6	1.91		4
华麦 1062	447.6	3.06		3
扬 15 - 133	468.1	7.78		1
扬辐麦 5054	431.5	−0.64		7
扬麦 20	434.3	—		6
平均	445.1			

江苏省农业科学院（仪征）				
品种名称	亩产量（千克）	比扬麦 20 增产（%）	比本省对照增产（%）	位次
扬 11 品 19	342.4	10.40		1
信麦 156	319.6	3.00		4
扬 16 - 157	323.1	4.20		3
华麦 1062	330.2	6.40		2
扬 15 - 133	307.6	−0.90		7
扬辐麦 5054	312.7	0.80		5
扬麦 20	310.2	—		6
平均	320.8			

（续）

江苏省农业科学院（靖江）					江苏省农业科学院（海安）				
品种名称	亩产量（千克）	比扬麦 20 增产（%）	比本省对照增产（%）	位次	品种名称	亩产量（千克）	比扬麦 20 增产（%）	比本省对照增产（%）	位次
扬 11 品 19	475.6	23.20	23.20	3	扬 11 品 19	612.0	7.20	7.20	1
信麦 156	476.4	23.40	23.40	2	信麦 156	514.2	−9.90	−9.90	7
扬 16 - 157	478.0	23.80	23.80	1	扬 16 - 157	563.8	−1.30	−1.30	5
华麦 1062	472.5	22.40	22.40	4	华麦 1062	583.6	2.20	2.20	2
扬 15 - 133	461.3	19.50	19.50	5	扬 15 - 133	576.6	1.00	1.00	3
扬辐麦 5054	435.9	12.90	12.90	6	扬辐麦 5054	517.0	−9.40	−9.40	6
扬麦 20	385.9	—	—	7	扬麦 20	571.0	—	—	4
平均	455.1				平均	562.6			
江苏大华种业集团有限公司（东台）					江苏金土地种业有限公司（江都）				
品种名称	亩产量（千克）	比扬麦 20 增产（%）	比本省对照增产（%）	位次	品种名称	亩产量（千克）	比扬麦 20 增产（%）	比本省对照增产（%）	位次
扬 11 品 19	645.1	7.00	7.00	2	扬 11 品 19	500.7	0.35	0.35	4
信麦 156	622.7	3.28	3.28	4	信麦 156	520.2	4.27	4.27	3
扬 16 - 157	597.2	−0.94	−0.94	7	扬 16 - 157	494.4	−0.89	−0.89	6
华麦 1062	647.5	7.41	7.41	1	华麦 1062	537.6	7.75	7.75	1
扬 15 - 133	633.0	4.99	4.99	3	扬 15 - 133	430.0	−13.81	−13.81	7
扬辐麦 5054	612.2	1.54	1.54	5	扬辐麦 5054	521.3	4.50	4.50	2
扬麦 20	602.9	—	—	6	扬麦 20	498.9	—	—	5
平均	622.9				平均	500.4			
六安市农业科学院（舒城）					六安市农业科学院（金安）				
品种名称	亩产量（千克）	比扬麦 20 增产（%）	比本省对照增产（%）	位次	品种名称	亩产量（千克）	比扬麦 20 增产（%）	比本省对照增产（%）	位次
扬 11 品 19	420.0	3.20	3.20	4	扬 11 品 19	342.2	−1.12	−1.12	5
信麦 156	411.2	1.04	1.04	5	信麦 156	336.5	−2.76	−2.76	6
扬 16 - 157	424.0	4.19	4.19	3	扬 16 - 157	381.9	10.36	10.36	1
华麦 1062	396.8	−2.48	−2.48	7	华麦 1062	335.5	−3.07	−3.07	7
扬 15 - 133	447.5	9.98	9.98	1	扬 15 - 133	361.8	4.55	4.55	2
扬辐麦 5054	437.2	7.43	7.43	2	扬辐麦 5054	354.0	2.29	2.29	3
扬麦 20	406.9	—	—	6	扬麦 20	346.1	—	—	4
平均	420.5				平均	351.1			
六安市农业科学院（裕安）					信阳市农业科学院（罗山）				
品种名称	亩产量（千克）	比扬麦 20 增产（%）	比本省对照增产（%）	位次	品种名称	亩产量（千克）	比扬麦 20 增产（%）	比本省对照增产（%）	位次
扬 11 品 19	329.0	2.28	2.28	6	扬 11 品 19	428.9	10.90	11.20	3
信麦 156	333.5	3.70	3.70	5	信麦 156	449.9	16.30	16.60	1

（续）

六安市农业科学院（裕安）					信阳市农业科学院（罗山）				
品种名称	亩产量（千克）	比扬麦20增产（%）	比本省对照增产（%）	位次	品种名称	亩产量（千克）	比扬麦20增产（%）	比本省对照增产（%）	位次
扬16-157	362.8	12.80	12.80	1	扬16-157	408.9	5.70	6.00	4
华麦1062	338.8	5.33	5.33	4	华麦1062	370.8	−4.20	−3.90	8
扬15-133	340.3	5.80	5.80	3	扬15-133	439.4	13.60	13.90	2
扬辐麦5054	354.1	10.10	10.10	2	扬辐麦5054	384.6	−0.60	−0.30	7
扬麦20	321.6	—	—	7	扬麦20	386.9	—	0.30	5
平均	340.0				偃展4110	385.7	−0.30	—	6
					平均	406.9			

信阳市农业科学院（息县）					信阳市农业科学院（潢川）				
品种名称	亩产量（千克）	比扬麦20增产（%）	比本省对照增产（%）	位次	品种名称	亩产量（千克）	比扬麦20增产（%）	比本省对照增产（%）	位次
扬11品19	447.7	9.70	7.10	5	扬11品19	421.6	3.59	6.14	3
信麦156	476.9	16.90	14.20	1	信麦156	430.8	5.85	8.46	2
扬16-157	410.2	0.60	−1.80	7	扬16-157	392.8	−3.49	−1.11	8
华麦1062	452.7	11.00	8.40	4	华麦1062	415.2	2.01	4.53	4
扬15-133	472.8	15.90	13.20	2	扬15-133	431.2	5.95	8.56	1
扬辐麦5054	471.1	15.50	12.80	3	扬辐麦5054	405.0	−0.49	1.96	6
扬麦20	407.9	—	−2.35	8	扬麦20	407.0	—	2.47	5
偃展4110	417.7	2.40	—	6	偃展4110	397.2	−2.41	—	7
平均	444.6				平均	412.6			

襄阳市农业科学院（宜城）					襄阳市农业科学院（襄州）				
品种名称	亩产量（千克）	比扬麦20增产（%）	比本省对照增产（%）	位次	品种名称	亩产量（千克）	比扬麦20增产（%）	比本省对照增产（%）	位次
扬11品19	427.2	3.12	4.62	3	扬11品19	475.9	2.71	5.09	2
信麦156	439.2	6.01	7.55	2	信麦156	482.1	4.07	6.48	1
扬16-157	391.5	−5.49	−4.12	8	扬16-157	402.3	−13.12	−11.11	8
华麦1062	419.2	1.19	2.66	5	华麦1062	466.5	0.70	3.03	3
扬15-133	422.6	2.00	3.48	4	扬15-133	427.5	−7.73	−5.60	7
扬辐麦5054	441.8	6.65	8.19	1	扬辐麦5054	441.7	−4.65	−2.44	6
扬麦20	414.3	—	1.45	6	扬麦20	463.3	—	2.31	4
郑麦9023	408.3	−1.43	—	7	郑麦9023	452.8	−2.26	—	5
平均	420.5				平均	451.5			

襄阳市农业科学院（枣阳）					湖北省农业科学院粮食作物研究所（曾都）				
品种名称	亩产量（千克）	比扬麦20增产（%）	比本省对照增产（%）	位次	品种名称	亩产量（千克）	比扬麦20增产（%）	比本省对照增产（%）	位次
扬11品19	446.1	8.78	9.04	2	扬11品19	504.2	16.60	16.55	4
信麦156	436.8	6.48	6.74	3	信麦156	491.8	13.74	13.68	5
扬16-157	405.8	−1.05	−0.81	7	扬16-157	485.4	12.23	12.18	6
华麦1062	447.0	8.99	9.26	1	华麦1062	509.4	17.78	17.73	3

（续）

襄阳市农业科学院（枣阳）					湖北省农业科学院粮食作物研究所（曾都）				
品种名称	亩产量（千克）	比扬麦 20 增产（%）	比本省对照增产（%）	位次	品种名称	亩产量（千克）	比扬麦 20 增产（%）	比本省对照增产（%）	位次
扬 15-133	363.2	−11.44	−11.22	8	扬 15-133	601.4	39.06	39.00	1
扬辐麦 5054	415.0	1.19	1.44	4	扬辐麦 5054	513.2	18.69	18.63	2
扬麦 20	410.2	—	0.24	5	扬麦 20	432.4	—	−0.05	8
郑麦 9023	409.2	−0.24	—	6	郑麦 9023	432.6	0.05	—	7
平均	416.7				平均	496.3			
湖北省农业科学院粮食作物研究所（随县）					湖北省农业科学院粮食作物研究所（钟祥）				
品种名称	亩产量（千克）	比扬麦 20 增产（%）	比本省对照增产（%）	位次	品种名称	亩产量（千克）	比扬麦 20 增产（%）	比本省对照增产（%）	位次
扬 11 品 19	395.7	13.71	11.91	2	扬 11 品 19	517.7	25.61	20.08	1
信麦 156	401.7	15.44	13.61	1	信麦 156	489.5	18.78	13.55	2
扬 16-157	357.4	2.69	1.07	6	扬 16-157	473.8	14.96	9.90	3
华麦 1062	359.3	3.24	1.61	5	华麦 1062	456.1	10.66	5.78	4
扬 15-133	378.8	8.84	7.12	3	扬 15-133	387.9	−5.88	−10.03	8
扬辐麦 5054	365.5	5.02	3.36	4	扬辐麦 5054	452.2	9.72	4.89	5
扬麦 20	348.0	—	−1.58	8	扬麦 20	412.1	—	−4.40	7
郑麦 9023	353.6	1.61	—	7	郑麦 9023	431.1	4.61	—	6
平均	370.0				平均	452.5			

2. 品种产量 参试品种平均亩产 457.3 千克，统一对照扬麦 20 居第七位（表 4），6 个参试品种均比对照扬麦 20 增产，增幅 3.83%～8.17%，其中扬 11 品 19、信麦 156、华麦 1062 增幅在 5%以上。

表 4 2018—2019 年度长江中下游组大区试验各参试品种产量比较

品种名称	平均亩产量（千克）	比扬麦 20 增产（%）	位次	增产≥2%点率（%）
扬 11 品 19	468.5	8.17	1	90.0
信麦 156	459.5	6.10	3	70.0
扬 16-157	450.0	3.90	5	55.0
华麦 1062	462.0	6.67	2	75.0
扬 15-133	454.2	4.87	4	65.0
扬辐麦 5054	449.7	3.83	6	60.0
扬麦 20	433.1	—	7	
郑麦 9023	414.6	−4.27		
偃展 4110	400.2	−7.60		
平均	443.5	2.37		

（二）品种评价

根据参试品种产量、抗性鉴定和品质测试结果，结合田间长相，根据《主要农作物品

种审定标准（国家级）》中小麦品种审定标准，参试品种处理意见如下：

（1）参加大区试验 2 年，同时进行生产试验，比对照扬麦 20 增产＞5%，增产≥2%点率＞60%，完成试验程序的品种：扬 11 品 19。

（2）参加大区试验 2 年，比对照扬麦 20 增产＞5%，增产≥2%点率＞60%，推荐进入生产试验的品种：信麦 156。

（3）参加大区试验 1 年，比对照扬麦 20 增产＞5%，增产≥2%点率＞60%，下年度大区试验和生产试验同步进行的品种：华麦 1062。

（4）参加大区试验 1 年，比对照扬麦 20 增产＞3%，增产≥2%点率＜60%，赤霉病抗性达 R 级绿色品种，下年度大区试验和生产试验同步进行的品种：扬 16 - 157。

（5）参加大区试验 1 年，比对照扬麦 20 增产＞3%，增产≥2%点率＞60%，继续试验的品种：扬 15 - 133、扬辐麦 5054。

参试品种在各试验点的产量结构、抗性及农艺性状见表 5 至表 10。

表 5　2018—2019 年度长江中下游组大区试验各参试品种产量构成及农艺性状汇总

序号	品种名称	生育期（天）	亩基本苗数（万）	亩最高茎蘖数（万）	亩有效穗数（万）	穗粒数（粒）	千粒重（克）	分蘖成穗率（%）	株高（厘米）	容重（克/升）
1	扬 11 品 19	203.3	20.1	64.8	33.2	35.6	43.6	54.6	80.6	747.3
2	信麦 156	202.9	20.4	60.3	33.0	35.4	42.9	57.4	80.9	750.1
3	扬 16 - 157	203.3	20.4	59.3	32.4	37.8	44.5	57.3	81.9	754.7
4	华麦 1062	202.5	20.1	59.9	32.4	35.8	46.3	57.5	81.2	732.8
5	扬 15 - 133	202.5	20.1	60.1	31.9	35.4	48.1	57.5	83.4	754.5
6	扬辐麦 5054	203.7	20.0	62.9	34.5	35.2	43.4	57.4	75.9	745.3
7	扬麦 20	203.9	20.2	58.5	32.4	36.8	43.6	57.7	80.6	747.4
8	郑麦 9023	205.3	20.4	71.9	36.0	31.2	45.4	51.5	77.0	769.3
9	偃展 4110	208.7	25.0	55.8	34.5	33.2	47.0	63.7	75.3	—

表 6　2018—2019 年度长江中下游组大区试验各参试品种倒伏汇总

序号	品种名称	盐城大丰		扬州仪征		泰州靖江		盐城东台		六安舒城		襄阳枣阳	
		程度	面积（%）	程度	面积（%）	程度	面积（%）	程度	面积（%）	程度	面积（%）	程度	面积（%）
1	扬 11 品 19	2	15	2	20	4	2.6	5	20	1	0	1	0
2	信麦 156	2	10	2	30	5	13	5	90	2	10	1	0
3	扬 16 - 157	2	10	1	0	1	0	5	100	2	10	2	1.5
4	华麦 1062	2	30	1	0	5	10.4	4	25	3	30	1	0
5	扬 15 - 133	1	0	2	30	5	10.4	5	40	1	0	1	0
6	扬辐麦 5054	1	0	1	0	4	6.5	5	55	1	0	2	4.5
7	扬麦 20	1	0	2	30	3	3.1	5	95	1	0	1	0

表 7　2018—2019 年度长江中下游组大区试验各参试品种赤霉病汇总

序号	品种名称	扬州仪征		六安舒城		六安金安		六安裕安		信阳息县		襄阳枣阳		随州曾都	
		严重度	病穗率（%）	严重度	病穗率（%）	严重度	病穗率（%）	严重度	病穗率（%）	严重度	病穗率（%）	严重度	病穗率（%）	严重度	病穗率（%）
1	扬 11 品 19	2	21	2	7	2	6	2	6	2	3	1	0.3		14.0
2	信麦 156	2	0	2	5	2	7	2	10	2	3	1	0.3		5.4
3	扬 16 - 157	2	18	2	10	2	8	2	5	2	3	1	0.3		8.1
4	华麦 1062	2	15	2	8	2	7	2	10	2	3	1	0.7		4.2
5	扬 15 - 133	1	0	2	12	2	10	2	12	2	3	1	0		8.1
6	扬辐麦 5054	2	20	2	15	2	10	2	10	2	3	1	0.7		10.0
7	扬麦 20	2	17	2	5	2	5	2	5	2	3	1	0		4.3
8	郑麦 9023											1	0.3		14.3
9	偃展 4110									3	9				

表 8　2018—2019 年度长江中下游组大区试验各参试品种叶锈病汇总

序号	品种名称	六安舒城		六安金安		信阳息县		信阳潢川		襄阳枣阳	
		反应型	普遍率（%）	反应型	普遍率（%）	反应型	普遍率（%）	反应型	普遍率（%）	反应型	普遍率（%）
1	扬 11 品 19	2	5	2	5	1	0	2	50	2	2.4
2	信麦 156	1	0	1	0	2	—	1	0	2	1.2
3	扬 16 - 157	1	0	1	0	1	0	2	60	2	1.3
4	华麦 1062	1	0	1	0	2	—	2	30	2	2.4
5	扬 15 - 133	1	0	1	0	1	0	1	0	2	1.6
6	扬辐麦 5054	1	0	1	0	1	0	1	0	2	2.5
7	扬麦 20	2	5	2	5	1	0	2	30	2	2.5
8	郑麦 9023									2	2.1
9	偃展 4110					1	0	1	0		

表 9　2018—2019 年度长江中下游组大区试验各参试品种条锈病汇总

序号	品种名称	扬州仪征		泰州靖江		六安裕安		信阳罗山		信阳潢川		襄阳宜城		襄阳襄州		襄阳枣阳	
		反应型	普遍率（%）	反应型	普遍率（%）	反应型	普遍率（%）	反应型	普遍率（%）	反应型	普遍率（%）	反应型	普遍率（%）	反应型	普遍率（%）	反应型	普遍率（%）
1	扬 11 品 19	2	—	2	—	2	5	2	17	2	20	2	1	1	—	2	2.5
2	信麦 156	1	—	2	—	1	0	2	15	2	20	2	1	1	—	2	1.1
3	扬 16 - 157	2	—	2	—	1	0	3	23	2	20	2	1	1	—	2	1.3
4	华麦 1062	2	—	2	—	1	0	3	15	2	30	2	1	1	—	2	2.5
5	扬 15 - 133	2	5	2	—	1	0	3	23	2	20	2	1	1	—	2	1.5
6	扬辐麦 5054	5	7	2	—	1	0	3	12	2	20	2	2	1	—	2	2.5
7	扬麦 20	2	—	2	—	2	5	2	14	4	40	2	1	4	3	2	2.6
8	郑麦 9023											3	1	1	—	2	2.2
9	偃展 4110							3	22	4	50						

表10 2018—2019年度长江中下游组大区试验各参试品种各试验点主要性状汇总

项目	品种名称	扬州高邮	盐城大丰	泰州姜堰	扬州仪征	泰州靖江	南通海安	盐城东台	扬州江都	六安舒城	六安金安	六安裕安	信阳罗山	信阳息县	信阳潢川	襄阳宜城	襄阳襄州	襄阳枣阳	湖北曾都	湖北随县	湖北钟祥	平均
生育期（天）	扬11品19	202	204	204	199	190	203	208	200	206	193	199	210	212	207	203	208	195	215	204	204	**203.3**
	信麦156	203	205	205	197	192	203	208	195	203	192	199	210	211	205	201	209	195	216	205	203	**202.9**
	扬16-157	203	206	204	199	193	203	210	195	206	193	199	210	212	206	201	208	194	215	205	203	**203.3**
	华麦1062	202	205	205	193	192	203	209	197	202	191	199	209	212	205	204	208	195	214	203	202	**202.5**
	扬15-133	203	207	205	192	189	203	208	195	206	193	198	210	211	205	200	209	195	213	204	204	**202.5**
	扬辐麦5054	203	206	206	200	195	203	211	201	206	193	198	209	212	205	203	209	195	213	204	202	**203.7**
	扬麦20	204	205	204	199	191	203	210	201	206	193	201	211	212	206	203	210	195	216	205	202	**203.9**
	郑麦9023															203	210	195	215	204	205	**205.3**
	偃展4110												209	212	205							**208.7**
成熟期（月-日）	扬11品19	5-27	5-30	5-30	5-26	5-20	5-28	6-1	6-1	5-28	5-25	5-25	5-27	5-30	5-26	5-22	5-21	5-25	5-25	5-22	5-18	
	信麦156	5-28	5-31	6-1	5-24	5-22	5-28	6-1	5-27	5-25	5-24	5-25	5-27	5-29	5-25	5-20	5-22	5-25	5-26	5-23	5-17	
	扬16-157	5-28	6-1	5-31	5-25	5-23	5-28	6-3	5-27	5-28	5-25	5-25	5-25	5-30	5-26	5-20	5-21	5-24	5-25	5-23	5-17	
	华麦1062	5-27	5-31	5-31	5-22	5-22	5-28	6-2	5-29	5-24	5-23	5-25	5-26	5-29	5-25	5-23	5-21	5-25	5-24	5-21	5-15	
	扬15-133	5-28	6-2	6-1	5-18	5-19	5-28	6-1	5-27	5-28	5-25	5-24	5-27	5-29	5-24	5-19	5-22	5-25	5-23	5-22	5-18	
	扬辐麦5054	5-28	6-1	6-1	5-28	5-25	5-28	6-4	6-2	5-28	5-25	5-24	5-27	5-30	5-25	5-22	5-22	5-25	5-23	5-22	5-16	
	扬麦20	5-29	5-31	5-30	5-26	5-21	5-28	6-3	6-2	5-28	5-25	5-27	5-26	5-30	5-26	5-22	5-23	5-25	5-26	5-23	5-16	
	郑麦9023															5-22	5-23	5-25	5-25	5-22	5-19	
	偃展4110												5-26	5-30	5-25							
亩基本苗数（万）	扬11品19	20.5	18.2	24.1	15.7	18.6	12.0	15.9	17.4	23.2	21.2	17.7	19.8	35.8	20.5	19.1	21.2	18.3	24.7	19.7	18.1	**20.1**
	信麦156	20.8	17.5	21.7	16.7	19.0	12.8	15.9	17.1	22.8	26.5	19.7	21.0	34.6	17.7	18.9	23.5	18.6	26.7	18.6	18.1	**20.4**
	扬16-157	20.5	17.9	23.3	15.2	19.0	11.7	15.3	16.8	24.1	25.7	17.1	19.8	33.6	18.7	19.4	22.2	20.1	28.3	20.5	18.5	**20.4**
	华麦1062	19.8	17.2	22.4	14.4	18.7	8.8	16.5	17.2	24.6	24.1	18.3	19.4	35.3	17.8	18.7	24.4	18.5	27.7	19.6	18.2	**20.1**
	扬15-133	19.5	16.3	23.2	14.9	19.0	9.2	15.5	16.2	19.9	25.2	19.1	19.2	33.8	18.9	19.7	24.2	20.3	27.3	21.2	18.7	**20.1**
	扬辐麦5054	21.2	15.8	22.0	16.7	18.8	9.3	16.9	17.0	21.3	22.6	15.3	20.1	36.8	19.2	18.8	21.5	18.4	29.3	20.9	18.4	**20.0**
	扬麦20	20.6	16.5	24.3	16.1	19.0	7.8	17.2	16.4	22.3	23.1	17.6	21.4	36.5	17.8	18.6	24.4	18.2	27.0	21.3	18.6	**20.2**
	郑麦9023															19.1	22.2	18.7	23.7	20.7	17.9	**20.4**
	偃展4110												20.3	34.6	20.2							**25.0**

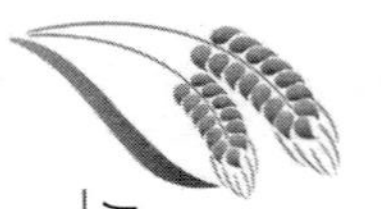

（续）

项目	品种名称	扬州高邮	盐城大丰	泰州姜堰	扬州仪征	泰州靖江	南通海安	盐城东台	扬州江都	六安舒城	六安金安	六安裕安	信阳罗山	信阳息县	信阳潢川	襄阳宜城	襄阳襄州	襄阳枣阳	湖北曾都	湖北随县	湖北钟祥	平均
亩最高茎蘖数（万）	扬 11 品 19	62.3	81.2	61.2	35.9	55.7	43.9	89.0	44.0	68.3	64.7	67.6	32.6	83.3	88.3	75.6	83.2	76.9	65.2	65.6	52.5	**64.8**
	信麦 156	53.3	94.3	57.2	32.5	61.3	35.0	71.9	37.9	72.5	71.4	65.6	37.9	79.2	54.3	73.2	68.9	61.4	70.5	63.7	43.9	**60.3**
	扬 16 - 157	48.7	74.5	59.8	31.5	59.3	39.0	61.7	48.5	68.8	71.1	64.5	37.7	81.3	37.0	58.9	58.6	80.4	87.4	68.3	49.2	**59.3**
	华麦 1062	49.7	85.7	59.6	32.1	61.4	35.8	62.1	43.7	69.3	68.0	63.0	30.5	76.3	37.0	67.8	76.9	83.3	88.8	62.8	45.1	**59.9**
	扬 15 - 133	51.3	90.2	60.8	28.5	58.1	34.3	67.0	35.9	67.5	70.7	62.9	39.3	76.9	39.0	62.8	68.5	85.3	87.5	67.5	47.1	**60.1**
	扬辐麦 5054	50.5	89.1	55.7	34.7	60.8	41.8	70.5	49.3	70.9	63.2	67.7	41.5	78.8	47.0	77.9	71.0	84.6	90.6	63.7	48.2	**62.9**
	扬麦 20	50.6	80.2	64.3	35.6	56.9	36.1	72.8	36.8	73.1	68.3	67.8	38.8	77.3	38.9	56.4	68.1	83.7	71.4	65.8	49.6	**58.5**
	郑麦 9023															63.3	89.1	82.3	80.6	66.9	49.4	**71.9**
	偃展 4110												45.0	78.6	43.7							**55.8**
亩有效穗数（万）	扬 11 品 19	37.0	36.9	31.2	30.4	29.3	42.8	33.9	33.6	31.8	29.6	29.3	23.5	44.9	27.8	33.6	37.9	40.3	25.3	35.2	30.6	**33.2**
	信麦 156	32.5	39.0	27.9	27.8	35.0	29.6	32.6	29.2	38.4	31.2	35.3	30.1	43.9	28.9	35.4	34.1	35.0	28.3	36.4	30.2	**33.0**
	扬 16 - 157	37.0	32.7	29.7	24.8	38.8	30.6	29.3	28.8	32.7	32.7	33.5	28.3	42.3	24.7	30.9	29.0	34.2	36.9	39.4	31.9	**32.4**
	华麦 1062	30.2	38.7	30.2	27.4	31.8	32.6	30.9	25.9	29.9	30.4	32.9	21.9	40.0	28.9	32.3	37.1	38.7	41.7	35.3	31.3	**32.4**
	扬 15 - 133	31.2	39.0	31.1	25.1	32.9	29.4	29.7	28.0	32.3	30.8	29.5	28.7	42.9	29.7	32.5	28.6	34.1	36.6	38.6	27.4	**31.9**
	扬辐麦 5054	32.5	37.5	29.5	31.2	39.7	33.4	33.0	33.9	37.8	29.2	32.9	26.2	44.3	31.7	37.3	34.4	35.7	41.3	37.8	30.1	**34.5**
	扬麦 20	35.3	37.2	33.1	29.1	28.9	28.5	31.4	29.2	31.2	31.7	33.7	29.6	41.3	29.7	30.3	35.3	35.2	27.9	37.1	31.5	**32.4**
	郑麦 9023															35.5	36.7	35.7	38.9	38.4	30.8	**36.0**
	偃展 4110												30.3	42.9	30.3							**34.5**
穗粒数（粒）	扬 11 品 19	37.6	35.4	32.5	38.0	51.0	39.9	44.0	42.5	35.3	25.5	25.2	34.5	32.8	40.3	36.6	36.6	34.7	25.7	29.6	35.1	**35.6**
	信麦 156	35.0	29.8	31.1	34.2	46.4	45.3	44.8	46.3	34.3	28.6	32.1	33.6	32.9	38.7	33.6	35.4	37.3	28.1	32.4	28.6	**35.4**
	扬 16 - 157	40.0	40.4	33.4	37.0	37.7	47.4	44.5	43.8	39.4	29.7	45.3	33.2	33.3	35.1	38.6	40.3	37.9	34.3	32.6	31.4	**37.8**
	华麦 1062	41.3	35.6	34.7	29.8	45.3	49.4	42.9	48.5	36.4	25.9	29.3	34.8	31.1	37.8	34.8	35.7	34.5	30.8	30.4	27.7	**35.8**
	扬 15 - 133	39.6	33.0	33.6	27.8	40.3	43.8	45.2	40.5	44.3	30.7	34.7	33.8	33.8	34.2	30.9	36.0	31.2	36.4	32.7	25.2	**35.4**
	扬辐麦 5054	36.6	32.1	35.2	29.4	35.5	44.0	43.7	43.7	35.4	29.0	34.4	33.1	31.4	35.4	33.5	38.2	35.8	32.5	29.9	34.3	**35.2**
	扬麦 20	37.9	34.9	33.2	33.0	42.4	56.3	48.9	45.5	43.0	35.2	29.9	30.7	33.5	35.9	37.6	40.5	33.1	20.5	30.6	33.0	**36.8**
	郑麦 9023															31.7	33.6	31.6	28.5	31.8	30.3	**31.2**
	偃展 4110												34.5	31.6	33.4							**33.2**

（续）

项目	品种名称	扬州高邮	盐城大丰	泰州姜堰	扬州仪征	泰州靖江	南通海安	盐城东台	扬州江都	六安舒城	六安金安	六安裕安	信阳罗山	信阳息县	信阳潢川	襄阳宜城	襄阳襄州	襄阳枣阳	湖北曾都	湖北随县	湖北钟祥	平均
千粒重（克）	扬11品19	44.8	44.0	40.3	46.2	47.8	44.0	43.2	45.5	39.6	40.1	49.2	40.5	40.3	46.8	41.8	42.3	37.5	42.5	47.3	48.2	**43.6**
	信麦156	45.5	49.1	39.0	46.8	42.7	47.4	43.9	48.7	39.4	31.3	31.3	39.3	44.2	47.5	43.3	45.9	37.5	43.2	46.4	45.1	**42.9**
	扬16-157	49.3	50.2	39.2	47.6	49.3	46.6	44.2	49.9	42.5	37.2	37.6	39.2	43.3	50.7	43.1	43.5	37.0	45.3	46.7	47.3	**44.5**
	华麦1062	51.5	49.3	40.1	49.7	47.6	53.1	48.7	54.0	38.6	35.8	45.4	39.1	47.2	48.6	47.5	41.7	39.3	47.5	48.6	52.6	**46.3**
	扬15-133	53.7	47.4	41.2	52.7	52.0	55.2	48.9	50.9	43.0	34.5	50.2	38.5	45.7	52.0	49.3	50.2	40.2	53.6	46.4	56.4	**48.1**
	扬辐麦5054	46.2	53.1	42.6	43.8	43.5	44.8	42.3	46.3	39.5	37.8	45.8	37.2	39.8	45.6	43.1	41.7	38.3	45.3	48.1	43.8	**43.4**
	扬麦20	39.9	45.2	42.1	46.4	45.6	45.1	40.5	46.3	37.5	39.3	46.1	41.9	44.0	48.5	40.5	41.0	42.9	44.1	47.2	47.2	**43.6**
	郑麦9023															44.2	45.6	40.0	46.5	47.7	48.5	**45.4**
	偃展4110												43.3	46.6	51.1							**47.0**
株高（厘米）	扬11品19	93.0	86.5	78.9	78.0	87.4	77.4	99.5	84.2	79.1	81.3	78.3	85.0	75.0	81.0	75.5	81.0	69.7	68.2	79.7	73.2	**80.6**
	信麦156	92.0	82.3	76.6	75.4	92.3	85.9	98.5	85.6	86.3	78.5	81.2	80.0	80.0	75.0	79.5	78.8	72.3	71.3	75.3	72.1	**80.9**
	扬16-157	88.0	85.9	86.1	75.9	89.9	86.7	96.9	85.2	88.5	78.5	77.5	78.0	75.0	75.0	75.5	76.2	74.5	76.5	85.2	82.8	**81.9**
	华麦1062	90.0	85.3	82.5	78.7	85.6	84.5	96.5	83.9	81.9	78.7	79.4	85.0	80.0	70.0	77.5	76.2	71.2	76.8	82.2	79.0	**81.2**
	扬15-133	90.0	84.3	86.3	78.2	91.8	86.6	99.9	86.8	86.0	80.1	83.0	78.0	80.0	80.0	74.5	80.6	77.6	76.5	85.1	82.6	**83.4**
	扬辐麦5054	82.0	86.8	81.1	69.2	80.1	77.7	91.4	74.1	76.2	77.9	74.5	74.0	75.0	73.3	72.5	70.2	71.3	65.7	74.5	71.5	**75.9**
	扬麦20	93.0	85.1	84.8	74.7	87.4	80.9	99.4	84.8	82.0	79.0	80.2	83.0	75.0	77.0	72.5	75.1	76.5	68.1	77.6	74.9	**80.6**
	郑麦9023															74.5	78.9	68.4	80.9	81.3	78.0	**77.0**
	偃展4110												80.0	70.0	76.0							**75.3**
穗形	扬11品19	1	1	1	5	1	1	1	1	3	3	3	3	1	1	1	1	1	1	1	1	
	信麦156	1	1	1	5	5	5	1	1	3	3	3	3	1	5	1	1	1	1	1	1	
	扬16-157	1	1	1	3	5	5	5	1	3	3	3	3	1	2	1	1	1	1	1	1	
	华麦1062	1	1	1	5	2	2	1	1	3	3	3	3	1	1	1	1	1	1	1	1	
	扬15-133	1	1	1	5	5	5	5	1	3	3	3	3	1	2	1	1	1	1	1	1	
	扬辐麦5054	1	1	1	5	1	1	1	1	3	3	3	3	1	1	1	1	1	1	1	1	
	扬麦20	1	1	1	5	1	1	1	1	3	3	3	3	1	3	1	1	1	1	1	1	
	郑麦9023															1	1	1	1	1	1	
	偃展4110												3	1	1							

（续）

项目	品种名称	扬州高邮	盐城大丰	泰州姜堰	扬州仪征	泰州靖江	南通海安	盐城东台	扬州江都	六安舒城	六安金安	六安裕安	信阳罗山	信阳息县	信阳潢川	襄阳宜城	襄阳襄州	襄阳枣阳	湖北曾都	湖北随县	湖北钟祥	平均
芒	扬 11 品 19	5	5	5	3	5	5	5	5	5	5	5	5	5	5	5	5	5	5	5	5	
	信麦 156	5	5	5	5	5	5	5	5	5	5	5	5	5	5	5	5	5	5	5	5	
	扬 16 - 157	5	5	5	4	5	5	5	5	5	5	5	5	5	5	5	5	5	5	5	5	
	华麦 1062	5	5	5	4	5	5	5	5	5	5	5	5	5	5	5	5	5	5	5	5	
	扬 15 - 133	5	5	5	5	5	5	5	5	5	5	5	5	5	5	5	5	5	5	5	5	
	扬辐麦 5054	5	5	5	4	5	5	5	5	5	5	5	5	5	5	5	5	5	5	5	5	
	扬麦 20	5	5	5	5	5	5	5	5	5	5	5	5	5	5	5	5	5	5	5	5	
	郑麦 9023															5	5	5	5	5	5	
	偃展 4110												5	5	5							
粒色	扬 11 品 19	5	5	5	5	3	3	5	5	5	5	5	5	5	5	5	1	5	1	5	5	
	信麦 156	5	5	5	3	3	3	5	5	5	5	5	5	5	5	5	1	5	1	5	5	
	扬 16 - 157	5	5	5	5	3	3	5	5	5	5	5	5	5	5	5	1	5	1	5	5	
	华麦 1062	5	5	5	3	3	3	5	5	5	5	5	5	5	5	3	1	5	1	5	5	
	扬 15 - 133	5	5	5	5	3	3	5	5	5	5	5	5	5	5	5	5	5	1	5	5	
	扬辐麦 5054	5	5	5	5	3	3	5	5	5	5	5	5	5	5	5	1	5	1	5	5	
	扬麦 20	5	5	5	5	3	3	5	5	5	5	5	5	5	5	5	5	5	5	5	5	
	郑麦 9023															3	1	5	1	1	1	
	偃展 4110												1	1	1							
饱满度	扬 11 品 19	1	1	2	2	3	2	1	1	1	2	2	1	1	1	1	1	1	2	2	2	
	信麦 156	1	1	2	2	3	1	1	1	1	2	2	1	1	1	1	2	1	2	2	2	
	扬 16 - 157	1	1	2	1	1	2	1	2	1	2	2	1	3	1	1	2	1	1	2	2	
	华麦 1062	1	1	2	3	1	1	1	1	1	2	1	1	1	1	1	1	1	1	2	2	
	扬 15 - 133	1	1	2	2	2	1	1	1	1	2	2	1	1	1	1	1	1	1	2	2	
	扬辐麦 5054	1	1	2	1	3	2	1	1	1	2	2	1	1	1	1	2	1	1	2	2	
	扬麦 20	1	1	2	1	3	2	1	1	1	2	2	1	1	1	1	2	1	2	2	2	
	郑麦 9023															1	1	1	1	2	2	
	偃展 4110												1	1	1							

（续）

项目	品种名称	扬州高邮	盐城大丰	泰州姜堰	扬州仪征	泰州靖江	南通海安	盐城东台	扬州江都	六安舒城	六安金安	六安裕安	信阳罗山	信阳息县	信阳潢川	襄阳宜城	襄阳襄州	襄阳枣阳	湖北曾都	湖北随县	湖北钟祥	平均
粒质	扬11品19	5	3	5	5	3		3	3	3	3	3	5	5	5	1	3	1	1	2	2	
	信麦156	5	3	5	5	1		5	3	3	3	3	5	5	5	1	3	1	1	2	2	
	扬16-157	5	3	5	5	3		3	3	3	3	3	5	5	5	5	3	1	1	2	2	
	华麦1062	5	3	5	5	1		3	3	3	3	5	5	5	3	3	1	1	1	2	2	
	扬15-133	3	3	5	5	1		1	1	3	3	3	5	5	5	1	1	1	1	2	2	
	扬辐麦5054	3	3	3	5	5		5	3	3	3	3	5	5	5	5	3	1	1	2	2	
	扬麦20	5	3	3	5	3		3	3	3	3	3	5	5	5	3	3	1	1	2	2	
	郑麦9023															1	1	1	1	2	2	
	偃展4110												3	5	5							
幼苗习性	扬11品19	3	3	3	2	2	2	3	3	3	5	3	2	5	1	2	3	2	2	2	2	
	信麦156	3	3	3	1	3	3	3	3	3	5	5	2	5	3	2	3	2	2	2	2	
	扬16-157	3	3	3	2	2	2	3	3	5	5	3	2	5	5	2	3	2	2	2	2	
	华麦1062	3	3	3	2	3	3	3	3	5	5	3	2	5	3	2	3	2	2	2	2	
	扬15-133	3	3	3	2	3	3	3	3	5	5	5	2	5	5	2	3	2	2	2	2	
	扬辐麦5054	3	3	3	2	3	3	5	3	5	5	5	2	5	5	2	3	2	2	2	2	
	扬麦20	3	3	3	2	2	2	3	3	5	5	5	2	5	3	2	3	2	2	2	2	
	郑麦9023															2	3	2	2	2	2	
	偃展4110												2	5	3							
亩产量（千克）	扬11品19	616.6	570.4	452.0	342.4	475.6	612.0	645.1	500.7	420.0	342.2	329.0	428.9	447.7	421.6	427.2	475.9	446.1	504.2	395.7	517.7	**468.5**
	信麦156	553.6	564.2	439.3	319.6	476.4	514.2	622.7	520.2	411.2	336.5	333.5	449.9	476.9	430.8	439.2	482.1	436.8	491.8	401.7	489.5	**459.5**
	扬16-157	630.4	574.1	442.6	323.1	478.0	563.8	597.2	494.4	424.0	381.9	362.8	408.9	410.2	392.8	391.5	402.3	405.8	485.4	357.4	473.8	**450.0**
	华麦1062	624.0	630.3	447.6	330.2	472.5	583.6	647.5	537.6	396.8	335.5	338.8	370.8	452.7	415.2	419.2	466.5	447.0	509.4	359.3	456.1	**462.0**
	扬15-133	562.6	569.5	468.1	307.6	461.3	576.6	633.0	430.0	447.5	361.8	340.3	439.4	472.8	431.2	422.6	427.5	363.2	601.4	378.8	387.9	**454.2**
	扬辐麦5054	560.1	568.8	431.5	312.7	435.9	517.0	612.2	521.3	437.2	354.0	354.1	384.6	471.1	405.0	441.8	441.7	415.0	513.2	365.5	452.2	**449.7**
	扬麦20	544.8	557.2	434.3	310.2	385.9	571.0	602.9	498.9	406.9	346.1	321.6	386.9	407.9	407.0	414.3	463.3	410.2	432.4	348.0	412.1	**433.1**
	郑麦9023															408.3	452.8	409.2	432.6	353.6	431.1	**414.6**
	偃展4110												385.7	417.7	397.2							**400.2**

四、参试品种简评

（一）参加大区试验 2 年，同时进行生产试验，比对照扬麦 20 增产＞5%，增产≥2%点率＞60%，完成试验程序的品种：扬 11 品 19

扬 11 品 19 2018—2019 年度试验，20 点汇总，平均亩产 468.5 千克，比国家长江中下游区试对照品种扬麦 20 增产 8.17%，增产点率 95%，增产≥2%点率 90%，居参试品种首位。非严重倒伏点率 90%。

春性，中熟品种。生育期 203.3 天，比对照扬麦 20 早熟 0.6 天。幼苗半匍匐，较抗寒，叶片宽大，分蘖力强，成穗率较高。株型紧凑，平均株高 80.6 厘米，抗倒伏性好。穗纺锤形，长芒，白壳，籽粒红色，粉质，饱满度好。穗层整齐，赤霉病、白粉病发生轻。本年度 20 个试验点平均亩有效穗数 33.2 万，穗粒数 35.6 粒，千粒重 43.6 克。2019 年接种抗病性鉴定结果：高感条锈病、叶锈病和纹枯病，中抗赤霉病和白粉病，抗穗发芽。2019 年品质测定结果：粗蛋白（干基）含量 11.6%，湿面筋含量 26.5%，吸水率 55.3%，稳定时间 3.0 分钟，最大拉伸阻力 443.3EU，拉伸面积 66.5 厘米^2。

（二）参加大区试验 2 年，比对照扬麦 20 增产＞5%，增产≥2%点率＞60%，推荐进入生产试验的品种：信麦 156

信麦 156 2018—2019 年度试验，20 点汇总，平均亩产 459.5 千克，比国家长江中下游区试对照品种扬麦 20 增产 6.10%，增产点率 90%，增产≥2%点率 70%，居参试品种第三位。非严重倒伏点率 90%。

春性，中熟品种。生育期 202.9 天，比对照扬麦 20 早熟 1.0 天。幼苗半匍匐，较抗寒，分蘖力中等，成穗率较高。株型紧凑，平均株高 80.9 厘米，抗倒伏性较好。穗纺锤形，长芒，白壳，籽粒红色，粉质，饱满度好。赤霉病、白粉病发生轻。本年度 20 个试验点平均亩有效穗数 33.0 万，穗粒数 35.4 粒，千粒重 42.9 克。2019 年接种抗病性鉴定结果：高感叶锈病、白粉病和纹枯病，中感条锈病，中抗赤霉病，抗穗发芽。2019 年品质测定结果：粗蛋白（干基）含量 11.4%，湿面筋含量 26.4%，吸水率 61.2%，稳定时间 2.2 分钟，最大拉伸阻力 268.3EU，拉伸面积 40.0 厘米^2。

（三）参加大区试验 1 年，比对照扬麦 20 增产＞5%，增产≥2%点率＞60%，下年度区域试验和生产试验同步进行的品种：华麦 1062

华麦 1062 2018—2019 年度试验，20 点汇总，平均亩产 462.0 千克，比国家长江中下游区试对照品种扬麦 20 增产 6.67%，增产点率 85%，增产≥2%点率 75%，居参试品种第二位。非严重倒伏点率 90%。

春性，早熟品种。生育期 202.5 天，比对照扬麦 20 早熟 1.4 天。幼苗半匍匐，较抗寒，分蘖力中等，成穗率较高。株型紧凑，平均株高 81.2 厘米，抗倒伏性好。穗纺锤形，长芒，白壳，籽粒红色，粉质，饱满度好。穗层整齐，赤霉病、白粉病发生轻。本年度 20 个试验点平均亩有效穗数 32.4 万，穗粒数 35.8 粒，千粒重 46.3 克。2019 年接种抗病

性鉴定结果：高感叶锈病和纹枯病，中感条锈病、白粉病，中抗赤霉病，抗穗发芽。2019 年品质测定结果：粗蛋白（干基）含量 12.9%，湿面筋含量 26.8%，吸水率 58.8%，稳定时间 2.4 分钟，最大拉伸阻力 199.5EU，拉伸面积 33.3 厘米²。

（四）参加大区试验 1 年，比对照扬麦 20 增产＞3%，增产≥2%点率＜60%，赤霉病抗性达 R 级绿色品种，下年度区域试验和生产试验同步进行的品种：扬 16－157

扬 16－157 2018—2019 年度试验，20 点汇总，平均亩产 450.0 千克，比国家长江中下游区试对照品种扬麦 20 增产 3.9%，增产点率 65%，增产≥2%点率 55%，居参试品种第五位。非严重倒伏点率 95%。

春性，中熟品种。生育期 203.3 天，比对照扬麦 20 早熟 0.6 天。幼苗半匍匐，较抗寒，分蘖力中等，成穗率较高。株型紧凑，平均株高 81.9 厘米，抗倒伏性好。穗纺锤形，穗型大，长芒，白壳，籽粒红色，粉质，饱满度好。穗层整齐，赤霉病、白粉病发生轻。本年度 20 个试验点平均亩有效穗数 32.4 万，穗粒数 37.8 粒，千粒重 44.5 克。2019 年接种抗病性鉴定结果：高感叶锈病，中感条锈病、白粉病和纹枯病，抗赤霉病，抗穗发芽。2019 年品质测定结果：粗蛋白（干基）含量 11.6%，湿面筋含量 25.6%，吸水率 57.1%，稳定时间 2.7 分钟，最大拉伸阻力 348.5EU，拉伸面积 54.5 厘米²。

（五）参加大区试验 1 年，比对照扬麦 20 增产＞3%，增产≥2%点率＞60%，继续试验的品种：扬 15－133、扬辐麦 5054

1. 扬 15－133 2018—2019 年度试验，20 点汇总，平均亩产 454.2 千克，比国家长江中下游区试对照品种扬麦 20 增产 4.87%，增产点率 75%，增产≥2%点率 65%，居参试品种第四位。非严重倒伏点率 90%。

春性，早熟品种。生育期 202.5 天，比对照扬麦 20 早熟 1.4 天。幼苗半匍匐，较抗寒，分蘖力强，成穗率较高。株型紧凑，平均株高 83.4 厘米，抗倒伏性好。穗纺锤形，长芒，白壳，籽粒红色，半硬质，饱满度好。穗层整齐，赤霉病、白粉病发生轻。本年度 20 个试验点平均亩有效穗数 31.9 万，穗粒数 35.4 粒，千粒重 48.1 克。2019 年接种抗病性鉴定结果：高感叶锈病，中感条锈病、白粉病和纹枯病，中抗赤霉病，抗穗发芽。2019 年品质测定结果：粗蛋白（干基）含量 13.2%，湿面筋含量 33.6%，吸水率 67.7%，稳定时间 2.0 分钟，最大拉伸阻力 190.0EU，拉伸面积 41.0 厘米²。

2. 扬辐麦 5054 2018—2019 年度试验，20 点汇总，平均亩产 449.7 千克，比国家长江中下游区试对照品种扬麦 20 增产 3.83%，增产点率 75%，增产≥2%点率 60%，居参试品种第六位。非严重倒伏点率 90%。

春性，中熟品种。生育期 203.7 天，比对照扬麦 20 早熟 0.2 天。幼苗半匍匐，较抗寒，分蘖力强，成穗率较高。株型紧凑，平均株高 75.9 厘米，抗倒伏性好。穗纺锤形，长芒，白壳，籽粒红色，半硬质，饱满度好。穗层整齐，赤霉病、白粉病发生轻。本年度 20 个试验点平均亩有效穗数 34.5 万，穗粒数 35.2 粒，千粒重 43.4 克。2019 年接种抗病性鉴定结果：高感叶锈病，中感条锈病、白粉病和纹枯病，中抗赤霉病，抗穗发芽。2019

年品质测定结果：粗蛋白（干基）含量13.4%，湿面筋含量28.3%，吸水率57.5%，稳定时间6.6分钟，最大拉伸阻力602.8EU，拉伸面积78.3厘米^2。

五、存在问题和建议

本年度秋播后持续降雨，整个苗期雨水偏多，田间持水量偏高，造成不同程度的渍害，影响分蘖发生。

2018—2019 年度广适性小麦新品种试验黄淮冬麦区南片抗赤霉病组大区试验总结

为了鉴定国家小麦良种联合攻关单位育成新品种的丰产性、稳产性、抗逆性、适应性和品质特性，筛选适合黄淮冬麦区南片种植的小麦新品种，为国家小麦品种审定及合理利用提供重要科学依据，按照农业农村部关于国家四大粮食作物良种重大科研联合攻关部署，以及全国农业技术推广服务中心农技种函〔2018〕488 号文件《关于印发〈2018—2019 年度国家小麦良种联合攻关广适性品种试验实施方案〉的通知》精神，设置了本试验。

一、试验概况

（一）试验设计

试验采用顺序排列，不设重复，每个小区面积不少于 0.5 亩。试验采用机械播种，全区机械收获并现场称重计产。

（二）参试品种

本年度抗赤霉病组大区试验参试品种 12 个（不含对照，表 1），统一对照品种周麦 18，副对照品种百农 207，各试验点所在省份相应组别区试对照品种淮麦 20、济麦 22、小偃 22 为辅助对照品种。

表 1　2018—2019 年度黄淮冬麦区南片抗赤霉病组大区试验参试品种及供种单位

序号	品种名称	组　合	选育单位	联系人
1	濮麦 117（第二年）	周麦 27/中育 9307	濮阳市农业科学院	秦海英
2	皖宿 0891（第二年）	淮麦 30/皖麦 50//烟农 19	宿州市农业科学院	吴兰云
3	安农 1589（第二年）	济麦 22//M0959/168	安徽农业大学/安徽隆平高科种业有限公司	卢　杰
4	濮麦 087（第二年）	浚 K8-4/濮麦 9 号	濮阳市农业科学院	高洪泽
5	涡麦 606（第二年）	莱 137/新麦 13//淮麦 25	亳州市农业科学研究院	刘　钊
6	淮麦 510（第二年）	淮麦 33/淮麦 18	安徽皖垦种业股份有限公司	王华俊
7	皖垦麦 1702（第一年）	郑麦 7692/新麦 26	安徽皖垦种业股份有限公司	王华俊
8	宛 1204（第一年）	偃展 4110/徐麦 856	南阳市农业科学院	李金榜
9	皖宿 1510（第一年）	新麦 21//皖麦 50/新麦 11	宿州市农业科学院	吴兰云
10	中麦 7152（第一年）	新麦 26/石优 17	中国农业科学院作物科学研究所	孙果忠
11	昌麦 20（第一年）	周麦 22/Y7324（昌麦 9 号）	许昌市农业科学研究所	张存利
12	WK1602（第一年）	淮 0566/泛 065050	安徽皖垦种业股份有限公司	王华俊
13	周麦 18（黄淮冬麦区南片区试对照品种）			
14	百农 207（区试第一年材料国家对照品种）			
15	淮麦 20（江苏省相应区域区试对照品种）			
16	济麦 22（安徽省相应区域区试对照品种）			
17	小偃 22（陕西省相应区域区试对照品种）			

（三）试验点分布

本年度抗赤霉病组大区试验共设置试验点 23 个（表 2），其中河南省 12 个、安徽省 6 个、江苏省 3 个、陕西省 2 个，由于江苏徐州试验点、江苏淮安试验点、河南省农业科学院试验点未种植对照百农 207，本年度实际汇总 20 个试验点。

表 2　2018—2019 年度黄淮冬麦区南片抗赤霉病组大区试验承试单位

序号	承试单位	联系人	试验地点
1	濮阳市农业科学院	秦海英	河南省濮阳市南乐县杨村乡楼营村
2	新乡市农业科学院	盛　坤	河南省辉县市冀屯镇麻小营村
3	漯河市农业科学院	廖平安	河南省漯河市临颍县杜曲镇前韩村
4	周口市农业科学院	韩玉林	河南省周口市商水县练集镇杨庄村
5	南阳市农业科学院	李金榜	河南省南阳市卧龙区潦河镇刘营村
6	河南省兆丰种业公司	刘　成	许昌市建安区蒋李集南 1 千米
7	洛阳农林科学院	高海涛	河南省偃师县庞村镇军屯村
8	河南省农业科学院小麦研究所	许为钢	河南新乡现代农业研究开发基地
9	河南中种联丰种业有限公司	王中兴	河南省开封市尉氏县十八里镇和尚庄农场
10	河南天存种业科技有限公司	张保亮	河南省荥阳市广武镇军张村
11	河南科技学院	李　淦	河南省新乡市新乡县朗公庙镇崔庄村
12	河南黄泛区地神种业公司	朱高纪	河南省周口市西华县黄泛区农场
13	江苏徐淮地区徐州农业科学研究所	冯国华	徐州市经济技术开发区大庙村
14	淮安市农业科学研究院	王伟中	江苏省宿迁市宿城区洋北镇前张圩
15	江苏瑞华种业公司	金彦刚	江苏省宿迁市湖滨新城开发区（塘湖）良种场
16	安徽农业大学	卢　杰	安徽省阜阳市颍上县红星镇现代农业示范园
17	安徽省农业科学院作物研究所	曹文昕	安徽省濉溪县百善镇柳湖农场
18	亳州市农业科学研究院	刘　钊	安徽省涡阳县龙山镇龙北村
19	宿州市农业科学院	吴兰云	安徽省宿州市埇桥区灰古镇付湖村
20	安徽皖垦种业股份有限公司	王永玖	安徽省龙亢农场
21	安徽华皖种业公司	朱卫生	安徽省宿州市埇桥区西二铺乡葛林村隆平高科小麦研究院
22	西北农林科技大学	董　剑	陕西省凤翔县横水镇衡水村
23	陕西农垦大华种业有限责任公司	孔长江	陕西省华阴市华西镇

（四）试验实施情况

试验安排在当地种粮大户的生产田中，按当地生态条件上等栽培水平管理。本年度各试验点基本按照试验方案的要求，做到适时播种、施肥、浇水、除草等田间管理，及时按记载项目和要求进行调查记载，认真进行数据汇总和总结。本年度大部分试验点播期均在适播期以内，播期 10 月 3～22 日，亩基本苗数 12 万～36.7 万。20 个试验点试验质量均

达到了汇总要求。

二、气候条件对小麦生长发育的影响

播期干旱，大部分播期适宜，冬前分蘖足，苗壮。2018 年 10 月上中旬小麦播期降雨少，大部分试验点播期适宜，各试验点造墒播种或播种后随即浇水，出苗好。

越冬期雨水充足、光温协调、群体适中。2018 年 11 月上旬至 2019 年 2 月初，除陕西 2 个试验点外，其他点大部分冬季雨水充足，墒情适宜，群体适中，冻害轻，大多试验点苗匀、苗壮。

小麦返青—拔节期气温平稳，光照充足，降雨少。2019 年 2 月上中旬进入返青期，长时间无有效降雨或降雨偏少，至拔节期试验点有一定程度旱象，皖北、苏北及豫南地区试验点有一定影响但程度不重，小麦生长发育总体较好。豫北及陕西等有灌溉条件的试验点进行了浇灌，肥水管理得当，促进了苗情转化。

扬花期降雨，温度低，降雨有利后期灌浆。2019 年 4 月 10 日前后有一次明显降温过程，此时小麦大都处于孕穗期，但无极端低温出现，对品种结实性影响小。4 月中下旬扬花期大多试验点均有降雨，但降雨期间温度低，不利禾谷镰孢侵染。虽然雨量偏少但是降雨集中，均为有效降雨，补充了土壤墒情，为后期灌浆成熟提供了保障。

灌浆期降雨少，病害发生轻，后期有轻度干热风，产量较往年高。进入小麦灌浆期，大多试验点降雨偏少，小麦赤霉病发病轻，有灌溉条件的试验点进行了补水，皖北区域由于 4 月的降雨集中在 4 月中下旬，为后期灌浆创造了条件，同时光照充足、病害轻。5 月下旬出现 3～4 天的干热风，对小麦灌浆有一定影响。6 月 6 日大范围的降雨对试验收获有一定影响，豫南、皖北由于熟期早得以顺利收获，其他试验点大多雨后收获，后期天气晴好，降雨对试验总体影响不大。

纵观本试验整个麦区，播期适中，出苗好，苗期、越冬期雨雪充沛，温度适宜，得以冬前壮苗。返青拔节期光照充足，苗情转化顺利。抽穗扬花期降雨遇上低温，但为小麦及时补充了水分，为 5 月的充分灌浆打下了基础。虽然全生育期降水偏少，但是关键时期雨水充沛，墒情得到保障，赤霉病发生轻，总体来说全年的小麦生产较为顺利，是一个丰产年份。

三、试验结果与分析

试验产量和其他农艺性状数据均采用平均数法统计分析。

（一）产量

1. 试验点产量　本年度 20 个试验点平均亩产 566.3 千克（不含 3 个省对照品种），亩产变幅为 439.7～630.1 千克，亩产超过 600 千克的试验点有许昌建安（630.1 千克）、河南漯河（628.9 千克）、安徽阜阳（625.6 千克）、河南荥阳（625.9 千克）、河南新乡县（606.3 千克），各试验点产量结果详见表 3。

表 3　2018—2019 年度黄淮冬麦区南片抗赤霉病组大区试验各试验点产量

濮阳市农业科学院						新乡市农业科学院					
品种名称	亩产量（千克）	比周麦18增产（%）	比百农207增产（%）	比本省对照增产（%）	位次	品种名称	亩产量（千克）	比周麦18增产（%）	比百农207增产（%）	比本省对照增产（%）	位次
濮麦 117	624.5	12.73	12.25		1	濮麦 117	551.3	7.90	9.21		4
皖宿 0891	621.3	12.27	11.66		2	皖宿 0891	530.0	3.73	4.98		7
安农 1589	580.7	6.15	4.37		6	安农 1589	579.1	13.34	14.71		2
濮麦 087	599.1	9.93	7.68		5	濮麦 087	550.5	7.74	9.05		5
涡麦 606	616.4	11.58	10.79		3	涡麦 606	526.6	3.06	4.31		8
淮麦 510	554.8	1.75	−0.29		13	淮麦 510	517.1	1.19	2.42		11
皖垦麦 1702	558.0	2.33	0.29		11	皖垦麦 1702	536.2	4.94	6.21		6
宛 1204	574.2	5.08	3.21		9	宛 1204	522.6	2.28	3.52		10
皖宿 1510	574.2	5.08	3.21		9	皖宿 1510	524.9	2.73	3.97		9
中麦 7152	575.9	5.35	3.50		8	中麦 7152	565.5	10.67	12.01		3
昌麦 20	600.2	9.19	7.87		4	昌麦 20	585.8	14.63	16.02		1
WK1602	577.5	5.62	3.79		7	WK1602	507.3	−0.73	0.48		13
周麦 18（CK）	556.4	2.04	—		12	周麦 18（CK）	511.0	—	1.21		12
百农 207（CK）	545.0	—	−2.04		14	百农 207（CK）	504.9	−1.20	—		14
本省对照						本省对照					
平均	582.7					平均	536.6				

漯河市农业科学院						周口市农业科学院					
品种名称	亩产量（千克）	比周麦18增产（%）	比百农207增产（%）	比本省对照增产（%）	位次	品种名称	亩产量（千克）	比周麦18增产（%）	比百农207增产（%）	比本省对照增产（%）	位次
濮麦 117	657.1	8.49	8.99		2	濮麦 117	566.9	7.65	12.24		1
皖宿 0891	660.4	9.03	9.54		1	皖宿 0891	560.6	6.46	10.99		2
安农 1589	635.7	4.95	5.44		6	安农 1589	557.2	5.81	10.31		5
濮麦 087	641.2	5.86	6.35		5	濮麦 087	502.7	−4.54	−0.48		13
涡麦 606	623.6	2.96	3.43		8	涡麦 606	549.6	4.37	8.81		8
淮麦 510	619.7	2.31	2.79		9	淮麦 510	499.3	−5.18	−1.15		14
皖垦麦 1702	651.6	7.58	8.08		3	皖垦麦 1702	553.4	5.09	9.56		6
宛 1204	627.4	3.58	4.06		7	宛 1204	552.9	4.99	9.46		7
皖宿 1510	606.4	0.12	0.58		12	皖宿 1510	560	6.34	10.87		3
中麦 7152	618.4	2.10	2.57		10	中麦 7152	557.5	5.87	10.37		4
昌麦 20	645.8	6.62	7.12		4	昌麦 20	549.3	4.31	8.75		9
WK1602	608.6	0.48	0.95		11	WK1602	547.9	4.04	8.47		10
周麦 18（CK）	605.7	—	0.46		13	周麦 18（CK）	526.6	—	4.26		11
百农 207（CK）	602.9	−0.46	—		14	百农 207（CK）	505.1	−4.08	—		12
本省对照						本省对照					
平均	628.9					平均	542.1				

（续）

南阳市农业科学院						河南省兆丰种业公司					
品种名称	亩产量（千克）	比周麦18增产（%）	比百农207增产（%）	比本省对照增产（%）	位次	品种名称	亩产量（千克）	比周麦18增产（%）	比百农207增产（%）	比本省对照增产（%）	位次
濮麦 117	506.9	2.01	4.11		6	濮麦 117	656.0	6.27	3.47		3
皖宿 0891	503.6	1.34	3.42		7	皖宿 0891	631.4	2.27	−0.42		7
安农 1589	521.4	4.92	7.08		1	安农 1589	610.0	−1.19	−3.79		12
濮麦 087	492.5	−0.89	1.14		9	濮麦 087	621.4	0.65	−2.00		9
涡麦 606	488.0	−1.79	0.23		11	涡麦 606	660.0	6.91	4.10		2
淮麦 510	511.4	2.91	5.02		5	淮麦 510	606.7	−1.73	−4.31		13
皖垦麦 1702	470.2	−5.37	−3.42		13	皖垦麦 1702	624.0	1.08	−1.58		8
宛 1204	520.3	4.70	6.85		2	宛 1204	614.3	−0.49	−3.11		11
皖宿 1510	489.1	−1.57	0.46		10	皖宿 1510	638.7	3.46	0.73		5
中麦 7152	516.9	4.03	6.16		3	中麦 7152	592.7	−3.99	−6.52		14
昌麦 20	514.7	3.58	5.71		4	昌麦 20	674.0	9.18	6.31		1
WK1602	464.7	−6.49	−4.57		14	WK1602	640.7	3.78	1.05		4
周麦 18（CK）	496.9	—	2.05		8	周麦 18（CK）	617.4	—	−2.63		10
百农 207（CK）	486.9	−2.01	—		12	百农 207（CK）	634.0	2.70	—		6
本省对照						本省对照					
平均	498.8					平均	630.1				

洛阳农林科学院						河南中种联丰种业有限公司					
品种名称	亩产量（千克）	比周麦18增产（%）	比百农207增产（%）	比本省对照增产（%）	位次	品种名称	亩产量（千克）	比周麦18增产（%）	比百农207增产（%）	比本省对照增产（%）	位次
濮麦 117	582.9	8.23	11.93		1	濮麦 117	551.6	4.30	10.20		1
皖宿 0891	561.1	4.19	7.74		4	皖宿 0891	487.3	−7.90	−2.70		12
安农 1589	571.3	6.07	9.69		2	安农 1589	479.8	−9.30	−4.20		14
濮麦 087	566.6	5.20	8.79		3	濮麦 087	525.1	−0.70	4.90		9
涡麦 606	554.1	2.89	6.40		9	涡麦 606	530.8	0.40	6.00		7
淮麦 510	499.9	−7.18	−4.01		14	淮麦 510	545.9	3.20	9.00		4
皖垦麦 1702	510.5	−5.22	−1.98		13	皖垦麦 1702	545.9	3.20	9.00		4
宛 1204	558.6	3.71	7.25		6	宛 1204	485.4	−8.20	−3.00		13
皖宿 1510	554.3	2.91	6.42		8	皖宿 1510	549.7	3.90	9.80		2
中麦 7152	554.9	3.03	6.55		7	中麦 7152	536.4	1.40	7.20		6
昌麦 20	560.0	3.98	7.53		5	昌麦 20	549.7	3.90	9.80		2
WK1602	531.6	−1.30	2.07		11	WK1602	491.1	−7.10	−1.90		11
周麦 18（CK）	538.6	—	3.41		10	周麦 18（CK）	528.9	—	5.70		8
百农 207（CK）	520.8	−3.30	—		12	百农 207（CK）	500.6	−5.40	—		10
本省对照						本省对照					
平均	547.5					平均	522.0				

（续）

河南天存种业科技有限公司						河南科技学院					
品种名称	亩产量（千克）	比周麦18增产（%）	比百农207增产（%）	比本省对照增产（%）	位次	品种名称	亩产量（千克）	比周麦18增产（%）	比百农207增产（%）	比本省对照增产（%）	位次
濮麦 117	650.6	4.87	9.05		3	濮麦 117	637.9	8.56	9.62		1
皖宿 0891	645.8	4.09	8.63		4	皖宿 0891	613.2	4.35	5.40		4
安农 1589	625.6	0.84	4.87		7	安农 1589	608.1	3.48	4.54		5
濮麦 087	664.6	7.12	11.40		1	濮麦 087	604.0	2.78	3.84		7
涡麦 606	656.2	5.77	9.99		2	涡麦 606	605.9	3.11	4.16		6
淮麦 510	628.6	1.32	5.36		6	淮麦 510	595.4	1.32	2.38		11
皖垦麦 1702	577.0	−7.00	−3.29		14	皖垦麦 1702	598.7	1.89	2.95		10
宛 1204	621.8	0.21	4.22		8	宛 1204	592.7	0.86	1.92		12
皖宿 1510	630.8	1.61	5.73		5	皖宿 1510	626.3	6.59	7.65		3
中麦 7152	618.6	−0.29	3.69		10	中麦 7152	602.7	2.57	3.62		8
昌麦 20	610.4	−1.61	2.31		12	昌麦 20	634.3	7.94	9.00		2
WK1602	616.2	−0.68	3.29		11	WK1602	599.5	2.03	3.08		9
周麦 18（CK）	620.4	—	3.99		9	周麦 18（CK）	587.6	—	1.05		13
百农 207（CK）	596.6	−3.84	—		13	百农 207（CK）	581.4	−1.05	—		14
本省对照						本省对照					
平均	625.9					平均	606.3				

河南黄泛区地神种业公司						江苏瑞华种业公司					
品种名称	亩产量（千克）	比周麦18增产（%）	比百农207增产（%）	比本省对照增产（%）	位次	品种名称	亩产量（千克）	比周麦18增产（%）	比百农207增产（%）	比本省对照增产（%）	位次
濮麦 117	638.4	9.85	8.19		1	濮麦 117	567.8	2.45	6.13	2.75	7
皖宿 0891	591.2	1.73	0.19		7	皖宿 0891	575.6	3.86	7.59	4.16	5
安农 1589	595.7	2.51	0.95		5	安农 1589	584.8	5.52	9.31	5.83	1
濮麦 087	590.1	1.55	0.00		9	濮麦 087	580.0	4.66	8.41	4.96	4
涡麦 606	587.7	1.13	−0.41		11	涡麦 606	582.2	5.05	8.82	5.36	2
淮麦 510	565.1	−2.75	−4.23		14	淮麦 510	581.2	4.87	8.64	5.18	3
皖垦麦 1702	590.9	1.69	0.14		8	皖垦麦 1702	536.6	−3.18	0.30	−2.90	14
宛 1204	595.5	2.48	0.91		6	宛 1204	541.0	−2.38	1.12	−2.10	12
皖宿 1510	621.6	6.97	5.33		3	皖宿 1510	560.0	1.05	4.67	1.34	8
中麦 7152	603.0	3.77	2.19		4	中麦 7152	572.6	3.32	7.03	3.62	6
昌麦 20	635.0	9.28	7.60		2	昌麦 20	543.8	−1.88	1.64	−1.59	11
WK1602	579.2	−0.33	−1.85		13	WK1602	539.2	−2.71	0.79	−2.42	13
周麦 18（CK）	581.1	—	−1.53		12	周麦 18（CK）	554.2	—	3.59	0.29	9
百农 207（CK）	590.1	1.55	—		9	百农 207（CK）	535.0	−3.46	—	−3.18	15
本省对照						本省对照	552.6	−0.29	3.29	—	10
平均	597.5					平均	560.4				

（续）

品种名称	安徽农业大学 亩产量（千克）	比周麦18增产（%）	比百农207增产（%）	比本省对照增产（%）	位次	品种名称	安徽省农业科学院作物研究所 亩产量（千克）	比周麦18增产（%）	比百农207增产（%）	比本省对照增产（%）	位次
濮麦117	624.3	5.82	3.69	4.39	9	濮麦117	577.0	12.15	8.93	5.39	3
皖宿0891	638.4	8.22	6.04	6.76	6	皖宿0891	546.9	6.30	3.25	−0.11	7
安农1589	644.5	9.25	7.05	7.77	3	安农1589	594.6	15.57	12.25	8.60	2
濮麦087	620.2	5.14	3.02	3.72	10	濮麦087	541.9	5.33	2.30	−1.02	9
涡麦606	630.3	6.85	4.70	5.41	8	涡麦606	554.7	7.81	4.72	1.32	5
淮麦510	614.2	4.11	2.01	2.70	11	淮麦510	563.0	9.43	6.29	2.83	4
皖垦麦1702	642.5	8.90	6.71	7.43	5	皖垦麦1702	625.2	21.52	18.03	14.19	1
宛1204	573.8	−2.74	−4.70	−4.05	15	宛1204	536.3	4.24	1.25	−2.05	10
皖宿1510	648.5	9.93	7.72	8.45	2	皖宿1510	496.1	−3.58	−6.34	−9.39	15
中麦7152	644.5	9.25	7.05	7.77	3	中麦7152	545.5	6.03	2.98	−0.37	8
昌麦20	678.8	15.07	12.75	13.51	1	昌麦20	501.6	−2.51	−5.30	−8.38	14
WK1602	634.4	7.53	5.37	6.08	7	WK1602	502.1	−2.41	−5.21	−8.29	13
周麦18（CK）	589.9	—	−2.02	−1.35	14	周麦18（CK）	514.5	—	−2.87	−6.03	12
百农207（CK）	602.1	2.06	—	0.68	12	百农207（CK）	529.7	2.95	—	−3.25	11
本省对照	598.0	1.37	−0.67	—	13	本省对照	547.5	6.41	3.36	—	6
平均	625.6					平均	545.1				

品种名称	亳州市农业科学研究院 亩产量（千克）	比周麦18增产（%）	比百农207增产（%）	比本省对照增产（%）	位次	品种名称	宿州市农业科学院 亩产量（千克）	比周麦18增产（%）	比百农207增产（%）	比本省对照增产（%）	位次
濮麦117	585.1	6.58	11.77	10.46	9	濮麦117	576.8	3.33	5.29	2.38	10
皖宿0891	566.8	3.24	8.27	7.00	12	皖宿0891	611.8	9.60	11.68	8.59	3
安农1589	588.5	7.19	12.42	11.10	7	安农1589	597.8	7.09	9.13	6.11	4
濮麦087	585.9	6.72	11.92	10.61	8	濮麦087	578.8	3.69	5.66	2.73	8
涡麦606	594.6	8.31	13.58	12.25	4	涡麦606	585.0	4.80	6.79	3.83	6
淮麦510	599.8	9.25	14.57	13.23	1	淮麦510	576.8	3.33	5.29	2.38	10
皖垦麦1702	596.1	8.58	13.87	12.54	3	皖垦麦1702	575.4	3.08	5.04	2.13	12
宛1204	593.4	8.09	13.35	12.03	5	宛1204	586.8	5.12	7.12	4.15	5
皖宿1510	589.1	7.30	12.53	11.21	6	皖宿1510	622.8	11.57	13.69	10.54	1
中麦7152	599.0	9.11	14.42	13.08	2	中麦7152	578.4	3.62	5.59	2.66	9
昌麦20	572.8	4.34	9.42	8.14	11	昌麦20	582.4	4.34	6.32	3.37	7
WK1602	574.9	4.72	9.82	8.53	10	WK1602	615.2	10.21	12.30	9.19	2
周麦18（CK）	549.0	—	4.87	3.64	13	周麦18（CK）	558.2	—	1.90	−0.92	14
百农207（CK）	523.5	−4.64	—	−1.17	15	百农207（CK）	547.8	−1.86	—	−2.77	15
本省对照	529.7	−3.52	1.18	—	14	本省对照	563.4	0.93	2.85	—	13
平均	576.5					平均	583.8				

（续）

安徽皖垦种业股份有限公司

品种名称	亩产量（千克）	比周麦18增产（%）	比百农207增产（%）	比本省对照增产（%）	位次
濮麦 117	609.3	5.77	4.73	8.60	4
皖宿 0891	595.8	3.43	2.41	6.19	6
安农 1589	630.5	9.46	8.38	12.39	1
濮麦 087	583.0	1.22	0.21	3.92	8
涡麦 606	613.0	6.42	5.37	9.27	3
淮麦 510	558.3	−3.08	−4.04	−0.49	12
皖垦麦 1702	617.0	7.12	6.06	9.98	2
宛 1204	524.8	−8.90	−9.80	−6.46	14
皖宿 1510	595.5	3.39	2.36	6.15	7
中麦 7152	527.5	−8.42	−9.33	−5.97	13
昌麦 20	507.5	−11.89	−12.76	−9.54	15
WK1602	606.0	5.21	4.17	8.02	5
周麦 18（CK）	576.0	—	−0.99	2.67	10
百农 207（CK）	581.8	1.00	—	3.70	9
本省对照	561.0	−2.60	−3.57	—	11
平均	579.1				

安徽华皖种业公司

品种名称	亩产量（千克）	比周麦18增产（%）	比百农207增产（%）	比本省对照增产（%）	位次
濮麦 117	627.2	11.11	10.09	11.47	1
皖宿 0891	576.2	2.07	1.14	2.40	5
安农 1589	595.0	5.40	4.44	5.74	2
濮麦 087	576.4	2.10	1.17	2.43	4
涡麦 606	547.8	−2.96	−3.85	−2.65	12
淮麦 510	559.7	−0.86	−1.76	−0.54	11
皖垦麦 1702	579.5	2.65	1.71	2.98	3
宛 1204	527.1	−6.63	−7.48	−6.33	15
皖宿 1510	564.6	0.01	−0.90	0.34	8
中麦 7152	541.9	−4.00	−4.88	−3.69	13
昌麦 20	576.2	2.07	1.13	2.40	5
WK1602	537.4	−4.81	−5.68	−4.50	14
周麦 18（CK）	564.5	—	−0.91	0.32	9
百农 207（CK）	569.7	0.92	—	1.25	7
济麦 22（CK）	562.7	−0.32	−1.23	—	10
平均	567.1				

西北农林科技大学

品种名称	亩产量（千克）	比周麦18增产（%）	比百农207增产（%）	比本省对照增产（%）	位次
濮麦 117	443.0	1.51	0.45	3.07	7
皖宿 0891	435.2	−0.27	−1.32	1.26	10
安农 1589	466.0	6.78	5.67	8.42	2
濮麦 087	470.0	7.70	6.58	9.35	1
涡麦 606	457.6	4.86	3.76	6.47	5
淮麦 510	430.4	−1.37	−2.40	0.14	11
皖垦麦 1702	404.6	−7.29	−8.25	−5.86	14
宛 1204	410.2	−6.00	−6.98	−4.56	13
皖宿 1510	450.4	3.21	2.13	4.79	6
中麦 7152	460.6	5.55	4.44	7.17	4
昌麦 20	462.2	5.91	4.81	7.54	3
WK1602	397.6	−8.89	−9.84	−7.49	15
周麦 18（CK）	436.4	—	−1.04	1.54	9
百农 207（CK）	441.0	1.05	—	2.61	8
本省对照	429.8	−1.51	−2.54	—	12
平均	439.7				

陕西农垦大华种业有限责任公司

品种名称	亩产量（千克）	比周麦18增产（%）	比百农207增产（%）	比本省对照增产（%）	位次
濮麦 117	547.8	9.34	10.22	14.13	3
皖宿 0891	521.4	4.07	4.91	8.63	7
安农 1589	557.8	11.34	12.23	16.21	1
濮麦 087	503.6	0.16	0.97	4.91	10
涡麦 606	511.6	2.12	2.74	6.58	9
淮麦 510	519.6	3.71	4.55	8.25	8
皖垦麦 1702	534.0	6.59	7.44	11.25	5
宛 1204	489.0	−2.39	−1.61	1.88	14
皖宿 1510	557.0	11.17	12.07	16.04	2
中麦 7152	498.6	−0.49	0.32	3.88	12
昌麦 20	537.4	7.27	8.13	11.96	4
WK1602	521.8	4.15	4.99	8.71	6
周麦 18（CK）	501.0	—	0.80	4.38	11
百农 207（CK）	497.0	−0.80	—	3.54	13
本省对照	480.0	−4.19	−3.42	—	15
平均	518.5				

（续）

汇　总　表

品种名称	亩产量（千克）	比周麦 18 增产（%）	比百农 207 增产（%）	比本省对照增产（%）	位次
濮麦 117	589.1	6.98	8.13		1
安农 1589	581.2	5.54	6.68		2
昌麦 20	576.1	4.62	5.75		3
涡麦 606	573.8	4.20	5.32		4
皖宿 0891	573.7	4.18	5.30		5
皖宿 1510	573.0	4.05	5.18		6
濮麦 087	569.9	3.49	4.61		7
皖垦麦 1702	566.4	2.85	3.96		8
中麦 7152	565.6	2.71	3.82		9
淮麦 510	557.3	1.20	2.29		10
WK1602	554.6	0.71	1.80		11
宛 1204	552.4	0.31	1.40		12
周麦 18	550.7	—	1.08		13
百农 207	544.8	−1.07	—		14
淮麦 20	552.6	0.35	1.43		
济麦 22	560.4	1.76	2.86		
小偃 22	454.9	−17.42	−16.50		

2. 品种产量　本年度参试品种平均亩产 566.3 千克（不含 3 个省对照），亩产变幅为 589.1～544.8 千克。对照品种周麦 18 居第 13 位（表 4），濮麦 117、安农 1589、涡麦 606、皖宿 0891、濮麦 087、淮麦 510 等 6 个品种的平均亩产均超过周麦 18。副对照品种百农 207 居第 14 位（表 4），昌麦 20、皖宿 1510、皖垦麦 1702、中麦 7152、WK1602、宛 1204 等 6 个品种的平均亩产均超过国家黄淮冬麦区南片区试对照百农 207（表 5）。

表 4　2018—2019 年度黄淮冬麦区南片抗赤霉病组大区试验对照品种的产量表现

组别	对照品种	对照亩产量（千克）	最大增幅（%）	最大减幅（%）	位次	增产品种数（个）	试验品种平均亩产量（千克）
抗赤霉病组大区试验	周麦 18	550.7	6.98	0	13	12	566.3
	百农 207	544.8	8.13	0	14	12	566.3

表 5　2018—2019 年度黄淮冬麦区南片抗赤霉病组大区试验参试品种产量比较

序号	品种名称	参试年份	平均亩产量（千克）	比周麦 18 增产（%）	比百农 207 增产（%）
1	濮麦 117	第二年	589.1	6.98	8.13
2	皖宿 0891	第二年	573.7	4.18	5.30
3	安农 1589	第二年	581.2	5.54	6.68
4	濮麦 087	第二年	569.9	3.49	4.61
5	涡麦 606	第二年	573.8	4.20	5.32

（续）

序号	品种名称	参试年份	平均亩产量（千克）	比周麦 18 增产（%）	比百农 207 增产（%）
6	淮麦 510	第二年	557.3	1.20	2.29
7	皖垦麦 1702	第一年	566.4	2.85	3.96
8	宛 1204	第一年	552.4	0.31	1.40
9	皖宿 1510	第一年	573.0	4.05	5.18
10	中麦 7152	第一年	565.6	2.71	3.82
11	昌麦 20	第一年	576.1	4.62	5.75
12	WK1602	第一年	554.6	0.71	1.80
13	周麦 18（CK）		550.7	—	1.08
14	百农 207（CK）		544.8	−1.07	—
15	淮麦 20（CK）		552.6	0.35	1.43
16	济麦 22（CK）		560.4	1.76	2.86
17	小偃 22（CK）		454.9	−17.42	−16.50

（二）品种评价

参试的 12 个品种中，除中麦 7152 达到强筋小麦标准外，其余品种为中筋小麦。根据产量、抗性鉴定和品质测试结果，结合田间表现，依据《主要农作物品种审定标准（国家级）》中小麦品种审定标准，参试品种处理意见如下：

（1）参加大区试验第二年，同时参加生产试验，完成试验程序的品种为濮麦 117、安农 1589、涡麦 606、皖宿 0891、濮麦 087、淮麦 510。

（2）参加大区试验第一年，比对照周麦 18 和百农 207 增产，经南阳市农业科学院接种鉴定赤霉病抗性为中抗，下年度大区试验和生产试验同步进行的品种为皖宿 1510、宛 1204、WK1602。

（3）参加大区试验第一年，比对照周麦 18 和百农 207 增产，品质为强筋，下年度大区试验和生产试验同步进行的品种为中麦 7152。

（4）参加大区试验第一年，比对照周麦 18 增产＞4%，比对照百农 207 增产＞5%，增产≥2%点率＞60%，条锈病和叶锈病中抗以上，下年度大区试验和生产试验同步进行的品种为昌麦 20。

（5）参加大区试验第一年，比对照周麦 18 和百农 207 增产＞2%，增产≥2%点率＞60%，下年度继续大区试验的品种为皖垦麦 1702。

参试品种在各试验点的产量、抗性鉴定和农艺性状等见表 6 至表 12。

表 6　2018—2019 年度黄淮冬麦区南片抗赤霉病组大区试验参试品种茎蘖动态及产量构成

序号	品种名称	生育期（天）	亩基本苗数（万）	亩最高茎蘖数（万）	亩穗数（万）	穗粒数（粒）	千粒重（克）	分蘖成穗率（%）	株高（厘米）	容重（克/升）
1	濮麦 117	227.2	18.3	88.9	40.0	38.7	45.3	46.3	76.4	807.6
2	皖宿 0891	227.7	18.4	101.3	45.4	34.1	42.7	46.3	80.2	799.0
3	安农 1589	226.8	18.1	95.0	44.7	34.1	44.1	48.5	77.8	798.4

（续）

序号	品种名称	生育期（天）	亩基本苗数（万）	亩最高茎蘖数（万）	亩穗数（万）	穗粒数（粒）	千粒重（克）	分蘖成穗率（%）	株高（厘米）	容重（克/升）
4	濮麦 087	227.7	17.5	84.9	38.1	39.0	46.3	46.1	82.4	789.2
5	涡麦 606	227.2	17.7	95.1	40.4	38.5	43.0	43.5	87.9	787.1
6	淮麦 510	225.7	18.3	93.0	44.0	32.5	43.8	48.8	84.3	801.7
7	皖垦麦 1702	225.4	16.9	85.3	39.1	35.5	46.4	47.6	82.9	793.1
8	宛 1204	226.6	17.7	98.4	43.5	32.5	44.6	45.5	77.9	794.0
9	皖宿 1510	227.9	18.2	90.1	40.6	36.1	45.6	46.1	87.4	796.5
10	中麦 7152	226.6	18.7	95.5	41.1	37.3	43.2	43.8	81.0	784.7
11	昌麦 20	227.7	17.9	96.1	42.3	35.3	47.4	45.4	75.1	784.6
12	WK1602	225.7	18.5	85.9	41.7	35.4	42.8	49.6	85.8	791.3
13	周麦 18（CK）	227.2	17.8	90.3	38.7	37.6	47.5	44.5	78.1	796.2
14	百农 207（CK）	227.7	17.6	81.6	37.9	38.4	44.8	47.8	77.3	798.8
15	淮麦 20（CK）	235.0	15.0	112.3	44.8	29.7	44.0	39.9	102.0	
16	济麦 22（CK）	222.7	18.2	91.7	41.5	37.4	44.8	48.4	80.0	806.1
17	小偃 22（CK）	233.0	18.6	75.6	35.9	33.4	43.6	47.3	81.0	829.0

表 7　2018—2019 年度黄淮冬麦区南片抗赤霉病组大区试验抗寒性汇总

序号	品种名称	河南濮阳	河南辉县	河南漯河	河南南阳	许昌建安	河南开封	河南荥阳	河南西华	江苏瑞华	安徽濉溪	安徽涡阳	宿州灰古镇	安徽龙亢	宿州西二铺	安徽濉溪	陕西凤翔	陕西华阴
1	濮麦 117	3	2	2	1	2	2	2	2	2	1	2	1	2	1	1	1	1
2	皖宿 0891	2	3	2	1	2	2	2	2	2	1	2	1	2	1	1	1	1
3	安农 1589	3	2	2	1	2	2	2	2	2	1	2	2	2	1	1	1	1
4	濮麦 087	3	2	2	1	3	2	2	2	2	1	2	1	2	2	1	1	1
5	涡麦 606	2	3	2	2	2	2	2	2	2	1	2	1	2	1	1	1	1
6	淮麦 510	3	3	2	1	2	2	2	2	2	2	2	2	2	2	2	1	2
7	皖垦麦 1702	2	3	2	1	2	2	2	2	3	1	2	1	2	3	1	1	1
8	宛 1204	2	2	2	1	2	2	2	2	2	1	2	1	2	1	1	1	1
9	皖宿 1510	2	2	2	1	2	2	2	2	2	1	2	1	2	1	1	1	1
10	中麦 7152	2	3	2	1	2	2	2	2	3	1	1	1	2	1	1	1	1
11	昌麦 20	3	2	2	1	2	2	2	2	2	1	2	1	2	1	1	1	—
12	WK1602	2	3	2	1	2	2	2	2	2	2	1	2	2	1	2	1	2
13	周麦 18（CK）	3	1	2	1	3	2	2	2	3	2	2	2	3	2	2	1	2
14	百农 207（CK）	3	1	2	1	2	2	2	2	2	1	2	3	2	2	1	1	3
15	淮麦 20（CK）									2								
16	济麦 22（CK）										1	1	1	2	1	1		
17	小偃 22（CK）																1	1

表 8　2018—2019 年度黄淮冬麦区南片抗赤霉病组大区试验条锈病汇总

序号	品种名称	河南漯河		河南商水		河南南阳		许昌建安		河南开封	
		反应型	普遍率（%）	反应型	普遍率（%）	反应型	普遍率（%）	反应型	普遍率（%）	反应型	普遍率（%）
1	濮麦 117	3	10	1	10			3	2	10	2
2	皖宿 0891	3	3	1	3	2	2	2	3		
3	安农 1589					1	1	1	0		
4	濮麦 087	3	10	1	10	1	2	2	0.3		
5	涡麦 606	3	5	1	5	3	3	2		5	3
6	淮麦 510	3	5	1	5			1	0		
7	皖垦麦 1702	3	2	1	2	1	2	3	0		
8	宛 1204							2	0.2	5	3
9	皖宿 1510	3	40	1	40			3	2		
10	中麦 7152	4	3	1	3			3	0.5		
11	昌麦 20							1	0		
12	WK1602	3	2	1	2	1	1	2	0.2	5	3
13	周麦 18（CK）	3	65	1	65			1	0.6		
14	百农 207（CK）	3	70	1	70	3	3	2	0.3		
15	淮麦 20（CK）										
16	济麦 22（CK）										
17	小偃 22（CK）										

序号	品种名称	河南荥阳		江苏瑞华		安徽濉溪		安徽龙亢		宿州西二铺		陕西凤翔	
		反应型	普遍率（%）	反应型	普遍率（%）	反应型	普遍率（%）	反应型	普遍率（%）	反应型	普遍率（%）	反应型	普遍率（%）
1	濮麦 117	3		3				5	50	2	0.04	1	
2	皖宿 0891	3						3	40	5	0.2	1	
3	安农 1589	3						2	30	3	0.1	1	
4	濮麦 087	3						2	20	1	0	1	
5	涡麦 606	3		2				5	60	5	0.2	1	
6	淮麦 510	3						2	40	6	0.2	1	
7	皖垦麦 1702	3						4	50	2	0.1	1	
8	宛 1204	3						2	30	2	0.06	1	
9	皖宿 1510	4	10					2	60	5	0.4	1	
10	中麦 7152	3						2	40	4	0.2	1	
11	昌麦 20	3						1	100	1	0	1	
12	WK1602	3				4	20	3	40	5	0.2	1	
13	周麦 18（CK）	3						3	60	3	0.15	1	
14	百农 207（CK）	3		3				5	40	4	0.08	1	
15	淮麦 20（CK）												
16	济麦 22（CK）							5	60	2	0.1		
17	小偃 22（CK）											1	

表 9　2018—2019 年度黄淮冬麦区南片抗赤霉病组大区试验白粉病汇总

序号	品种名称	河南濮阳		河南漯河		河南商水		许昌建安		河南开封		河南荥阳		河南新乡县	
		反应型	普遍率(%)	反应型	普遍率(%)	反应型	普遍率(%)	反应型	普遍率(%)	反应型	普遍率(%)	反应型	普遍率(%)	反应型	普遍率(%)
1	濮麦 117	2	20					1	0	3	10	3	25	3	
2	皖宿 0891	2	20					1	0	2	20	4	35	3	
3	安农 1589	2	20					1	0	2	20	1		3	
4	濮麦 087	2	20	4	15	4	15	1	0	3	30	1		4	
5	涡麦 606	2	20					1	0	2	5	1		2	
6	淮麦 510	2	20					1	0	0	1	1		2	
7	皖垦麦 1702	2	20	2	1	2	1	1	0	2	10	1		2	
8	宛 1204	2	20					1	0	0	1	3	40	2	
9	皖宿 1510	2	20					1	0	3	20	4	80	4	
10	中麦 7152	3	40					1	0	2	15	3	40	3	
11	昌麦 20	2	25					1	0	3	10	3	30	2	
12	WK1602	2	30					1	0	0	1	1		2	
13	周麦 18（CK）	2	30					1	0	2	10	2	10	3	
14	百农 207（CK）	2	20					1	0	3	30	2	10	2	
15	淮麦 20（CK）														
16	济麦 22（CK）														
17	小偃 22（CK）														

序号	品种名称	江苏瑞华		安徽濉溪		安徽涡阳		宿州灰古镇		安徽龙亢		宿州西二铺		陕西凤翔	
		反应型	普遍率(%)	反应型	普遍率(%)	反应型	普遍率(%)	反应型	普遍率(%)	反应型	普遍率(%)	反应型	普遍率(%)	反应型	普遍率(%)
1	濮麦 117					4		2		2	40	1		1	
2	皖宿 0891	2				4		1		2	20	1		1	
3	安农 1589	3				4		2		3	30	1		1	
4	濮麦 087	4				4		1		3	20	1		1	
5	涡麦 606					4		1		2	20	1		1	
6	淮麦 510	2				4		1		3	30	1		1	
7	皖垦麦 1702	2				4		2		3	30	1		1	
8	宛 1204					4		2		2	30	1		1	
9	皖宿 1510	3		2	20	4		2		3	20	1		1	

（续）

序号	品种名称	江苏瑞华		安徽濉溪		安徽涡阳		宿州灰古镇		安徽龙亢		宿州西二铺		陕西凤翔	
		反应型	普遍率（%）	反应型	普遍率（%）	反应型	普遍率（%）	反应型	普遍率（%）	反应型	普遍率（%）	反应型	普遍率（%）	反应型	普遍率（%）
10	中麦 7152	4		2	20	5		2		2	20	1		1	
11	昌麦 20	3				4		2		2	20	1		1	
12	WK1602					4		2		3	20	1		1	
13	周麦 18（CK）					4		2		2	20	1		1	
14	百农 207（CK）					4		2		2	30	1		1	
15	淮麦 20（CK）														
16	济麦 22（CK）					4		1		3	20	1			
17	小偃 22（CK）													1	

表 10　2018—2019 年度黄淮冬麦区南片抗赤霉病组大区试验赤霉病汇总

序号	品种名称	河南濮阳		河南漯河		河南商水		河南南阳		许昌建安		河南开封		河南荥阳	
		严重度	病穗率（%）	严重度	病穗率（%）	严重度	病穗率（%）	严重度	病穗率（%）	严重度	病穗率（%）	严重度	病穗率（%）	严重度	病穗率（%）
1	濮麦 117	2	0.01	3	0.5	2	0.5			1	0	5	2	1	0
2	皖宿 0891	2	0.01	4	0.2	3	0.2	3	2	1	0	5	2	2	15
3	安农 1589	2	0.01	3	0.1	2	0.1	2	2	1	0	5	1	2	20
4	濮麦 087	2	0.01	5	5	4	5	2	2	1	0	5	2	1	0
5	涡麦 606	2	0.01							1	0	4	1	1	0
6	淮麦 510	2	0.01							1	0			1	0
7	皖垦麦 1702	2	0.01					3	3	1	0	5	2	1	0
8	宛 1204	2	0.01							1	0	5	3	2	10
9	皖宿 1510	2	0.01	2	0.2	2	0.2	2	3	1	0	5	1	1	0
10	中麦 7152	2	0.01	5	0.1	4	0.1	1	2	1	0	5	1	1	0
11	昌麦 20	2	0.01	4	0.1	3	0.1	3	2	1	0	5	2	2	15
12	WK1602	2	0.01							1	0			2	15
13	周麦 18（CK）	2	0.01	5	0.1	4	0.1	3	2	2	0.8	5	2	2	15
14	百农 207（CK）	2	0.01	5	0.2	4	0.2	2	2	1	0	5	7	2	10
15	淮麦 20（CK）	2	0.01												
16	济麦 22（CK）	2	0.01												
17	小偃 22（CK）	2	0.01												

（续）

序号	品种名称	河南西华		江苏瑞华		安徽阜阳		安徽涡阳		宿州灰古镇		安徽龙亢		宿州西二铺		陕西华阴	
		严重度	病穗率（%）	严重度	病穗率（%）	严重度	病穗率（%）	严重度	病穗率（%）	严重度	病穗率（%）	严重度	病穗率（%）	严重度	病穗率（%）	严重度	病穗率（%）
1	濮麦 117	4	0.09	5	4	2	2	2	2	3	3	5		1	0	3	3
2	皖宿 0891			4	1	2	1	2	2	2	1	5		1	0	2	1
3	安农 1589	3	0.02	5	1	1		2	10	2	1	5		1	0	2	1
4	濮麦 087	4	0.03	5	2	2	2	2	15	3	1.5	5		1	0	2	1
5	涡麦 606			4	0.5	2	1	2	12	1	1	5		1	0	1	1
6	淮麦 510	4	0.14	4	5	2	2	2	2	3	2.5	5		1	0	3	2
7	皖垦麦 1702	5	0.03	3	3	1		2	1	2	3	5		1	0	2	3
8	宛 1204	5	0.02	5	1	1		3	3	1	1	5		1	0	1	1
9	皖宿 1510	4	0.05	3	2	1		2	1	1	0.5	5		1	0	1	0.5
10	中麦 7152	4	0.03	4	3	2	1	2	10	2	2	5		1	0	2	2
11	昌麦 20	3	0.09	5	5	2	2	3	10	4	5	5		1	0	4	5
12	WK1602			5	3	2	1	2	2	1	0.5	5		1	0	1	0.5
13	周麦 18（CK）	3	0.03	3	1	2	2	3	30	3	2	5		1	0	3	2
14	百农 207（CK）	3	0.16	4	2	2	3	2	15	4	4	5		1	0	4	4
15	淮麦 20（CK）			2	0.5												
16	济麦 22（CK）					2	2	2	3	4	3	5		1	0		
17	小偃 22（CK）															1	1

表 11　2018—2019 年度黄淮冬麦区抗赤霉病组大区试验纹枯病汇总

序号	品种名称	许昌建安		河南新乡县		安徽龙亢		宿州西二铺	
		反应型	普遍率（%）	反应型	普遍率（%）	反应型	普遍率（%）	反应型	普遍率（%）
1	濮麦 117	1		1		3	70	1	
2	皖宿 0891	1		3		2	60	1	
3	安农 1589	2		2		2	60	1	
4	濮麦 087	1		1		2	70	1	
5	涡麦 606	1		1		3	80	1	
6	淮麦 510	1		3		3	90	1	
7	皖垦麦 1702	1		1		2	60	1	
8	宛 1204	1		3		3	80	1	
9	皖宿 1510	1		4		3	80	1	
10	中麦 7152	2		2		2	90	1	
11	昌麦 20	1		2		2	60	1	
12	WK1602	1		1		2	60	1	
13	周麦 18（CK）	1		1		3	80	1	
14	百农 207（CK）	2		1		5	90	1	
15	淮麦 20（CK）								
16	济麦 22（CK）					4	80	1	
17	小偃 22（CK）								

表 12　2018—2019 年度黄淮冬麦区南片抗赤霉病组大区试验各试验点各品种主要性状

项目	试验点	濮麦 117	皖宿 0891	安农 1589	濮麦 087	涡麦 606	淮麦 510	皖垦麦 1702	宛 1204	皖宿 1510	中麦 7152	昌麦 20	WK 1602	周麦 18	百农 207	淮麦 20	济麦 22	小偃 22
抽穗期（月-日）	河南濮阳	4-24	4-25	4-24	4-23	4-25	4-24	4-23	4-23	4-24	4-24	4-24	4-22	4-24	4-24			
	河南辉县	4-13	4-15	4-14	4-12	4-16	4-11	4-10	4-15	4-14	4-14	4-14	4-11	4-14	4-15			
	河南漯河	4-18	4-18	4-18	4-19	4-20	4-16	4-16	4-18	4-18	4-16	4-17	4-14	4-17	4-20			
	河南商水	4-20	4-20	4-20	4-21	4-22	4-18	4-18	4-20	4-20	4-18	4-19	4-16	4-19	4-22			
	河南南阳	4-5	4-4	4-6	4-5	4-9	4-4	4-4	4-7	4-5	4-5	5-6	4-4	4-6	4-8			
	许昌建安	4-12	4-14	4-14	4-1	4-11	4-1	4-1	4-12	4-11	4-13	4-13	4-11	4-13	4-13			
	河南偃师	4-18	4-17	4-18	4-18	4-18	4-17	4-15	4-17	4-20	4-19	4-20	4-15	4-18	4-22			
	河南开封	4-20	4-21	4-20	4-21	4-21	4-16	4-16	4-20	4-20	4-19	4-21	4-17	4-22	4-22			
	河南荥阳	4-22	4-23	4-25	4-24	4-24	4-19	4-19	4-22	4-24	4-23	4-23	4-19	4-23	4-25			
	河南新乡县	4-22	4-23	4-24	4-24	4-25	4-18	4-17	4-21	4-23	4-21	4-22	4-19	4-24	4-24			
	河南西华	4-17	4-15	4-17	4-18	4-19	4-13	11-4	4-16	4-18	4-17	4-16	10-4	4-17	4-18			
	江苏瑞华	4-24	4-25	4-26	4-26	4-26	4-16	4-17	4-24	4-26	4-24	4-25	4-20	4-26	4-26	4-25		
	安徽阜阳	4-12	4-13	4-13	4-13	4-18	4-10	4-9	4-13	4-15	4-15	4-12	4-10	4-16	4-15		4-13	
	安徽濉溪	4-21	4-22	4-21	4-23	4-23	4-15	4-18	4-22	4-22	4-22	4-23	4-19	4-23	4-24		4-21	
	安徽涡阳	4-16	4-17	4-17	4-17	4-18	4-8	4-9	4-17	4-18	4-17	4-14	4-9	4-17	4-8		4-14	
	宿州灰古镇	4-17	4-19	4-19	4-19	4-19	4-13	4-14	4-17	4-19	4-18	4-18	4-13	4-18	4-21		4-19	
	安徽龙亢	4-15	4-15	4-16	4-16	4-18	4-11	4-12	4-14	4-15	4-15	4-12	4-8	4-17	4-17		4-15	
	宿州西二铺	—	—	—	—	—	—	—	—	—	—	—	—	—	—	—	—	—
	陕西凤翔	4-18	4-19	4-17	4-18	4-19	4-13	4-13	4-17	4-19	4-18	4-19	4-15	4-19	4-19			4-14
	陕西华阴	4-16	4-18	4-18	4-19	4-18	4-14	4-13	4-17	4-18	4-18	4-18	4-13	4-18	4-18			4-13

（续）

项目	试验点	濮麦117	皖宿0891	安农1589	濮麦087	涡麦606	淮麦510	皖垦麦1702	宛1204	皖宿1510	中麦7152	昌麦20	WK1602	周麦18	百农207	淮麦20	济麦22	小偃22
成熟期（月-日）	河南濮阳	6-10	6-11	6-10	6-11	6-11	6-10	6-10	6-10	6-10	6-11	6-11	6-11	6-10	6-11			
	河南辉县	6-7	6-7	6-7	6-5	6-7	6-5	6-1	6-7	6-5	6-4	6-7	6-2	6-4	6-5			
	河南漯河	6-6	6-7	6-6	6-7	6-5	6-5	6-5	6-6	6-7	6-5	6-7	6-3	6-6	6-7			
	河南商水	6-4	6-5	6-4	6-5	6-3	6-3	6-3	6-4	6-5	6-3	6-5	6-1	6-4	6-5			
	河南南阳	5-27	5-26	5-26	5-27	5-27	5-25	5-25	5-26	5-26	5-27	5-26	5-26	5-27	5-26			
	许昌建安	5-31	6-1	5-31	5-31	5-31	5-31	5-31	5-3	6-1	6-1	5-3	5-3	5-31	5-31			
	河南偃师	6-3	6-2	6-3	6-3	6-3	6-1	5-28	5-29	6-2	6-1	6-3	5-30	6-2	6-3			
	河南开封	6-5	6-4	6-4	6-5	6-4	6-4	6-3	6-4	6-5	6-4	6-6	6-5	6-5	6-6			
	河南荥阳	6-7	6-7	6-7	6-9	6-7	6-7	6-7	6-7	6-7	6-7	6-7	6-7	6-7	6-8			
	河南新乡县	6-4	6-1	6-1	6-4	6-2	6-1	6-1	6-2	6-4	6-2	6-3	6-3	6-4	6-4			
	河南西华	5-31	5-30	5-30	3-6	5-31	5-30	5-26	5-28	3-6	5-31	5-31	5-27	5-31	2-6			
	江苏瑞华	6-9	6-10	6-9	6-10	6-9	6-7	6-7	6-8	6-10	6-9	6-9	6-7	6-9	6-9	6-9		
	安徽阜阳	5-31	6-2	6-1	6-1	6-1	5-31	5-31	6-1	6-2	5-31	6-1	5-31	6-1	6-1		6-1	
	安徽濉溪	6-6	6-6	6-6	6-6	6-6	6-3	6-4	6-6	6-6	6-6	6-6	6-5	6-6	6-6		6-6	
	安徽涡阳	6-5	6-5	6-5	6-5	6-4	6-2	6-2	6-5	6-5	6-5	6-5	6-5	6-5	6-5		6-5	
	宿州灰古镇	6-4	6-5	6-4	6-4	6-5	6-2	6-3	6-5	6-5	6-4	6-5	6-2	6-4	6-4		6-5	
	安徽龙亢	5-31	6-2	5-30	5-31	5-30	5-29	5-29	5-30	5-31	5-30	5-30	5-29	5-31	5-31		6-1	
	宿州西二铺	5-31	5-31	5-31	6-2	6-2	5-30	5-30	5-29	6-2	5-29	6-2	5-29	6-1	5-30		6-1	
	陕西凤翔	6-9	6-15	6-8	6-8	6-11	6-8	6-12	6-11	6-12	6-8	6-12	6-11	6-11	6-11			6-9
	陕西华阴	6-4	6-5	6-4	6-4	6-5	6-2	6-3	6-5	6-5	6-4	6-6	6-1	6-4	6-5			6-1

（续）

项目	试验点	濮麦 117	皖宿 0891	安农 1589	濮麦 087	涡麦 606	淮麦 510	皖垦麦 1702	宛 1204	皖宿 1510	中麦 7152	昌麦 20	WK 1602	周麦 18	百农 207	淮麦 20	济麦 22	小偃 22
生育期（天）	河南濮阳	234	235	234	235	235	234	234	234	234	235	235	235	234	235			
	河南辉县	225	225	225	223	225	223	219	225	223	222	225	220	222	223			
	河南漯河	231	232	231	232	230	230	230	231	232	230	232	228	231	232			
	河南商水	231	232	231	232	230	230	230	231	232	230	232	228	231	232			
	河南南阳	212	212	211	212	212	210	210	211	212	212	211	212	212	211			
	许昌建安	223	224	223	223	223	223	223	222	224	224	222	222	223	223			
	河南偃师	230	229	230	230	230	228	224	225	229	228	230	226	229	230			
	河南开封	235	234	234	235	234	234	233	234	235	234	236	235	235	236			
	河南荥阳	229	229	229	231	229	229	229	229	229	229	229	229	229	230			
	河南新乡县	236	232	232	236	233	232	232	233	236	233	235	235	236	236			
	河南西华	222	221	221	225	222	221	217	219	225	222	222	218	222	224			
	江苏瑞华	235	236	235	236	235	233	233	234	236	235	235	233	235	235	235		
	安徽阜阳	216	218	217	217	217	216	216	217	218	216	217	216	217	217		217	
	安徽濉溪	234	234	234	234	234	231	232	234	234	234	234	233	234	234		234	
	安徽涡阳	223	223	223	223	222	220	220	223	223	223	223	223	223	223		223	
	宿州灰古镇	221	222	221	221	222	219	220	222	222	221	222	219	221	223		222	
	安徽龙亢	218	220	217	218	217	216	216	217	218	217	217	216	218	218		219	
	宿州西二铺	220	220	220	222	222	219	219	218	222	218	222	218	221	219		221	
	陕西凤翔	249	255	248	248	251	248	252	251	252	248	252	251	251	251			249
	陕西华阴	220	221	220	220	221	218	219	221	221	220	222	217	220	221			217
	平均	**227.2**	**227.7**	**226.8**	**227.7**	**227.2**	**225.7**	**225.4**	**226.6**	**227.9**	**226.6**	**227.7**	**225.7**	**227.2**	**227.7**	**235.0**	**222.7**	**233.0**

（续）

项目	试验点	濮麦 117	皖宿 0891	安农 1589	濮麦 087	涡麦 606	淮麦 510	皖垦麦 1702	宛 1204	皖宿 1510	中麦 7152	昌麦 20	WK 1602	周麦 18	百农 207	淮麦 20	济麦 22	小偃 22
亩基本苗数（万）	河南濮阳	14.2	19.8	14.9	14.2	12.0	16.1	12.4	15.6	17.0	15.9	15.6	22.4	13.7	14.3			
	河南辉县	20.8	21.1	22.1	20.7	21.2	21.0	20.9	21.1	19.8	20.1	21.5	20.6	21.5	20.5			
	河南漯河	16.9	18.8	19.0	15.9	17.0	16.0	19.6	16.5	17.6	18.4	18.2	16.7	18.0	17.9			
	河南商水	18.0	18.0	18.0	18.0	18.0	18.0	18.0	18.0	18.0	18.0	18.0	18.0	18.0	18.0			
	河南南阳	17.6	17.4	16.7	17.0	16.4	17.3	16.3	17.4	17.7	17.7	17.1	17.3	17.2	17.6			
	许昌建安	20.3	20.0	19.3	16.3	18.3	21.3	14.0	16.0	17.0	14.7	21.3	19.3	19.7	16.7			
	河南偃师	17.7	16.2	19.1	17.5	19.3	18.3	16.6	19.1	18.3	18.9	17.2	17.4	18.8	17.7			
	河南开封	20.0	20.0	20.0	20.0	20.0	20.0	20.0	20.0	20.0	20.0	20.0	20.0	19.7	19.5			
	河南荥阳	18.0	18.0	18.0	18.0	18.0	18.0	18.0	18.0	18.0	18.0	18.0	18.0	18.0	18.0			
	河南新乡县	17.9	17.4	18.6	18.7	18.1	17.7	17.4	17.5	17.6	18.2	18.3	17.6	17.9	17.7			
	河南西华	17.0	17.0	17.0	17.0	17.0	17.0	17.0	17.0	17.0	17.0	17.0	17.0	17.0	17.0			
	江苏瑞华	15.0	15.0	15.0	15.0	15.0	15.0	15.0	15.0	15.0	15.0	15.0	15.0	15.0	15.0	15.0		
	安徽阜阳	16.3	18.5	16.5	14.4	16.4	19.1	16.1	16.4	16.5	18.7	17.3	18.9	15.8	16.2		18.1	
	安徽濉溪	18.6	19.3	18.9	16.9	17.9	16.4	17.6	15.7	17.6	17.8	18.2	17.8	18.3	18.7		16.3	
	安徽涡阳	17.6	19.0	17.2	17.0	17.0	16.0	16.0	18.0	17.0	17.0	17.0	17.0	16.9.0	17.0		17.0	
	宿州灰古镇	19.7	19.3	18.4	18.8	19.6	20.1	17.9	20.1	19.8	20.7	19.1	18.2	18.2	18.3		19.5	
	安徽龙亢	15.1	14.8	14.8	14.1	14.6	15.8	14.5	15.5	15.1	15.5	15.2	15.6	15.2	16.0		14.8	
	宿州西二铺	30.8	25.1	25.6	25.2	25.2	27.9	16.7	23.3	29.1	36.7	20.1	30.3	19.5	19.6		23.5	
	陕西凤翔	17.4	17.8	16.6	16.6	16.6	18.2	16.2	17.0	18.2	18.2	17.4	17.8	21.0	18.6			21.4
	陕西华阴	16.7	16.3	16.4	18.0	15.6	17.0	17.8	16.8	16.8	17.7	16.1	16.0	17.2	18.1			15.8
	平均	**18.3**	**18.4**	**18.1**	**17.5**	**17.7**	**18.3**	**16.9**	**17.7**	**18.2**	**18.7**	**17.9**	**18.5**	**17.8**	**17.6**	**15.0**	**18.2**	**18.6**

（续）

项目	试验点	濮麦117	皖宿0891	安农1589	濮麦087	涡麦606	淮麦510	皖垦麦1702	宛1204	皖宿1510	中麦7152	昌麦20	WK1602	周麦18	百农207	淮麦20	济麦22	小偃22
亩最高茎蘖数（万）	河南濮阳	87.2	106.0	105.8	75.1	85.1	104.3	72.6	83.4	94.2	95.4	113.2	80.2	91.3	72.2			
	河南辉县	100.5	108.9	109.2	71.2	77.7	104.4	83.7	99.7	99.9	108.7	80.9	103.7	109.9	85.7			
	河南漯河	96.7	104.2	103.7	93.7	104.6	99.6	101.3	100.4	97.8	104.7	99.0	92.2	101.4	96.1			
	河南商水	95.6	114.4	108.3	96.8	109.7	102.3	111.0	99.4	98.2	101.5	102.0	89.2	105.2	95.6			
	河南南阳	101.0	97.3	82.3	91.3	77.6	87.3	74.7	89.3	82.0	105.3	91.7	80.0	83.7	80.3			
	许昌建安	114.7	108.3	105.7	86.5	117.7	103.3	81.7	112.0	84.7	89.3	99.0	86.3	102.3	85.2			
	河南偃师	105.0	101.5	93.4	94.2	108.5	108.6	108.0	105.2	97.2	96.1	92.0	99.8	105.8	101.2			
	河南开封	86.1	103.7	108.3	88.5	114.1	101.2	87.7	106.0	97.9	97.5	106.9	86.8	98.3	91.4			
	河南荥阳	81.8	86.2	85.8	86.3	86.4	86.0	99.6	83.2	91.6	81.3	82.1	88.0	85.3	82.3			
	河南新乡县	100.9	80.9	90.9	75.1	120.0	98.0	90.0	136.3	91.4	98.6	110.3	92.3	72.0	91.1			
	河南西华	95.0	164.5	112.2	111.0	121.3	108.8	93.0	149.1	107.4	128.8	125.9	88.0	93.0	84.1			
	江苏瑞华	96.3	97.9	112.6	110.8	112.8	123.6	89.7	101.0	84.8	106.8	132.6	105.6	105.5	103.4	112.3		
	安徽阜阳	57.6	75.5	58.0	48.7	53.9	57.1	61.9	76.0	66.0	72.0	73.3	61.1	58.4	48.7		60.5	
	安徽濉溪	98.3	108.8	116.7	99.4	87.9	89.7	98.7	89.7	107.6	86.7	96.7	90.7	96.4	89.4		93.1	
	安徽涡阳	77.3	126.5	84.6	85.7	111.7	86.7	74.7	120.0	105.0	118.5	107.2	73.1	100.0	70.7		122.8	
	宿州灰古镇	89.0	105.2	95.5	84.6	98.3	95.3	78.8	92.5	87.9	90.2	93.8	97.3	84.3	73.5		109.7	
	安徽龙亢	93.7	103.4	96.5	93.7	101.2	93.0	104.5	100.2	99.6	96.4	103.8	90.1	105.6	91.6		95.3	
	宿州西二铺	51.7	73.0	68.8	55.6	62.6	62.2	50.3	69.6	62.6	79.6	60.4	58.0	55.4	48.0		69.0	
	陕西凤翔	70.5	74.9	75.8	74.5	74.9	74.1	64.4	73.3	68.5	72.5	67.3	68.5	67.7	68.3			70.9
	陕西华阴	78.8	85.2	85.5	74.6	75.4	75.3	78.8	82.0	77.8	80.2	84.6	87.3	84.0	73.5			80.2
	平均	**88.9**	**101.3**	**95.0**	**84.9**	**95.1**	**93.0**	**85.3**	**98.4**	**90.1**	**95.5**	**96.1**	**85.9**	**90.3**	**81.6**	**112.3**	**91.7**	**75.6**

（续）

项目	试验点	濮麦117	皖宿0891	安农1589	濮麦087	涡麦606	淮麦510	皖垦麦1702	宛1204	皖宿1510	中麦7152	昌麦20	WK1602	周麦18	百农207	淮麦20	济麦22	小偃22
亩有效穗数（万）	河南濮阳	42.2	41.3	42.2	32.8	30.9	49.1	36.2	39.6	37.3	38.0	39.3	42.9	39.6	32.8			
	河南辉县	33.7	45.4	56.0	30.3	34.9	56.0	42.9	44.0	38.9	39.4	46.9	47.4	39.5	36.2			
	河南漯河	45.0	46.5	46.2	44.2	45.2	45.8	46.2	45.9	45.1	47.9	44.9	44.2	44.4	44.2			
	河南商水	40.7	44.0	45.7	40.5	42.0	45.5	41.0	42.0	44.9	40.5	45.4	40.0	40.2	39.0			
	河南南阳	45.3	41.7	39.3	40.0	36.7	40.3	35.7	41.7	35.7	42.3	39.3	31.3	36.7	35.3			
	许昌建安	47.3	49.7	45.3	42.4	48.6	39.7	41.3	44.4	38.3	38.1	48.3	37.8	37.7	38.2			
	河南偃师	41.1	41.9	43.2	43.2	39.5	42.4	40.8	39.2	42.9	43.5	41.9	43.5	40.3	39.7			
	河南开封	30.5	37.7	46.4	33.6	41.6	47.5	39.2	45.7	31.3	33.6	36.5	40.5	36.4	35.2			
	河南荥阳	39.7	39.8	40.2	40.1	40.2	39.2	38.8	39.6	39.1	39.6	38.6	39.1	41.2	38.2			
	河南新乡县	49.4	55.4	55.1	40.3	61.4	49.4	46.0	53.7	54.6	56.6	58.6	42.6	45.1	49.4			
	河南西华	39.7	52.4	45.3	45.5	42.7	48.6	40.3	60.8	46.9	45.0	45.1	39.5	37.4	41.8			
	江苏瑞华	42.3	48.2	42.5	38.2	48.1	42.8	37.8	38.3	42.1	41.3	43.8	42.2	38.8	40.6	44.8		
	安徽阜阳	34.7	47.4	42.8	36.3	34.7	42.7	34.0	50.7	45.6	48.5	41.9	48.2	39.2	36.3		42.0	
	安徽濉溪	43.4	44.9	51.3	43.8	42.6	43.6	42.7	40.3	45.6	41.8	41.5	43.2	39.9	40.1		38.7	
	安徽涡阳	37.1	44.2	44.9	40.7	37.4	36.6	44.5	35.5	32.3	33.5	38.6	40.5	36.3	40.5		36.3	
	宿州灰古镇	40.1	50.9	47.3	37.8	38.6	47.2	36.7	44.4	39.7	43.2	46.1	49.2	37.5	35.1		43.6	
	安徽龙亢	39.3	53.7	45.0	33.3	36.7	45.5	38.0	52.5	44.3	44.2	36.5	45.1	36.3	38.1		45.2	
	宿州西二铺	35.7	49.3	40.2	28.2	33.8	42.2	30.7	42.6	36.8	34.7	34.6	40.0	35.7	30.1		43.3	
	陕西凤翔	31.8	32.7	33.3	32.9	33.6	33.9	30.1	32.1	30.5	32.9	32.6	33.7	33.9	31.8			31.5
	陕西华阴	40.6	40.9	42.3	38.0	38.0	41.1	39.2	37.4	39.5	37.2	46.1	43.2	37.1	36.1			40.3
	平均	**40.0**	**45.4**	**44.7**	**38.1**	**40.4**	**44.0**	**39.1**	**43.5**	**40.6**	**41.1**	**42.3**	**41.7**	**38.7**	**37.9**	**44.8**	**41.5**	**35.9**

（续）

项目	试验点	濮麦 117	皖宿 0891	安农 1589	濮麦 087	涡麦 606	淮麦 510	皖垦麦 1702	宛 1204	皖宿 1510	中麦 7152	昌麦 20	WK 1602	周麦 18	百农 207	淮麦 20	济麦 22	小偃 22
穗粒数（粒）	河南濮阳	33.8	36.2	32.6	38.6	43.8	29.5	37.3	26.4	35.5	38.1	33.0	34.0	31.5	33.2			
	河南辉县	35.5	26.0	30.2	34.3	34.6	24.5	28.2	29.7	32.8	39.2	31.0	29.7	34.4	33.7			
	河南漯河	35.1	34.5	34.5	35.5	34.4	34.5	35.9	34.5	33.6	33.1	35.5	35.6	33.2	34.2			
	河南商水	47.6	35.8	36.4	41.2	41.8	31.2	42.0	33.6	39.6	43.8	32.8	38.6	38.0	41.6			
	河南南阳	40.2	38.4	38.0	41.2	41.2	38.8	38.2	40.4	35.6	41.2	40.3	37.0	36.8	37.1			
	许昌建安	38.7	33.4	32.6	38.1	37.2	33.3	36.7	31.9	36.9	32.3	38.5	40.8	37.7	38.6			
	河南偃师	30.8	27.3	28.3	26.2	30.4	27.5	27.8	30.9	29.5	28.1	30.1	27.8	29.9	31.2			
	河南开封	31.0	28.1	28.4	35.1	31.8	29.5	26.8	26.5	28.8	31.2	32.0	27.1	33.3	35.3			
	河南荥阳	42.8	40.7	36.8	39.9	40.2	37.3	36.1	41.2	41.8	38.6	36.8	37.8	40.6	39.0			
	河南新乡县	36.4	34.9	27.2	37.7	26.8	33.3	29.8	38.7	26.3	32.2	28.0	34.6	38.5	33.9			
	河南西华	44.3	36.3	40.3	38.2	45.1	30.3	35.5	28.7	40.8	41.3	44.1	34.7	41.7	43.2			
	江苏瑞华	34.6	29.9	32.8	35.1	33.3	34.5	34.5	32.6	32.3	35.9	28.5	31.5	34.7	33.5	29.7		
	安徽阜阳	41.0	32.4	35.5	40.9	40.6	31.9	30.0	28.1	37.2	35.8	36.5	37.5	39.1	40.5		33.1	
	安徽濉溪	53.9	44.8	46.6	51.8	49.5	40.7	42.5	36.6	48.2	50.6	47.9	51.6	51.3	55.6		40.8	
	安徽涡阳	44.0	37.0	36.0	41.0	42.0	37.0	40.0	37.0	38.0	38.0	36.0	36.0	37.0	42.0		36.0	
	宿州灰古镇	34.5	33.7	30.5	39.7	37.5	29.6	38.1	30.2	38.7	31.2	32.6	37.2	38.8	35.0		32.4	
	安徽龙亢	40.5	28.2	33.4	41.8	44.7	32.7	36.0	25.5	37.8	34.2	32.7	34.3	37.1	38.0		32.2	
	宿州西二铺	40.9	38.4	38.3	51.5	43.5	31.4	43.6	31.9	36.2	56.9	44.8	36.3	47.7	50.1		50.0	
	陕西凤翔	33.0	31.0	32.0	32.0	35.0	33.0	32.0	33.0	34.0	30.0	32.0	31.0	32.0	35.0			34.0
	陕西华阴	35.8	34.7	31.5	40.3	36.8	30.4	39.1	33.2	37.5	33.5	32.6	35.4	38.8	36.8			32.8
	平均	**38.7**	**34.1**	**34.1**	**39.0**	**38.5**	**32.5**	**35.5**	**32.5**	**36.1**	**37.3**	**35.3**	**35.4**	**37.6**	**38.4**	**29.7**	**37.4**	**33.4**

（续）

项目	试验点	濮麦117	皖宿0891	安农1589	濮麦087	涡麦606	淮麦510	皖垦麦1702	宛1204	皖宿1510	中麦7152	昌麦20	WK1602	周麦18	百农207	淮麦20	济麦22	小偃22
千粒重（克）	河南濮阳	48.1	45.2	46.4	52.6	48.1	45.3	47.9	49.0	48.7	44.9	52.5	40.7	53.0	48.7			
	河南辉县	50.0	49.6	44.0	46.9	45.2	48.4	48.3	45.2	43.8	49.5	44.2	53.3	51.2	52.7			
	河南漯河	50.2	49.6	47.8	48.9	48.6	47.8	47.8	47.9	47.5	47.3	49.2	46.1	49.5	48.6			
	河南商水	43.6	42.1	39.8	42.8	39.4	46.4	47.8	46.7	46.7	42.6	46.8	43.1	46.5	42.7			
	河南南阳	48.0	47.2	51.1	51.0	48.7	50.0	47.7	49.3	44.0	47.5	52.2	46.0	47.0	47.3			
	许昌建安	44.0	40.8	43.6	44.6	42.6	41.5	46.1	40.1	45.2	41.4	50.1	42.8	47.9	40.6			
	河南偃师	41.6	42.2	45.4	45.8	39.2	41.2	40.1	40.5	43.5	42.6	45.9	40.0	44.8	41.4			
	河南开封	46.3	39.8	44.0	41.0	39.5	35.5	41.3	46.5	47.5	31.8	48.5	35.3	48.5	43.5			
	河南荥阳	42.2	40.9	41.8	44.1	40.3	42.5	41.1	43.5	42.8	42.8	42.5	42.0	45.1	43.2			
	河南新乡县	39.0	39.1	39.3	41.1	40.1	38.6	43.1	38.9	44.9	38.0	43.8	35.9	46.2	43.8			
	河南西华	41.4	35.6	40.8	41.0	37.6	41.4	47.2	40.4	42.2	40.0	41.4	40.0	44.0	42.6			
	江苏瑞华	41.9	42.2	43.6	45.3	38.8	41.2	43.3	46.1	43.5	41.2	46.5	41.8	43.5	42.6	44.0		
	安徽阜阳	50.4	40.4	48.2	52.8	47.7	48.6	53.4	48.3	47.8	43.4	52.8	46.9	52.1	51.3		47.2	
	安徽濉溪	43.3	44.2	44.0	48.9	46.0	43.2	51.0	46.0	50.9	47.5	48.5	44.7	50.4	48.3		47.0	
	安徽涡阳	45.6	40.9	41.8	43.6	41.0	43.0	43.8	43.4	43.0	44.6	45.8	42.4	44.2	41.8		43.4	
	宿州灰古镇	43.6	40.1	40.5	44.8	42.8	42.5	45.6	41.1	44.7	39.2	45.8	42.4	44.3	37.4		45.3	
	安徽龙亢	47.9	46.1	48.1	49.9	44.7	45.6	49.3	48.0	44.3	44.8	48.5	43.7	50.6	51.2		45.2	
	宿州西二铺	44.5	36.4	39.5	45.0	41.0	42.3	45.5	44.0	42.5	37.3	45.4	40.1	46.4	40.8		40.5	
	陕西凤翔	49.6	50.9	51.3	52.1	46.3	47.3	50.3	45.8	53.3	56.6	53.0	45.5	49.0	47.6			48.0
	陕西华阴	43.9	40.9	41.4	44.1	42.8	43.8	46.5	42.1	45.5	41.6	45.2	44.0	45.0	39.7			39.1
	平均	**45.3**	**42.7**	**44.1**	**46.3**	**43.0**	**43.8**	**46.4**	**44.6**	**45.6**	**43.2**	**47.4**	**42.8**	**47.5**	**44.8**	**44.0**	**44.8**	**43.6**

（续）

项目	试验点	濮麦 117	皖宿 0891	安农 1589	濮麦 087	涡麦 606	淮麦 510	皖垦麦 1702	宛 1204	皖宿 1510	中麦 7152	昌麦 20	WK 1602	周麦 18	百农 207	淮麦 20	济麦 22	小偃 22
株高（厘米）	河南濮阳	75	77	75	80	83	79	79	78	74	75	75	82	77	72			
	河南辉县	73.5	71.5	76	79	81	80.5	79.5	74	83	73	71	79.5	76	71.5			
	河南漯河	72	78	76	82	88	87	88	72	94	83	72	90	78	75			
	河南商水	70	77	75	81	87	87	86	74	92	81	75	88	76	74			
	河南南阳	63	65	65	67	73	68	71	67	72	74	64	74	65	66			
	许昌建安	74	77	74	79	80	76	76	72	79	74	72	78	74	74			
	河南偃师	87.5	90	78	89	90	90	83.5	79.5	93	90.5	81.5	89	88	86.5			
	河南开封	84	90	87	95	98	94	90	88	97	85	81	97	86	85			
	河南荥阳	80	95	85	88	90	85	82	80	92	80	72	90	80	76			
	河南新乡县	77	85	76	86	93	91	82	85	86	78	80	88	77	80			
	河南西华	77	85	85	96	98	92	95	76	98	93	79	88	80	80			
	江苏瑞华	84	93	90	93	98	92	91	90	96	88	81	93	87	86	102		
	安徽阜阳	80	82	78	82	98	85	83	77	93	80	76	88	80	80		78	
	安徽濉溪	69	70	69	72	90	75	78	73	80	75	74	79	71	75		76	
	安徽涡阳	80	85	78	81	85	81	83	79	82	78	74	82	76	75		80	
	宿州灰古镇	81	82	80	87	86	86	87	84	85	86	75	87	85	82		85	
	安徽龙亢	82	78	79	87	99	89	85	75	86	86	75	89	78	79		84	
	宿州西二铺	75	77	78	81	88	82	85	77	92	87	76	86	76	75		77	
	陕西凤翔	66	63	71	67	69	81	67	74	88	67.5	74	77	73	72			70
	陕西华阴	77	83	81	75	84	85	86	83	86	86	74	91	78	81			92
	平均	**76.4**	**80.2**	**77.8**	**82.4**	**87.9**	**84.3**	**82.9**	**77.9**	**87.4**	**81.0**	**75.1**	**85.8**	**78.1**	**77.3**	**102.0**	**80.0**	**81.0**

（续）

项目	试验点	濮麦 117	皖宿 0891	安农 1589	濮麦 087	涡麦 606	淮麦 510	皖垦麦 1702	宛 1204	皖宿 1510	中麦 7152	昌麦 20	WK 1602	周麦 18	百农 207	淮麦 20	济麦 22	小偃 22
幼苗习性	河南濮阳	3	3	3	3	3	1	3	3	3	3	3	3	3	3			
	河南辉县	2	2	3	3	2	2	3	3	3	3	3	3	3	2			
	河南漯河	2	2	2	2	2	2	2	2	2	2	2	2	2	2			
	河南商水	2	2	2	2	2	2	2	2	2	2	2	2	2	2			
	河南南阳	2	2	2	2	3	2	3	2	2	2	2	3	2	2			
	许昌建安	3	3	2	2	2	2	2	2	2	3	2	2	2	2			
	河南偃师	2	1	2	2	1	2	2	1	2	2	2	1	2	2			
	河南开封	3	3	3	3	3	3	3	3	3	3	3	3	3	3			
	河南荥阳	2	2	2	2	2	2	2	2	2	2	2	2	2	2			
	河南新乡县	3	3	3	3	3	3	3	3	3	3	3	3	3	3			
	河南西华	3	3	3	3	3	3	3	1	3	3	3	3	3	3			
	江苏瑞华	5	3	5	5	3	5	5	3	3	1	3	3	5	5	3		
	安徽阜阳	3	3	3	3	3	3	3	3	3	3	3	3	3	3		3	
	安徽濉溪	2	2	2	2	2	2	2	2	2	2	2	2	2	2		2	
	安徽涡阳	2	1	2	2	1	2	2	2	2	2	2	2	2	2		1	
	宿州灰古镇	2	2	2	2	2	2	2	2	2	2	2	2	2	2		2	
	安徽龙亢	3	1	3	3	1	3	3	1	1	1	3	3	3	3		1	
	宿州西二铺	5	3	3	5	3	3	3	3	3	3	3	3	5	5		3	
	陕西凤翔	3	3	3	3	3	3	3	3	3	3	3	3	3	3			3
	陕西华阴	2	2	2	2	2	2	2	2	2	2	2	2	2	2			2

（续）

项目	试验点	濮麦117	皖宿0891	安农1589	濮麦087	涡麦606	淮麦510	皖垦麦1702	宛1204	皖宿1510	中麦7152	昌麦20	WK1602	周麦18	百农207	淮麦20	济麦22	小偃22
穗形	河南濮阳	1	1	1	1	1	1	3	1	3	4	3	1	1	1			
	河南辉县	3	1	3	3	1	1	3	1	1	2	3	1	3	3			
	河南漯河	1	1	1	1	1	1	1	1	1	1	1	1	1	1			
	河南商水	1	1	1	1	1	1	1	1	1	3	1	1	1	1			
	河南南阳	1	1	1	1	3	1	1	1	1	3	1	1	1	1			
	许昌建安	3	3	3	3	3	3	3	3	3	3	3	3	3	3			
	河南偃师	1	1	1	1	3	3	1	1	1	1	3	1	3	3			
	河南开封	1	1	1	1	1	1	1	1	1	1	1	1	1	1			
	河南荥阳	3	3	1	3	1	1	3	3	1	1	3	1	3	3			
	河南新乡县	1	1	1	1	1	1	1	1	1	1	1	1	1	1			
	河南西华	1	1	1	1	1	1	1	1	1	1	1	1	1	1			
	江苏瑞华	3	1	1	3	1	1	3	1	1	1	3	1	3	3	1		
	安徽阜阳	1	1	1	3	1	1	1	1	1	1	3	1	1	3		1	
	安徽濉溪	3	3	1	3	3	3	3	1	1	3	3	3	3	3		3	
	安徽涡阳	3	1	3	3	3	3	1	3	1	1	1	3	3	3		3	
	宿州灰古镇	3	1	1	3	1	1	1	3	1	1	3	1	1	1		3	
	安徽龙亢	5	3	5	1	3	3	3	5	1	5	5	3	1	5		3	
	宿州西二铺	1	1	1	3	1	1	1	1	1	1	1	1	1	1		3	
	陕西凤翔	1	1	1	1	1	1	1	1	1	1	3	1	1	1			1
	陕西华阴	3	1	1	3	1	1	1	3	1	1	3	1	1	1			1

（续）

项目	试验点	濮麦117	皖宿0891	安农1589	濮麦087	涡麦606	淮麦510	皖垦麦1702	宛1204	皖宿1510	中麦7152	昌麦20	WK1602	周麦18	百农207	淮麦20	济麦22	小偃22
芒	河南濮阳	5	5	5	5	5	5	5	5	5	5	5	5	5	4			
	河南辉县	4	5	4	4	5	5	5	4	5	3	4	5	5	4			
	河南漯河	4	4	4	4	4	4	4	4	4	4	4	4	4	4			
	河南商水	4	4	4	4	4	4	4	4	4	4	4	4	4	4			
	河南南阳	5	5	5	5	5	5	5	5	5	5	5	5	5	5			
	许昌建安	4	4	4	4	4	4	4	4	4	4	4	4	4	4			
	河南偃师	4	4	4	4	4	4	4	4	4	4	4	4	4	4			
	河南开封	5	5	5	5	5	5	5	5	5	5	5	5	5	5			
	河南荥阳	5	5	5	5	5	5	5	5	5	5	5	5	5	5			
	河南新乡县	4	4	4	4	4	5	4	5	5	5	5	4	5	4			
	河南西华	4	4	4	4	4	4	4	4	4	5	4	5	4	4			
	江苏瑞华	5	5	5	5	5	5	5	5	5	5	5	5	5	5	5		
	安徽阜阳	5	5	5	5	5	5	5	5	5	5	5	5	5	5		5	
	安徽濉溪	4	5	4	4	5	5	5	4	5	3	4	5	5	4		4	
	安徽涡阳	5	5	5	5	5	5	5	5	5	5	5	5	5	5		5	
	宿州灰古镇	5	5	5	5	5	5	5	5	5	5	5	5	5	4		5	
	安徽龙亢	5	5	5	5	5	5	5	5	5	5	5	5	5	5		5	
	宿州西二铺	5	5	5	5	5	5	5	5	5	5	5	5	5	5		5	
	陕西凤翔	—	—	—	—	—	—	—	—	—	—	—		—				—
	陕西华阴	5	5	5	5	5	5	5	5	5	5	5	5	5	4			4

（续）

项目	试验点	濮麦117	皖宿0891	安农1589	濮麦087	涡麦606	淮麦510	皖垦麦1702	宛1204	皖宿1510	中麦7152	昌麦20	WK1602	周麦18	百农207	淮麦20	济麦22	小偃22
粒色	河南濮阳	1	1	1	1	1	1	1	1	1	1	1	1	1	1			
	河南辉县	1	1	1	1	1	1	1	1	1	1	1	1	1	1			
	河南漯河	1	1	1	1	1	1	1	1	1	1	1	1	1	1			
	河南商水	1	1	1	1	1	1	1	1	1	1	1	1	1	1			
	河南南阳	1	1	1	1	1	1	1	1	1	1	1	1	1	1			
	许昌建安	1	1	1	1	1	1	1	1	1	1	1	1	1	1			
	河南偃师	1	1	1	1	1	1	1	1	1	1	1	1	1	1			
	河南开封	1	1	1	1	1	1	1	1	1	1	1	1	1	1			
	河南荥阳	1	1	1	1	1	1	1	1	1	1	1	1	1	1			
	河南新乡县	1	1	1	1	1	1	1	1	1	1	1	1	1	1			
	河南西华	1	1	1	1	1	1	1	1	1	1	1	1	1	1			
	江苏瑞华	1	1	1	1	1	1	1	1	1	1	1	1	1	1	1		
	安徽阜阳	3	3	3	3	3	3	3	3	3	3	3	3	3	3		3	
	安徽濉溪	1	1	1	1	1	1	1	1	1	1	1	1	1	1		1	
	安徽涡阳	1	1	1	1	1	1	1	1	1	1	1	1	1	1		1	
	宿州灰古镇	1	1	1	1	1	1	1	1	1	1	1	1	1	1		1	
	安徽龙亢	3	3	3	1	3	3	3	1	3	3	1	1	3	3		3	
	宿州西二铺	1	1	1	1	1	1	1	1	1	1	1	1	1	1		1	
	陕西凤翔	1	1	1	1	1	1	1	1	1	1	1	1	1	1			1
	陕西华阴	1	1	1	1	1	1	1	1	1	1	1	1	1	1			1

（续）

项目	试验点	濮麦117	皖宿0891	安农1589	濮麦087	涡麦606	淮麦510	皖垦麦1702	宛1204	皖宿1510	中麦7152	昌麦20	WK1602	周麦18	百农207	淮麦20	济麦22	小偃22
籽粒饱满度	河南濮阳	1	1	1	1	1	1	1	1	1	1	1	1	1	1			
	河南辉县	2	3	2	3	3	3	2	2	3	2	2	2	1	1			
	河南漯河	2	1	2	2	2	2	1	3	1	1	2	2	2	1			
	河南商水	2	1	2	2	2	2	1	3	1	1	2	2	2	1			
	河南南阳	1	1	1	1	1	1	1	1	1	1	1	1	1	1			
	许昌建安	—	—	—	—	—	—	—	—	—	—	—	—	—	—			
	河南偃师	2	2	3	3	2	2	2	2	3	3	3	2	3	2			
	河南开封	1	1	1	3	2	4	2	1	1	4	1	2	1	1			
	河南荥阳	1	2	2	1	1	2	2	1	1	1	2	2	1	1			
	河南新乡县	1	1	1	1	1	1	1	1	1	1	1	1	1	1			
	河南西华	2	3	3	3	2	2	2	2	3	3	3	3	3	3			
	江苏瑞华	1	1	1	1	1	1	1	1	1	1	1	1	1	1	1		
	安徽阜阳	2	2	2	1	2	2	1	2	2	2	1	2	2	2		2	
	安徽濉溪	2	3	2	3	3	3	2	2	3	2	2	2	1	1		2	
	安徽涡阳	2	2	3	2	2	2	3	2	3	3	3	3	2	2		2	
	宿州灰古镇	2	3	2	2	2	2	2	2	2	3	2	2	2	3		2	
	安徽龙亢	2	2	2	1	1	1	2	2	1	3	1	1	3	3		1	
	宿州西二铺	2	2	2	3	1	1	2	1	1	3	2	1	3	3		2	
	陕西凤翔	1	1	1	1	1	1	1	1	1	1	1	1	1	1			1
	陕西华阴	2	3	2	2	2	2	2	2	2	3	2	2	2	3			2

（续）

项目	试验点	濮麦 117	皖宿 0891	安农 1589	濮麦 087	涡麦 606	淮麦 510	皖垦麦 1702	宛 1204	皖宿 1510	中麦 7152	昌麦 20	WK 1602	周麦 18	百农 207	淮麦 20	济麦 22	小偃 22
粒质	河南濮阳	3	3	3	3	3	3	3	3	3	3	3	3	3	3			
	河南辉县	3	3	3	3	5	3	5	3	3	5	3	3	3	3			
	河南漯河	1	1	1	1	1	1	1	1	1	3	1	3	3	1			
	河南商水	1	1	1	1	1	1	1	1	1	3	1	3	3	1			
	河南南阳	1	1	1	1	1	1	1	1	3	1	1	3	1	1			
	许昌建安	—	—	—	—	—	—	—	—	—	—	—	—	—	—			
	河南偃师	3	3	5	3	3	3	3	3	3	3	5	5	3	3			
	河南开封	3	1	3	3	1	1	3	3	3	3	1	3	1	1			
	河南荥阳	—	—	—	—	—	—	—	—	—	—	—		—				
	河南新乡县	3	3	3	3	3	3	3	3	3	3	3	3	3	1			
	河南西华	3	3	3	3	3	3	3	3	3	3	3	3	3	3			
	江苏瑞华	1	1	1	1	1	1	1	1	1	1	1	1	1	1	1		
	安徽阜阳	1	5	1	1	1	1	1	1	1	1	3	3	5	5		5	
	安徽濉溪	1	5	1	5	3	3	3	1	1	3	3	5	3	3		1	
	安徽涡阳	3	3	3	3	3	1	1	3	3	1	3	3	3	3		3	
	宿州灰古镇	3	3	3	3	3	3	3	1	3	1	3	5	3	3		1	
	安徽龙亢	1	1	3	1	1	1	1	1	1	3	3	3	1	1		1	
	宿州西二铺	1	3	1	1	1	1	1	1	1	1	3	3	3	1		1	
	陕西凤翔	3	3	3	3	3	3	3	3	3	3	3	3	3	3			3
	陕西华阴	1	3	1	3	1	1	3	1	3	1	3	5	3	3			3

（续）

项目	试验点	濮麦 117	皖宿 0891	安农 1589	濮麦 087	涡麦 606	淮麦 510	皖垦麦 1702	宛 1204	皖宿 1510	中麦 7152	昌麦 20	WK 1602	周麦 18	百农 207	淮麦 20	济麦 22	小偃 22
容重（克/升）	河南濮阳	793	795	786	786	782	804	803	791	810	781	779	812	785	784			
	河南辉县	814.5	787.5	814	776.5	804.5	780	806	780	802.5	792	792	796.5	790.5	808.5			
	河南漯河	813	807	814	811	772	792	799	782	796	759	759	765	794	792			
	河南商水	806	802	809	806	770	787	794	777	791	754	754	760	789	787			
	河南南阳	801	803	807	810	792	812	795	804	795	813	805	800	790	793			
	许昌建安	—	—	—	—	—	—	—	—	—	—	—	—	—	—			
	河南偃师	806	809	789	775	774	795	767	782	785	775	769	787	880	797			
	河南开封	830	835	805	805	770	820	815	825	835	820	840	810	810	830			
	河南荥阳	790	770	763	752	765	760	758	768	759	762	759	762	762	779			
	河南新乡县	781	777	745	740	761	768	742	766	782	727	741	754	761	765			
	河南西华	813	767	771	769	759	810	805	801	745	767	761	808	787	756			
	江苏瑞华	—	—	—	—	—	—	—	—	—	—	—	—	—	—	—		
	安徽阜阳	812	810	810	803	807	813	812	815	808	788	806	804	789	793		800	
	安徽濉溪	822	784	810	790	812	780	801	776	803	785	791	802	784	810		795	
	安徽涡阳	—	—	—	—	—	—	—	—	—	—	—	—	—	—		—	
	宿州灰古镇	756	796	787	781	787	807	781	781	798	787	766	776	792	797		787	
	安徽龙亢	830	828	808	800	814	813	804	822	816	802	813	813	805	838		821	
	宿州西二铺	822.6	810.1	812.1	809.9	811.7	823.3	818.3	827.8	817.6	787.4	806.5	808.8	810.5	818.2		827.3	
	陕西凤翔	864	815	862	822	810	869	797	825	807	852	821	806	816	820			838
	陕西华阴	775	787	780	780	790	795	785	776	790	788	775	787	790	812			820
	平均	**807.6**	**799.0**	**798.4**	**789.2**	**787.1**	**801.7**	**793.1**	**794.0**	**796.5**	**784.7**	**784.6**	**791.3**	**796.2**	**798.8**		**806.1**	**829.0**

（续）

项目	试验点	濮麦117	皖宿0891	安农1589	濮麦087	涡麦606	淮麦510	皖垦麦1702	宛1204	皖宿1510	中麦7152	昌麦20	WK1602	周麦18	百农207	淮麦20	济麦22	小偃22
亩产量（千克）	河南濮阳	624.5	621.3	580.7	599.1	616.4	554.8	558.0	574.2	574.2	575.9	600.2	577.5	556.4	545.0			
	河南辉县	551.3	530.0	579.1	550.5	526.6	517.1	536.2	522.6	524.9	565.5	585.8	507.3	511.0	504.9			
	河南漯河	657.1	660.4	635.7	641.2	623.6	619.7	651.6	627.4	606.4	618.4	645.8	608.6	605.7	602.9			
	河南商水	566.9	560.6	557.2	502.7	549.6	499.3	553.4	552.9	560.0	557.5	549.3	547.9	526.6	505.1			
	河南南阳	506.9	503.6	521.4	492.5	488.0	511.4	470.2	520.3	489.1	516.9	514.7	464.7	496.9	486.9			
	许昌建安	656.0	631.4	610.0	621.4	660.0	606.7	624.0	614.3	638.7	592.7	674.0	640.7	617.4	634.0			
	河南偃师	582.9	561.1	571.3	566.6	554.1	499.9	510.5	558.6	554.3	554.9	560.0	531.6	538.6	520.8			
	河南开封	551.6	487.3	479.8	525.1	530.8	545.9	545.9	485.4	549.7	536.4	549.7	491.1	528.9	500.6			
	河南荥阳	650.6	645.8	625.6	664.6	656.2	628.6	577.0	621.8	630.8	618.6	610.4	616.2	620.4	596.6			
	河南新乡县	637.9	613.2	608.1	604.0	605.9	595.4	598.7	592.7	626.3	602.7	634.3	599.5	587.6	581.4			
	河南西华	638.4	591.2	595.7	590.1	587.7	565.1	590.9	595.5	621.6	603.0	635.0	579.2	581.1	590.1			
	江苏瑞华	567.8	575.6	584.8	580.0	582.2	581.2	536.6	541.0	560.0	572.6	543.8	539.2	554.2	535.0	552.6		
	安徽阜阳	624.3	638.4	644.5	620.2	630.3	614.2	642.5	573.8	648.5	644.5	678.8	634.4	589.9	602.1		598.0	
	安徽濉溪	577.0	546.9	594.6	541.9	554.7	563.0	625.2	536.3	496.1	545.5	501.6	502.1	514.5	529.7		547.5	
	安徽涡阳	585.1	566.8	588.5	585.9	594.6	599.8	596.1	593.4	589.1	599.0	572.8	574.9	549.0	523.5		529.7	
	宿州灰古镇	576.8	611.8	597.8	578.8	585.0	576.8	575.4	586.8	622.8	578.4	582.4	615.2	558.2	547.8		563.4	
	安徽龙亢	609.3	595.8	630.5	583.0	613.0	558.3	617.0	524.8	595.5	527.5	507.5	606.0	576.0	581.8		561.0	
	宿州西二铺	627.2	576.2	595.0	576.3	547.8	559.6	579.4	527.0	564.6	541.9	576.1	537.3	564.5	569.7		562.7	
	陕西凤翔	443.0	435.2	466.0	470.0	457.6	430.4	404.6	410.2	450.4	460.6	462.2	397.6	436.4	441.0			429.8
	陕西华阴	547.8	521.4	557.8	503.6	511.6	519.6	534.0	489.0	557.0	498.6	537.4	521.8	501.0	497.0			480.0
	平均	**589.1**	**573.7**	**581.2**	**569.9**	**573.8**	**557.3**	**566.4**	**552.4**	**573.0**	**565.6**	**576.1**	**554.6**	**550.7**	**544.8**	**552.6**	**560.4**	**454.9**

注：—表示未统计项。

四、参试品种简评

（一）参加大区试验第二年，同时参加生产试验，完成试验程序的品种：濮麦 117、安农 1589、涡麦 606、皖宿 0891、濮麦 087、淮麦 510

1. 濮麦 117　2018—2019 年度试验，20 点汇总，平均亩产 589.1 千克，比对照周麦 18 增产 6.98%，增产点率 100.0%，增产≥2%点率 95.0%；比对照百农 207 增产 8.13%，增产点率 100.0%，增产≥2%点率 95.0%，居 15 个参试品种的第一位。非严重倒伏点率 90%。

半冬性，中熟品种。全生育期 227.2 天，成熟期和对照周麦 18 相当。幼苗半匍匐，叶绿，分蘖性强，成穗率较高，株型偏散，叶片宽长、旗叶卷，穗纺锤形，长芒，白壳，白粒，籽粒半硬质，饱满度好，熟相中等。亩穗数 40.0 万，穗粒数 38.7 粒，千粒重 45.3 克。株高 76.4 厘米，抗倒伏性较好。冬季抗寒性较好。田间表现综合抗病性较好，条锈病、白粉病轻度发生，赤霉病发生轻。2019 年接种抗病性鉴定结果：高感条锈病、叶锈病、赤霉病，中感白粉病，中抗纹枯病。2019 年品质测定结果：粗蛋白（干基）含量 12.5%，湿面筋含量 31.7%，吸水率 63.0%，稳定时间 3.0 分钟，最大拉伸阻力 254.8EU，拉伸面积 41.0 厘米^2。

2. 安农 1589　2018—2019 年度试验，20 点汇总，平均亩产 581.2 千克，比对照周麦 18 增产 5.54%，增产点率 95.0%，增产≥2%点率 85.0%；比对照百农 207 增产 6.68%，增产点率 95.0%，增产≥2%点率 90.0%，居 15 个参试品种的第二位。非严重倒伏点率 85%。

半冬性，中早熟品种。全生育期 226.8 天，成熟期比对照周麦 18 早 0.4 天。幼苗半匍匐，苗壮，叶深绿，分蘖能力强、成穗率高，叶轻披，轻干尖，穗纺锤形，长芒，白壳，白粒，籽粒半硬质，饱满度较好，熟相好。亩穗数 44.7 万，穗粒数 34.1 粒，千粒重 44.1 克。株高 77.8 厘米，茎秆弹性一般，抗倒伏性一般。冬季抗寒性较好。田间表现综合抗病性较好，条锈病、白粉病轻度发生，赤霉病发生较轻。2019 年接种抗病性鉴定结果：中抗条锈病、叶锈病，中感白粉病、纹枯病和赤霉病。2019 年品质测定结果：粗蛋白（干基）含量 13.6%，湿面筋含量 34.1%，吸水率 61.9%，稳定时间 2.6 分钟，最大拉伸阻力 301.3EU，拉伸面积 64.3 厘米^2。

3. 涡麦 606　2018—2019 年度试验，20 点汇总，平均亩产 573.8 千克，比对照周麦 18 增产 4.20%，增产点率 95.0%，增产≥2%点率 90.0%；比对照百农 207 增产 5.32%，增产点率 90.0%，增产≥2%点率 90.0%，居 15 个参试品种的第四位。非严重倒伏点率 80%。

半冬性，中熟品种。全生育期 227.2 天，成熟期和对照周麦 18 相当。幼苗半匍匐，叶浅绿，叶细、轻披，成穗率较高，穗纺锤形，长芒，白壳，白粒，籽粒半硬质，饱满度好，后期长相清秀。亩穗数 40.4 万，穗粒数 38.5 粒，千粒重 43.0 克。株高 87.9 厘米，茎秆弹性一般，抗倒伏性一般。冬季抗寒性较好。田间表现综合抗病性较好，条锈病、白粉病轻度发生，赤霉病发生较轻。2019 年接种抗病性鉴定结果：高感条锈病，中感叶锈病、纹枯病，中抗白粉病和赤霉病。2019 年品质测定结果：粗蛋白（干基）含量 12.3%，湿面筋含量 29.7%，吸水率 62.0%，稳定时间 11.1 分钟，最大拉伸阻力 372.0EU，拉伸面积 43.5 厘米^2。

4. 皖宿 0891　2018—2019 年度试验，20 点汇总，平均亩产 573.7 千克，比对照周麦 18 增产 4.18%，增产点率 90.0%，增产≥2%点率 85.0%；比对照百农 207 增产 5.30%，增产

点率 90.0%，增产≥2%点率 80.0%，居 15 个参试品种的第五位。非严重倒伏点率 90%。

半冬性，中晚熟品种。全生育期 227.7 天，成熟期比对照周麦 18 晚 0.5 天。幼苗半匍匐，叶绿，叶挺，分蘖能力一般，穗小，穗短，成穗率较高，穗纺锤形，长芒，白壳，白粒，籽粒半硬质，饱满度较好，熟相好。亩穗数 45.4 万，穗粒数 34.1 粒，千粒重 42.7 克。株高 80.2 厘米，抗倒伏性较好。冬季抗寒性较好。田间表现综合抗病性较好，条锈病、白粉病轻度发生，赤霉病发生较轻。2019 年接种抗病性鉴定结果：高感叶锈病，中感条锈病、纹枯病和赤霉病，中抗白粉病。2019 年品质测定结果：粗蛋白（干基）含量 13.5%，湿面筋含量 30.3%，吸水率 54.3%，稳定时间 5.4 分钟，最大拉伸阻力 475.5EU，拉伸面积 68.8 厘米^2。

5. 濮麦 087 2018—2019 年度试验，20 点汇总，平均亩产 569.9 千克，比对照周麦 18 增产 3.49%，增产点率 85.0%，增产≥2%点率 70.0%；比对照百农 207 增产 4.61%，增产点率 85.0%，增产≥2%点率 70.0%，居 15 个参试品种的第七位。非严重倒伏点率 85%。

半冬性，中晚熟品种。全生育期 227.7 天，成熟期比对照周麦 18 晚 0.5 天。幼苗半匍匐，叶绿，叶宽、卷，长相清秀，穗大，穗长，蜡质重，结实性好，成穗率较高。穗纺锤形，长芒，白壳，白粒，籽粒半硬质，饱满度较好，熟相中等。亩穗数 38.1 万，穗粒数 39.0 粒，千粒重 46.3 克。株高 82.4 厘米，抗倒伏性一般；冬季抗寒性较好。田间表现综合抗病性较好，条锈病轻度发生，白粉病中度发生，赤霉病发生较轻。2019 年接种抗病性鉴定结果：中抗条锈病、叶锈病，中感白粉病、纹枯病和赤霉病。2019 年品质测定结果：粗蛋白（干基）含量 12.5%，湿面筋含量 31.3%，吸水率 60.3%，稳定时间 1.8 分钟，最大拉伸阻力 200.5EU，拉伸面积 41.0 厘米^2。

6. 淮麦 510 2018—2019 年度试验，20 点汇总，平均亩产 557.3 千克，比对照周麦 18 增产 1.20%，增产点率 65.0%，增产≥2%点率 40.0%；比对照百农 207 增产 2.29%，增产点率 60.0%，增产≥2%点率 60.0%，居 15 个参试品种的第十位。非严重倒伏点率 80%。

半冬性，中早熟品种。全生育期 225.7 天，成熟期比对照周麦 18 早 1.5 天。幼苗半匍匐，叶绿，分蘖能力强，轻干尖，黄芒，蜡质重，成穗率高。穗纺锤形，长芒，白壳，白粒，籽粒硬质，饱满度较好，熟相好。亩穗数 44.0 万，穗粒数 32.5 粒，千粒重 43.8 克。株高 84.3 厘米，抗倒伏性一般。冬季抗寒性一般。田间表现综合抗病性较好，条锈病中度发生，白粉病轻度发生，赤霉病发生轻。2019 年接种抗病性鉴定结果：高感条锈病、叶锈病，中感白粉病、纹枯病和赤霉病。2019 年品质测定结果：粗蛋白（干基）含量 12.8%，湿面筋含量 27.8%，吸水率 59.7%，稳定时间 9.7 分钟，最大拉伸阻力 382.5EU，拉伸面积 48.3 厘米^2。

（二）参加大区试验第一年，比对照周麦 18 和百农 207 增产，经南阳市农业科学院接种鉴定赤霉病抗性为中抗，下年度大区试验和生产试验同步进行的品种：皖宿 1510、宛 1204、WK1602

1. 皖宿 1510 2018—2019 年度参加大区试验，20 点汇总，平均亩产 573.0 千克，比对照周麦 18 增产 4.05%，增产点率 95.0%，增产≥2%点率 65.0%；比对照百农 207 增产 5.18%，增产点率 90.0%，增产≥2%点率 80.0%，居 15 个参试品种的第六位。非严重倒伏点率 90%。

半冬性，中晚熟品种。全生育期 227.9 天，成熟期比对照百农 207 晚 0.2 天。幼苗半匍匐，叶绿，叶挺、宽，冬季发育进程慢，叶功能好，成穗率较高。穗纺锤形、穗长、码稀，长芒，白壳，白粒，籽粒半硬质，饱满度较好，熟相好。亩穗数 40.6 万，穗粒数 36.1 粒，千粒重 45.6 克。株高 87.4 厘米，抗倒伏性较好。冬季抗寒性较好。田间表现综合抗病性较好，条锈病、白粉病中度发生，赤霉病发生轻。2019 年接种抗病性鉴定结果：高感条锈病、白粉病，中感叶锈病，中抗纹枯病和赤霉病。2019 年品质测定结果：粗蛋白（干基）含量 14.0%，湿面筋含量 35.5%，吸水率 65.5%，稳定时间 3.0 分钟，最大拉伸阻力 277.3EU，拉伸面积 58.0 厘米^2。

2. 宛 1204　2018—2019 年度试验，20 点汇总，平均亩产 552.4 千克，比对照周麦 18 增产 0.31%，增产点率 65.0%，增产≥2%点率 55.0%；比对照百农 207 增产 1.40%，增产点率 70.0%，增产≥2%点率 50.0%，居 12 个参试品种的第十二位。非严重倒伏点率 100%。

半冬性，中早熟品种。全生育期 226.6 天，成熟期比对百农 207 早 1.1 天。幼苗半匍匐，叶绿，叶披，株型较松散，分蘖能力强，穗多、穗基部有退化，成穗率较高。穗纺锤形，穗短，长芒，白壳，白粒，籽粒硬质，饱满度较好，熟相中等。亩穗数 43.5 万，穗粒数 32.5 粒，千粒重 44.6 克。株高 77.9 厘米，茎秆弹性较好，抗倒伏性好。冬季抗寒性较好。田间表现综合抗病性好，条锈病、白粉病轻度发生，赤霉病发生轻。2019 年接种抗病性鉴定结果：中抗条锈病，慢叶锈病，中感纹枯病，中抗白粉病和赤霉病。2019 年品质测定结果：粗蛋白（干基）含量 13.8%，湿面筋含量 35.1%，吸水率 64.5%，稳定时间 2.4 分钟，最大拉伸阻力 257.3EU，拉伸面积 40.7 厘米^2。

3. WK1602　2018—2019 年度试验，20 点汇总，平均亩产 554.6 千克，比对照周麦 18 增产 0.71%，增产点率 55.0%，增产≥2%点率 45.0%；比对照百农 207 增产 1.80%，增产点率 75.0%，增产≥2%点率 55.0%，居 12 个参试品种的第十一位。非严重倒伏点率 85%。

半冬性，中早熟品种。全生育期 225.7 天，成熟期比对照百农 207 早 2 天。幼苗半匍匐，叶绿，分蘖能力一般，成穗率高。穗纺锤形，穗长、码稀、长芒，白壳，白粒，籽粒半硬质，饱满度较好，熟相中等。亩穗数 41.7 万，穗粒数 35.4 粒，千粒重 42.8 克。株高 85.8 厘米，茎秆弹性一般，抗倒伏性一般。冬季抗寒性较好。田间表现综合抗病性较好，条锈病、白粉病轻度发生，赤霉病发生很轻。2019 年接种抗病性鉴定结果：高感条锈病和叶锈病，中感白粉病和纹枯病，中抗赤霉病。2019 年品质测定结果：粗蛋白（干基）含量 13.2%，湿面筋含量 30.3%，吸水率 57.2%，稳定时间 3.8 分钟，最大拉伸阻力 265.7EU，拉伸面积 48.3 厘米^2。

（三）参加大区试验第一年，比对照周麦 18 和百农 207 增产，品质为强筋，下年度大区试验和生产试验同步进行的品种：中麦 7152

中麦 7152　2018—2019 年度试验，20 点汇总，平均亩产 565.6 千克，比对照周麦 18 增产 2.71%，增产点率 80.0%，增产≥2%点率 75.0%；比对照百农 207 增产 3.82%，增产点率 90.0%，增产≥2%点率 85.0%，居 15 个参试品种的第九位。非严重倒伏点率 80%。

半冬性，中早熟品种。全生育期 226.6 天，成熟期比对照百农 207 早 1.1 天。幼苗半匍匐，叶绿，分蘖能力强，干尖，长芒、炸芒，白壳，白粒，籽粒半硬质，熟相中等。亩

穗数 41.1 万，穗粒数 37.3 粒，千粒重 43.2 克。株高 81.0 厘米，抗倒伏性一般。冬季抗寒性较好。田间表现综合抗病性较好，条锈病、白粉病轻度发生，赤霉病发生较轻。2019 年接种抗病性鉴定结果：高感条锈病，慢叶锈病，中感白粉病和纹枯病，高感赤霉病。2019 年品质测定结果：粗蛋白（干基）含量 14.6%，湿面筋含量 32.1%，吸水率 64.9%，稳定时间 27.6 分钟，最大拉伸阻力 636.3EU，拉伸面积 124.0 厘米^2。

（四）参加大区试验第一年，比对照周麦 18 增产>4%，比对照百农 207 增产>5%，增产≥2%点率>60%，条锈病、叶锈病中抗以上，下年度大区试验和生产试验同步进行的品种：昌麦 20

昌麦 20　2018—2019 年度试验，20 点汇总，平均亩产 576.1 千克，比对照周麦 18 增产 4.62%，增产点率 80.0%，增产≥2%点率 80.0%；比对照百农 207 增产 5.75%，增产点率 90.0%，增产≥2%点率 80.0%，居 15 个参试品种的第三位。非严重倒伏点率 95%。

半冬性，中熟品种。全生育期 227.7 天，成熟期和对照百农 207 相当。幼苗半匍匐，叶绿，叶挺、细，分蘖能力一般，穗蜡质重、清秀，叶功能较好，成穗率较高。穗长方形，长芒，白壳，白粒，籽粒半硬质，饱满度较好，熟相中等。亩穗数 42.3 万，穗粒数 35.3 粒，千粒重 47.4 克。株高 75.1 厘米，茎秆弹性好，抗倒伏能力较好。冬季抗寒性好。田间表现综合抗病性好，条锈病几乎无发生，白粉病轻度发生，赤霉病发生较轻。2019 年接种抗病性鉴定结果：慢条锈病，中抗叶锈病，中感白粉病和纹枯病，高感赤霉病。2019 年品质测定结果：粗蛋白（干基）含量 13.5%，湿面筋含量 33.2%，吸水率 57.5%，稳定时间 2.1 分钟，最大拉伸阻力 198.3EU，拉伸面积 43.3 厘米^2。

（五）参加大区试验第一年，比对照周麦 18 和百农 207 增产>2%，增产≥2%点率>60%，下年度继续大区试验的品种：皖垦麦 1702

皖垦麦 1702　2018—2019 年度试验，20 点汇总，平均亩产 566.4 千克，比对照周麦 18 增产 2.85%，增产点率 80.0%，增产≥2%点率 70.0%；比对照百农 207 增产 3.96%，增产点率 85.0%，增产≥2%点率 65.0%，居 15 个参试品种的第八位。非严重倒伏点率 90%。

半冬性，中早熟品种。全生育期 225.4 天，成熟期比对照百农 207 早 2.3 天。幼苗半匍匐，叶浅绿，叶卷，分蘖能力一般，码稀、落黄好、成穗率高。穗纺锤形，长芒，白壳，白粒，籽粒半硬质，饱满度好，熟相好。亩穗数 39.1 万，穗粒数 35.5 粒，千粒重 46.4 克。株型略松散，株高 82.9 厘米，抗倒伏性较好。冬季抗寒性一般。田间表现综合抗病性较好，条锈病、白粉病轻度发生，赤霉病发生轻。2019 年接种抗病性鉴定结果：高感条锈病，中感叶锈病、白粉病、纹枯病和赤霉病。2019 年品质测定结果：粗蛋白（干基）含量 14.2%，湿面筋含量 33.0%，吸水率 66.0%，稳定时间 2.8 分钟，最大拉伸阻力 238.7EU，拉伸面积 44.3 厘米^2。

五、存在问题和建议

无。

2018—2019年度广适性小麦新品种试验黄淮冬麦区南片广适组大区试验总结

为了鉴定国家小麦良种联合攻关单位育成新品种的丰产性、稳产性、抗逆性、适应性和品质特性，筛选适合黄淮冬麦区南片种植的小麦新品种，为国家小麦品种审定及合理利用提供重要科学依据，按照农业农村部关于国家四大粮食作物良种重大科研联合攻关部署，以及全国农业技术推广服务中心农技种函〔2018〕488号文件《关于印发〈2018—2019年度国家小麦良种联合攻关广适性品种试验实施方案〉的通知》精神，设置了本试验。

一、试验概况

（一）试验设计

试验采用顺序排列，不设重复，小区面积不少于0.5亩。试验采用机械播种，全区机械收获并现场称重计产。

（二）参试品种

本年度黄淮冬麦区南片广适组大区试验参试品种17个（不含对照，表1），统一对照品种周麦18、百农207，各试验点所在省份相应组别区试对照品种淮麦20、济麦22、小偃22为辅助对照品种。

表1　2018—2019年度黄淮冬麦区南片广适组大区试验参试品种及供种单位

序号	品种名称	组　合	选育单位	联系人
1	郑麦6694	04H551-2-1/郑麦7698//郑麦0856	河南省农业科学院小麦研究所	许为钢
2	天麦160	周麦16/中育9302	河南天存种业科技有限公司	张保亮
3	濮麦8062	周99343/濮02072	濮阳市农业科学院	秦海英
4	安科1701	6B2169/07ELT203//07ELT203	安徽省农业科学院作物研究所	张平治
5	华麦15112	徐麦7048/淮核0615	江苏省大华种业集团有限公司	刘洪伏
6	华成6068	华成3366/洛麦23//济麦22	安徽华成种业股份有限公司	刘　飞
7	涡麦303	莱州137/周麦16//郑育麦9987	亳州市农业科学研究院	刘　钊
8	安科1705	07ELT203/皖科700//许科1号	安徽省农业科学院作物研究所	万映秀
9	徐麦15158	矮抗58/08C04	江苏徐淮地区徐州农业科学研究所	冯国华
10	新麦52	周麦27/新麦26	新乡市农业科学院	蒋志凯
11	天麦196	周麦22/郑麦7698	河南天存种业科技有限公司	张保亮
12	漯麦40	徐麦7049/淮麦18	漯河市农业科学院	廖平安
13	郑麦9699	郑麦04H551/郑麦7698//郑麦02H466-2-3	河南省农业科学院小麦研究所	许为钢

（续）

序号	品种名称	组　合	选育单位	联系人
14	漯麦 39	郑麦 7698/周麦 16	漯河市农业科学院	廖平安
15	中麦 6052	济麦 22/泰农 18	中国农业科学院作物科学研究所	孙果忠
16	咸麦 073	周麦 16/06CA28	咸阳市农业科学研究所	张安静
17	LS3582	LS5047/LS4145	山东农业大学农学院	李斯深
18	周麦 18（CK）	内乡 185/周麦 9 号	周口市农业科学院	韩玉林
19	百农 207（CK）	周麦 16/百农 64	河南科技学院	欧行奇 李　淦
20	本省对照（CK）			

（三）试验点分布

本年度黄淮冬麦区南片广适组大区试验共设置试验点 24 个（表 2），分布在河南省、安徽省、江苏省、陕西省。

表 2　2018—2019 年度黄淮冬麦区南片广适组大区试验承试单位

序号	承试单位	联系人	试验地点
1	濮阳市农业科学院	秦海英	河南省濮阳市南乐县杨村乡楼营村
2	安阳市农业科学院	杨春玲	河南省安阳县柏庄镇郝小庄村
3	新乡市农业科学院	盛　坤	河南省获嘉县位庄乡大位庄村
4	漯河市农业科学院	廖平安	河南省漯河市临颍县杜曲镇前韩村
5	周口市农业科学院	韩玉林	河南省周口市商水县练集镇杨庄村
6	驻马店市农业科学院	朱统泉	河南省汝南县三门闸乡张坡农场
7	南阳市农业科学院	李金榜	河南省南阳市卧龙区潦河镇市农科院基地
8	商丘市农林科学院	胡　新	河南省商丘市梁园区王楼乡任庄村
9	洛阳农林科学院	高海涛	河南省偃师县庞村镇军屯村
10	河南省兆丰种业公司	刘　成	许昌市建安区蒋李集南 1 千米
11	河南省农业科学院小麦研究所	许为钢	河南新乡现代农业研究开发基地
12	河南中种联丰种业有限公司	王中兴	河南省开封市尉氏县十八里镇和尚庄农场
13	河南天存种业科技有限公司	张保亮	河南省荥阳市广武镇军张村
14	河南黄泛区地神种业公司	朱高纪	周口市西华县黄泛区农场
15	江苏徐淮地区徐州农业科学研究所	冯国华	徐州市经济技术开发区大庙村
16	江苏大华种业集团有限公司	陈兰金	江苏省响水县黄海农场
17	江苏瑞华农业科技有限公司	金彦刚	江苏省宿迁市湖滨新区塘湖良种场瑞华农业淮北试验站
18	安徽农业大学	卢　杰	安徽阜阳市颍上县红星镇现代农业示范园
19	安徽省农业科学院作物研究所	曹文昕	安徽省濉溪县百善镇柳湖农场
20	亳州市农业科学研究院	刘　钊	安徽省涡阳县龙山镇龙北村
21	宿州市农业科学院	吴兰云	安徽省宿州市埇桥区灰古镇付湖村
22	安徽皖垦种业股份有限公司	王永玖	安徽省龙亢农场
23	西北农林科技大学	董　剑	陕西省凤翔县横水镇衡水村
24	咸阳市农业科学研究院	张安静	陕西省咸阳市乾县城关镇南仁村

（四）试验实施情况

试验安排在当地种粮大户的生产田中，按当地生态条件上等栽培水平管理。本年度各试验点基本按照试验方案的要求，做到适时播种、施肥、浇水、除草等田间管理，及时按记载项目和要求进行调查记载，认真进行数据汇总和总结。本年度播期基本正常，播期 10 月 3～22 日，亩基本苗数 10.4 万～26.4 万。江苏省徐州试验点和河南省农业科学院小麦研究所试验点因未种百农 207 对照，第一年参加区试的品种无法比较，为了保证试验的公平性，两试验点不纳入汇总。

二、气候条件对小麦生长发育的影响

纵观 2018—2019 年度小麦生长期间天气，利大于弊，所有病害发病轻，亩穗数、穗粒数较往年略高，千粒重高于往年，产量总体较高，是一个丰产年份，品种间丰产性差异得到了较好的检验；早熟品种和灌浆快的品种，千粒重和容重较高，晚熟品种和灌浆慢的品种，千粒重和容重受到一定影响。

2018 年 10 月以晴好天气为主，无有效降雨，10 月中旬秋种时土壤墒情较差，秋种整地质量一般，不利于小麦播种和出苗，由于干旱严重，小麦出苗整齐度不理想。11 月多次降雨，有效缓解了旱情，补足了土壤墒情，加上温度适宜，有利于小麦出苗后的根系伸展及冬前生长，对小麦分蘖有利。12 月总体气温较往年略高，有利于小麦幼苗生长和年前蘖的形成；12 月上旬降雨次数较多，对上旬的降温有缓冲作用，小麦幼苗没有明显冻害，12 月下旬最低气温出现，由于田间湿度大，冻害不明显，个别半冬偏春性品种幼苗叶部冻害 2～3 级。2019 年 1～2 月，月平均气温较常年略高，降雨雪较多，土壤较高的湿度和较高的气温有利于小麦安全越冬。2 月底至 3 月上中旬小麦进入返青期，平均气温较常年略高，土壤湿度适宜，没有明显低温，对小麦生长和拔节有利，株高较常年稍高；3 月下旬有一次有效降雨，天气以晴好为主，温度较高，日照充足，大部分地区土壤墒情适宜，有利于小麦春蘖成穗及形成大穗。拔节期降雨较少，不利于小麦纹枯病和白粉病的发生。4 月上旬中前期以晴天到多云天气为主，降水偏少，温度偏高，对小麦拔节高度有抑制作用，增强了小麦抗倒伏能力。4 月中旬前期出现降水降温天气，降水增加土壤墒情，有利于小麦分蘖抽穗及成穗，两极分化进程较常年慢；这次降温造成的低温天气（倒春寒），由于田间湿度较高，对小麦籽粒形成和发育未产生实质性影响。4 月中旬后期天气转晴，气温回升，土壤湿度适中，对小麦孕穗抽穗有利。4 月中下旬有两次降雨过程，有利于小麦抽穗灌浆。此时正值小麦抽穗扬花期，虽然赤霉病前期侵染多，但由于温度偏低，降水短暂不利于赤霉病菌的扩散，后期显症不多，表现不重。5 月上中旬天气晴好，降雨较少，光温适宜，土壤墒情较好，有利于小麦光合物质的合成和运转，对小麦籽粒灌浆和产量的形成有利。5 月下旬土壤持水量偏低，尤其是 5 月 22～24 日，3 天持续 32℃以上高温，对于部分根系活力差的品种而言，灌浆不充分并出现干旱逼熟现象。5 月底的干热风天气加速了小麦的成熟，大多数品种进入成熟期。

病虫害和倒伏发生情况：2018—2019 年度小麦拔节期后降雨较少，扬花期虽有降雨

但温度较低，所有病虫害发生都比较轻；由于本年度极端恶劣天气较少，所以倒伏也比较轻。

三、试验结果与分析

试验产量和其他农艺性状数据均采用平均数法统计分析。

（一）产量

1. 试验点产量 本年度 22 个试验点参加汇总，各试验点平均亩产 570.9 千克，亩产变幅为 434.8～642.2 千克。平均亩产超过 600 千克的试验点有 7 个，分别为江苏响水（642.2 千克）、河南荥阳（642.1 千克）、安徽阜阳（636.9 千克）、河南许昌（636.8 千克）、河南漯河（618.8 千克）、河南濮阳（613.5 千克）、安徽怀远（608.4 千克）。陕西凤翔试验点产量为 434.8 千克（表 3）。

表 3 2018—2019 年度黄淮冬麦区南片广适组大区试验各试验点产量

濮阳市农业科学院						安阳市农业科学院					
品种名称	亩产量（千克）	比周麦 18 增产（%）	比百农 207 增产（%）	比本省对照增产（%）	位次	品种名称	亩产量（千克）	比周麦 18 增产（%）	比百农 207 增产（%）	比本省对照增产（%）	位次
郑麦 6694	627.2	6.05	7.69		6	郑麦 6694	591.6	9.07	9.21		2
天麦 160	628.6	6.29	7.93		5	天麦 160	496.5	−8.47	−8.35		15
濮麦 8062	638.0	7.88	9.55		2	濮麦 8062	547.4	0.92	1.05		6
安科 1701	615.0	3.99	5.60		11	安科 1701	527.1	−2.82	−2.70		9
华麦 15112	578.0	−2.27	−0.76		19	华麦 15112	468.8	−13.58	−13.47		19
华成 6068	579.0	−2.10	−0.58		18	华成 6068	510.2	−5.95	−5.82		12
涡麦 303	626.0	5.85	7.49		8	涡麦 303	519.8	−4.17	−4.05		10
安科 1705	598.0	1.12	2.68		14	安科 1705	469.8	−13.39	−12.28		18
徐麦 15158	615.0	3.99	5.60		11	徐麦 15158	517.9	−4.51	−4.39		11
新麦 52	632.0	6.87	8.52		3	新麦 52	596.8	10.03	10.17		1
天麦 196	631.0	6.70	8.34		4	天麦 196	504.1	−7.06	−6.94		13
漯麦 40	627.0	6.02	7.66		7	漯麦 40	498.7	−8.06	−7.94		14
郑麦 9699	593.2	0.30	1.85		15	郑麦 9699	480.4	−11.44	−11.33		16
漯麦 39	620.0	4.84	6.46		10	漯麦 39	480.1	−11.48	−11.37		17
中麦 6052	640.0	8.22	9.89		1	中麦 6052	563.4	3.87	4.00		4
咸麦 073	622.0	5.17	6.80		9	咸麦 073	561.6	3.53	3.66		5
LS3852	613.1	3.67	5.27		13	LS3852	579.8	6.89	7.02		3
周麦 18	591.4	—	1.55		16	周麦 18	542.4	—	0.13		7
百农 207	582.4	−1.52	—		17	百农 207	541.7	−0.13	—		8
平均	613.5					平均	526.2				

（续）

新乡市农业科学院

品种名称	亩产量（千克）	比周麦18增产（%）	比百农207增产（%）	比本省对照增产（%）	位次
郑麦 6694	638.65	16.2	18.2		2
天麦 160	586.89	6.8	8.7		11
濮麦 8062	589.55	7.3	9.2		9
安科 1701	623.59	13.5	15.5		3
华麦 15112	623.01	13.4	15.3		4
华成 6068	605.22	10.2	12.1		5
涡麦 303	542.40	−1.3	0.4		16
安科 1705	587.37	6.9	8.7		10
徐麦 15158	594.48	8.2	10.1		7
新麦 52	646.19	17.6	19.6		1
天麦 196	603.01	9.7	11.6		6
漯麦 40	594.13	8.1	10.0		8
郑麦 9699	568.36	3.4	5.2		13
漯麦 39	532.14	−3.2	−1.5		19
中麦 6052	574.04	4.5	6.3		12
咸麦 073	536.02	−2.4	−0.8		18
LS3852	550.12	0.1	1.9		14
周麦 18	549.45	—	1.7		15
百农 207	540.12	−1.7	—		17
平均	583.4				

漯河市农业科学院

品种名称	亩产量（千克）	比周麦18增产（%）	比百农207增产（%）	比本省对照增产（%）	位次
郑麦 6694	642.87	6.49	7.06		1
天麦 160	637.18	5.55	6.12		3
濮麦 8062	629.48	4.28	4.84		5
安科 1701	635.71	5.31	5.87		4
华麦 15112	608.39	0.78	1.34		14
华成 6068	605.43	0.29	0.85		17
涡麦 303	607.59	0.65	1.20		15
安科 1705	624.35	3.43	3.99		6
徐麦 15158	607.35	0.61	1.16		16
新麦 52	612.38	1.44	2.00		12
天麦 196	618.24	2.41	2.97		9
漯麦 40	622.94	3.19	3.75		7
郑麦 9699	615.37	1.94	2.50		10
漯麦 39	640.37	6.08	6.65		2
中麦 6052	620.46	2.78	3.34		8
咸麦 073	613.59	1.64	2.20		11
LS3852	611.62	1.32	1.87		13
周麦 18	603.67	—	0.55		18
百农 207	600.34	−0.55	—		19
平均	618.8				

周口市农业科学院

品种名称	亩产量（千克）	比周麦18增产（%）	比百农207增产（%）	比本省对照增产（%）	位次
郑麦 6694	531.4	0.17	6.66		16
天麦 160	587.3	10.69	17.88		2
濮麦 8062	563.2	6.15	13.03		5
安科 1701	548.4	3.36	10.06		13
华麦 15112	560.8	5.71	12.57		7
华成 6068	550.0	3.68	10.40		12
涡麦 303	563.0	6.11	12.99		6
安科 1705	540.8	1.92	8.53		15
徐麦 15158	572.4	7.88	14.87		3
新麦 52	550.8	3.81	10.54		11

驻马店市农业科学院

品种名称	亩产量（千克）	比周麦18增产（%）	比百农207增产（%）	比本省对照增产（%）	位次
郑麦 6694	571.9	6.60	9.33		4
天麦 160	548.0	2.12	4.76		11
濮麦 8062	541.0	0.82	3.42		12
安科 1701	508.6	−5.22	−2.77		19
华麦 15112	582.8	8.61	11.41		1
华成 6068	516.4	−3.76	−1.28		17
涡麦 303	560.5	4.47	7.15		7
安科 1705	536.1	−0.07	2.49		15
徐麦 15158	560.5	4.47	7.15		7
新麦 52	572.4	6.67	9.42		3

（续）

周口市农业科学院

品种名称	亩产量（千克）	比周麦 18 增产（%）	比百农 207 增产（%）	比本省对照增产（%）	位次
天麦 196	564.4	6.37	13.27		4
漯麦 40	588.8	10.95	18.19		1
郑麦 9699	554.4	4.49	11.26		8
漯麦 39	554.2	4.45	11.22		9
中麦 6052	554.2	4.45	11.22		9
咸麦 073	546.8	3.05	9.74		14
LS3852	521.8	−1.66	4.72		18
周麦 18	530.6	—	6.50		17
百农 207	498.2	−6.11	—		19
平均	551.7				

驻马店市农业科学院

品种名称	亩产量（千克）	比周麦 18 增产（%）	比百农 207 增产（%）	比本省对照增产（%）	位次
天麦 196	562.0	4.73	7.44		6
漯麦 40	556.0	3.62	6.29		9
郑麦 9699	513.5	−4.29	−1.84		18
漯麦 39	563.0	4.92	7.63		5
中麦 6052	555.3	3.50	6.16		10
咸麦 073	538.2	0.30	2.89		13
LS3852	582.8	8.61	11.41		1
周麦 18	536.6	—	2.58		14
百农 207	523.1	−2.50	—		16
平均	548.9				

商丘市农林科学院

品种名称	亩产量（千克）	比周麦 18 增产（%）	比百农 207 增产（%）	比本省对照增产（%）	位次
郑麦 6694	584.8	−0.02	0.45		14
天麦 160	603.5	3.18	3.66		8
濮麦 8062	601.2	2.78	3.26		10
安科 1701	593.2	1.42	1.89		12
华麦 15112	613.8	4.94	5.43		6
华成 6068	645.8	10.41	10.92		3
涡麦 303	630.1	7.73	8.23		4
安科 1705	501.0	−14.34	−13.95		19
徐麦 15158	651.3	11.35	11.87		2
新麦 52	655.2	12.02	12.54		1
天麦 196	595.7	1.85	2.32		11
漯麦 40	529.6	−9.45	−0.93		16
郑麦 9699	624.0	6.68	7.18		5
漯麦 39	602.5	3.01	3.49		9
中麦 6052	606.5	3.69	4.17		7
咸麦 073	522.0	−10.75	−10.34		17
LS3852	516.8	−11.64	−11.23		18
周麦 18	584.9	—	0.46		13
百农 207	582.2	−0.46	—		15
平均	591.8				

洛阳农林科学院

品种名称	亩产量（千克）	比周麦 18 增产（%）	比百农 207 增产（%）	比本省对照增产（%）	位次
郑麦 6694	553.5	3.73	7.53		8
天麦 160	553.0	3.64	7.45		9
濮麦 8062	566.9	6.25	10.15		4
安科 1701	543.7	1.90	5.63		12
华麦 15112	551.4	3.33	7.12		10
华成 6068	533.9	0.06	3.73		14
涡麦 303	559.4	4.83	8.68		7
安科 1705	562.4	5.39	9.26		5
徐麦 15158	528.1	−1.02	2.61		16
新麦 52	589.5	10.47	14.53		1
天麦 196	570.1	6.85	10.77		3
漯麦 40	586.8	9.98	14.01		2
郑麦 9699	523.1	−1.96	1.64		17
漯麦 39	541.6	1.50	5.22		13
中麦 6052	561.8	5.29	9.15		6
咸麦 073	548.4	2.77	6.54		11
LS3852	511.9	−4.06	−0.54		19
周麦 18	533.6	—	3.67		15
百农 207	514.7	−3.54	—		18
平均	549.1				

（续）

河南省兆丰种业公司					
品种名称	亩产量（千克）	比周麦18增产（%）	比百农207增产（%）	比本省对照增产（%）	位次
郑麦6694	671.36	7.93	1.00		3
天麦160	686.54	10.37	3.28		1
濮麦8062	629.22	1.15	−5.34		12
安科1701	628.02	0.96	−5.52		13
华麦15112	600.04	−3.54	−9.73		17
华成6068	614.64	−1.19	−7.53		15
涡麦303	648.50	4.25	−2.44		8
安科1705	656.70	5.57	−1.20		7
徐麦15158	612.42	−1.55	−7.86		16
新麦52	657.06	5.63	−1.15		6
天麦196	637.16	2.43	−4.14		10
漯麦40	643.28	3.41	−3.22		9
郑麦9699	672.24	8.07	1.13		2
漯麦39	664.16	6.77	−0.08		5
中麦6052	636.72	2.36	−4.21		11
咸麦073	575.44	−7.49	−13.43		19
LS3852	579.26	−6.88	−12.85		18
周麦18	622.04	—	−6.42		14
百农207	664.70	6.86	—		4
平均	636.80				

河南中种联丰种业有限公司					
品种名称	亩产量（千克）	比周麦18增产（%）	比百农207增产（%）	比本省对照增产（%）	位次
郑麦6694	549.7	4.56	11.61		4
天麦160	526.8	0.21	6.96		9
濮麦8062	521.3	−0.83	5.85		12
安科1701	519.4	−1.19	5.47		13
华麦15112	596.9	13.54	21.19		1
华成6068	587.4	11.75	19.28		2
涡麦303	545.9	3.84	10.84		6
安科1705	479.3	−8.82	−2.68		19
徐麦15158	549.7	4.56	11.61		4
新麦52	523.3	−0.45	6.26		11
天麦196	517.6	−1.55	5.09		14
漯麦40	510.0	−2.99	3.55		15
郑麦9699	504.3	−4.06	2.40		16
漯麦39	496.3	−5.59	0.78		17
中麦6052	536.4	2.04	8.92		8
咸麦073	542.1	3.12	10.07		7
LS3852	552.1	5.02	12.10		3
周麦18	525.7	—	6.74		10
百农207	492.5	−6.32	—		18
平均	530.4				

南阳市农业科学院					
品种名称	亩产量（千克）	比周麦18增产（%）	比百农207增产（%）	比本省对照增产（%）	位次
郑麦6694	521.4	4.92	7.32		9
天麦160	508.0	2.24	4.58		13
濮麦8062	526.9	6.04	8.47		6
安科1701	533.6	7.38	9.84		1
华麦15112	470.2	−5.37	−3.20		19
华成6068	522.5	5.15	7.55		8
涡麦303	525.8	5.82	8.24		7
安科1705	478.0	−3.80	−1.60		17
徐麦15158	528.0	6.26	8.70		4
新麦52	511.4	2.91	5.26		12

河南天存种业科技有限公司					
品种名称	亩产量（千克）	比周麦18增产（%）	比百农207增产（%）	比本省对照增产（%）	位次
郑麦6694	686.0	10.47	17.67		2
天麦160	724.0	16.59	24.19		1
濮麦8062	647.4	4.25	11.05		5
安科1701	654.4	5.38	12.25		3
华麦15112	643.4	3.61	10.36		10
华成6068	638.8	2.87	9.57		14
涡麦303	646.6	4.12	10.91		7
安科1705	610.8	−1.64	4.77		17
徐麦15158	600.8	−3.25	3.05		18
新麦52	643.6	3.64	10.39		9

（续）

南阳市农业科学院					
品种名称	亩产量（千克）	比周麦18增产（%）	比百农207增产（%）	比本省对照增产（%）	位次
天麦196	516.9	4.03	6.41		10
漯麦40	513.6	3.36	5.72		11
郑麦9699	532.5	7.16	9.61		2
漯麦39	531.4	6.94	9.38		3
中麦6052	527.7	6.20	8.63		5
咸麦073	505.8	1.79	4.12		14
LS3852	472.5	−4.92	−2.75		18
周麦18	496.9	—	2.28		15
百农207	485.8	−2.23	—		16
平均	511.0				

河南天存种业科技有限公司					
品种名称	亩产量（千克）	比周麦18增产（%）	比百农207增产（%）	比本省对照增产（%）	位次
天麦196	653.8	5.28	12.14		4
漯麦40	647.2	4.22	11.01		6
郑麦9699	643.4	3.61	10.36		10
漯麦39	644.8	3.84	10.60		8
中麦6052	641.2	3.26	9.98		12
咸麦073	640.8	3.19	9.91		13
LS3852	628.8	1.26	7.86		15
周麦18	621.0	—	6.52		16
百农207	583.0	−6.12	—		19
平均	642.1				

河南黄泛区地神种业公司					
品种名称	亩产量（千克）	比周麦18增产（%）	比百农207增产（%）	比本省对照增产（%）	位次
郑麦6694	601.8	4.68	2.71		7
天麦160	644.6	12.12	10.01		1
濮麦8062	604.1	5.07	3.09		6
安科1701	599.6	4.29	2.33		9
华麦15112	600.2	4.40	2.44		8
华成6068	595.3	3.54	1.59		13
涡麦303	582.0	1.23	−0.67		15
安科1705	570.3	−0.81	−2.67		19
徐麦15158	599.3	4.24	2.28		10
新麦52	580.8	1.02	−0.88		16
天麦196	622.8	8.33	6.29		4
漯麦40	631.7	9.88	7.81		2
郑麦9699	623.8	8.49	6.45		3
漯麦39	598.1	4.03	2.07		12
中麦6052	573.8	−0.21	−2.08		18
咸麦073	598.2	4.05	2.10		11
LS3852	609.2	5.97	3.97		5
周麦18	574.9	—	−1.88		17
百农207	586.0	1.90	—		14
平均	599.8				

江苏大华种业集团有限公司					
品种名称	亩产量（千克）	比周麦18增产（%）	比百农207增产（%）	比本省对照增产（%）	位次
郑麦6694	614.34	−2.22	−5.19	−1.48	18
天麦160	640.00	1.86	−1.23	2.63	12
濮麦8062	661.30	5.25	2.05	6.05	6
安科1701	650.07	3.47	0.32	4.25	8
华麦15112	661.00	5.21	2.01	6.00	7
华成6068	668.91	6.47	3.23	7.27	4
涡麦303	669.95	6.63	3.39	7.44	3
安科1705	648.92	3.28	0.14	4.06	9
徐麦15158	633.11	0.77	−2.30	1.53	15
新麦52	673.86	7.25	3.99	8.06	1
天麦196	634.93	1.06	−2.02	1.82	13
漯麦40	585.21	−6.86	−9.69	−6.15	20
郑麦9699	587.91	−6.43	−9.27	−5.72	19
漯麦39	662.31	5.41	2.21	6.21	5
中麦6052	645.20	2.69	−0.43	3.47	11
咸麦073	673.17	7.14	3.88	7.95	2
LS3852	634.73	1.02	−2.05	1.79	14
周麦18	628.29	—	−3.04	0.76	16
百农207	648.00	3.14	—	3.92	10
淮麦20	623.57	−0.75	−3.77	—	17
平均	642.2				

（续）

江苏瑞华农业科技有限公司						安徽农业大学					
品种名称	亩产量（千克）	比周麦18增产（%）	比百农207增产（%）	比本省对照增产（%）	位次	品种名称	亩产量（千克）	比周麦18增产（%）	比百农207增产（%）	比本省对照增产（%）	位次
郑麦6694	577.2	6.26	10.15	6.97	3	郑麦6694	686.9	11.11	12.58	10.75	1
天麦160	565.4	4.09	7.90	4.78	7	天麦160	644.5	4.25	5.63	3.91	8
濮麦8062	533.8	−1.73	1.87	−1.07	16	濮麦8062	670.7	8.50	9.93	8.14	2
安科1701	556.8	2.50	6.26	3.19	10	安科1701	642.5	3.92	5.30	3.58	10
华麦15112	530.0	−2.43	1.15	−1.78	17	华麦15112	658.6	6.54	7.95	6.19	4
华成6068	553.0	1.80	5.53	2.48	11	华成6068	606.1	−1.96	−0.66	−2.28	18
涡麦303	565.2	4.05	7.86	4.74	8	涡麦303	650.6	5.23	6.62	4.89	6
安科1705	551.6	1.55	5.27	2.22	12	安科1705	644.5	4.25	5.63	3.91	8
徐麦15158	561.2	3.31	7.10	4.00	9	徐麦15158	660.6	6.86	8.28	6.51	3
新麦52	580.4	6.85	10.76	7.56	2	新麦52	638.4	3.27	4.64	2.93	12
天麦196	582.2	7.18	11.11	7.89	1	天麦196	642.5	3.92	5.30	3.58	10
漯麦40	576.0	6.04	9.92	6.75	4	漯麦40	646.5	4.58	5.96	4.23	7
郑麦9699	574.0	5.67	9.54	6.38	5	郑麦9699	598.0	−3.27	−1.99	−3.58	20
漯麦39	527.4	−2.91	0.65	−2.26	19	漯麦39	612.2	−0.98	0.33	−1.30	16
中麦6052	568.0	4.57	8.40	5.26	6	中麦6052	656.6	6.21	7.62	5.86	5
咸麦073	528.2	−2.76	0.80	−2.11	18	咸麦073	624.3	0.98	2.32	0.65	13
LS3852	539.2	−0.74	2.90	−0.07	15	LS3852	606.1	−1.96	−0.66	−2.28	18
周麦18	543.2	—	3.66	0.67	13	周麦18	618.2	—	1.33	−0.32	15
百农207	524.0	−3.53	—	−2.89	20	百农207	610.1	−1.31	—	−1.63	17
淮麦20	539.6	−0.66	2.98	—	14	济麦22	620.2	0.32	1.66	—	14
平均	553.8					平均	636.9				

安徽省农业科学院作物研究所						亳州市农业科学研究院					
品种名称	亩产量（千克）	比周麦18增产（%）	比百农207增产（%）	比本省对照增产（%）	位次	品种名称	亩产量（千克）	比周麦18增产（%）	比百农207增产（%）	比本省对照增产（%）	位次
郑麦6694	595.6	20.0	13.0	−1.5	11	郑麦6694	569.5	4.0	8.1	7.9	11
天麦160	536.9	8.1	1.8	−11.2	16	天麦160	577.5	5.4	9.6	9.4	7
濮麦8062	585.5	17.9	11.1	−3.2	12	濮麦8062	589.5	7.6	11.9	11.7	1
安科1701	626.8	26.2	18.9	3.6	4	安科1701	540.1	−1.4	2.5	2.3	17
华麦15112	623.3	25.5	18.2	3.1	5	华麦15112	571.1	4.3	8.4	8.2	10
华成6068	657.5	32.4	24.7	8.7	1	华成6068	564.9	3.1	7.2	7.0	13
涡麦303	612.9	23.4	16.2	1.4	7	涡麦303	581.4	6.1	10.4	10.1	5

（续）

安徽省农业科学院作物研究所					
品种名称	亩产量（千克）	比周麦18增产（%）	比百农207增产（%）	比本省对照增产（%）	位次
安科 1705	652.8	31.5	23.8	8.0	2
徐麦 15158	584.8	17.8	10.9	−3.3	13
新麦 52	515.8	3.9	−2.2	−14.7	19
天麦 196	569.8	14.8	8.1	−5.8	14
漯麦 40	600.0	20.8	13.8	−0.8	10
郑麦 9699	532.7	7.3	1.0	−11.9	17
漯麦 39	551.8	11.1	4.7	−8.7	15
中麦 6052	607.1	22.3	15.2	0.4	8
咸麦 073	619.7	24.8	17.5	2.5	6
LS3852	641.5	29.2	21.7	6.1	3
周麦 18	496.5	—	−5.8	−17.9	20
百农 207	527.2	6.2	—	−12.8	18
济麦 22	604.7	21.8	14.7	—	9
平均	587.1				

亳州市农业科学研究院					
品种名称	亩产量（千克）	比周麦18增产（%）	比百农207增产（%）	比本省对照增产（%）	位次
安科 1705	576.7	5.3	9.5	9.2	8
徐麦 15158	579.7	5.8	10.0	9.8	6
新麦 52	587.1	7.2	11.4	11.2	2
天麦 196	545.7	−0.4	3.6	3.4	16
漯麦 40	573.6	4.7	8.9	8.6	9
郑麦 9699	586.3	7.0	11.3	11.1	4
漯麦 39	560.6	2.3	6.4	6.2	14
中麦 6052	587.1	7.2	11.4	11.2	2
咸麦 073	566.5	3.4	7.5	7.3	12
LS3852	538.7	−1.6	2.3	2.0	18
周麦 18	547.8	—	4.0	3.8	15
百农 207	526.8	−3.8	—	−0.2	20
济麦 22	527.9	−3.6	0.2	—	19
平均	564.9				

宿州市农业科学院					
品种名称	亩产量（千克）	比周麦18增产（%）	比百农207增产（%）	比本省对照增产（%）	位次
郑麦 6694	605.74	7.09	7.97	6.14	4
天麦 160	590.88	4.46	5.32	3.54	8
濮麦 8062	576.50	1.92	2.76	1.02	15
安科 1701	597.48	5.63	6.50	4.69	7
华麦 15112	599.54	5.99	6.86	5.05	6
华成 6068	609.60	7.77	8.65	6.82	3
涡麦 303	583.10	3.09	3.93	2.17	11
安科 1705	580.34	2.60	3.44	1.69	13
徐麦 15158	581.60	2.82	3.66	1.91	12
新麦 52	612.74	8.33	9.21	7.37	2
天麦 196	572.70	1.25	2.08	0.35	17
漯麦 40	590.50	4.40	5.25	3.47	9
郑麦 9699	583.33	3.13	3.97	2.21	10
漯麦 39	573.52	1.39	2.22	0.49	16

安徽皖垦种业股份有限公司					
品种名称	亩产量（千克）	比周麦18增产（%）	比百农207增产（%）	比本省对照增产（%）	位次
郑麦 6694	617.93	0.99	1.86	8.29	10
天麦 160	496.38	−18.88	−18.18	−13.01	20
濮麦 8062	679.25	11.01	11.97	19.04	1
安科 1701	674.58	10.25	11.20	18.22	2
华麦 15112	603.63	−1.35	−0.50	5.78	15
华成 6068	629.48	2.88	3.76	10.31	6
涡麦 303	630.85	3.10	3.99	10.55	5
安科 1705	626.73	2.43	3.31	9.83	8
徐麦 15158	649.55	6.16	7.07	13.83	3
新麦 52	609.95	−0.32	0.54	6.89	12
天麦 196	609.68	−0.36	0.50	6.84	13
漯麦 40	624.80	2.11	2.99	9.49	9
郑麦 9699	547.25	−10.56	−9.79	−4.10	18
漯麦 39	637.18	4.13	5.03	11.66	4

（续）

宿州市农业科学院					
品种名称	亩产量（千克）	比周麦18增产（%）	比百农207增产（%）	比本省对照增产（%）	位次
中麦 6052	600.84	6.22	7.09	5.28	5
咸麦 073	579.40	2.43	3.27	1.53	14
LS3852	616.88	9.06	9.95	8.09	1
周麦 18	565.64	—	0.82	−0.89	19
百农 207	561.04	−0.81	—	−1.69	20
济麦 22	570.70	0.89	1.72	—	18
平均	587.6				

安徽皖垦种业股份有限公司					
品种名称	亩产量（千克）	比周麦18增产（%）	比百农207增产（%）	比本省对照增产（%）	位次
中麦 6052	627.55	2.56	3.45	9.97	7
咸麦 073	535.43	−12.50	−11.74	−6.17	19
LS3852	578.33	−5.48	−4.67	1.35	16
周麦 18	611.88	—	0.86	7.23	11
百农 207	606.65	−0.85	—	6.31	14
济麦 22	570.63	−6.74	−5.94	—	17
平均	608.4				

西北农林科技大学					
品种名称	亩产量（千克）	比周麦18增产（%）	比百农207增产（%）	比本省对照增产（%）	位次
郑麦 6694	447.8	3.0	1.5	4.2	7
天麦 160	401.6	−7.6	−8.9	−6.6	18
濮麦 8062	436.8	0.5	−1.0	1.6	10
安科 1701	467.8	7.6	6.1	8.8	2
华麦 15112	399.4	−8.1	−9.4	−7.1	19
华成 6068	397.8	−8.5	−9.8	−7.4	20
涡麦 303	432.8	−0.4	−1.9	0.7	13
安科 1705	406.4	−6.5	−7.8	−5.4	16
徐麦 15158	449.0	3.3	1.8	4.5	6
新麦 52	470.4	8.2	6.7	9.4	1
天麦 196	464.0	6.8	5.2	8.0	3
漯麦 40	452.4	4.1	2.6	5.3	4
郑麦 9699	431.2	−0.8	−2.2	0.3	14
漯麦 39	434.0	−0.1	−1.6	1.0	12
中麦 6052	450.2	3.6	2.1	4.7	5
咸麦 073	446.4	2.7	1.2	3.9	8
LS3852	402.2	−7.5	−8.8	−6.4	17
周麦 18	434.6	—	−1.5	1.1	11
百农 207	441.0	1.5	—	2.6	9
小偃 22	429.8	−1.1	−2.5	—	15
平均	434.8				

咸阳市农业科学研究院					
品种名称	亩产量（千克）	比周麦18增产（%）	比百农207增产（%）	比本省对照增产（%）	位次
郑麦 6694	465.52	12.13	7.02	10.65	4
天麦 160	410.20	−1.20	−5.70	−2.50	18
濮麦 8062	444.69	7.11	2.23	5.70	9
安科 1701	490.57	18.16	12.78	16.60	2
华麦 15112	448.95	8.14	3.21	6.71	7
华成 6068	401.35	−3.33	−7.74	−4.61	20
涡麦 303	433.84	4.50	−0.27	3.12	13
安科 1705	443.18	6.75	1.88	5.34	10
徐麦 15158	429.05	3.34	−1.37	1.98	14
新麦 52	482.05	16.11	10.82	14.57	3
天麦 196	420.66	1.32	−3.30	−0.02	16
漯麦 40	442.11	6.49	1.64	5.08	11
郑麦 9699	406.05	−2.20	−6.65	−3.49	19
漯麦 39	446.16	7.47	2.57	6.05	8
中麦 6052	449.67	8.31	3.37	6.88	6
咸麦 073	453.18	9.16	4.18	7.71	5
LS3852	494.84	19.19	13.76	17.61	1
周麦 18	415.17	—	−4.56	−1.32	17
百农 207	435.00	4.78	—	3.92	12
小偃 22	420.73	1.34	−3.28	—	15
平均	441.6				

2. 品种产量 参试品种的平均亩产 571.1 千克，亩产变幅为 548.8～588.8 千克。统一对照周麦 18 居第十八位、百农 207 居第十九位（表 4），17 个参试品种的平均亩产均超过对照品种周麦 18 和百农 207，增产幅度为 7.20%～1.84%。增产>5%的品种分别是郑麦 6694、新麦 52、濮麦 8062、安科 1701、涡麦 303、中麦 6052。

表 4 2018—2019 年度黄淮冬麦区南片广适组大区试验参试品种产量比较

序号	品种名称	参试年数	平均亩产量（千克）	比周麦18增产（%）	位次	比周麦18增产的试验点数（个）	比周麦18增产的试验点率（%）	比周麦18增产≥2%的试验点数（个）	比周麦18增产≥2%点率（%）
1	郑麦 6694	2	588.8	6.40	1	20	90.9	18	81.8
2	天麦 160	2	572.5	3.45	10	18	81.8	16	72.7
3	濮麦 8062	2	581.1	5.01	3	20	90.9	15	68.2
4	安科 1701	1	580.8	4.95	4	19	86.4	15	68.2
5	华麦 15112	1	572.4	3.43	11	15	68.2	14	63.6
6	华成 6068	1	572.4	3.43	11	15	68.2	12	54.5
7	涡麦 303	1	578.1	4.46	5	19	86.4	17	77.3
8	安科 1705	1	561.2	1.41	16	14	63.6	11	50.0
9	徐麦 15158	1	575.7	4.03	7	18	81.8	16	72.7
10	新麦 52	1	588.3	6.31	2	20	90.9	18	81.8
11	天麦 196	1	574.5	3.81	9	18	81.8	14	63.6
12	漯麦 40	1	574.6	3.83	8	18	81.8	18	81.8
13	郑麦 9699	1	558.9	0.99	17	13	59.1	11	50.0
14	漯麦 39	1	567.0	2.46	13	16	72.7	14	63.6
15	中麦 6052	1	576.5	4.17	6	21	95.5	21	95.5
16	咸麦 073	1	562.6	1.66	15	17	77.3	13	59.1
17	LS3582	1	562.8	1.70	14	12	54.5	8	36.4
18	周麦 18		553.4		18				
19	百农 207		548.8		19				
	平均		571.1						

序号	品种名称	参试年数	平均亩产量（千克）	比百农207增产（%）	位次	比百农207增产的试验点数（个）	比百农207增产的试验点率（%）	比百农207增产≥2%的试验点数（个）	比百农207增产≥2%点率（%）
1	郑麦 6694	2	588.8	7.29	1	21	95.5	17	77.3
2	天麦 160	2	572.5	4.32	10	17	77.3	16	72.7
3	濮麦 8062	2	581.1	5.87	3	20	90.9	17	77.3
4	安科 1701	1	580.8	5.83	4	19	86.4	17	77.3
5	华麦 15112	1	572.4	4.30	11	16	72.7	14	63.6

（续）

序号	品种名称	参试年数	平均亩产量（千克）	比百农207增产（%）	位次	比百农207增产的试验点数（个）	比百农207增产的试验点率（%）	比百农207增产≥2%的试验点数（个）	比百农207增产≥2%点率（%）
6	华成 6068	1	572.4	4.30	11	15	68.2	13	59.1
7	涡麦 303	1	578.1	5.34	5	17	77.3	15	68.2
8	安科 1705	1	561.2	2.26	16	15	68.2	12	54.5
9	徐麦 15158	1	575.7	4.90	7	18	81.8	15	68.2
10	新麦 52	1	588.3	7.20	2	19	86.4	18	81.8
11	天麦 196	1	574.5	4.68	9	18	81.8	16	72.7
12	漯麦 40	1	574.6	4.70	8	18	81.8	17	77.3
13	郑麦 9699	1	558.9	1.84	17	15	68.2	11	50.0
14	漯麦 39	1	567.0	3.32	13	18	81.8	14	63.6
15	中麦 6052	1	576.5	5.05	6	19	86.4	19	86.4
16	咸麦 073	1	562.6	2.51	15	18	81.8	15	68.2
17	LS3582	1	562.8	2.55	14	14	63.6	12	54.5
18	周麦 18		553.4		18				
19	百农 207		548.8		19				
	平均		571.1						

（二）品种评价

参试的 17 个品种全部为中筋小麦，根据产量、抗性鉴定和品质测试结果，结合田间长相，依据《主要农作物品种审定标准（国家级）》中小麦品种审定标准对参试品种处理意见如下：

（1）参加大区试验 2 年，同时参加生产试验完成试验程序的品种郑麦 6694，根据生产试验结果，推荐申报国家审定。

（2）参加大区试验 2 年，比对照周麦 18 增产>3%，增产≥2%点率>60%的品种天麦 160、濮麦 8062，推荐下年度参加生产试验。

（3）参加大区试验 1 年，比对照周麦 18 增产>4%，比对照百农 207 增产>5%，增产≥2%点率>60%的品种有 4 个，为安科 1701、涡麦 303、新麦 52 和中麦 6052，推荐下年度大区试验和生产试验同步进行。

（4）参加大区试验 1 年，比对照周麦 18 和百农 207 增产>2%，增产≥2%点率>60%的品种有 5 个，为徐麦 15158、华麦 15112、天麦 196、漯麦 40、漯麦 39，推荐下年度继续试验。

（5）参加大区试验 1 年，比对照周麦 18 和百农 207 增产<2%，或增产≥2%点率<60%的品种有 5 个，为咸麦 073、华成 6068、安科 1705、LS3582 和郑麦 9699，未达续试标准，停止试验。

参试品种在各试验点的抗性鉴定和农艺性状见表 5 至表 16。

表 5　2018—2019 年度黄淮冬麦区南片广适组大区试验参试品种抗病性及穗发芽等鉴定结果

序号	品种名称	条锈病	叶锈病	白粉病	纹枯病	赤霉病	穗发芽	冬春性类别
1	郑麦 6694	MR	慢	MR	MS	HS	HS	冬性类
2	天麦 160	HS	MS	MS	MS	HS	HS	冬性类
3	濮麦 8062	MR	HS	MS	MS	HS	HS	冬性类
4	安科 1701	MS	HS	MR	MS	MS	HS	冬性类
5	华麦 15112	HS	HS	MR	MS	HS	HS	冬性类
6	华成 6068	HS	HS	MR	MR	HS	HS	春性类
7	涡麦 303	MS	MR	MR	MS	HS	HS	冬性类
8	安科 1705	HS	HS	MS	MS	HS	HS	冬性类
9	徐麦 15158	HS	HS	MS	MR	MS	HS	春性类
10	新麦 52	HS	HR	HS	MR	HS	HS	冬性类
11	天麦 196	MS	MR	MS	MS	HS	HS	冬性类
12	漯麦 40	MR	HR	HS	MS	HS	HS	冬性类
13	郑麦 9699	MR	HR	MR	MS	HS	HS	冬性类
14	漯麦 39	MR	I	MR	MS	HS	HS	冬性类
15	中麦 6052	HS	HS	MS	MS	HS	HS	冬性类
16	咸麦 073	MR	MS	HS	MS	HS	HS	冬性类
17	LS3582	HS	HS	HS	MS	HS	HS	冬性类
18	周麦 18			MS	MS			
19	百农 207			MS	MS			

注：I 为免疫，HR 为高抗，MR 为中抗，MS 为中感，HS 为高感。

表 6　2018—2019 年度黄淮冬麦区南片广适组大区试验参试品种品质检测结果

品种名称	年度	粗蛋白（%，干基）	湿面筋（%，14%水分基）	粉质特性		拉伸特性		类型
				吸水率（%）	稳定时间（分钟）	最大拉伸阻力（EU）	拉伸面积（厘米^2）	
郑麦 6694	2018	14.7	29.1	58.2	3.5	374.0	71.2	中筋
	2019	12.0	33.3	63.3	3.3	287.2	52.8	中筋
	平均	13.4	31.2	60.8	3.4	330.6	62.0	中筋
天麦 160	2018	15.2	32.7	59.0	1.7	211.6	43.4	中筋
	2019	12.1	32.6	62.5	1.6	209.2	40.6	中筋
	平均	13.7	32.7	60.8	1.7	210.4	42.0	中筋
濮麦 8062	2018	15.4	29.0	58.1	6.4	550.0	107.6	中筋
	2019	12.0	30.7	62.6	4.0	476.2	71.8	中筋
	平均	13.7	29.9	60.4	5.2	513.1	89.7	中筋
安科 1701	2019	11.9	31.2	62.7	7.6	528.0	82.4	中筋

（续）

品种名称	年度	粗蛋白（%，干基）	湿面筋（%，14%水分基）	粉质特性		拉伸特性		类型
				吸水率（%）	稳定时间（分钟）	最大拉伸阻力（EU）	拉伸面积（厘米^2）	
华麦 15112	2019	11.6	29.0	64.2	7.3	374.4	49.4	中筋
华成 6068	2019	11.5	31.8	62.1	12.0	403.2	68.4	中筋
涡麦 303	2019	10.7	27.1	59.9	2.8	237.6	40.4	中筋
安科 1705	2019	12.2	32.1	54.3	2.3	388.2	63.8	中筋
徐麦 15158	2019	11.7	30.3	63.6	5.0	414.8	57.4	中筋
新麦 52	2019	11.3	30.5	63.6	5.4	313.2	51.4	中筋
天麦 196	2019	12.6	31.7	60.0	8.1	410.6	61.6	中筋
漯麦 40	2019	12.6	32.7	62.9	6.5	365.6	62.6	中筋
郑麦 9699	2019	13.1	36.7	70.4	4.5	236.2	44.4	中筋
漯麦 39	2019	12.6	34.0	63.2	3.1	262.0	49.6	中筋
中麦 6052	2019	11.2	29.6	63.5	7.7	418.6	63.2	中筋
咸麦 073	2019	11.2	30.3	64.5	1.7	191.0	33.6	中筋
LS3582	2019	11.1	26.3	64.0	10.6	573.4	91.8	中筋
周麦 18	2019	11.9	32.8	62.7	2.1	201.4	41.2	中筋
百农 207	2019	12.4	34.9	62.6	3.2	267.8	57.0	中筋
淮麦 20	2019	11.7	34.8	61.2	6.4	342.0	56.0	中筋
小偃 22	2019	13.5	32.1	64.8	1.9	158.0	42.0	中筋
偃展 4110	2019	12.4	29.5	56.1	1.1	166.0	28.0	中筋

表 7　2018—2019 年度黄淮冬麦区南片广适组大区试验参试品种茎蘖动态及产量构成

序号	品种名称	生育期（天）	亩基本苗数（万）	亩最高茎蘖数（万）	亩有效穗数（万）	穗粒数（粒）	千粒重（克）	分蘖成穗率（%）	株高（厘米）	容重（克/升）
1	郑麦 6694	226.1	18.8	87.8	42.5	36.4	45.9	48.4	77.5	802.6
2	天麦 160	226.2	17.9	88.5	38.4	35.3	49.4	43.4	74.6	792.1
3	濮麦 8062	226.1	18.5	83.9	39.7	37.0	47.4	47.3	83.7	797.0
4	安科 1701	225.9	18.2	96.6	45.3	33.7	42.1	46.9	87.5	793.0
5	华麦 15112	226.0	18.0	90.8	41.2	35.7	44.8	45.4	80.2	780.3
6	华成 6068	225.9	17.6	94.4	40.8	34.3	44.4	43.2	84.4	796.2
7	涡麦 303	227.0	18.3	91.6	41.1	35.5	48.3	44.9	84.1	799.1
8	安科 1705	226.3	17.6	93.9	41.5	35.5	43.3	44.2	85.4	793.7
9	徐麦 15158	226.4	17.4	90.8	39.9	36.1	45.5	43.9	80.2	786.6
10	新麦 52	226.9	17.5	91.1	41.0	38.8	44.6	45.0	76.5	795.1
11	天麦 196	226.7	18.2	89.3	39.8	37.7	47.0	44.6	78.2	794.7

（续）

序号	品种名称	生育期（天）	亩基本苗数（万）	亩最高茎蘖数（万）	亩有效穗数（万）	穗粒数（粒）	千粒重（克）	分蘖成穗率（%）	株高（厘米）	容重（克/升）
12	漯麦 40	226.4	18.4	90.3	40.9	35.7	47.0	45.3	81.5	809.8
13	郑麦 9699	226.4	18.2	93.2	40.1	33.9	50.2	43.0	79.9	806.2
14	漯麦 39	226.8	18.0	92.9	39.5	36.8	46.5	42.5	79.9	798.8
15	中麦 6052	226.7	18.7	96.6	43.4	35.7	43.7	44.9	79.9	797.4
16	咸麦 073	227.1	18.1	93.9	45.6	30.3	48.9	48.6	76.5	795.7
17	LS3582	226.3	18.3	93.5	43.2	33.1	44.4	46.2	83.1	791.2
18	周麦 18	226.6	18.1	87.8	39.5	36.4	47.1	45.0	78.8	790.0
19	百农 207	226.8	18.4	85.4	39.3	37.5	44.9	46.0	76.5	799.7

表 8　2018—2019 年度黄淮冬麦区南片广适组大区试验各试验点产量等汇总

试验点	平均亩产量（千克）	播期（月-日）	收获期（月-日）	前茬作物	土质	基肥种类及每亩施用量
河南濮阳	613.5	10-7	6-9	玉米	壤土	复合肥 50 千克
河南安阳	526.2	10-5	6-10	玉米	黏壤土	腐殖酸复合肥 50 千克
河南辉县	583.4	10-18	6-7	玉米	壤土	复合肥 50 千克
河南漯河	618.8	10-13	6-8	大豆	壤土	复合肥 70 千克
河南商水	551.7	10-12	6-8	玉米	黏质潮土	专用复合肥 60 千克
河南驻马店	548.9	10-19	6-3	大豆	黄褐土	复合肥 60 千克
河南商丘	591.8	10-14	6-9	玉米	中壤土	缓释 BB 肥 50 千克
河南洛阳	549.1	10-9	6-10	休闲	沙壤土	复合肥 30 千克
河南许昌	636.8	10-17	6-5	大豆	黏土	复合肥 65 千克
河南开封	530.4	10-13	6-8	玉米	黏壤土	复合肥 50 千克，有机肥 100 千克
河南南阳	511.0	10-22	5-28	玉米	潮土	复合肥 50 千克
河南荥阳	642.1	10-14	6-10	玉米	二合土	专用复混肥 50 千克
河南西华	599.8	10-10	6-4	大豆	黏土	复合肥 45 千克
江苏响水	642.2	10-18	6-9	玉米	黏壤土	尿素 10 千克，磷酸二铵 12.5 千克
江苏宿迁	553.8	10-10	6-11	玉米	沙壤土	尿素 15 千克，复合肥 40 千克
安徽阜阳	636.9	10-19	6-3	玉米	砂浆土	复合肥 60 千克
安徽淮北	587.1	10-12	6-9	大豆	砂姜黑土	尿素 10 千克，复合肥 40 千克
安徽涡阳	564.9	10-20	6-8	大豆	砂姜黑土	复混肥 75 千克
安徽宿州	587.6	10-17	6-6	玉米	砂姜黑土	尿素 15 千克，复合肥 50 千克
安徽怀远	608.4	10-10	6-2	大豆	砂姜黑土	复合肥 45 千克
陕西凤翔	434.8	10-3	6-14	玉米	塿土	配方 BB 肥 50 千克
陕西咸阳	441.6	10-9	6-11	玉米	中壤土	复合肥 50 千克，有机肥 100 千克
平均	570.9					

表 9　2018—2019 年度黄淮冬麦区南片广适组大区试验抗寒性汇总

序号	品种名称	河南濮阳	河南安阳	河南辉县	河南漯河	河南商水	河南驻马店	河南商丘	河南洛阳	河南许昌	河南开封	河南南阳	河南荥阳	河南西华	江苏响水	江苏宿迁	安徽阜阳	安徽淮北	安徽涡阳	安徽宿州	安徽怀远	陕西凤翔	陕西咸阳
1	郑麦 6694	3/	2/2	2/1	2/	2/			2/	2/	2/2		2/4	2/	/3	2/2	1/	2/	2/	2/1	2/2	/1	/1
2	天麦 160	3/	2/3	2/1	2/	2/			3/	2/	3/2		2/4	2/	/3	2/2	1/2	1/	2/	2/2	2/2	/1	/1
3	濮麦 8062	3/	3/2	2/1	2/	2/			2/	2/	2/2		2/4	2/	/2	2/3	2/	1/	2/	2/3	3/3	/1	/1
4	安科 1701	2/	2/3	2/1	2/	2/			3/	2/	2/2		2/4	2/	/3	2/3	2/	1/		1/2	2/2	/1	/1
5	华麦 15112	3/	2/2	1/1	2/	2/			3/	2/	2/2		2/4	2/	/2	2/2	2/	1/	2/	2/2	3/3	/1	/1
6	华成 6068	2/	2/2	3/1	2/	2/			2/	2/	2/2		2/4	2/	/1	2/2	1/	1/	2/	2/1	2/2	/1	/1
7	涡麦 303	3/	3/3	2/1	2/	2/			2/	3/	3/2		2/4	2/	/2	2/3	2/	1/	2/	2/2	3/3	/1	/1
8	安科 1705	3/	2/2	2/1	2/	2/			2/	2/	2/2		2/4	2/	/2	2/3	1/2	1/		2/2	2/2	/1	/1
9	徐麦 15158	3/	3/3	2/1	2/	2/			3/	2/	3/2		2/4	2/	/2	3/2	2/	1/	2/	2/2	3/3	/1	/1
10	新麦 52	3/	2/3	1/1	2/	2/			2/	2/	2/2		2/4	2/	/2	2/3	1/	1/	2/	2/2	2/2	/1	/1
11	天麦 196	3/	2/2	2/1	2/	2/			2/	2/	2/2		2/4	2/	/2	2/2	2/	1/	2/	2/2	3/2	/1	/1
12	漯麦 40	3/	2/3	2/1	2/	2/			3/	3/	2/2		2/4	2/	/3	3/2	1/	1/	2/	2/2	2/3	/1	/1
13	郑麦 9699	4/	2/3	3/1	2/	2/			2/	2/	2/2		2/4	2/	/3	3/2	2/	1/		2/3	2/2	/1	/1
14	漯麦 39	4/	3/3	1/1	2/	2/			2/	2/	2/2		2/4	2/	/2	3/3	2/	1/	2/	2/3	2/2	/1	/1
15	中麦 6052	2/	2/2	2/1	2/	2/			3/	2/	2/2		2/5	2/	/1	1/2	1/	1/		1/2	2/2	/1	/1
16	咸麦 073	4/	2/3	2/1	2/	2/			3/	2/	2/2		2/5	2/	/1	2/3	1/2	1/		2/2	3/3	/1	/1
17	LS3582	2/	2/2	2/	2/	2/			2/	2/	2/2		2/4	2/	/1	1/2	2/	1/		2/2	2/2	/1	/1
18	周麦 18	4/	3/3	1/1	2/	2/			3/	3/	2/2		2/4	2/	/3	3/2	2/	1/	2/	3/3	3/3	/1	/1
19	百农 207	3/	2/2	1/1	2/	2/			2/	2/	2/2		2/4	2/	/2	2/2	1/	1/	2/	3/3	2/3	/1	/1
20	淮麦 20														/2	2/2							
21	济麦 22																1/	1/		1/1	2/2		
22	小偃 22																					/1	/1

注：/前为冬前调查数据，/后为冬后调查数据。

表 10　2018—2019 年度黄淮冬麦区南片广适组大区试验倒伏汇总

序号	品种名称	河南安阳		河南漯河		河南商丘		河南洛阳		河南荥阳		江苏响水		江苏宿迁		安徽涡阳		安徽怀远		陕西凤翔	陕西咸阳
		程度	面积（%）	程度	面积（%）	程度	面积（%）	程度	面积（%）	程度	面积（%）	程度	面积（%）	程度	面积（%）	程度	面积（%）	程度	面积（%）	程度	程度
1	郑麦 6694	1		2	10	1		1		1		2	0.3					4	15	1	1
2	天麦 160	1				1		1		1								1	100	1	1
3	濮麦 8062	1		2	10	1		1		3	5	3	1					5	10	1	1
4	安科 1701	1	3	2	15	3	18	1		1		4	10			2	40	4	10	1	1
5	华麦 15112	1		3	10	3	18	1		1		2	0.6	4	15			1	100	1	1
6	华成 6068	1		5	95	1		1		1						2	20	1	100	1	1
7	涡麦 303	1				1		1		1								3	10	1	1
8	安科 1705	1		2	20	4	22	1		3	20	2	0.6					5	30	1	1
9	徐麦 15158	1		3	40	3	10	4	10	4	80	4	7.5			2	50	5	20	1	1
10	新麦 52	1				3	7	1		1		2	1.5			3	5	1	100	1	1
11	天麦 196	1				1		1		1								1	100	1	1
12	漯麦 40	1				1		1		1								1	100	1	1
13	郑麦 9699	1		3		3	5	1		1						2	40	1	100	1	1
14	漯麦 39	1		3		3	15	1		2	20	2	0.3			2	5	4	20	1	1
15	中麦 6052	1		4		1		1		1		3	3					1	100	1	1
16	咸麦 073	1				1		1		1								1	100	1	1
17	LS3582	1		3		1		1		1		3	4.5	5	10			5	30	1	1
18	周麦 18	1		3		1		1		1						2	5	5	25	1	1
19	百农 207	1				1		1		1								1	100	1	1
20	淮麦 20											3	3								
21	济麦 22																	1	100		
22	小偃 22																			1	1

表 11　2018—2019 年度黄淮冬麦区南片广适组大区试验条锈病汇总

序号	品种名称	河南安阳		河南漯河		河南商水		河南商丘		河南许昌		河南开封		河南南阳		河南荥阳		河南西华	江苏宿迁	安徽宿州	安徽怀远		陕西咸阳
		反应型	普遍率(%)	反应型	普遍率(%)	反应型	普遍率(%)	反应型	普遍率(%)	反应型	普遍率(%)	反应型	普遍率(%)	反应型	普遍率(%)	反应型	普遍率(%)	反应型	反应型	反应型	反应型	普遍率(%)	反应型
1	郑麦 6694	2	3					1		1	0	3	5					2		3	5	40	2
2	天麦 160	2	5	4	5	2	5	1		4	20	3	10			4	2	4	2	4	5	60	4
3	濮麦 8062	2	3					1		2	15					4	2	2		4	2	20	2
4	安科 1701	2	3					1		1	0							2	2	3	3	30	5
5	华麦 15112	2	3	3	50	2	50	1		3	20	4	40	3	2			2		2	5	50	2
6	华成 6068	2	3	3	40	2	40	1		2	10	4	35	3	5	4	5	4	2	2	3	30	3
7	涡麦 303	1	0	3	20	3	20	1		2	8			2	3			2	2	3	4	40	4
8	安科 1705	2	3	3	15	3	15	1		2	15							3		4	4	30	1
9	徐麦 15158	2	3	4	25	3	25	1		2	25			3	2			2	2	3	5	80	1
10	新麦 52	1	0					1		2	10					4	5	2		2	3	40	1
11	天麦 196	2	3					1		1	0							2		2	3	40	1
12	漯麦 40	1	0					1		2	6							2		3	2	90	1
13	郑麦 9699	2	3	3	10	3	10	1		2	20							2		3	4	50	1
14	漯麦 39	1	0	3	1	2	5	1		3	15							2		3	3	30	2
15	中麦 6052	3	5	4	80	3	80	1		3	40			2	2			5	2	2	5	80	2
16	咸麦 073	2	5					1		2	25					4	5	2		3	3	30	1
17	LS3582	1	0	3	8	3	10	1		1	0							2		3	4	50	1
18	周麦 18	2	3	3	15	3	15	1		1	0							2		3	3	50	2
19	百农 207	1	3					1		2	10			4	5			3		3	5	70	2
20	淮麦 20																						
21	济麦 22																			3	5	70	
22	小偃 22																						4

表 12　2018—2019 年度黄淮冬麦区南片广适组大区试验白粉病汇总

序号	品种名称	河南漯河		河南商水		河南开封		河南荥阳		江苏宿迁	安徽淮北		安徽宿州	安徽怀远		陕西咸阳
		反应型	普遍率（%）	反应型	普遍率（%）	反应型	普遍率（%）	反应型	普遍率（%）	反应型	反应型	普遍率（%）	反应型	反应型	普遍率（%）	反应型
1	郑麦 6694					3	6	3	70				1	3	20	1
2	天麦 160					2	5	2	40				2	2	20	1
3	濮麦 8062					3	25	4	60				1	3	10	1
4	安科 1701					2	10	3	80		2	10	2	3	20	1
5	华麦 15112					1	0	2	30	2			2	3	10	1
6	华成 6068					1	0	2	30				2	2	10	1
7	涡麦 303	2	1	2	5	1	0	2	30				2	3	20	1
8	安科 1705					1	0	2	40				1	3	20	1
9	徐麦 15158					3	15	3	60				1	3	10	1
10	新麦 52					3	25	3	90				2	3	30	1
11	天麦 196	3	2	3	5	2	5	4	80				2	3	30	1
12	漯麦 40					2	10	4	80	2			2	3	20	1
13	郑麦 9699					3	3	4	10				2	2	20	1
14	漯麦 39					2	15	4	30				1	3	20	1
15	中麦 6052	3	10	3	10	3	20	4	80				2	3	30	1
16	咸麦 073	4	90	4	80	3	10	4	95				1	3	20	1
17	LS3582			4	80	2	15	4	60				2	3	20	1
18	周麦 18					2	10	3	60				2	3	20	1
19	百农 207					3	30	3	80				2	2	10	1
20	淮麦 20															
21	济麦 22												1	2	10	
22	小偃 22															1

表 13　2018—2019 年度黄淮冬麦区南片广适组大区试验赤霉病汇总

序号	品种名称	河南漯河		河南商水		河南许昌		河南开封		江苏响水		江苏宿迁		安徽阜阳		安徽宿州		安徽怀远	陕西咸阳
		严重度	病穗率（%）	严重度	病穗率（%）	严重度	病穗率（%）	严重度	病穗率（%）	严重度	病穗率（%）	严重度	病穗率（%）	严重度	病穗率（%）	严重度	病穗率（%）	严重度	严重度
1	郑麦 6694	3	10	3	10	2	5	5	1	2	5	5	5			3	1	5	3
2	天麦 160	5	0.5	4	0.5	2	4	4	2	3	8	5	3			3	1	5	1
3	濮麦 8062					1	0	4	1	2	5	5	2			3	0.8	5	1
4	安科 1701					2	10	3	1	3	6	4	5	3	3	2	0.3	5	1
5	华麦 15112					1	0	1	0	2	5	5	5			2	0.5	5	1
6	华成 6068					1	0	5	2	3	9	5	2			2	0.5	5	1
7	涡麦 303	2	1	2	1	2	1	4	4	3	7	5	6			2	0.5	5	1
8	安科 1705					1	0	5	3	3	10	5	3			2	0.3	5	1
9	徐麦 15158					1	0	5	2	2	5	5	7			2	0.4	5	1
10	新麦 52	5	0.1	4	0.1	2	0.1	5	2	3	9	5	10	3	3	3	1	5	1
11	天麦 196	3	1	3	1	1	0	5	6	3	10	5	8			3	1	5	1
12	漯麦 40					1	0	5	0.1	2	2	5	6			3	0.8	5	1
13	郑麦 9699	5	0.1	4	0.1	1	0	5	2	3	10	5	8	3	3	3	0.8	5	1
14	漯麦 39					1	0	5	5	3	10	5	5	3	2	3	1	5	1
15	中麦 6052	5	20	4	15	1	0	5	0.1	3	7	5	5			2	0.8	5	1
16	咸麦 073	5	4	4	4	1	0	4	4	3	9	5	5			3	0.8	5	1
17	LS3582	3	1	3	1	1	0	5	0.1	2	2	5	3			3	1	5	1
18	周麦 18	5	0.1	4	0.1	1	0	5	3	3	12	3	1			3	1	5	1
19	百农 207	5	0.1	4	0.1	1	0	5	7	2	7	2	2			3	1	5	1
20	淮麦 20									2	3	2	0.5						
21	济麦 22															3	1	5	
22	小偃 22																		1

表 14　2018—2019 年度黄淮冬麦区南片广适组大区试验纹枯病汇总

序号	品种名称	河南濮阳		河南安阳	河南辉县	河南商丘		河南许昌	河南开封		河南南阳		安徽淮北	安徽怀远		陕西凤翔	陕西咸阳
		反应型	普遍率（%）	反应型	反应型	反应型	普遍率（%）	反应型	反应型	普遍率（%）	反应型	普遍率（%）	反应型	反应型	普遍率（%）	反应型	反应型
1	郑麦 6694	3	0.5	2	1	3	4	1	4	20	2	5		3	80	1	1
2	天麦 160	1		3	1	3	5	1	5	20				2	70	1	1
3	濮麦 8062	1		2	1	2	2	1	4	25	3	10		2	80	1	1
4	安科 1701	3	0.1	3	1	3	6	1	4	15				2	80	1	1
5	华麦 15112	1		2	1	4	8	1	4	25	2	5		3	90	1	1
6	华成 6068	3	0.1	2	1	2	2	1	4	10	2	5		2	80	1	1
7	涡麦 303	1		2	1	2	2	1	4	30	2	5	3	2	80	1	1
8	安科 1705	3	0.2	2	1	2	2	1	4	20	3	10		2	70	1	1
9	徐麦 15158	1		2	1	2	2	1	4	25				2	90	1	1
10	新麦 52	1		2	1	4	11	2	4	40	2	5		2	80	1	1
11	天麦 196	1		3	1	3	7	1	4	40	2	5		2	80	1	1
12	漯麦 40	1		3	1	3	7	1	4	35				3	80	1	1
13	郑麦 9699	1		2	1	4	7	1	4	30				2	70	1	1
14	漯麦 39	1		3	1	2	3	1	4	30				3	60	1	1
15	中麦 6052	1		2	1	4	8	1	5	40				2	70	1	1
16	咸麦 073	3	0.2	3	1	4	8	2	5	30	2	5		2	60	1	1
17	LS3582	5	1.0	3	1	2	4	1	4	35				3	80	1	1
18	周麦 18	1		2	1	5	13	1	5	40				3	90	1	1
19	百农 207	3	0.1	2	1	4	6	1	5	40				5	95	1	1
20	淮麦 20																
21	济麦 22													4	80		
22	小偃 22															1	1

表 15　2018—2019 年度黄淮冬麦区南片广适组大区试验叶锈病汇总

序号	品种名称	河南漯河		河南商水		河南洛阳		河南开封		河南荥阳		河南西华		安徽怀远	
		反应型	普遍率（%）	反应型	普遍率（%）	反应型	普遍率（%）	反应型	普遍率（%）	反应型	普遍率（%）	反应型	普遍率（%）	反应型	普遍率（%）
1	郑麦 6694	4	70	3	60	4	20	3	5			3		5	
2	天麦 160	3	80	3	60	4	17	3	10	4	5	4		5	
3	濮麦 8062	4	80	4	70	5	26	4	40	4	5	4		3	
4	安科 1701	3	40	3	40	4	19	3	10			3		3	
5	华麦 15112	4	90	4	90	5	22	3	10			4		5	
6	华成 6068	5	100	5	90	4	18	4	30	4	10	5		5	
7	涡麦 303	3	80	3	70	5	25	3	10			3		3	
8	安科 1705	3	80	3	705	4	20	2	20			3		5	
9	徐麦 15158	3	80	3	75	5	23	3	50			3		5	
10	新麦 52	2	5	2	5	4	20	2	1	4	5	3		3	
11	天麦 196	4	90	4	80	4	16	3	20			4		3	
12	漯麦 40	3	50	3	50	4	3	3	20			4		3	
13	郑麦 9699	3	75	3	75	4	16	3	30			3		5	
14	漯麦 39	3	30	3	30	4	16	2	30			3		3	
15	中麦 6052	3	70	3	70	5	22	5	90			4		5	
16	咸麦 073	4	90	4	90	4	15	3	70	4	10	5		3	
17	LS3582	5	100	5	90	4	20	3	20			5		5	
18	周麦 18	3	80	3	80	5	25	3	5			5		3	
19	百农 207	4	85	4	80	5	25	3	5			3		5	
20	淮麦 20														
21	济麦 22													3	
22	小偃 22														

表 16　2018—2019 年度黄淮冬麦区南片广适组大区试验各试验点各品种主要性状

项目	试验点	郑麦 6694	天麦 160	濮麦 8062	安科 1701	华麦 15112	华成 6068	涡麦 303	安科 1705	徐麦 15158	新麦 52	天麦 196	漯麦 40	郑麦 9699	漯麦 39	中麦 6052	咸麦 073	LS 3582	周麦 18	百农 207
抽穗期（月-日）	河南濮阳	4-21	4-21	4-22	4-21	4-21	4-22	4-21	4-22	4-21	4-21	4-21	4-21	4-21	4-22	4-21	4-22	4-21	4-21	4-23
	河南安阳	4-23	4-23	4-23	4-23	4-23	4-22	4-23	4-22	4-23	4-23	4-23	4-22	4-22	4-23	4-22	4-23	4-23	4-23	4-23
	河南辉县	4-11	4-13	4-11	4-13	4-16	4-13	4-13	4-12	4-14	4-14	4-13	4-11	4-13	4-15	4-14	4-14	4-13	4-14	4-15
	河南漯河	4-17	4-20	4-18	4-18	4-18	4-15	4-19	4-17	4-18	4-17	4-17	4-16	4-16	4-18	4-17	4-18	4-15	4-20	4-19
	河南商水	4-18	4-21	4-19	4-19	4-19	4-16	4-20	4-18	4-19	4-18	4-18	4-17	4-17	4-19	4-18	4-19	4-16	4-21	4-20
	河南驻马店	4-15	4-17	4-16	4-15	4-16	4-15	4-17	4-14	4-17	4-16	4-18	4-16	4-17	4-16	4-16	4-18	4-17	4-17	4-15
	河南商丘	4-20	4-22	4-20	4-22	4-20	4-20	4-22	4-23	4-22	4-21	4-21	4-21	4-22	4-22	4-21	4-21	4-21	4-20	4-21
	河南洛阳	4-14	4-18	4-14	4-14	4-15	4-14	4-18	4-17	4-18	4-19	4-18	4-18	4-17	4-19	4-17	4-18	4-16	4-18	4-18
	河南许昌	4-12	4-10	4-12	4-10	4-12	4-10	4-12	4-11	4-14	4-15	4-14	4-12	4-12	4-14	4-14	4-11	4-14	4-10	4-12
	河南开封	4-20	4-21	4-21	4-22	4-20	4-15	4-20	4-19	4-21	4-20	4-20	4-20	4-20	4-21	4-21	4-21	4-19	4-22	4-22
	河南南阳	4-5	4-5	4-6	4-6	4-8	4-5	4-6	4-5	4-5	4-8	4-6	4-6	4-6	4-9	4-6	4-7	4-7	4-6	4-8
	河南荥阳	4-22	4-23	4-21	4-22	4-21	4-17	4-20	4-21	4-25	4-24	4-22	4-20	4-20	4-21	4-21	4-23	4-20	4-24	4-25
	河南西华	4-14	4-16	4-14	4-15	4-16	4-13	4-15	4-14	4-15	4-15	4-17	4-17	4-17	4-18	4-17	4-18	4-14	4-19	4-18
	江苏响水	4-19	4-21	4-20	4-21	4-21	4-19	4-22	4-20	4-22	4-22	4-22	4-20	4-20	4-24	4-22	4-24	4-20	4-23	4-23
	江苏宿迁	4-22	4-26	4-23	4-24	4-23	4-14	4-23	4-21	4-24	4-24	4-23	4-24	4-25	4-27	4-25	4-28	4-23	4-26	4-26
	安徽阜阳	4-11	4-13	4-12	4-12	4-15	4-10	4-14	4-11	4-15	4-17	4-16	4-12	4-11	4-17	4-16	4-16	4-16	4-15	4-15
	安徽淮北	4-18	4-20	4-16	4-16	4-22	4-16	4-22	4-18	4-22	4-21	4-18	4-17	4-23	4-20	4-21	4-18	4-20	4-20	4-21
	安徽涡阳	4-11	4-16	4-9	4-14	4-14	4-9	4-14	4-13	4-14	4-16	4-16	4-14	4-16	4-18	4-16	4-5	4-10	4-17	4-8
	安徽宿州	4-18	4-20	4-17	4-18	4-19	4-17	4-19	4-19	4-19	4-19	4-19	4-19	4-19	4-21	4-18	4-20	4-17	4-19	4-20
	安徽怀远	4-14	4-15	4-13	4-14	4-15	4-12	4-15	4-13	4-16	4-18	4-15	4-15	4-14	4-18	4-15	4-18	4-13	4-17	4-15
	陕西凤翔	4-17	4-18	4-17	4-17	4-19	4-18	4-18	4-17	4-21	4-21	4-18	4-18	4-19	4-19	4-19	4-21	4-18	4-19	4-19
	陕西咸阳	4-20	4-19	4-18	4-19	4-21	4-19	4-19	4-20	4-20	4-20	4-20	4-20	4-20	4-20	4-18	4-20	4-20	4-20	4-20

（续）

项目	试验点	郑麦6694	天麦160	濮麦8062	安科1701	华麦15112	华成6068	涡麦303	安科1705	徐麦15158	新麦52	天麦196	漯麦40	郑麦9699	漯麦39	中麦6052	咸麦073	LS3582	周麦18	百农207
成熟期（月-日）	河南濮阳	6-5	6-6	6-8	6-5	6-5	6-6	6-8	6-5	6-8	6-5	6-7	6-5	6-7	6-6	6-8	6-8	6-7	6-5	6-5
	河南安阳	6-5	6-5	6-6	6-6	6-5	6-6	6-6	6-5	6-6	6-5	6-6	6-5	6-5	6-6	6-5	6-6	6-6	6-6	6-6
	河南辉县	6-7	6-3	6-5	6-2	6-5	6-3	6-7	6-5	6-6	6-7	6-5	6-7	6-1	6-7	6-5	6-7	6-3	6-4	6-5
	河南漯河	6-7	6-7	6-6	6-5	6-6	6-6	6-5	6-5	6-5	6-7	6-6	6-6	6-6	6-6	6-5	6-6	6-5	6-6	6-7
	河南商水	6-5	6-5	6-4	6-3	6-4	6-4	6-3	6-3	6-3	6-5	6-4	6-4	6-4	6-4	6-3	6-4	6-3	6-4	6-5
	河南驻马店	6-1	6-3	6-1	6-2	6-1	5-31	6-1	6-2	6-3	5-31	6-3	6-1	6-2	6-1	6-1	6-3	6-2	6-2	5-31
	河南商丘	6-2	6-2	6-3	6-3	6-3	6-2	6-3	6-2	6-3	6-2	6-2	6-3	6-2	6-3	6-2	6-2	6-2	6-2	6-3
	河南洛阳	5-29	5-29	5-31	5-28	5-28	5-30	6-1	5-30	6-3	6-1	6-1	6-2	5-30	6-2	6-2	5-31	5-31	6-1	6-3
	河南许昌	5-30	5-31	5-30	5-29	5-30	6-1	5-31	5-29	5-31	5-31	6-1	5-31	5-30	5-30	5-29	5-30	5-29	6-1	6-1
	河南开封	6-5	6-5	6-5	6-5	6-5	6-5	6-5	6-5	6-6	6-6	6-5	6-5	6-5	6-6	6-6	6-5	6-5	6-5	6-5
	河南南阳	5-26	5-25	5-27	5-25	5-27	5-26	5-26	5-25	5-25	5-27	5-27	5-25	5-26	5-26	5-25	5-26	5-27	5-27	5-26
	河南荥阳	6-7	6-7	6-7	6-8	6-7	6-7	6-7	6-7	6-7	6-8	6-7	6-7	6-7	6-7	6-7	6-8	6-7	6-7	6-8
	河南西华	5-28	5-30	5-31	5-30	5-31	5-31	6-2	5-31	5-26	6-1	5-31	6-1	6-1	6-1	5-31	5-30	5-31	6-1	6-1
	江苏响水	6-6	6-7	6-7	6-6	6-6	6-7	6-8	6-7	6-7	6-8	6-6	6-6	6-6	6-8	6-8	6-10	6-8	6-7	6-9
	江苏宿迁	6-8	6-8	6-7	6-8	6-8	6-7	6-9	6-8	6-8	6-9	6-8	6-7	6-9	6-9	6-9	6-9	6-9	6-9	6-9
	安徽阜阳	6-2	6-1	6-2	6-1	6-1	6-1	6-2	6-1	6-1	6-2	6-2	6-1	6-1	6-1	6-1	6-2	6-1	6-2	6-1
	安徽淮北	6-6	6-6	6-5	6-5	6-6	6-5	6-6	6-6	6-6	6-6	6-6	6-6	6-4	6-6	6-6	6-6	6-6	6-6	6-6
	安徽涡阳	6-5	6-2	6-2	6-5	6-2	6-1	6-4	6-3	6-4	6-4	6-5	6-5	6-5	6-5	6-5	6-5	6-3	6-5	6-5
	安徽宿州	6-4	6-4	6-2	6-3	6-3	6-2	6-5	6-5	6-3	6-4	6-5	6-3	6-5	6-5	6-3	6-5	6-3	6-4	6-5
	安徽怀远	5-30	5-30	5-29	5-30	5-31	5-30	5-31	5-30	5-30	6-2	6-1	5-30	5-30	5-31	5-31	6-2	5-31	5-31	5-30
	陕西凤翔	6-10	6-14	6-11	6-11	6-11	6-15	6-14	6-14	6-11	6-12	6-10	6-12	6-13	6-12	6-14	6-14	6-15	6-11	6-9
	陕西咸阳	6-8	6-8	6-8	6-9	6-9	6-8	6-9	6-9	6-9	6-9	6-9	6-9	6-9	6-9	6-8	6-9	6-9	6-9	6-8

（续）

项目	试验点	郑麦 6694	天麦 160	濮麦 8062	安科 1701	华麦 15112	华成 6068	涡麦 303	安科 1705	徐麦 15158	新麦 52	天麦 196	漯麦 40	郑麦 9699	漯麦 39	中麦 6052	咸麦 073	LS 3582	周麦 18	百农 207
生育期（天）	河南濮阳	233	233	235	232	235	231	235	232	235	232	234	232	234	233	235	235	234	232	233
	河南安阳	235	236	236	236	235	236	236	236	236	236	236	236	236	236	236	236	236	236	236
	河南辉县	225	221	223	220	223	221	225	223	224	225	223	225	219	225	223	225	221	222	223
	河南漯河	231	231	230	229	230	230	229	229	229	231	230	230	230	230	229	230	229	230	231
	河南商水	231	231	230	229	230	230	229	229	229	231	230	230	230	230	229	230	229	230	231
	河南驻马店	218	220	218	219	218	217	218	219	220	217	220	218	219	218	218	220	219	219	217
	河南商丘	213	213	215	217	211	213	217	216	214	213	214	213	215	213	217	212	212	213	216
	河南洛阳	226	226	228	225	226	227	229	227	231	229	229	230	227	230	230	228	228	229	231
	河南许昌	220	221	220	219	220	222	221	219	221	221	222	221	220	220	219	220	219	222	222
	河南开封	229	229	229	229	229	229	229	229	230	230	229	229	229	230	230	229	229	229	229
	河南南阳	212	210	212	211	212	211	211	210	211	212	212	211	212	212	210	212	212	212	211
	河南荥阳	229	229	229	230	229	229	229	229	229	230	229	229	229	229	229	230	229	229	230
	河南西华	219	221	222	221	222	222	224	222	217	223	222	223	223	223	222	221	222	223	223
	江苏响水	222	223	223	222	222	223	224	223	223	224	222	222	222	224	224	226	224	223	225
	江苏宿迁	234	234	233	234	234	233	235	234	234	235	234	233	235	235	235	235	235	235	235
	安徽阜阳	218	217	218	217	217	217	218	217	217	218	218	217	217	217	217	218	217	218	217
	安徽淮北	234	234	233	233	234	233	234	234	234	234	234	234	232	234	234	234	234	234	234
	安徽涡阳	223	220	220	223	220	219	222	221	222	222	223	223	223	223	223	223	221	223	223
	安徽宿州	221	221	219	220	220	219	222	222	220	221	222	220	222	222	220	222	220	221	222
	安徽怀远	218	218	217	218	219	218	219	218	218	221	220	218	218	219	219	221	219	219	218
	陕西凤翔	250	254	251	251	251	255	254	254	251	252	250	252	253	252	254	254	255	251	249
	陕西咸阳	234	234	234	235	235	234	235	235	235	235	235	235	235	235	234	235	235	235	234
	平均	**226.1**	**226.2**	**226.1**	**225.9**	**226.0**	**225.9**	**227.0**	**226.3**	**226.4**	**226.9**	**226.7**	**226.4**	**226.4**	**226.8**	**226.7**	**227.1**	**226.3**	**226.6**	**226.8**

（续）

项目	试验点	郑麦6694	天麦160	濮麦8062	安科1701	华麦15112	华成6068	涡麦303	安科1705	徐麦15158	新麦52	天麦196	漯麦40	郑麦9699	漯麦39	中麦6052	咸麦073	LS3582	周麦18	百农207
亩基本苗数（万）	河南濮阳	24.3	16.7	21.8	11.8	15.4	13.5	15.2	10.7	10.4	14.7	13.6	15.5	18.6	15.7	21.3	16.1	16.3	18.9	18.1
	河南安阳	19.80	19.22	18.04	19.22	16.67	12.75	16.08	16.28	19.80	15.88	20.00	24.31	19.41	20.00	22.75	17.26	16.47	16.86	19.61
	河南辉县	20.5	21.0	20.7	21.2	21.5	20.6	22.1	21.3	20.7	21.2	21.4	20.6	20.7	20.2	21.1	21.4	21.2	21.5	20.5
	河南漯河	16.5	15.1	15.0	16.7	16.3	17.0	17.2	15.0	15.0	16.8	15.2	15.9	16.9	15.9	15.2	16.1	15.1	16.9	15.0
	河南商水	26.35	24.35	25.68	25.68	19.84	21.18	20.51	22.34	18.34	17.68	26.35	22.68	23.51	22.51	19.18	20.18	23.85	20.01	24.18
	河南驻马店	19.7	20.5	19.6	21.1	22.0	21.4	19.6	20.3	21.5	19.4	20.5	19.8	20.2	20.1	19.5	21.2	19.8	19.7	20.7
	河南商丘	21.0	24.0	24.0	22.0	23.0	23.0	24.0	21.0	21.0	23.0	23.0	20.0	22.0	24.0	23.0	23.0	23.0	23.0	23.0
	河南洛阳	16.48	17.45	17.67	19.34	16.81	18.70	17.13	18.08	17.74	16.83	18.91	18.47	16.49	17.53	16.03	18.73	18.48	19.28	16.07
	河南许昌	18.7	18.0	15.7	15.3	15.0	16.0	16.3	14.7	14.7	13.0	15.3	17.3	18.3	15.7	18.0	19.0	18.7	12.7	16.0
	河南开封	20.0	16.3	19.1	19.9	20.0	17.7	20.3	20.0	17.5	14.7	16.4	16.4	15.9	16.4	20.9	15.5	18.8	19.5	19.7
	河南南阳	17.7	16.4	17.8	17.8	17.2	16.5	16.8	16.4	17.1	17.0	17.0	17.3	17.4	16.7	16.9	17.2	17.4	17.2	17.6
	河南荥阳	18.0	18.0	18.0	18.0	18.0	18.0	18.0	18.0	18.0	18.0	18.0	18.0	18.0	18.0	18.0	18.0	18.0	18.0	18.0
	河南西华	17.0	17.0	17.0	17.0	17.0	17.0	17.0	17.0	17.0	17.0	17.0	17.0	17.0	17.0	17.0	17.0	17.0	17.0	17.0
	江苏响水	18.67	18.06	18.87	18.10	18.24	18.32	19.73	18.92	18.75	18.73	18.35	18.49	19.35	19.45	19.35	19.49	18.02	19.43	18.66
	江苏宿迁	15.0	15.0	15.0	15.0	15.0	15.0	15.0	15.0	15.0	15.0	15.0	15.0	15.0	15.0	15.0	15.0	15.0	15.0	15.0
	安徽阜阳	16.3	16.5	16.5	16.4	16.4	16.1	19.1	16.1	16.4	16.9	16.5	18.7	18.0	17.3	18.1	18.6	19.5	17.2	16.2
	安徽淮北	17.6	18.6	18.6	19.6	17.3	15.8	18.6	16.9	16.0	18.3	15.9	19.9	15.6	14.6	16.5	15.7	18.0	15.8	17.5
	安徽涡阳	17.6	17.3	17.2	17.0	17.8	17.2	17.5	17.5	17.3	17.7	17.3	17.9	17.4	17.8	17.5	17.6	18.5	17.7	17.2
	安徽宿州	20.93	17.73	20.87	19.87	19.20	19.07	18.80	18.27	19.87	20.33	20.67	19.87	18.80	19.73	20.73	18.20	19.07	18.80	19.20
	安徽怀远	14.6	14.7	14.0	14.7	15.1	14.2	14.7	14.7	14.5	15.0	15.8	15.4	14.2	14.5	15.2	14.7	14.9	15.3	16.1
	陕西凤翔	17.8	15.0	18.2	17.3	19.6	21.8	21.6	19.8	19.4	20.6	19.4	19.4	19.4	20.6	21.0	21.4	18.6	21.0	21.4
	陕西咸阳	18.70	17.78	18.22	17.83	17.89	17.00	17.89	18.11	17.83	18.22	17.89	17.83	18.17	17.89	18.11	17.56	17.45	17.45	17.88
	平均	**18.8**	**17.9**	**18.5**	**18.2**	**18.0**	**17.6**	**18.3**	**17.6**	**17.4**	**17.5**	**18.2**	**18.4**	**18.2**	**18.0**	**18.7**	**18.1**	**18.3**	**18.1**	**18.4**

（续）

项目	试验点	郑麦6694	天麦160	濮麦8062	安科1701	华麦15112	华成6068	涡麦303	安科1705	徐麦15158	新麦52	天麦196	漯麦40	郑麦9699	漯麦39	中麦6052	咸麦073	LS3582	周麦18	百农207
亩最高茎蘖数（万）	河南濮阳	79.5	81.7	70.0	94.8	88.6	105.8	86.6	96.7	91.9	94.2	74.5	74.2	111.9	100.8	121.1	86.7	94.5	68.4	78.9
	河南安阳	112.2	103.1	85.5	107.1	104.3	124.3	104.7	112.6	121.2	98.8	103.9	118.1	113.3	118.8	118.8	116.5	85.9	81.6	96.9
	河南辉县	104.7	87.2	99.5	110.0	87.7	103.2	90.4	97.7	97.2	93.4	99.5	102.0	86.7	90.2	93.7	94.5	106.9	109.9	85.7
	河南漯河	95.4	95.6	92.1	104.1	100.7	104.4	104.2	105.2	104.1	107.1	106.0	104.1	106.1	108.0	103.8	106.7	103.4	99.8	93.4
	河南商水	105.4	105.6	97.1	109.1	105.7	109.4	109.2	111.2	109.1	112.1	111.0	109.1	111.1	113.0	108.8	111.7	108.4	108.8	98.4
	河南驻马店	95.3	90.2	100.0	86.0	82.3	79.7	76.0	91.7	83.8	97.2	86.9	96.0	104.2	88.9	79.8	80.0	82.7	88.7	92.8
	河南商丘	85.0	92.7	83.3	98.3	93.3	96.6	91.7	88.3	73.3	90.5	71.7	85.0	78.3	98.3	88.3	86.7	86.7	96.7	88.3
	河南洛阳	105.3	99.2	98.8	117.5	90.5	101.4	115.9	100.4	108.1	96.7	107.9	104.5	94.9	95.9	93.5	105.6	103.4	98.5	97.0
	河南许昌	86.7	109.3	87.3	81.7	93.7	94.3	82.7	96.0	86.0	93.3	84.0	96.3	98.3	90.3	97.7	99.0	96.3	87.0	85.3
	河南开封	87.5	79.9	66.1	102.5	101.8	94.7	96.7	84.9	83.8	88.3	83.5	89.7	86.3	97.3	106.1	92.3	83.9	88.9	100.0
	河南南阳	86.7	87.0	90.7	104.0	81.3	84.0	89.0	83.3	78.0	88.7	85.7	79.3	92.3	87.0	86.3	96.7	88.7	81.7	85.0
	河南荥阳	82.7	83.6	86.7	90.2	89.6	86.5	86.2	92.1	86.5	82.6	88.3	85.6	89.1	88.5	84.6	82.5	85.2	86.8	82.4
	河南西华	79.8	77.5	76.1	96.3	102.3	96.9	90.2	121.7	96.7	93.0	98.5	96.1	99.4	101.3	99.8	101.3	93.8	93.5	84.3
	江苏响水	81.82	74.15	81.73	113.0	108.0	107.2	105.9	99.32	102.3	106.9	90.9	92.2	104.2	105.7	106.8	100.8	104.7	106.2	106.1
	江苏宿迁	99.8	108.3	92.8	101.0	89.3	112.7	96.5	99.2	101.0	94.4	115.8	114.3	120.3	100.1	111.1	107.4	109.6	82.4	94.6
	安徽阜阳	44.0	65.1	52.5	60.3	52.7	65.7	58.7	51.9	60.7	56.8	49.7	45.3	52.1	48.7	58.9	69.9	56.8	53.2	38.1
	安徽淮北	75.2	78.6	77.0	75.2	88.6	83.0	95.2	82.3	95.2	76.3	69.9	79.6	74.6	92.4	82.0	72.1	88.7	79.4	76.9
	安徽涡阳	91.4	104.9	91.7	112.0	98.8	100.7	89.0	103.8	96.4	83.8	99.3	95.5	87.6	81.5	119.4	88.1	114.5	84.1	75.8
	安徽宿州	89.7	89.8	82.9	90.6	104.4	87.2	93.6	99.2	84.8	98.6	92.7	89.0	93.3	83.9	92.7	102.3	100.5	87.5	75.9
	安徽怀远	94.8	85.2	96.0	94.8	92.7	95.8	101.4	98.0	92.5	92.8	92.7	90.8	95.8	94.8	105.2	91.1	106.1	102.6	79.8
	陕西凤翔	65.7	68.5	66.5	82.1	69.5	70.5	72.5	68.5	73.3	74.5	77.4	69.7	68.5	76.6	82.2	84.6	75.8	67.7	83.3
	陕西咸阳	81.90	80.75	70.85	94.30	71.00	73.70	78.20	81.65	72.60	83.15	75.75	70.30	83.15	82.20	85.35	88.95	81.20	78.10	79.62
	平均	**87.8**	**88.5**	**83.9**	**96.6**	**90.8**	**94.4**	**91.6**	**93.9**	**90.8**	**91.1**	**89.3**	**90.3**	**93.2**	**92.9**	**96.6**	**93.9**	**93.5**	**87.8**	**85.4**

（续）

项目	试验点	郑麦6694	天麦160	濮麦8062	安科1701	华麦15112	华成6068	涡麦303	安科1705	徐麦15158	新麦52	天麦196	漯麦40	郑麦9699	漯麦39	中麦6052	咸麦073	LS3582	周麦18	百农207
亩有效穗数（万）	河南濮阳	44.8	38.6	40.4	46.9	43.6	40.1	46.5	43.9	41.9	46.3	46.7	44.6	41.6	37.2	61.6	49.7	51.6	42.8	38.3
	河南安阳	49.4	41.2	42.4	45.5	42.0	44.3	44.9	38.6	48.6	42.8	40.4	41.2	40.4	48.8	54.9	55.7	47.1	40.0	47.5
	河南辉县	56.9	42.7	40.2	59.5	45.7	49.7	49.4	55.2	48.5	46.7	49.5	50.7	48.2	37.0	47.7	48.0	49.5	39.5	36.2
	河南漯河	45.3	43.7	44.9	45.8	45.3	43.6	44.4	45.2	43.9	44.4	43.8	45.2	44.5	45.3	44.3	43.8	45.3	45.6	44.6
	河南商水	37.5	40.7	38.7	46.4	44.4	38.2	41.9	38.0	40.4	38.5	40.1	38.5	39.2	41.0	43.7	45.9	39.2	36.7	36.7
	河南驻马店	43.2	42.7	43.6	44.1	45.1	44.5	45.7	42.3	45.4	47.0	41.9	45.5	43.9	43.7	44.0	42.5	45.6	43.2	40.9
	河南商丘	43.5	41.1	45.0	42.0	43.3	44.0	44.5	44.0	43.8	46.6	42.6	49.3	44.3	42.5	45.2	43.1	43.1	44.3	44.3
	河南洛阳	38.7	40.8	42.9	42.7	40.8	37.1	38.7	43.2	41.3	43.7	37.3	43.5	42.4	40.8	42.9	41.1	42.1	42.4	39.5
	河南许昌	44.3	42.7	43.6	42.3	38.3	39.6	43.9	44.3	38.6	44.4	38.7	44.3	42.6	42.8	40.4	38.9	39.7	43.6	41.7
	河南开封	39.7	38.8	35.2	37.8	37.1	38.0	38.7	37.3	37.9	39.3	34.1	37.2	36.4	34.1	39.6	38.9	39.6	36.4	35.2
	河南南阳	41.3	38.7	39.7	47.3	38.3	37.6	38.0	40.3	37.0	37.3	36.7	36.3	37.3	38.7	38.0	35.7	35.0	38.3	36.7
	河南荥阳	40.2	39.6	39.1	39.6	39.2	39.6	39.1	39.6	39.6	40.1	39.6	38.8	40.1	39.1	39.6	40.1	39.6	40.6	38.1
	河南西华	45.2	35.5	40.8	46.8	48.8	45.3	41.0	44.0	44.6	40.3	37.4	41.0	39.8	40.4	43.8	50.9	50.0	42.3	44.2
	江苏响水	35.7	31.4	36.1	59.3	45.1	44.9	46.4	46.3	41.8	40.0	32.5	34.4	42.3	37.8	42.8	58.0	37.5	40.3	40.4
	江苏宿迁	42.2	41.2	40.8	47.7	44.7	46.9	40.2	42.9	39.9	38.6	42.8	39.4	40.0	36.2	46.9	45.7	48.9	45.3	42.1
	安徽阜阳	41.2	29.8	36.6	42.2	32.9	28.4	30.7	23.9	25.7	24.7	28.2	33.6	26.4	25.1	36.3	48.1	41.6	28.2	35.4
	安徽淮北	45.2	39.6	37.5	41.2	42.1	34.2	37.6	45.9	38.0	39.2	39.5	43.6	42.8	43.8	38.6	41.2	42.9	39.5	42.1
	安徽涡阳	40.0	42.0	42.0	37.0	39.8	43.8	41.4	39.9	36.6	37.8	41.3	40.4	42.8	40.3	36.0	41.3	43.0	40.2	36.1
	安徽宿州	43.2	40.3	38.7	44.0	40.8	42.4	39.7	42.9	38.7	47.7	45.2	37.3	39.7	35.5	43.2	49.9	45.9	37.3	37.1
	安徽怀远	39.5	31.3	34.3	48.4	39.1	45.6	38.6	43.1	35.5	36.4	37.9	43.4	37.2	42.6	46.0	55.9	45.2	35.0	33.8
	陕西凤翔	31.9	29.2	32.6	38.7	29.7	32.9	31.6	30.6	33.9	37.6	35.8	35.1	31.1	33.6	33.3	35.1	29.1	33.9	31.8
	陕西咸阳	45.4	33.2	38.6	52.2	39.4	37.2	41.8	42.4	36.9	41.9	42.4	36.1	39.9	41.9	45.2	54.4	49.7	32.9	41.7
	平均	**42.5**	**38.4**	**39.7**	**45.3**	**41.2**	**40.8**	**41.1**	**41.5**	**39.9**	**41.0**	**39.8**	**40.9**	**40.1**	**39.5**	**43.4**	**45.6**	**43.2**	**39.5**	**39.3**

（续）

项目	试验点	郑麦 6694	天麦 160	濮麦 8062	安科 1701	华麦 15112	华成 6068	涡麦 303	安科 1705	徐麦 15158	新麦 52	天麦 196	漯麦 40	郑麦 9699	漯麦 39	中麦 6052	咸麦 073	LS 3582	周麦 18	百农 207
穗粒数（粒）	河南濮阳	39.5	35.8	38.3	35.8	34.8	32.6	33.3	33.4	35.7	35.6	38.2	30.4	34.3	35.5	38.6	32.8	31.1	37.2	37.7
	河南安阳	41.00	31.37	42.50	37.29	41.43	35.20	31.91	34.54	34.58	43.46	37.04	34.65	36.01	44.72	40.54	30.98	31.42	37.89	35.46
	河南辉县	28.6	29.6	32.5	23.3	32.8	37.7	31.5	34.1	33.1	40.0	36.0	31.7	27.9	36.6	30.0	24.3	31.9	34.4	33.7
	河南漯河	34.8	35.8	34.5	34.5	34.9	35.2	33.9	33.9	35.6	34.8	34.8	35.4	34.6	34.9	34.9	33.9	34.2	36.4	36.1
	河南商水	32.8	36.4	36.0	32.1	33.2	39.6	34.4	33.6	37.8	40.8	37.1	38.6	31.6	35.4	32.4	26.2	31.2	37.0	38.0
	河南驻马店	36.6	35.4	34.4	30.7	38.4	35.9	35.7	38.6	36.6	36.1	34.9	34.7	34.2	36.3	37.8	32.4	37.8	34.9	36.8
	河南商丘	40.4	37.2	27.2	31.9	32.0	36.6	40.0	42.2	39.2	33.5	41.0	32.8	32.6	36.4	40.8	35.8	30.5	38.8	40.8
	河南洛阳	25.5	28.6	32.5	26.8	33.3	26.7	25.9	28.9	27.8	32.5	27.7	31.7	27.0	27.3	29.7	26.3	28.2	30.4	32.2
	河南许昌	35.5	35.6	34.2	38.2	37.7	35.8	38.5	34.8	37.9	39.0	36.8	38.7	36.9	37.9	35.9	35.2	33.7	36.2	36.8
	河南开封	29.3	31.5	33.5	30.9	28.3	29.7	29.2	30.3	30.6	33.3	37.7	29.8	30.9	32.3	29.3	30.9	26.4	33.3	35.3
	河南南阳	36.2	35.7	34.0	41.8	40.2	36.3	43.0	35.6	40.2	43.1	38.7	42.0	39.2	40.8	36.8	35.5	33.1	35.8	38.3
	河南荥阳	43.1	42.1	42.0	41.6	38.5	38.1	39.2	36.8	36.4	35.2	42.5	40.6	42.1	41.2	40.8	41.0	40.7	42.6	38.9
	河南西华	39.1	45.7	39.1	42.8	35.5	34.9	39.1	36.8	35.5	54.5	48.3	40.2	42.2	44.3	40.9	33.6	34.6	38.6	43.6
	江苏响水	41.8	40.0	43.0	31.0	37.2	40.3	35.3	40.0	40.0	49.6	45.0	42.0	31.0	42.2	36.3	27.7	41.2	38.6	42.7
	江苏宿迁	33.5	29.1	31.2	32.6	31.6	30.6	32.8	33.5	35.8	36.1	33.5	34.8	33.3	36.3	33.6	28.6	30.5	33.3	32.4
	安徽阜阳	42.6	35.7	45.6	38.4	43.8	34.0	43.2	41.1	43.6	45.5	44.9	34.3	40.8	38.0	38.6	27.0	34.6	34.7	45.4
	安徽淮北	54.4	46.8	50.1	44.2	52.1	43.3	51.9	51.0	48.5	50.8	50.7	50.7	39.5	43.9	44.1	32.7	44.5	52.7	56.3
	安徽涡阳	35.0	32.0	38.0	31.0	31.0	30.0	33.0	30.0	31.0	34.0	34.0	30.0	38.0	37.0	31.0	32.0	31.0	38.0	32.0
	安徽宿州	32.5	38.7	33.0	30.3	34.3	30.1	32.5	34.3	36.0	35.4	34.4	37.3	32.9	36.4	37.0	29.3	31.9	32.4	33.9
	安徽怀远	41.4	34.8	48.4	33.7	38.5	33.3	33.9	35.5	38.9	44.1	36.1	36.3	29.2	34.4	34.6	20.8	32.5	37.3	37.8
	陕西凤翔	32.0	29.0	30.0	31.0	32.0	29.0	31.0	33.0	32.0	30.0	32.0	30.0	30.0	29.0	36.0	26.0	30.0	32.0	33.0
	陕西咸阳	25.20	29.00	33.30	21.95	24.95	30.10	31.30	29.60	28.20	26.10	28.95	28.60	22.05	28.25	24.90	24.50	26.55	27.75	27.05
	平均	**36.4**	**35.3**	**37.0**	**33.7**	**35.7**	**34.3**	**35.5**	**35.5**	**36.1**	**38.8**	**37.7**	**35.7**	**33.9**	**36.8**	**35.7**	**30.3**	**33.1**	**36.4**	**37.5**

（续）

项目	试验点	郑麦6694	天麦160	濮麦8062	安科1701	华麦15112	华成6068	涡麦303	安科1705	徐麦15158	新麦52	天麦196	漯麦40	郑麦9699	漯麦39	中麦6052	咸麦073	LS3582	周麦18	百农207
千粒重（克）	河南濮阳	46.8	49.6	49.6	38.4	42.8	42.6	51.7	40.4	43.2	49.2	51.4	48.4	51.4	47.6	41.2	48.0	44.4	44.8	44.6
	河南安阳	41.7	42.5	50.5	38.5	45.0	42.0	47.0	41.5	41.9	39.5	43.0	42.3	52.2	41.0	41.0	44.5	39.3	47.5	41.8
	河南辉县	48.4	39.3	41.4	48.0	44.9	51.1	43.1	43.5	50.7	44.2	43.9	44.2	46.6	49.6	48.0	51.5	43.4	51.2	52.7
	河南漯河	48.9	49.3	48.0	48.1	45.8	46.8	47.9	48.6	46.2	47.5	48.6	47.1	47.1	48.5	47.8	48.6	46.8	44.2	47.0
	河南商水	43.6	42.8	44.8	41.0	41.4	43.2	45.6	43.3	44.2	40.8	45.0	45.9	49.9	44.0	45.6	51.7	42.9	44.8	40.3
	河南驻马店	45.9	52.8	47.1	42.9	46.1	45.2	48.8	44.1	46.7	45.4	47.3	49.3	52.7	51.3	42.3	49.1	44.0	49.2	47.8
	河南商丘	37.5	41.8	42.5	40.0	42.0	41.0	46.3	37.0	40.5	41.0	44.0	45.2	47.0	42.0	38.5	47.2	41.4	44.2	44.2
	河南洛阳	43.4	44.1	41.6	38.7	40.2	41.4	45.1	43.7	43.2	39.8	44.8	38.7	47.2	44.7	39.6	45.4	42.0	48.4	41.6
	河南许昌	47.3	48.2	46.9	44.7	45.0	46.5	49.2	46.1	46.6	46.8	48.0	47.0	48.3	47.6	46.7	47.3	46.4	44.2	45.8
	河南开封	40.8	57.8	53.8	33.8	49.5	46.8	54.8	33.8	43.3	41.8	47.8	48.0	56.8	50.3	40.5	51.5	42.3	48.5	43.5
	河南南阳	51.0	55.0	48.3	41.2	44.2	46.0	51.6	43.5	47.0	46.0	47.4	47.0	52.0	46.7	45.6	46.0	45.2	46.4	47.9
	河南荥阳	44.7	46.2	44.8	43.8	42.5	44.6	44.3	41.0	36.8	39.4	44.5	41.5	43.2	44.1	42.8	43.6	43.5	44.9	43.5
	河南西华	44.6	48.3	46.5	39.3	43.3	46.3	46.9	43.3	45.0	40.3	42.5	47.2	47.0	40.8	35.4	42.6	43.6	43.3	40.4
	江苏响水	47.4	54.0	48.3	40.2	43.0	41.8	46.6	40.0	43.6	38.8	47.1	47.0	51.8	47.7	47.6	48.4	47.3	43.8	43.0
	江苏宿迁	42.3	49.0	44.4	38.4	40.3	40.6	45.9	40.2	42.1	44.4	43.4	44.7	46.2	42.8	38.6	43.6	38.6	43.6	40.7
	安徽阜阳	52.8	47.4	50.4	46.7	46.2	47.2	48.9	47.3	46.2	46.1	49.6	50.6	56.0	50.1	46.5	55.2	47.6	51.3	46.5
	安徽淮北	50.8	52.2	48.1	46.7	50.8	47.4	51.6	46.6	49.4	50.6	49.7	51.3	53.4	50.9	46.7	50.6	48.8	48.4	49.8
	安徽涡阳	41.8	45.4	44.4	42.0	43.4	37.2	42.8	43.2	41.6	43.8	44.5	47.6	43.4	39.6	46.0	48.0	40.0	42.4	42.6
	安徽宿州	45.5	50.8	48.1	43.9	39.2	42.5	43.4	42.4	51.1	50.2	51.6	50.6	47.8	42.7	45.7	48.2	45.2	48.9	39.2
	安徽怀远	44.7	58.2	50.7	47.4	49.9	48.6	54.0	45.7	52.2	48.0	50.5	49.0	54.5	50.1	43.4	56.8	45.4	52.6	50.4
	陕西凤翔	52.0	57.2	51.2	47.4	51.3	45.5	53.8	51.1	51.2	50.8	49.2	51.0	56.0	50.6	45.0	56.8	57.8	49.0	47.6
	陕西咸阳	49.2	54.6	51.5	44.3	49.3	43.3	52.7	46.7	49.3	46.5	49.8	51.0	53.4	49.5	45.9	51.7	41.1	53.7	46.8
	平均	**45.9**	**49.4**	**47.4**	**42.1**	**44.8**	**44.4**	**48.3**	**43.3**	**45.5**	**44.6**	**47.0**	**47.0**	**50.2**	**46.5**	**43.7**	**48.9**	**44.4**	**47.1**	**44.9**

（续）

项目	试验点	郑麦 6694	天麦 160	濮麦 8062	安科 1701	华麦 15112	华成 6068	涡麦 303	安科 1705	徐麦 15158	新麦 52	天麦 196	漯麦 40	郑麦 9699	漯麦 39	中麦 6052	咸麦 073	LS 3582	周麦 18	百农 207
株高（厘米）	河南濮阳	76	70	78	78	76	74	78	78	72	77	72	75	70	72	76	70	75	70	70
	河南安阳	75.4	70.0	81.4	86.8	75.6	79.6	81.2	81.2	77.8	74.8	71.4	83.6	76.0	76.4	77.4	74.4	81.4	77.0	71.0
	河南辉县	77.4	79.0	84.0	88.0	81.0	80.5	81.0	81.5	81.0	76.5	76.0	81.5	78.0	80.0	84.0	74.5	82.0	76.0	71.5
	河南漯河	76	74	81	90	78	87	82	88	78	77	77	78	77	79	80	75	85	78	75
	河南商水	75	73	80	88	76	85	80	86	77	75	74	76	75	77	78	76	83	77	73
	河南驻马店	84	74	81	80	78	81	86	79	84	80	77	81	80	79	80	73	84	78	74
	河南商丘	79	78	85	98	89	93	87	90	89	79	87	79	90	83	92	86	86	82	86
	河南洛阳	73	70.8	84	86	79	83	88	87	83.5	74	82	84	82.5	78	79	72	80	82	75
	河南许昌	73	72	73	72	74	82	80	82	75	75	77	75	74	76	77	74	78	75	73
	河南开封	84	80	92	95	90	94	92	94	90	86	88	93	90	88	90	82	90	86	85
	河南南阳	68	61	73	77	72	77	76	73	71	72	70	73	69	69	66	61	72	65	66
	河南荥阳	78	75	85	88	80	88	85	85	83	75	75	80	78	77	77	75	82	80	75
	河南西华	79	75	93	95	83	98	89	92	77	77	88	90	89	87	90	81	91	84	84
	江苏响水	84.8	85.4	94.4	95.2	90.1	93.4	92.6	95.2	92.5	85.4	83.4	93.8	91.0	90.2	89.8	87.4	94.2	92.6	89.4
	江苏宿迁	89	85	90	97	87	89	94	95	86	84	87	95	92	93	93	90	95	88	85
	安徽阜阳	78	78	85	86	84	82	85	85	82	72	78	80	75	80	78	75	80	84	82
	安徽淮北	70	69	80	85	79	85	80	80	75	72	75	77	75	78	76	73	83	72	76
	安徽涡阳	79	73	82	88	76	85	77	86	78	74	75	81	80	75	78	77	78	77	75
	安徽宿州	82	81	86	89	85	88	86	87	83	81	82	86	86	87	83	84	88	83	82
	安徽怀远	77	73	88	99	84	83	88	90	84	74	79	83	83	82	78	79	89	78	78
	陕西凤翔	66	71	82	77	71	69	80	78	70	68.5	71	65.5	66	70	61	65	64	73	70
	陕西咸阳	82	75	85	87	76	80	82	86	75	73	76	83	81	82	74	78	88	75	68
	平均	**77.5**	**74.6**	**83.7**	**87.5**	**80.2**	**84.4**	**84.1**	**85.4**	**80.2**	**76.5**	**78.2**	**81.5**	**79.9**	**79.9**	**79.9**	**76.5**	**83.1**	**78.8**	**76.5**

（续）

项目	试验点	郑麦6694	天麦160	濮麦8062	安科1701	华麦15112	华成6068	涡麦303	安科1705	徐麦15158	新麦52	天麦196	漯麦40	郑麦9699	漯麦39	中麦6052	咸麦073	LS3582	周麦18	百农207
幼苗习性	河南濮阳	2	2	2	2	2	1	2	2	2	2	2	2	3	2	1	2	2	2	2
	河南安阳	—	—	—	—	—	—	—	—	—	—	—	—	—	—	—	—	—	—	—
	河南辉县	3	2	2	2	1	2	2	2	1	2	2	3	2	2	2	2	2	3	2
	河南漯河	2	2	2	2	2	2	2	2	2	2	2	2	2	2	2	2	2	2	2
	河南商水	2	2	2	2	2	2	2	2	2	2	2	2	2	2	2	2	2	2	2
	河南驻马店	3	3	3	3	3	3	3	3	3	3	3	3	3	3	3	3	3	3	3
	河南商丘	3	3	2	3	2	2	2	3	2	2	2	3	2	2	2	2	2	3	2
	河南洛阳	2	2	2	2	2	2	2	2	2	2	2	2	2	2	1	2	1	2	2
	河南许昌	2	2	2	2	2	2	2	2	2	2	2	2	2	2	2	2	2	2	2
	河南开封	2	2	2	2	2	2	2	2	2	2	2	2	2	2	2	2	2	2	2
	河南南阳	3	3	3	3	3	3	3	1	3	3	3	3	3	3	3	3	3	3	3
	河南荥阳	2	2	2	2	2	2	2	2	2	2	2	2	2	2	2	2	2	2	2
	河南西华	3	3	3	3	3	3	3	3	3	3	3	3	3	3	3	3	3	3	3
	江苏响水	3	2	2	2	2	2	1	3	3	1	2	2	2	2	1	1	3	2	3
	江苏宿迁	3	5	5	5	5	3	5	3	5	3	5	5	5	5	5	5	3	5	5
	安徽阜阳	3	3	3	3	3	3	3	3	3	3	3	3	3	3	3	3	3	3	3
	安徽淮北	2	2	2	2	2	2	2	2	2	2	2	2	2	2	2	2	2	2	2
	安徽涡阳	2	2	2	2	2	2	2	2	2	2	2	2	2	2	1	2	2	2	2
	安徽宿州	2	2	2	2	2	2	2	2	2	2	2	2	2	2	2	2	2	2	2
	安徽怀远	3	3	3	1	3	3	3	1	3	1	3	3	3	3	1	3	3	3	3
	陕西凤翔	5	3	3	3	3	3	3	3	3	3	3	3	3	3	3	3	3	3	3
	陕西咸阳	2	2	2	2	2	2	2	2	2	2	2	2	2	2	2	2	2	2	2

（续）

项目	试验点	郑麦 6694	天麦 160	濮麦 8062	安科 1701	华麦 15112	华成 6068	涡麦 303	安科 1705	徐麦 15158	新麦 52	天麦 196	漯麦 40	郑麦 9699	漯麦 39	中麦 6052	咸麦 073	LS 3582	周麦 18	百农 207
穗形	河南濮阳	3	1	3	1	3	3	3	3	3	3	1	3	3	3	3	3	3	3	3
	河南安阳	3	1	5	1	3	1	1	1	3	3	3	3	3	3	3	3	1	3	3
	河南辉县	4	2	3	3	3	3	1	1	3	2	1	3	1	3	3	3	3	3	3
	河南漯河	1	1	1	1	1	1	1	1	1	1	1	1	1	1	1	1	1	1	1
	河南商水	1	1	1	1	1	1	1	1	1	1	1	1	1	1	1	1	1	1	1
	河南驻马店	3	3	1	3	3	3	3	3	3	3	1	3	3	3	1	1	3	1	3
	河南商丘	5	2	5	5	1	1	5	5	1	1	5	5	2	1	2	2	1	5	5
	河南洛阳	1	1	3	1	1	1	1	3	1	3	1	3	1	3	1	1	1	3	3
	河南许昌	3	3	3	3	3	3	3	3	3	3	3	3	3	3	3	3	3	3	3
	河南开封	1	1	1	1	1	1	1	1	1	1	1	1	1	1	1	1	1	1	1
	河南南阳	3	1	1	1	3	1	1	1	1	3	1	1	1	3	1	1	1	1	1
	河南荥阳	3	3	1	1	3	1	1	1	3	3	3	1	1	1	3	1	3	3	3
	河南西华	1	1	1	1	1	1	1	1	1	1	1	1	1	1	1	1	1	1	1
	江苏响水	1	1	2	3	3	4	4	5	3	2	4	2	3	4	5	4	3	3	5
	江苏宿迁	3	3	1	1	3	1	3	1	3	3	3	3	1	3	1	1	1	3	3
	安徽阜阳	3	1	3	1	1	1	1	1	1	1	1	1	1	1	1	1	1	1	3
	安徽淮北	3	3	3	3	1	3	1	3	1	1	1	1	1	1	1	1	1	1	1
	安徽涡阳	1	3	1	1	3	3	2	3	1	3	3	3	1	1	1	3	1	1	1
	安徽宿州	1	3	3	1	1	1	3	1	1	3	3	1	3	1	1	3	3	1	1
	安徽怀远	5	5	5	5	3	1	1	5	3	5	5	1	5	3	5	5	3	1	5
	陕西凤翔	1	1	1	1	3	3	1	1	3	1	1	1	1	1	1	1	1	1	1
	陕西咸阳	3	3	3	3	3	3	3	3	3	3	3	3	3	3	3	3	3	3	3

（续）

项目	试验点	郑麦6694	天麦160	濮麦8062	安科1701	华麦15112	华成6068	涡麦303	安科1705	徐麦15158	新麦52	天麦196	漯麦40	郑麦9699	漯麦39	中麦6052	咸麦073	LS3582	周麦18	百农207
芒	河南濮阳	5	5	5	5	5	5	5	5	5	5	5	5	5	5	5	5	5	5	5
	河南安阳	5	5	5	5	5	5	5	5	5	5	5	5	5	5	5	5	5	5	5
	河南辉县	4	4	5	5	5	5	4	4	5	5	4	4	4	4	5	4	4	5	4
	河南漯河	4	4	4	4	4	4	4	4	4	4	4	4	4	4	4	4	4	4	4
	河南商水	4	4	4	4	4	4	4	4	4	4	4	4	4	4	4	4	4	4	4
	河南驻马店	5	5	5	5	5	5	5	5	5	5	5	5	5	5	5	5	5	5	5
	河南商丘	5	5	5	5	5	5	5	5	5	5	5	5	5	5	5	5	5	5	5
	河南洛阳	4	4	4	4	4	4	4	4	4	4	4	4	4	4	4	4	4	4	4
	河南许昌	4	4	4	4	4	4	4	4	4	4	4	4	4	4	4	4	4	4	4
	河南开封	5	5	5	5	5	5	5	5	5	5	5	5	5	5	5	5	5	4	5
	河南南阳	5	5	5	5	5	5	5	5	5	5	5	5	5	5	5	5	5	5	5
	河南荥阳	5	5	5	5	5	5	5	5	5	5	5	5	5	5	5	5	5	5	5
	河南西华	4	4	4	5	5	4	4	4	5	4	4	4	4	4	4	4	4	4	4
	江苏响水	3	3	4	4	3	3	4	4	4	3	3	4	4	4	4	4	4	4	4
	江苏宿迁	5	5	5	5	5	5	5	5	5	5	5	5	5	5	5	5	5	5	5
	安徽阜阳	5	5	5	5	5	5	5	5	5	5	5	5	5	5	5	5	5	5	5
	安徽淮北	4	4	4	4	4	4	4	4	4	4	4	4	4	4	4	4	4	4	4
	安徽涡阳	5	5	5	5	5	5	5	5	5	5	5	5	5	5	5	5	5	5	5
	安徽宿州	5	5	5	5	5	5	5	5	5	5	5	5	5	5	5	5	5	5	4
	安徽怀远	5	5	5	5	5	5	5	5	5	5	5	5	5	5	5	5	5	5	5
	陕西凤翔	5	5	5	5	5	5	5	5	5	5	5	5	5	5	5	5	5	5	5
	陕西咸阳	4	4	4	4	4	4	4	4	4	4	4	4	4	4	4	4	4	4	4

（续）

项目	试验点	郑麦 6694	天麦 160	濮麦 8062	安科 1701	华麦 15112	华成 6068	涡麦 303	安科 1705	徐麦 15158	新麦 52	天麦 196	漯麦 40	郑麦 9699	漯麦 39	中麦 6052	咸麦 073	LS 3582	周麦 18	百农 207
粒色	河南濮阳	1	1	1	1	1	1	1	1	1	1	1	1	1	1	1	1	1	1	1
	河南安阳	1	1	1	1	1	1	1	1	1	1	1	1	1	1	1	1	1	1	1
	河南辉县	1	1	1	1	1	1	1	1	1	1	1	1	1	1	1	1	1	1	1
	河南漯河	1	1	1	1	1	1	1	1	1	1	1	1	1	1	1	1	1	1	1
	河南商水	1	1	1	1	1	1	1	1	1	1	1	1	1	1	1	1	1	1	1
	河南驻马店	1	1	1	1	1	1	1	1	1	1	1	1	1	1	1	1	1	1	1
	河南商丘	1	1	1	1	1	1	1	1	1	1	1	1	1	1	1	1	1	1	1
	河南洛阳	1	1	1	1	1	1	1	1	1	1	1	1	1	1	1	1	1	1	1
	河南许昌	1	1	1	1	1	1	1	1	1	1	1	1	1	1	1	1	1	1	1
	河南开封	1	1	1	1	1	1	1	1	1	1	1	1	1	1	1	1	1	1	1
	河南南阳	1	1	1	1	1	1	1	1	1	1	1	1	1	1	1	1	1	1	1
	河南荥阳	1	1	1	1	1	1	1	1	1	1	1	1	1	1	1	1	1	1	1
	河南西华	1	1	1	1	1	1	1	1	1	1	1	1	1	1	1	1	1	1	1
	江苏响水	5	1	5	5	5	1	5	5	5	1	1	5	5	5	5	5	5	5	5
	江苏宿迁	1	1	1	1	1	1	1	1	1	1	1	1	1	1	1	1	1	1	1
	安徽阜阳	3	3	3	3	3	3	3	3	3	3	3	3	3	3	3	3	3	3	3
	安徽淮北	3	3	3	3	3	3	3	3	3	3	3	3	3	3	3	3	3	3	3
	安徽涡阳	1	1	1	1	1	1	1	1	1	1	1	1	1	1	1	1	1	1	1
	安徽宿州	1	1	1	1	1	1	1	1	1	1	1	1	1	1	1	1	1	1	1
	安徽怀远	1	3	3	3	3	3	1	1	3	1	1	3	3	1	3	1	3	3	3
	陕西凤翔	1	1	1	1	1	1	1	1	1	1	1	1	1	1	1	1	1	1	1
	陕西咸阳	1	1	1	1	1	1	1	1	1	1	1	1	1	1	1	1	1	1	1

（续）

项目	试验点	郑麦 6694	天麦 160	濮麦 8062	安科 1701	华麦 15112	华成 6068	涡麦 303	安科 1705	徐麦 15158	新麦 52	天麦 196	漯麦 40	郑麦 9699	漯麦 39	中麦 6052	咸麦 073	LS 3582	周麦 18	百农 207
籽粒饱满度	河南濮阳	1	3	3	1	3	1	1	1	1	1	1	1	1	3	3	1	1	1	3
	河南安阳	2	3	3	2	2	2	2	2	3	2	3	2	2	2	2	2	2	1	2
	河南辉县	2	3	2	2	1	1	2	3	2	1	2	1	1	2	3	1	3	1	1
	河南漯河	1	2	1	2	3	2	3	3	1	3	1	1	2	1	2	2	2	2	1
	河南商水	1	2	1	2	3	2	3	3	1	3	1	1	2	1	2	2	2	2	1
	河南驻马店	2	2	2	2	2	2	2	2	2	2	2	2	2	2	2	2	2	2	2
	河南商丘	3	2	2	3	3	2	2	3	3	2	2	2	1	3	3	1	3	2	3
	河南洛阳	2	3	2	2	3	2	3	2	3	3	2	2	3	2	2	3	2	3	2
	河南许昌	1	2	1	2	3	1	3	3	1	3	1	1	2	1	2	2	2	2	1
	河南开封	2	1	1	1	1	1	1	1	2	1	1	1	1	1	1	1	1	1	1
	河南南阳	1	1	1	1	1	1	1	1	1	1	1	1	1	1	1	1	1	1	1
	河南荥阳	2	2	2	1	1	2	1	2	2	1	2	1	1	1	2	2	2	1	1
	河南西华	2	2	3	3	3	3	3	3	3	3	3	3	3	3	3	3	3	3	3
	江苏响水	2	1	1	2	3	2	1	3	2	2	1	1	1	2	2	1	1	1	2
	江苏宿迁	1	1	1	1	1	1	1	1	1	1	1	1	1	1	1	1	1	1	1
	安徽阜阳	2	2	2	2	2	2	2	2	2	2	3	2	1	2	1	2	1	2	2
	安徽淮北	—	—	—	—	—	—	—	—	—	—	—	—	—	—	—	—	—	—	—
	安徽涡阳	1	1	1	1	2	1	2	1	1	2	2	5	5	4	3	2	5	2	2
	安徽宿州	2	2	3	2	2	2	3	2	3	2	2	2	3	2	2	3	3	3	3
	安徽怀远	1	1	2	2	1	2	2	1	2	1	3	2	2	1	1	1	1	3	3
	陕西凤翔	1	1	1	1	1	1	1	1	1	1	1	1	1	1	1	1	1	1	1
	陕西咸阳	—	—	—	—	—	—	—	—	—	—	—	—	—	—	—	—	—	—	—

（续）

项目	试验点	郑麦 6694	天麦 160	濮麦 8062	安科 1701	华麦 15112	华成 6068	涡麦 303	安科 1705	徐麦 15158	新麦 52	天麦 196	漯麦 40	郑麦 9699	漯麦 39	中麦 6052	咸麦 073	LS 3582	周麦 18	百农 207
粒质	河南濮阳	3	1	1	1	3	3	3	1	3	1	3	3	3	3	3	1	3	3	3
	河南安阳	1	1	1	3	1	1	3	5	1	3	1	1	1	1	1	3	3	1	1
	河南辉县	5	5	1	5	1	1	5	1	3	1	5	3	3	3	5	3	5	1	—
	河南漯河	1	1	1	1	1	1	1	2	2	1	1	1	1	1	1	1	1	2	1
	河南商水	1	1	1	1	1	1	1	2	2	1	1	1	1	1	1	1	1	2	1
	河南驻马店	1	3	1	1	1	3	1	1	1	1	1	1	1	3	1	3	1	3	3
	河南商丘	3	5	3	3	3	3	3	5	3	5	3	3	3	3	3	3	3	3	3
	河南洛阳	5	5	3	3	3	3	5	5	5	5	5	5	3	3	5	3	3	3	3
	河南许昌	3	3	1	3	3	3	3	3	3	1	3	3	1	1	3	3	3	3	1
	河南开封	1	1	1	1	3	3	3	3	1	3	3	1	3	1	3	1	3	1	1
	河南南阳	1	1	1	1	1	1	1	2	1	1	1	1	1	1	1	1	1	1	1
	河南荥阳	3	3	3	3	3	3	3	3	3	3	3	3	3	3	3	3	3	3	3
	河南西华	3	3	3	3	3	3	3	3	3	3	3	3	3	3	3	3	3	3	3
	江苏响水	—	—	—	—	—	—	—	—	—	—	—	—	—	—	—	—	—	—	—
	江苏宿迁	1	1	1	1	1	3	3	1	1	1	1	1	1	1	3	3	1	1	1
	安徽阜阳	3	1	5	3	3	5	3	3	3	3	1	1	1	3	3	1	1	3	3
	安徽淮北	—	—	—	—	—	—	—	—	—	—	—	—	—	—	—	—	—	—	—
	安徽涡阳	1	3	3	1	3	1	3	3	3	3	3	3	3	3	3	3	3	3	3
	安徽宿州	3	3	3	1	3	3	3	1	3	1	3	3	3	3	3	1	3	3	3
	安徽怀远	1	1	1	1	1	1	3	3	1	1	1	1	1	3	1	1	3	1	1
	陕西凤翔	3	3	3	3	3	3	3	3	3	3	3	3	3	3	3	3	3	3	3
	陕西咸阳	—	—	—	—	—	—	—	—	—	—	—	—	—	—	—	—	—	—	—

（续）

项目	试验点	郑麦6694	天麦160	濮麦8062	安科1701	华麦15112	华成6068	涡麦303	安科1705	徐麦15158	新麦52	天麦196	漯麦40	郑麦9699	漯麦39	中麦6052	咸麦073	LS3582	周麦18	百农207
容重（克/升）	河南濮阳	796	795	796	790	805	800	790	800	789	805	801	795	795	801	795	789	785	802	790
	河南安阳	806	799	798	804	785	803	811	778	795	803	805	811	809	803	813	821	809	820	821
	河南辉县	792	839	810.5	796.5	831.5	809	837.5	815	825.5	841	795.5	820	814	802	796.5	795	793.5	790.5	808.5
	河南漯河	823	736	774	775	742	776	772	770	766	791	797	820	811	815	786	774	776	794	792
	河南商水	824	737	775	776	743	777	773	771	767	792	798	821	812	816	787	775	777	795	793
	河南驻马店	829	820	833	836	821	842	835	835	816	823	822	843	835	826	835	827	822	817	835
	河南商丘	780.7	777.5	776.2	790.2	771.8	786.2	787.6	772.9	786.8	780.5	778.0	794.2	789.7	777.5	797.5	787.5	766.5	770.2	800.1
	河南洛阳	784	773	792	782	752	792	784	784	767	770	785	809	804	793	792	787	788	761	793
	河南许昌	815	786	795	783	745	781	780	762	754	788	791	795	807	787	774	778	768	791	786
	河南开封	810	815	825	845	805	820	820	810	805	805	825	830	825	825	835	825	805	810	830
	河南南阳	805	807	818	796	785	798	812	810	796	778	797	814	805	802	811	811	797	792	813
	河南荥阳	797	806	787	765	740	750	776	746	725	783	786	768	798	768	758	782	750	786	778
	河南西华	777	771	779	767	761	822	806	815	779	771	790	820	797	780	780	750	801	785	783
	江苏响水	792	791	788	787	785	789	780	792	782	779	790	797	790	778	779	779	778	786	789
	江苏宿迁	—	—	—	—	—	—	—	—	—	—	—	—	—	—	—	—	—	—	—
	安徽阜阳	812	800	803	790	796	793	804	799	793	771	769	802	812	802	794	816	797	783	790
	安徽淮北	800	811	769	802	816	809	794	806	810	805	813	794	794	779	789	800	811	769	800
	安徽涡阳	—	—	—	—	—	—	—	—	—	—	—	—	—	—	—	—	—	—	—
	安徽宿州	786	781	796	771	766	791	796	776	771	781	781	806	796	786	786	786	761	781	792
	安徽怀远	812	799	798	822	789	819	817	826	806	811	809	835	821	802	831	825	808	803	825
	陕西凤翔	858	838	856	827	818	815	831	837	834	849	797	859	849	859	839	837	864	816	820
	陕西咸阳	753.1	760.0	771.6	755.2	748.8	752.4	775.6	769.0	764.7	775.7	764.5	762.5	761.2	773.9	769.6	770.3	767.2	747.7	754.9
	平均	**802.6**	**792.1**	**797.0**	**793.0**	**780.3**	**796.2**	**799.1**	**793.7**	**786.6**	**795.1**	**794.7**	**809.8**	**806.2**	**798.8**	**797.4**	**795.7**	**791.2**	**790.0**	**799.7**

（续）

项目	试验点	郑麦6694	天麦160	濮麦8062	安科1701	华麦15112	华成6068	涡麦303	安科1705	徐麦15158	新麦52	天麦196	漯麦40	郑麦9699	漯麦39	中麦6052	咸麦073	LS3582	周麦18	百农207
亩产量（千克）	河南濮阳	627.2	628.6	638.0	615.0	578.0	579.0	626.0	598.0	615.0	632.0	631.0	627.0	593.2	620.0	640.0	622.0	613.1	591.4	582.4
	河南安阳	591.6	496.5	547.4	527.1	468.8	510.2	519.8	469.8	517.9	596.8	504.1	498.7	480.4	480.1	463.4	561.6	579.8	542.4	541.7
	河南辉县	638.7	586.9	589.6	623.6	623.0	605.2	542.4	587.4	594.5	646.2	603.0	594.1	568.4	532.1	574.0	536.0	550.1	549.5	540.1
	河南漯河	642.9	637.2	629.5	635.7	608.4	605.4	607.6	624.4	607.4	612.4	618.2	622.9	615.4	640.4	620.5	613.6	611.6	603.7	600.3
	河南商水	531.4	587.3	563.2	548.4	560.8	550.0	563.0	540.8	572.4	550.8	564.4	588.8	554.4	554.2	554.2	546.8	521.8	530.6	498.2
	河南驻马店	571.9	548.0	541.0	508.6	582.8	516.4	560.5	536.1	560.5	572.4	562.0	556.0	513.5	563.0	555.3	538.2	582.8	536.6	523.1
	河南商丘	584.8	603.5	601.2	593.2	613.8	645.8	630.1	501.0	651.3	655.2	595.7	529.6	624.0	602.5	606.5	522.0	516.8	584.9	582.2
	河南洛阳	553.5	553.0	566.9	543.7	551.4	533.9	559.4	562.4	528.1	589.5	570.1	586.8	523.1	541.6	561.8	548.4	511.9	533.6	514.7
	河南许昌	671.4	686.5	629.2	628.0	600.0	614.6	648.5	656.7	612.4	657.1	637.2	643.3	672.2	664.2	636.7	575.4	579.3	622.0	664.7
	河南开封	549.7	526.8	521.3	519.4	596.9	587.4	545.9	479.3	549.7	523.3	517.6	510.0	504.3	496.3	536.4	542.1	552.1	525.7	492.5
	河南南阳	521.4	508.0	526.9	533.6	470.2	522.5	525.8	478.0	528.0	511.4	516.9	513.6	532.5	531.4	527.7	505.8	472.5	496.9	485.8
	河南荥阳	686.0	724.0	647.4	654.4	643.4	638.8	646.6	610.8	600.8	643.6	653.8	647.2	643.4	644.8	641.2	640.8	628.8	621.0	583.0
	河南西华	601.8	644.6	604.1	599.6	600.2	595.3	582.0	570.3	599.3	580.8	622.8	631.7	623.8	598.1	573.8	598.2	609.2	574.9	586.0
	江苏响水	614.3	640.0	661.3	650.1	661.0	668.9	670.0	648.9	633.1	673.9	634.9	585.2	587.9	662.3	645.2	673.2	634.7	628.3	648.0
	江苏宿迁	577.2	565.4	533.8	556.8	530.0	553.0	565.2	551.6	561.2	580.4	582.2	576.0	574.0	527.4	568.0	528.2	539.2	543.2	524.0
	安徽阜阳	686.9	644.5	670.7	642.5	658.6	606.1	650.6	644.5	660.6	638.4	642.5	646.5	598.0	612.2	656.6	624.3	606.1	618.2	610.1
	安徽淮北	595.6	536.9	585.5	626.8	623.3	657.5	612.9	652.8	584.8	515.8	569.8	600.0	532.7	551.8	607.1	619.7	641.5	496.5	527.2
	安徽涡阳	569.5	577.5	589.6	540.1	571.1	564.9	581.4	576.7	579.7	587.1	545.7	573.6	586.3	560.6	587.1	566.5	538.7	547.8	526.8
	安徽宿州	605.7	590.9	576.5	597.5	599.5	609.6	583.1	580.3	581.6	612.7	572.7	590.5	583.3	573.5	600.8	579.4	616.8	565.6	561.0
	安徽怀远	617.9	496.4	679.3	674.6	603.6	629.5	630.9	626.7	649.6	610.0	609.7	624.8	547.3	637.2	627.6	535.4	578.3	611.9	606.7
	陕西凤翔	447.8	401.6	436.8	467.8	399.4	397.8	432.8	406.4	449.0	470.4	464.0	452.4	431.2	434.0	450.2	446.4	402.2	434.6	441.0
	陕西咸阳	465.5	410.2	444.7	490.6	449.0	401.4	433.8	443.2	429.1	482.1	420.7	442.1	406.1	446.2	449.7	453.2	494.8	415.2	435.0
	平均	**588.8**	**572.5**	**581.1**	**580.8**	**572.4**	**572.4**	**578.1**	**561.2**	**575.7**	**588.3**	**574.5**	**574.6**	**558.9**	**567.0**	**576.5**	**562.6**	**562.8**	**553.4**	**548.8**

四、参试品种简评

（一）参试两年，完成试验程序的品种：郑麦 6694

郑麦 6694　第二年参加大区试验，同时参加生产试验。2017—2018 年度试验，21 点汇总，平均亩产 454.9 千克，比对照周麦 18 增产 5.84%，增产点率 90.5%，增产≥2%点率 81.0%，居 15 个参试品种的第五位。2018—2019 年度试验，平均亩产 588.8 千克，比对照周麦 18 增产 6.40%，22 点汇总，20 点增产，2 点减产，增产点率 90.9%，18 点增产≥2%，增产≥2%点率 81.8%，居 17 个参试品种的第一位。两年平均亩产 521.9 千克，比对照周麦 18 增产 6.12%，增产点率 90.7%，增产≥2%点率 81.4%。2018 年、2019 年非严重倒伏点率分别为 85.7%、95.5%。

2017—2018 年度/2018—2019 年度试验结果：全生育期 217.4 天/226.1 天，成熟期比对照周麦 18 早 0.1 天/早 0.5 天。株高 71.7 厘米/77.5 厘米，亩穗数 36.5 万/42.5 万，穗粒数 35.3 粒/36.4 粒，千粒重 42.4 克/45.9 克。

半冬性，中大穗型中早熟品种。区试两年平均生育期 221.8 天，成熟期比对照周麦 18 早 0.3 天。幼苗半匍匐，苗势较壮，叶绿色，分蘖力较强，冬季抗寒性较好。春季起身拔节偏慢，两极分化快。平均株高 74.6 厘米，株型松紧适中，叶色清秀，苗脚较利索，穗层厚，整齐，穗大穗匀。根系活力强，叶功能期长，灌浆速度快。长方形穗，长芒，白壳，白粒，籽粒半硬质，饱满度较好。区试两年平均亩穗数 39.5 万，穗粒数 35.9 粒，千粒重 44.2 克。田间自然发病：条锈病、白粉病轻，中感纹枯病，高感叶锈病、赤霉病。2018 年接种抗病性鉴定结果：抗条锈病，中抗叶锈病、白粉病，中感纹枯病，高感赤霉病；2019 年接种抗病性鉴定结果：中抗条锈病、白粉病，慢叶锈病，中感纹枯病，高感赤霉病。2018 年品质测定结果：蛋白质（干基）含量 14.7%，湿面筋含量 29.1%，吸水率 58.2%，稳定时间 3.5 分钟，最大拉伸阻力 374.0EU，拉伸面积 71.2 厘米^2；2019 年品质测定结果：蛋白质（干基）含量 13.3%，湿面筋含量 33.3%，吸水率 63.3%，稳定时间 3.3 分钟，最大拉伸阻力 287.2EU，拉伸面积 52.8 厘米^2。

（二）参加大区试验 2 年，比对照周麦 18 增产＞3%，增产≥2%点率＞60%，下年度参加生产试验的品种：天麦 160、濮麦 8062

1. 天麦 160　第二年参加大区试验。2017—2018 年度试验，21 点汇总，平均亩产 444.2 千克，比对照周麦 18 增产 3.35%，增产点率 71.4%，增产≥2%点率 61.9%，居 15 个参试品种的第十一位。2018—2019 年度试验，平均亩产 572.5 千克，比对照周麦 18 增产 3.45%，22 点汇总，18 点增产，4 点减产，增产点率 81.8%，16 点增产≥2%，增产≥2%点率 72.7%，居 17 个参试品种的第十位。两年平均亩产 508.4 千克，比对照周麦 18 增产 3.40%，增产点率 76.6%，增产≥2%点率 67.3%。2018 年、2019 年非严重倒伏点率分别为 90.5%、95.5%。

2017—2018 年度/2018—2019 年度试验结果：全生育期 217.4 天/226.2 天，成熟期

比对照周麦 18 早 0.1 天/早 0.4 天。株高 70.9 厘米/74.6 厘米，亩穗数 35.4 万/38.4 万，穗粒数 34.8 粒/35.3 粒，千粒重 45.2 克/49.4 克。

半冬性，中早熟品种。区试两年平均生育期 221.8 天，成熟期比对照周麦 18 早 0.3 天。幼苗半匍匐，苗势较壮，叶绿色，分蘖力较强，冬季抗寒性较好。春季起身拔节快，两极分化快，对春季低温较敏感。平均株高 72.8 厘米，抗倒伏能力较好。株型松紧适中，叶色清秀，苗脚较利索，穗层厚，整齐，穗大穗匀，结实性较好。叶功能期长，灌浆速度快，落黄好。纺锤形穗，长芒，白壳，白粒，籽粒半硬质，饱满度较好。区试两年平均亩穗数 36.9 万，穗粒数 35.4 粒，千粒重 47.3 克。田间自然发病：条锈病、白粉病、纹枯病轻，叶锈病、赤霉病较重。2018 年接种抗病性鉴定结果：抗条锈病，中抗叶锈病，中感纹枯病、白粉病，高感赤霉病；2019 年接种抗病性鉴定结果：中感叶锈病、白粉病、纹枯病，高感条锈病、赤霉病。2018 年品质测定结果：蛋白质（干基）含量 15.2%，湿面筋含量 32.7%，吸水率 59.0%，稳定时间 1.7 分钟，最大拉伸阻力 211.6EU，拉伸面积 43.4 厘米^2；2019 年品质测定结果：蛋白质（干基）含量 13.5%，湿面筋含量 32.6%，吸水率 62.5%，稳定时间 1.6 分钟，最大拉伸阻力 209.2EU，拉伸面积 40.6 厘米^2。

2. 濮麦 8062 第二年参加大区试验。2017—2018 年度试验，23 点汇总，平均亩产 441.2 千克，比对照周麦 18 增产 2.99%，增产点率 73.9%，增产≥2%点率 69.6%，居 12 个参试品种的第五位。2018—2019 年度试验，平均亩产 581.1 千克，比对照周麦 18 增产 5.01%，22 点汇总，20 点增产，2 点减产，增产点率 90.9%，15 点增产≥2%，增产≥2%点率 68.2%，居 17 个参试品种的第三位。两年平均亩产 511.2 千克，比对照周麦 18 增产 4.0%，增产点率 82.4%，增产≥2%点率 68.9%。2018 年、2019 年非严重倒伏点率分别为 78.3%、95.5%。

2017—2018 年度/2018—2019 年度试验结果：全生育期 212 天/226.1 天，成熟期比对照周麦 18 晚 0.3 天/早 0.5 天。株高 78.3 厘米/83.7 厘米，亩穗数 36.0 万/39.7 万，穗粒数 36.2 粒/37.0 粒，千粒重 44.9 克/47.4 克。

半冬性，中大穗型中熟品种。区试两年平均生育期 219.1 天，成熟期比对照周麦 18 早 0.1 天。幼苗半匍匐，苗势旺，分蘖力一般，成穗率较高。平均株高 81.0 厘米，株型略松散，茎秆弹性一般，抗倒伏能力中等；冬季抗寒性较好，抗倒春寒能力中等。穗层整齐，纺锤形穗，小穗排列较密，长芒，白壳，白粒，籽粒半硬质。区试两年平均亩穗数 37.9 万，穗粒数 36.6 粒，千粒重 46.2 克。田间表现综合抗病性较好，叶锈病、白粉病偏重发生，赤霉病发生轻。2018 年接种抗病性鉴定结果：抗条锈病，中感叶锈病、纹枯病和白粉病，高感赤霉病；2019 年接种抗病性鉴定结果：中抗条锈病，中感白粉病、纹枯病，高感叶锈病、赤霉病。2018 年品质测定结果：蛋白质（干基）含量 15.4%，湿面筋含量 29.0%，吸水率 58.1%，稳定时间 6.4 分钟，最大拉伸阻力 550.0EU，拉伸面积 107.6 厘米^2；2019 年品质测定结果：蛋白质（干基）含量 13.3%，湿面筋含量 30.7%，吸水率 62.6%，稳定时间 4.0 分钟，最大拉伸阻力 476.2EU，拉伸面积 71.8 厘米^2。

（三）参加大区试验1年，比对照周麦18增产>4%，比对照百农207增产>5%，增产≥2%点率>60%，下年度大区试验和生产试验同步进行的品种：安科1701、涡麦303、新麦52、中麦6052

1. 安科1701 2018—2019年度试验，平均亩产580.8千克，比对照周麦18增产4.95%，增产点率86.4%，增产≥2%点率68.2%；比对照百农207增产5.83%，增产点率86.4%，增产≥2%点率77.3%，居17个参试品种的第四位。非严重倒伏点率90.9%。

半冬性，早熟品种。全生育期225.9天，成熟期比对照百农207早0.9天。幼苗半匍匐，叶片细长，轻干尖，浅绿色，分蘖力一般。两极分化慢，抗寒性较好。株高87.5厘米，茎秆细，抗倒伏性一般。蜡质轻，株型紧凑，旗叶短小上冲，纺锤形穗，成穗多，穗层厚，中小穗，结实性较好。转色顺畅，落黄好，熟相好，丰产性好。平均亩穗数45.3万，穗粒数33.7粒，千粒重42.1克。田间自然发病：抗条锈病，白粉病、赤霉病轻度发生，感叶锈病、纹枯病。2019年接种抗病性鉴定结果：中抗白粉病，中感条锈病、纹枯病、赤霉病，高感叶锈病。2019年品质测定结果：蛋白质（干基）含量13.3%，湿面筋含量31.2%，吸水率62.7%，稳定时间7.6分钟，最大拉伸阻力528.0EU，拉伸面积82.4厘米^2。

2. 涡麦303 2018—2019年度试验，平均亩产578.1千克，比对照周麦18增产4.46%，增产点率86.4%，增产≥2%点率>7.3%；比对照百农207增产5.34%，增产点率77.3%，增产≥2%点率68.2%，居17个参试品种的第五位。非严重倒伏点率100.0%。

半冬性，多穗型晚熟品种。全生育期227天，成熟期比对照百农207晚0.2天。幼苗半匍匐，长势旺，分蘖力中等，冬季抗寒性较好，春季起身拔节早，两极分化快。株高84.1厘米，茎秆细韧，较抗倒伏。株型紧凑，纺锤形穗，穗层不整齐，穗多穗匀，结实性中等。旗叶窄长、斜上冲，苗脚利落，株行间透光性好，根系活力强，耐热性好，落黄灌浆顺畅，熟相佳。籽粒半硬质，饱满，黑胚率略高。平均亩穗数41.1万，穗粒数35.5粒，千粒重48.3克。田间自然发病：白粉病轻，中感纹枯病，感条锈病、叶锈病，高感赤霉病。2019年接种抗病性鉴定结果：中抗叶锈病、白粉病，中感条锈病、纹枯病，高感赤霉病。2019年品质测定结果：蛋白质（干基）含量12.0%，湿面筋含量27.1%，吸水率59.9%，稳定时间2.8分钟，最大拉伸阻力237.6EU，拉伸面积40.4厘米^2。

3. 新麦52 2018—2019年度试验，平均亩产588.3千克，比对照周麦18增产6.31%，增产点率90.9%，增产≥2%点率81.8%；比对照百农207增产7.20%，增产点率86.4%，增产≥2%点率81.8%，居17个参试品种的第二位。非严重倒伏点率95.5%。

半冬性，中晚熟品种。全生育期226.9天，成熟期比对照百农207晚0.1天。幼苗半匍匐，分蘖力中等，成穗率较高，冬季抗寒性较好，春季耐寒性较好。株高76.5厘米，抗倒伏能力较好。抽穗期适中，长方形穗，白壳，长芒，白粒，籽粒硬质，饱满度较好。平均亩穗数41.0万，穗粒数38.8粒，千粒重44.6克。田间自然发病：白粉病轻，中感

条锈病、叶锈病、纹枯病，赤霉病发病较重。2019 年接种抗病性鉴定结果：高抗叶锈病，中抗纹枯病，高感条锈病、白粉病和赤霉病。2019 年品质测定结果：蛋白质（干基）含量 12.6%，湿面筋含量 30.5%，吸水率 63.6%，稳定时间 5.4 分钟，最大拉伸阻力 313.2EU，拉伸面积 51.4 厘米^2。

4. 中麦 6052 2018—2019 年度试验，平均亩产 576.5 千克，比对照周麦 18 增产 4.17%，增产点率 95.5%，增产≥2%点率 95.5%；比对照百农 207 增产 5.05%，增产点率 86.4%，增产≥2%点率 86.4%，居 17 个参试品种的第六位。非严重倒伏点率 90.9%。

半冬性，中熟品种。全生育期 226.7 天，成熟期比对照百农 207 早 0.1 天。幼苗半匍匐，叶长适中，冬季抗寒性较好，春季耐寒性一般，分蘖力较强，成穗率一般。株高 79.9 厘米，弹性较好。株型较紧凑，少蜡质，纺锤形穗，穗偏小，成熟偏晚，籽粒半硬质，饱满。平均亩穗数 43.4 万，穗粒数 35.7 粒，千粒重 43.7 克。田间自然发病：感叶锈病、条锈病，中感白粉病、纹枯病，高感赤霉病。2019 年接种抗病性鉴定结果：中感白粉病、纹枯病，高感条锈病、叶锈病和赤霉病。2019 年品质测定结果：蛋白质（干基）含量 12.6%，湿面筋含量 29.6%，吸水率 63.5%，稳定时间 7.7 分钟，最大拉伸阻力 418.6EU，拉伸面积 63.2 厘米^2。

（四）参加大区试验 1 年，比对照周麦 18 和百农 207 增产＞2%，增产≥2%点率＞60%，下年度继续大区试验的品种：华麦 15112、徐麦 15158、天麦 196、漯麦 40、漯麦 39

1. 徐麦 15158 2018—2019 年度试验，平均亩产 575.7 千克，比对照周麦 18 增产 4.03%，增产点率 81.8%，增产≥2%点率 72.7%；比对照百农 207 增产 4.9%，增产点率 81.8%，增产≥2%点率 68.2%，居 17 个参试品种的第七位。非严重倒伏点率 77.3%。

弱春性，中早熟品种。全生育期 226.4 天，成熟期比对照百农 207 早 0.4 天。幼苗半匍匐，抗寒性较好。分蘖力强，成穗数一般。株高 80.2 厘米，抗倒伏能力较弱。株型较紧凑，穗层整齐，剑叶宽大、较挺，茎秆蜡质重，弹性一般。长方形穗，穗型中大，码稀，长芒，白壳，白粒，籽粒硬质，熟相较好。平均亩穗数 39.9 万，穗粒数 36.1 粒，千粒重 45.5 克。田间自然发病：白粉病、赤霉病发病较轻，条锈病、叶锈病、纹枯病发病较重。2019 年接种抗病性鉴定结果：中抗纹枯病，中感白粉病、赤霉病，高感条锈病、叶锈病。2019 年品质测定结果：蛋白质（干基）含量 13.1%，湿面筋含量 30.3%，吸水率 63.6%，稳定时间 5.0 分钟，最大拉伸阻力 414.8EU，拉伸面积 57.4 厘米^2。

2. 华麦 15112 2018—2019 年度试验，平均亩产 572.4 千克，比对照周麦 18 增产 3.43%，增产点率 68.2%，增产≥2%点率 63.6%；比对照百农 207 增产 4.30%，增产点率 72.7%，增产≥2%点率 63.6%，居 17 个参试品种的第十一位。非严重倒伏点率 90.9%。

半冬性，早熟品种。全生育期 226.0 天，成熟期比对照百农 207 早 0.8 天。幼苗半匍匐，叶片细长上举，深绿色，分蘖力较好。两极分化稍慢，抗寒性较好。株高 80.2 厘米，

抗倒伏性一般。株型适中，茎秆细、蜡质明显，旗叶短、上冲，蜡质较厚，长方形穗，穗层较整齐，结实性好，熟相好。平均亩穗数41.2万，穗粒数35.7粒，千粒重44.8克。田间自然发病：白粉病轻度发生，条锈病、叶锈病、纹枯病较重，高感赤霉病。2019年接种抗病性鉴定结果：中抗白粉病，中感纹枯病，高感条锈病、叶锈病和赤霉病。2019年品质测定结果：蛋白质（干基）含量12.9%，湿面筋含量29.0%，吸水率64.2%，稳定时间7.3分钟，最大拉伸阻力374.4EU，拉伸面积49.4厘米^2。

3. 漯麦40　2018—2019年度试验，平均亩产574.6千克，比对照周麦18增产3.83%，增产点率81.8%，增产≥2%点率81.8%；比对照百农207增产4.70%，增产点率81.8%，增产≥2%点率77.3%，居17个参试品种的第八位。非严重倒伏点率95.5%。

半冬性，中早熟品种。全生育期226.4天，成熟期比对照百农207早0.4天。幼苗半匍匐，长势旺，叶片稍宽长，绿色，分蘖力好。起身拔节早，两极分化快，抗寒性较好。株高81.5厘米，茎秆弹性好，抗倒伏性好。株型紧凑，茎秆蜡质厚，旗叶短窄上冲，纺锤形穗，穗大，穗层整齐，穗下节蜡质厚，结实性较好。转色顺畅，落黄亮。平均亩穗数40.9万，穗粒数35.7粒，千粒重47.0克。田间自然发病：条锈病、白粉病、赤霉病发病较轻，叶锈病、纹枯病较重。2019年接种抗病性鉴定结果：高抗叶锈病，中抗条锈病，中感纹枯病，高感白粉病和赤霉病。2019年品质测定结果：蛋白质（干基）含量14.0%，湿面筋含量32.7%，吸水率62.9%，稳定时间6.5分钟，最大拉伸阻力365.6EU，拉伸面积62.6厘米^2。

4. 天麦196　2018—2019年度试验，平均亩产574.5千克，比对照周麦18增产3.81%，增产点率81.8%，增产≥2%点率63.6%；比对照百农207增产4.68%，增产点率81.8%，增产≥2%点率72.7%，居17个参试品种的第九位。非严重倒伏点率95.5%。

半冬性，中熟品种。全生育期226.7天，成熟期比对照百农207早0.1天。幼苗半匍匐，苗势壮，叶绿色，分蘖力较强，冬季抗寒性较好。春季起身拔节快，两极分化快。株高78.2厘米，抗倒伏能力较强。株型松紧适中，穗层整齐，穗大穗匀，结实性较好。叶功能期长，灌浆速度快，落黄好。纺锤形穗，长芒，白壳，白粒，半硬质。平均亩穗数39.8万，穗粒数37.7粒，千粒重47.0克。田间自然发病：条锈病较轻，白粉病、纹枯病中度发生，高感叶锈病、赤霉病。2019年接种抗病性鉴定结果：中抗叶锈病，中感条锈病、白粉病和纹枯病，高感赤霉病。2019年品质测定结果：蛋白质（干基）含量14.0%，湿面筋含量31.7%，吸水率60%，稳定时间8.1分钟，最大拉伸阻力410.6EU，拉伸面积61.6厘米^2。

5. 漯麦39　2018—2019年度试验，平均亩产567.0千克，比对照周麦18增产2.46%，增产点率72.7%，增产≥2%点率63.6%；比对照百农207增产3.32%，增产点率81.8%，增产≥2%点率63.6%，居17个参试品种的第十三位。非严重倒伏点率95.5%。

半冬性，中晚熟品种。全生育期平均226.8天，成熟期与对照百农207相当。幼苗半匍匐，苗壮，叶片细长上举，浅绿色，冬季抗寒性一般，春季发育稳健。株高79.9厘米，抗倒伏性好。株型紧凑，茎秆蜡质厚，叶短窄上冲，纺锤形穗，中大穗，短芒，穗层整齐，结实性较好，熟相较好。平均亩穗数39.5万，穗粒数36.8粒，千粒重46.5克。田

间自然发病：白粉病轻，条锈病、赤霉病中度发生，叶锈病、纹枯病较重。2019 年接种抗病性鉴定结果：中抗条锈病、白粉病，叶锈病免疫，中感纹枯病，高感赤霉病。2019 年品质测定结果：蛋白质（干基）含量 14.0%，湿面筋含量 34.0%，吸水率 63.2%，稳定时间 3.1 分钟，最大拉伸阻力 262.0EU，拉伸面积 49.6 厘米^2。

（五）参加大区试验 1 年，比对照周麦 18 和百农 207 增产<2%，或增产≥2%点率<60%，停止试验的品种：咸麦 073、华成 6068、安科 1705、LS3582、郑麦 9699

1. 咸麦 073 2018—2019 年度试验，平均亩产 562.6 千克，比对照周麦 18 增产 1.66%，增产点率 77.3%，增产≥2%点率 59.1%；比对照百农 207 增产 2.51%，增产点率 81.8%，增产≥2%点率 68.2%，居 17 个参试品种的第十五位。非严重倒伏点率 95.5%。

半冬性，晚熟品种。全生育期 227.1 天，成熟期比对照百农 207 晚 0.3 天。幼苗半匍匐，叶片细长，浅绿色，冬季抗寒性一般，起身拔节偏慢，春季耐寒性一般。株高 76.5 厘米，抗倒伏性较好。株型紧凑，旗叶短，纺锤形穗，中小穗多，穗层整齐，小穗退化多。平均亩穗数 45.6 万，穗粒数 30.3 粒，千粒重 48.9 克。田间自然发病：条锈病、叶锈病中度发生，白粉病、纹枯病较重，高感赤霉病。2019 年接种抗病性鉴定结果：中抗条锈病，中感叶锈病、纹枯病，高感白粉病、赤霉病。2019 年品质测定结果：蛋白质（干基）含量 12.4%，湿面筋含量 30.3%，吸水率 64.5%，稳定时间 1.7 分钟，最大拉伸阻力 191.0EU，拉伸面积 33.6 厘米^2。

2. 华成 6068 2018—2019 年度试验，平均亩产 572.4 千克，比对照周麦 18 增产 3.43%，增产点率 68.2%，增产≥2%点率 54.5%；比对照百农 207 增产 4.30%，增产点率 68.2%，增产≥2%点率 59.1%，居 17 个参试品种的第十一位。非严重倒伏点率 90.9%。

弱春性，早熟品种。全生育期 225.9 天，成熟期比对照百农 207 早 0.9 天。幼苗半匍匐，细叶，叶色中等，冬前生长量少，分蘖力中等，成穗率一般，株高 84.4 厘米，株型松散，旗叶小、上举，茎穗有蜡质，纺锤形穗，短芒，穗码稀，籽粒半硬质，容重高，黑胚率略高。平均亩穗数 40.8 万，穗粒数 34.3 粒，千粒重 44.4 克。田间自然发病：白粉病轻，赤霉病中度发生，条锈病、叶锈病、纹枯病发病较重。2019 年接种抗病性鉴定结果：中抗白粉病、纹枯病，高感条锈病、叶锈病和赤霉病。2019 年品质测定结果：蛋白质（干基）含量 13.0%，湿面筋含量 31.8%，吸水率 62.1%，稳定时间 12.0 分钟，最大拉伸阻力 403.2EU，拉伸面积 68.4 厘米^2。

3. 安科 1705 2018—2019 年度试验，平均亩产 561.2 千克，比对照周麦 18 增产 1.41%，增产点率 63.6%，增产≥2%点率 50.0%；比对照百农 207 增产 2.26%，增产点率 68.2%，增产≥2%点率 54.5%，居 17 个参试品种的第十六位。非严重倒伏点率 90.9%。

半冬性，中早熟品种。全生育期 226.3 天，成熟期比对照百农 207 早 0.5 天。幼苗半匍匐，分蘖力强，长势好，株高 85.4 厘米，株型略松散，旗叶斜举至平展，轻度干尖，茎秆蜡质重，纺锤形穗，短芒，穗色浅绿，码略稀，籽粒半硬质，容重高，黑胚率略高。

平均亩穗数 41.5 万，穗粒数 35.5 粒，千粒重 43.3 克。田间自然发病：白粉病轻，条锈病、叶锈病、纹枯病较重，高感赤霉病。2019 年接种抗病性鉴定结果：中感白粉病、纹枯病，高感条锈病、叶锈病和赤霉病。2019 年品质测定结果：蛋白质（干基）含量 13.6%，湿面筋含量 32.1%，吸水率 54.3%，稳定时间 2.3 分钟，最大拉伸阻力 388.2EU，拉伸面积 63.8 厘米^2。

4. LS3582　2018—2019 年度试验，平均亩产 562.8 千克，比对照周麦 18 增产 1.7%，增产点率 54.5%，增产≥2%点率 36.4%；比对照百农 207 增产 2.55%，增产点率 63.6%，增产≥2%点率 54.5%，居 17 个参试品种的第十四位。非严重倒伏点率 90.9%。

半冬性，中早熟品种。全生育期 226.3 天，成熟期比对照百农 207 早 0.5 天。幼苗半匍匐，细叶，叶色深绿，分蘖力较好，成穗率较高，长势好，株高 83.1 厘米，株型略松散，旗叶斜举，纺锤形穗，短芒，穗色青绿，穗层整齐，熟相好，籽粒半硬质，容重高。平均亩穗数 43.2 万，穗粒数 33.1 粒，千粒重 44.4 克。田间自然发病：白粉病较轻，叶锈病、条锈病、纹枯病较重，高感赤霉病。2019 年接种抗病性鉴定结果：中感纹枯病，高感条锈病、叶锈病、白粉病和赤霉病。2019 年品质测定结果：蛋白质（干基）含量 12.5%，湿面筋含量 26.3%，吸水率 64.0%，稳定时间 10.6 分钟，最大拉伸阻力 573.4EU，拉伸面积 91.8 厘米^2。

5. 郑麦 9699　2018—2019 年度试验，平均亩产 558.9 千克，比对照周麦 18 增产 0.99%，增产点率 59.1%，增产≥2%点率 50.0%；比对照百农 207 增产 1.84%，增产点率 68.2%，增产≥2%点率 50.0%，居 17 个参试品种的第十七位。非严重倒伏点率 95.5%。

半冬性，中早熟品种。全生育期 226.4 天，成熟期比对照百农 207 早 0.4 天。幼苗半匍匐，叶绿，分蘖力强，冬季抗寒性一般，起身快，株高 82 厘米，茎秆弹性好，抗倒伏能力较强。株型较紧凑，纺锤形穗，短芒，白壳，硬质。成穗率较高，灌浆快，落黄好。平均亩穗数 40.1 万，穗粒数 33.9 粒，千粒重 50.2 克。田间自然发病：白粉病轻，中感条锈病，叶锈病、纹枯病、赤霉病重。2019 年接种抗病性鉴定结果：高抗叶锈病，中抗条锈病、白粉病，中感纹枯病，高感赤霉病。2019 年品质测定结果：蛋白质（干基）含量 14.6%，湿面筋含量 36.7%，吸水率 70.4%，稳定时间 4.5 分钟，最大拉伸阻力 236.2EU，拉伸面积 44.4 厘米^2。

五、存在问题和建议

由于本试验用地较多，安排偏远，加之各承试单位工作量大，人员少，所以在试验管理及记载方面存在不及时现象，导致个别试验点试验质量较差，记载数据失真；再一方面就是有些试验承试单位不够重视，试验记载本上有些项未填写。建议：各承试点在思想上一定要重视起来，尽可能把试验安排得离本单位或本单位试验地近一些，试验地管理要及时，试验记载要填写完整。

2018—2019年度广适性小麦新品种试验黄淮冬麦区北片节水组大区试验总结

为了鉴定国家小麦良种联合攻关单位育成新品种的丰产性、稳定性、抗逆性、适应性和品质特性，筛选适合黄淮冬麦区北片种植的小麦新品种，为国家小麦品种审定及合理利用提供重要科学依据，按照农业农村部关于国家四大粮食作物良种重大科研联合攻关部署，以及全国农业技术推广服务中心农技种函〔2018〕488号文件《关于印发〈2018—2019年度国家小麦良种联合攻关广适性品种试验实施方案〉的通知》精神，设置了本试验。

一、试验概况

（一）试验设计

试验采用顺序排列，不设重复，小区面积不少于0.5亩。试验采用机械播种，全区机械收获并现场称重计产。

（二）参试品种

本年度参试品种16个（不含对照，表1），统一对照品种济麦22，各试验点所在省份相应组别区试对照品种衡4399、石麦22为辅助对照品种。

表1　2018—2019年度黄淮冬麦区北片节水组大区试验参试品种

序号	品种名称	组　合	选育单位	联系人
1	济麦44	954072/济南17	山东省农业科学院作物研究所，山东鲁研农业良种有限公司	曹新有
2	泰科麦493	泰山28/济麦22	泰安市农业科学研究院	王瑞霞
3	鲁研373	鲁原502/鲁原205//邯农3475	山东鲁研农业良种有限公司，山东省农业科学院原子能应用研究所	李新华
4	衡H15-5115	衡4568/山农05-066	河北省农林科学院旱作农业研究所	乔文臣
5	鲁研897	鲁原502/济麦22	山东鲁研农业良种有限公司	李新华
6	LS018R	泰农18/临麦6号	山东农业大学	李斯深
7	LH16-4	济麦22/金禾9123	河北大地种业有限公司，石家庄市农林研究院	张　冲
8	中麦6032	济麦22/周麦20	中国农业科学院作物科学研究所	肖世和
9	济麦0435	10鉴435/冀师02-1	山东省农业科学院作物研究所	刘建军
10	鲁研1403	954072/中优14	山东鲁研农业良种有限公司，山东省农业科学院作物研究所	杨在东

（续）

序号	品种名称	组　合	选育单位	联系人
11	石 15 鉴 21	太谷核不育/石优 17//济麦 22	石家庄市农林科学研究院	何明琦
12	沧麦 2016 - 2	HF5 050/盐 92 - 8014	沧州市农林科学院	王奉芝
13	LS3666	LS5420/良星 77	山东农业大学农学院	李斯深
14	航麦 3290	SPLM2 号/轮选 987	中国农业科学院作物科学研究所	刘录祥
15	LH1706	金禾 9123/良星 99	河北大地种业有限公司	张　冲
16	金禾 330	漯 9908/金禾 90623	河北省农林科学院遗传生理研究所	赵　和
17	济麦 22（黄淮冬麦区北片节水组对照品种）			
18	衡 4399（河北省部分区试对照品种）			
19	石麦 22（河北省部分区试对照品种）			

（三）试验点设置

本年度共设置试验点 21 个（表 2），分布在河北省、山东省、山西省。

表 2　2018—2019 年度黄淮冬麦区北片节水组大区试验承试单位与试验地点

序号	承试单位	联系人	试验地点
1	中国科学院遗传与发育生物学研究所	李俊明	河北省石家庄赵县北理镇南轮城村
2	邢台市农业科学研究院	景东林	河北省邢台市南和县闫里乡闫里村
3	河北省农林科学院旱作农业研究所	乔文臣	河北省景县龙华镇志清合作社
4	沧州市农林科学院	王奉芝	河北省沧州泊头市寺门村镇宋八屯村
5	邯郸市农业科学院	刘保华	河北省邯郸市邯山区河沙镇苗庄村
6	石家庄市农林科学研究院	何明琦	河北省辛集市马庄乡木店村
7	河北大地种业有限公司	张　冲	河北省晋州市周家庄乡第八生产队
8	河北嘉丰种业有限公司	贾　丹	河北省藁城市南营镇马房村
9	河北辐照农业科技有限公司	武越峰	河北省邯郸市永年区
10	中国农业科学院作物科学研究所	郭会君	山东省诸城市昌城镇杨义庄村
11	中国农业科学院德州盐碱土改良试验站	林治安	山东省禹城市中街道办事处南北庄村
12	菏泽市农业科学院	刘凤洲	山东省菏泽市曹县普连集镇李楼寨村
13	滨州市农业科学院	武利峰	山东省滨州市博兴县店子镇马庄村
14	泰安市农业科学研究院	王瑞霞	山东省肥城市安驾庄镇安驾庄村
15	烟台市农业科学研究院	姜鸿明	山东省平度市青丰种业试验地
16	聊城市农业科学研究院	王怀恩	山东省东阿县牛角店镇红布刘村
17	潍坊市农业科学院	魏秀华	山东省潍坊市昌邑市西金台村
18	临沂市农业科学院	刘宝强	山东省临沂市罗庄区褚墩镇
19	山东省农业科学院作物研究所	刘建军	山东省德州市陵城区神头镇西辛村
20	山东鲁研农业良种有限公司	杨在东	山东省济南市章丘区龙山街道办事处甄家村
21	山西省农业科学院小麦研究所	张定一	山西省临汾市尧都区洪堡村

（四）试验实施情况

试验一般安排在当地种粮大户的生产田中，采用限水栽培管理，小麦春季限浇2水，按当地生态条件上等栽培水平管理。本年度各试验点基本做到适时播种、施肥、浇水、除草等田间管理，及时按记载项目和要求进行调查记载，认真进行数据汇总和总结。本年度各试验点基本在适播期完成播种，播期10月5～23日，亩基本苗数9.5万～34.8万。21个试验点试验质量均达到汇总要求。

二、气候条件对小麦生长发育的影响

小麦播种前降雨较多，播种时底墒充足，冬前苗情总体较好。冬季气温较往年偏高，未出现大幅度、长时间降温，利于小麦安全越冬，冻害普遍较轻，品种间冻害差异不明显。小麦灌浆期温度适宜，光温条件有利于籽粒灌浆，未出现严重的干热风，小麦灌浆充分，成熟期与常年相当，小麦籽粒饱满度好，粒重普遍偏高，产量三要素协调。收获前未出现大风天，小麦未发生严重倒伏。病害方面，抽穗后降雨较少，白粉病、条锈病、赤霉病、叶锈病发病较轻，部分试验点茎基腐病发生较往年偏重，蚜虫发生较轻。

三、试验结果与分析

试验产量和其他农艺性状数据均采用平均数法统计分析。

（一）产量

1. 试验点产量 本年度21个试验点全部参加汇总。各试验点平均亩产589.79千克，亩产变幅为440.5～693.06千克，平均亩产在500千克以上的试验点有20个，在550千克以上的试验点有17个，在600千克以上的试验点有9个，在650千克以上的试验点有河北邢台、山东诸城和山东潍坊（表3）。

表3 2018—2019年度黄淮冬麦区北片节水组大区试验各试验点产量

中国科学院遗传与发育生物学研究所					邢台市农业科学研究院				
品种名称	亩产量（千克）	比济麦22增产（%）	比本省对照增产（%）	位次	品种名称	亩产量（千克）	比济麦22增产（%）	比本省对照增产（%）	位次
济麦44	609.4	3.90	3.12	10	济麦44	642.7	1.80	0.62	12
泰科麦493	612.5	4.45	3.66	7	泰科麦493	674.6	6.85	5.61	6
鲁研373	616.9	5.19	4.40	5	鲁研373	614.7	−2.64	−3.77	17
衡H15-5115	626.5	6.82	6.02	1	衡H15-5115	692.3	9.64	8.37	4
鲁研897	623.0	6.23	5.43	3	鲁研897	671.5	6.35	5.11	8
LS018R	597.2	1.83	1.06	15	LS018R	687.0	8.81	7.54	5
LH16-4	625.2	6.60	5.79	2	LH16-4	694.3	9.97	8.69	3

（续）

中国科学院遗传与发育生物学研究所				
品种名称	亩产量（千克）	比济麦 22 增产（%）	比本省对照增产（%）	位次
中麦 6032	611.7	4.30	3.51	8
济麦 0435	608.7	3.79	3.01	11
鲁研 1403	597.6	1.89	1.12	14
石 15 鉴 21	610.8	4.16	3.37	9
沧麦 2016－2	619.4	5.61	4.81	4
LS3666	600.0	2.30	1.53	13
航麦 3290	577.5	－1.53	－2.27	18
LH1706	608.5	3.76	2.98	12
金禾 330	615.4	4.93	4.14	6
济麦 22	586.5	—	－0.75	17
衡 4399	590.9	0.76	—	16
平均	607.6			

邢台市农业科学研究院				
品种名称	亩产量（千克）	比济麦 22 增产（%）	比本省对照增产（%）	位次
中麦 6032	657.9	4.20	2.99	11
济麦 0435	632.6	0.20	－0.97	15
鲁研 1403	613.9	－2.77	－3.90	18
石 15 鉴 21	668.1	5.81	4.58	10
沧麦 2016－2	673.1	6.61	5.37	7
LS3666	702.4	11.25	9.96	1
航麦 3290	641.1	1.54	0.36	13
LH1706	698.9	10.69	9.40	2
金禾 330	668.2	5.83	4.60	9
济麦 22	631.4	—	－1.16	16
衡 4399	638.8	1.18	—	14
平均	661.3			

河北省农林科学院旱作农业研究所				
品种名称	亩产量（千克）	比济麦 22 增产（%）	比本省对照增产（%）	位次
济麦 44	529.4	2.66	－9.70	16
泰科麦 493	652.9	26.62	11.37	1
鲁研 373	549.0	6.46	－6.35	14
衡 H15－5115	645.1	25.10	10.03	3
鲁研 897	531.4	3.04	－9.36	15
LS018R	609.8	18.25	4.01	6
LH16－4	552.9	7.22	－5.69	13
中麦 6032	647.1	25.48	10.37	2
济麦 0435	639.2	23.95	9.03	4
鲁研 1403	470.6	－8.75	－19.73	18
石 15 鉴 21	639.2	23.95	9.03	4
沧麦 2016－2	596.1	15.59	1.67	7
LS3666	578.4	12.17	－1.34	10
航麦 3290	592.2	14.83	1.00	8
LH1706	574.5	11.41	－2.01	11
金禾 330	570.6	10.65	－2.68	12
济麦 22	515.7	—	－12.04	17
衡 4399	586.3	13.69	—	9
平均	582.2			

沧州市农林科学院				
品种名称	亩产量（千克）	比济麦 22 增产（%）	比本省对照增产（%）	位次
济麦 44	453.4	6.25	8.80	6
泰科麦 493	436.7	2.34	4.80	10
鲁研 373	413.4	－3.13	－0.80	16
衡 H15－5115	429.4	0.62	3.04	12
鲁研 897	443.4	3.91	6.40	8
LS018R	460.0	7.81	10.40	5
LH16－4	406.0	－4.84	－2.56	18
中麦 6032	440.0	3.12	5.60	9
济麦 0435	430.0	0.78	3.20	11
鲁研 1403	409.0	－4.14	－1.84	17
石 15 鉴 21	426.7	—	2.40	13
沧麦 2016－2	471.0	10.39	13.04	2
LS3666	453.4	6.25	8.80	6
航麦 3290	470.0	10.16	12.80	3
LH1706	466.7	9.37	12.00	4
金禾 330	476.7	11.72	14.40	1
济麦 22	426.7	—	2.40	13
衡 4399	416.7	－2.34	—	15
平均	440.5			

（续）

邯郸市农业科学院					石家庄市农林科学研究院				
品种名称	亩产量（千克）	比济麦22增产（%）	比本省对照增产（%）	位次	品种名称	亩产量（千克）	比济麦22增产（%）	比本省对照增产（%）	位次
济麦44	527.9	3.69	−2.02	6	济麦44	585.8	−1.49	−4.38	15
泰科麦493	500.2	−1.74	−7.15	12	泰科麦493	641.9	7.95	4.78	3
鲁研373	537.7	5.63	−0.18	3	鲁研373	587.3	−1.24	−4.14	14
衡H15-5115	555.0	9.02	3.03	1	衡H15-5115	622.7	4.72	1.64	7
鲁研897	471.1	−7.47	−12.56	16	鲁研897	606.7	2.03	−0.96	11
LS018R	458.7	−9.89	−14.85	17	LS018R	595.1	0.08	−2.86	12
LH16-4	531.8	4.46	−1.28	5	LH16-4	654.7	10.10	6.87	2
中麦6032	524.4	3.01	−2.66	10	中麦6032	628.4	5.68	2.58	6
济麦0435	478.5	−6.01	−11.18	15	济麦0435	580.9	−2.32	−5.19	17
鲁研1403	456.7	−10.28	−15.22	18	鲁研1403	561.6	−5.56	−8.33	18
石15鉴21	535.8	5.24	−0.55	4	石15鉴21	621.5	4.52	1.45	8
沧麦2016-2	527.4	3.59	−2.11	7	沧麦2016-2	581.8	−2.15	−5.02	16
LS3666	525.4	3.20	−2.47	9	LS3666	658.5	10.74	7.49	1
航麦3290	497.7	−2.23	−7.61	13	航麦3290	610.8	2.72	−0.30	10
LH1706	493.8	−3.01	−8.34	14	LH1706	640.0	7.63	4.47	4
金禾330	525.9	3.30	−2.38	8	金禾330	630.1	5.97	2.86	5
济麦22	509.1	—	−5.50	11	济麦22	594.6	—	−2.94	13
石麦22	538.7	5.82	—	2	石麦22	612.6	3.03	—	9
平均	510.9				平均	611.9			

河北大地种业有限公司					河北嘉丰种业有限公司				
品种名称	亩产量（千克）	比济麦22增产（%）	比本省对照增产（%）	位次	品种名称	亩产量（千克）	比济麦22增产（%）	比本省对照增产（%）	位次
济麦44	615.6	1.90	0.60	13	济麦44	534.2	−2.36	−2.75	16
泰科麦493	617.1	2.20	0.80	10	泰科麦493	607.4	11.02	10.59	6
鲁研373	616.7	2.10	0.80	11	鲁研373	590.2	7.87	7.45	8
衡H15-5115	620.0	2.70	1.30	9	衡H15-5115	620.3	13.39	12.94	5
鲁研897	616.1	2.00	0.70	12	鲁研897	594.5	8.66	8.23	7
LS018R	620.1	2.70	1.30	8	LS018R	676.3	23.62	23.14	1
LH16-4	677.2	12.10	10.70	3	LH16-4	663.4	21.26	20.78	2
中麦6032	652.2	8.00	6.60	4	中麦6032	644.0	17.72	17.25	4
济麦0435	620.6	2.80	1.40	7	济麦0435	562.2	2.76	2.35	12
鲁研1403	586.6	−2.90	−4.10	16	鲁研1403	521.2	−4.72	−5.10	17
石15鉴21	633.6	4.90	3.50	5	石15鉴21	581.5	6.30	5.88	9
沧麦2016-2	574.5	−4.90	−6.10	17	沧麦2016-2	572.9	4.72	4.31	11
LS3666	694.2	14.90	13.40	1	LS3666	650.5	18.90	18.43	3
航麦3290	568.7	−5.80	−7.10	18	航麦3290	577.2	5.51	5.10	10

（续）

河北大地种业有限公司

品种名称	亩产量（千克）	比济麦22增产（%）	比本省对照增产（%）	位次
LH1706	679.8	12.60	11.10	2
金禾330	631.7	4.60	3.20	6
济麦22	603.9	—	−1.30	15
石麦22	612.0	1.30	—	14
平均	624.5			

河北嘉丰种业有限公司

品种名称	亩产量（千克）	比济麦22增产（%）	比本省对照增产（%）	位次
LH1706	516.9	−5.51	−5.88	18
金禾330	540.6	−1.18	−1.57	15
济麦22	547.1	—	−0.39	14
衡4399	549.2	0.39	—	13
平均	586.1			

河北辐照农业科技有限公司

品种名称	亩产量（千克）	比济麦22增产（%）	比本省对照增产（%）	位次
济麦44	590.5	13.42		1
泰科麦493	586.1	12.58		3
鲁研373	589.6	13.23		2
衡H15-5115	546.4	4.94		7
鲁研897	484.7	−6.91		16
LS018R	525.9	1.01		9
LH16-4	551.5	5.92		6
中麦6032	539.3	3.58		8
济麦0435	512.4	−1.58		14
鲁研1403	456.7	−12.29		17
石15鉴21	525.3	0.90		11
沧麦2016-2	551.6	5.93		5
LS3666	572.0	9.85		4
航麦3290	512.6	−1.56		13
LH1706	525.9	1.00		10
金禾330	501.2	−3.73		15
济麦22	520.7	—		12
平均	534.8			

中国农业科学院作物科学研究所

品种名称	亩产量（千克）	比济麦22增产（%）	比本省对照增产（%）	位次
济麦44	649.4	4.05		13
泰科麦493	707.8	13.40		2
鲁研373	687.2	10.10		4
衡H15-5115	679.3	8.82		6
鲁研897	674.3	8.02		8
LS018R	684.9	9.72		5
LH16-4	676.1	8.32		7
中麦6032	696.2	11.54		3
济麦0435	624.5	0.05		14
鲁研1403	621.7	−0.39		16
石15鉴21	658.2	5.44		12
沧麦2016-2	593.6	−4.90		17
LS3666	724.6	16.09		1
航麦3290	661.4	5.97		10
LH1706	659.2	5.62		11
金禾330	672.2	7.69		9
济麦22	624.2	—		15
平均	664.4			

中国农业科学院德州盐碱土改良试验站

品种名称	亩产量（千克）	比济麦22增产（%）	比本省对照增产（%）	位次
济麦44	522.1	−1.32		16
泰科麦493	556.9	5.26		8
鲁研373	592.8	12.05		2
衡H15-5115	569.1	7.57		4
鲁研897	603.8	14.13		1
LS018R	565.0	6.79		5

菏泽市农业科学院

品种名称	亩产量（千克）	比济麦22增产（%）	比本省对照增产（%）	位次
济麦44	611.3	2.49		9
泰科麦493	629.9	5.61		3
鲁研373	599.0	0.44		12
衡H15-5115	623.8	4.59		4
鲁研897	620.4	4.02		6
LS018R	630.0	5.64		2

（续）

中国农业科学院德州盐碱土改良试验站					菏泽市农业科学院				
品种名称	亩产量（千克）	比济麦 22 增产（%）	比本省对照增产（%）	位次	品种名称	亩产量（千克）	比济麦 22 增产（%）	比本省对照增产（%）	位次
LH16-4	526.2	−0.55		14	LH16-4	605.3	1.49		11
中麦 6032	559.2	5.70		7	中麦 6032	622.6	4.40		5
济麦 0435	532.8	0.71		11	济麦 0435	612.8	2.75		8
鲁研 1403	515.4	−2.59		17	鲁研 1403	511.7	−14.20		17
石 15 鉴 21	546.2	3.23		9	石 15 鉴 21	519.5	−12.89		16
沧麦 2016-2	531.6	0.48		12	沧麦 2016-2	616.1	3.30		7
LS3666	581.3	9.86		3	LS3666	634.5	6.38		1
航麦 3290	536.0	1.30		10	航麦 3290	606.2	1.64		10
LH1706	526.1	−0.57		15	LH1706	542.0	−9.12		14
金禾 330	559.7	5.79		6	金禾 330	521.1	−12.63		15
济麦 22	529.1	—		13	济麦 22	596.4	—		13
平均	550.2				平均	594.3			

滨州市农业科学院					泰安市农业科学研究院				
品种名称	亩产量（千克）	比济麦 22 增产（%）	比本省对照增产（%）	位次	品种名称	亩产量（千克）	比济麦 22 增产（%）	比本省对照增产（%）	位次
济麦 44	581.7	4.50		12	济麦 44	652.1	6.20		5
泰科麦 493	605.3	8.74		10	泰科麦 493	653.0	6.30		3
鲁研 373	624.3	12.15		5	鲁研 373	634.7	3.30		7
衡 H15-5115	614.0	10.31		8	衡 H15-5115	651.6	6.10		6
鲁研 897	640.9	15.13		3	鲁研 897	632.1	2.90		8
LS018R	604.6	8.61		11	LS018R	653.1	6.30		3
LH16-4	615.5	10.58		7	LH16-4	660.6	7.60		2
中麦 6032	642.7	15.46		2	中麦 6032	679.0	10.60		1
济麦 0435	505.2	−9.25		17	济麦 0435	584.7	−4.80		16
鲁研 1403	537.7	−3.42		15	鲁研 1403	592.2	−3.60		15
石 15 鉴 21	622.0	11.74		6	石 15 鉴 21	601.2	−2.10		13
沧麦 2016-2	558.9	0.40		13	沧麦 2016-2	598.9	−2.50		14
LS3666	609.1	9.43		9	LS3666	609.6	−0.80		12
航麦 3290	514.9	−7.52		16	航麦 3290	600.2	−0.22		11
LH1706	648.3	16.47		1	LH1706	613.7	−0.10		10
金禾 330	629.6	13.10		4	金禾 330	578.1	−5.90		17
济麦 22	556.7	—		14	济麦 22	614.2	—		9
平均	594.8				平均	624.1			

（续）

烟台市农业科学研究院					聊城市农业科学研究院				
品种名称	亩产量（千克）	比济麦 22 增产（%）	比本省对照增产（%）	位次	品种名称	亩产量（千克）	比济麦 22 增产（%）	比本省对照增产（%）	位次
济麦 44	625.8	5.53		7	济麦 44	597.6	5.51		5
泰科麦 493	625.0	5.40		8	泰科麦 493	628.4	10.95		1
鲁研 373	627.0	5.73		6	鲁研 373	604.2	6.67		4
衡 H15－5115	622.4	4.96		9	衡 H15－5115	620.8	9.61		2
鲁研 897	656.4	10.69		2	鲁研 897	596.6	5.33		6
LS018R	659.0	11.13		1	LS018R	587.0	3.64		7
LH16－4	639.0	7.76		4	LH16－4	580.2	2.44		9
中麦 6032	617.6	4.15		14	中麦 6032	605.6	6.92		3
济麦 0435	619.0	4.38		12	济麦 0435	569.2	0.49		13
鲁研 1403	622.2	4.92		10	鲁研 1403	560.6	－1.02		15
石 15 鉴 21	607.0	2.36		15	石 15 鉴 21	525.0	－7.31		17
沧麦 2016－2	552.0	－6.91		17	沧麦 2016－2	577.2	1.91		11
LS3666	649.0	9.44		3	LS3666	584.8	3.18		8
航麦 3290	632.4	6.64		5	航麦 3290	541.2	－4.45		16
LH1706	621.6	4.82		11	LH1706	574.4	1.41		12
金禾 330	618.0	4.22		13	金禾 330	578.4	2.12		10
济麦 22	593.0	—		16	济麦 22	566.4	—		14
平均	622.7				平均	582.2			

潍坊市农业科学院					临沂市农业科学院				
品种名称	亩产量（千克）	比济麦 22 增产（%）	比本省对照增产（%）	位次	品种名称	亩产量（千克）	比济麦 22 增产（%）	比本省对照增产（%）	位次
济麦 44	730.7	9.91		2	济麦 44	595.52	1.17		13
泰科麦 493	682.9	2.72		8	泰科麦 493	633.71	7.66		3
鲁研 373	703.4	5.81		7	鲁研 373	628.50	6.78		6
衡 H15－5115	675.3	1.57		10	衡 H15－5115	635.45	7.96		2
鲁研 897	727.1	9.37		5	鲁研 897	630.76	7.16		5
LS018R	726.0	9.21		6	LS018R	616.35	4.71		8
LH16－4	729.1	9.67		3	LH16－4	644.13	9.43		1
中麦 6032	681.4	2.49		9	中麦 6032	609.41	3.53		12
济麦 0435	668.2	0.50		13	济麦 0435	626.77	6.48		7
鲁研 1403	672.4	1.14		12	鲁研 1403	576.42	－2.07		16
石 15 鉴 21	673.9	1.36		11	石 15 鉴 21	609.93	3.62		11
沧麦 2016－2	660.2	－0.69		15	沧麦 2016－2	611.14	3.83		10
LS3666	754.9	13.55		1	LS3666	633.71	7.66		3
航麦 3290	644.5	－1.34		17	航麦 3290	614.61	4.42		9
LH1706	728.1	9.51		4	LH1706	580.93	－1.30		15
金禾 330	659.2	－0.84		16	金禾 330	569.47	－3.25		17
济麦 22	664.8	—		14	济麦 22	588.57	—		14
平均	693.1				平均	612.08			

（续）

山东省农业科学院作物研究所					山东鲁研农业良种有限公司				
品种名称	亩产量（千克）	比济麦22增产（%）	比本省对照增产（%）	位次	品种名称	亩产量（千克）	比济麦22增产（%）	比本省对照增产（%）	位次
济麦44	607.3	5.69		9	济麦44	564.3	1.70		11
泰科麦493	614.1	6.87		5	泰科麦493	627.5	13.10		1
鲁研373	569.3	−0.92		15	鲁研373	595.1	7.30		4
衡H15-5115	592.4	3.09		13	衡H15-5115	579.4	4.50		7
鲁研897	618.6	7.66		2	鲁研897	607.5	9.50		2
LS018R	557.7	−2.95		17	LS018R	581.1	4.80		6
LH16-4	614.6	6.95		4	LH16-4	569.0	2.60		9
中麦6032	622.6	8.34		1	中麦6032	599.6	8.10		3
济麦0435	608.3	5.86		8	济麦0435	559.1	0.80		13
鲁研1403	558.6	−2.79		16	鲁研1403	546.1	−1.50		17
石15鉴21	606.6	5.57		10	石15鉴21	562.5	1.40		12
沧麦2016-2	600.8	4.57		12	沧麦2016-2	558.8	0.70		14
LS3666	618.4	7.63		3	LS3666	577.4	4.10		8
航麦3290	613.0	6.67		6	航麦3290	565.9	2.00		10
LH1706	605.1	5.30		11	LH1706	593.0	6.90		5
金禾330	609.3	6.05		7	金禾330	550.7	−0.70		16
济麦22	574.6	—		14	济麦22	554.6	—		15
平均	599.5				平均	576.0			

山西省农业科学院小麦研究所					汇　总				
品种名称	亩产量（千克）	比济麦22增产（%）	比本省对照增产（%）	位次	品种名称	亩产量（千克）	比济麦22增产（%）	比本省对照增产（%）	位次
济麦44	485.9	1.25		11	济麦44	586.3	3.66		10
泰科麦493	450.3	−6.16		16	泰科麦493	606.9	7.29		4
鲁研373	449.2	−6.40		17	鲁研373	591.9	4.65		9
衡H15-5115	518.1	7.98		9	衡H15-5115	606.6	7.25		5
鲁研897	519.3	8.21		8	鲁研897	598.6	5.83		6
LS018R	470.1	−2.04		15	LS018R	598.3	5.78		7
LH16-4	597.1	24.42		1	LH16-4	610.2	7.88		3
中麦6032	555.6	15.78		4	中麦6032	611.3	8.07		2
济麦0435	490.2	2.16		10	济麦0435	574.6	1.58		15
鲁研1403	473.1	−1.41		14	鲁研1403	545.8	−3.50		17
石15鉴21	478.4	−0.31		13	石15鉴21	583.5	3.15		12
沧麦2016-2	526.5	9.71		6	沧麦2016-2	578.7	2.32		13
LS3666	528.7	10.17		5	LS3666	616.2	8.95		1
航麦3290	519.9	8.34		7	航麦3290	576.1	1.85		14
LH1706	585.6	22.03		2	LH1706	594.4	5.09		8
金禾330	583.4	21.57		3	金禾330	585.2	3.47		11
济麦22	479.9	—		12	济麦22	565.6	—		16
平均	512.4				衡4399	556.4	−1.63		
					石麦22	587.8	3.92		

2. 参试品种产量　参试品种平均亩产 591.54 千克，亩产变幅为 545.8～616.2 千克。对照济麦 22 居第十六位（表 4），15 个参试品种的平均亩产超过对照品种济麦 22，增产幅度 1.58%～8.95%。增产 5%以上的品种分别是泰科麦 493、衡 H15 - 5115、鲁研 897、LS018R、LH16 - 4、中麦 6032、LS3666、LH1706（表 5）。

表 4　2018—2019 年度黄淮冬麦区北片节水组大区试验对照品种产量表现

对照品种	对照亩产量（千克）	最大增幅（%）	最大减幅（%）	位次	增产品种数（个）
济麦 22	565.6	8.95	−3.5	16	15

表 5　2018—2019 年度黄淮冬麦区北片节水组大区试验参试品种产量比较

序号	品种名称	平均亩产量（千克）	参试年数	比对照济麦 22 增产（%）	增产点率（%）	增产≥2%点率（%）
1	济麦 44	586.3	2	3.66	85.7	61.9
2	泰科麦 493	606.9	2	7.29	90.5	90.5
3	鲁研 373	591.9	2	4.65	76.2	71.4
4	衡 H15 - 5115	606.6	2	7.25	100	90.5
5	鲁研 897	598.6	2	5.83	90.5	90.5
6	LS018R	598.3	2	5.78	85.7	71.4
7	LH16 - 4	610.2	2	7.88	90.5	85.5
8	中麦 6032	611.3	1	8.07	100	100
9	济麦 0435	574.6	1	1.58	76.2	42.9
10	鲁研 1403	545.8	1	−3.50	14.3	4.8
11	石 15 鉴 21	583.5	1	3.15	76.2	61.9
12	沧麦 2016 - 2	578.7	1	2.32	71.4	52.4
13	LS3666	616.2	1	8.95	95.2	95.2
14	航麦 3290	576.1	1	1.85	61.9	47.6
15	LH1706	594.4	1	5.09	71.4	61.9
16	金禾 330	585.2	1	3.47	66.7	66.7
17	济麦 22	565.6	—	—	—	
18	衡 4399	556.4	—	−1.63	80.0	
19	石麦 22	587.8	—	3.92	100	

（二）品种评价

参试的 16 个品种济麦 44、鲁研 1403 为强筋品种，济麦 0435 为中强筋品种，其余 13 个为中筋小麦。

根据产量、抗性鉴定和品质测试结果，结合生长期间田间考察，依据《主要农作物品种审定标准（国家级）》中小麦品种审定标准对参试品种处理意见如下：

（1）参加大区试验 2 年，同时参加生产试验的品种济麦 44、泰科麦 493、鲁研 373、衡 H15 - 5115、鲁研 897，比对照济麦 22 增产>3%，根据生产试验结果，推荐申报国家

审定。

（2）参加大区试验 2 年的品种 LS018R 和 LH16-4，比对照济麦 22 增产>3%、节水指数>1.0、增产≥2%点率>60%，推荐下年度升入生产试验。

（3）参加区域试验 1 年，比对照济麦 22 增产>5%、节水指数>1.0、增产≥2%点率>60%的品种有 3 个，为中麦 6032、LS3666、LH1706，推荐下年度大区试验和生产试验同步进行。

（4）参加区域试验 1 年，比对照济麦 22 增产、增产≥2%点率<60%、节水指数>1.0 的中强筋品种济麦 0435，推荐下年度大区试验和生产试验同步进行。

（5）参加区域试验 1 年，比对照济麦 22 增产、增产≥2%点率<60%、节水指数>1.2 的品种航麦 3290，推荐下年度大区试验和生产试验同步进行。

（6）参加区域试验 1 年，比对照济麦 22 增产>3%，增产≥2%点率>60%的品种石 15 鉴 21 和金禾 330，推荐下年度继续大区试验。

（7）参加区域试验 1 年，比对照济麦 22 减产<5%、增产≥2%点率<60%的强筋小麦品种鲁研 1403，推荐下年度继续大区试验。

（8）参加区域试验 1 年，比对照济麦 22 增产>2%，增产≥2%点率<60%、节水指数>1.0 的品种沧麦 2016-2，推荐下年度继续大区试验。

参试品种在各试验点的抗性鉴定和农艺性状见表 6 至表 10。

表 6　2018—2019 年度黄淮冬麦区北片节水组大区试验参试品种茎蘖动态及产量构成

序号	品种名称	生育期（天）	亩基本苗数（万）	亩最高茎蘖数（万）	亩穗数（万）	穗粒数（粒）	千粒重（克）	株高（厘米）	容重（克/升）	分蘖成穗率（%）
1	济麦 44	234.7	21.8	101.2	46.1	33.2	45.4	78.4	810.4	45.6
2	泰科麦 493	236.0	22.1	110.5	47.1	35.5	44.2	80.3	806.2	42.7
3	鲁研 373	235.0	21.1	99.7	43.7	34.7	47.6	78.3	792.4	43.9
4	衡 H15-5115	235.8	21.6	103.1	48.1	33.7	45.2	78.2	804.9	46.7
5	鲁研 897	235.0	21.9	102.5	44.4	35.1	46.9	77.3	787.7	43.3
6	LS018R	235.3	23.1	107.4	48.8	33.4	43.0	75.4	809.5	45.4
7	LH16-4	235.2	22.6	106.7	44.7	37.9	42.2	78.4	796.4	41.9
8	中麦 6032	235.2	22.7	103.2	45.1	36.3	44.2	78.5	802.6	43.7
9	济麦 0435	237.5	21.9	108.8	50.3	32.1	44.7	78.6	816.1	46.2
10	鲁研 1403	235.6	21.4	90.1	33.0	41.0	47.2	86.2	804.0	36.6
11	石 15 鉴 21	236.1	23.1	105.7	47.1	32.6	46.5	82.6	806.3	44.6
12	沧麦 2016-2	236.4	21.9	116.5	46.9	34.8	41.6	87.5	813.1	40.2
13	LS3666	235.8	22.0	103.2	49.3	34.3	44.5	78.9	808.4	47.8
14	航麦 3290	235.9	21.0	98.4	36.7	41.5	47.4	82.0	810.2	37.3
15	LH1706	236.0	21.8	98.3	41.7	38.2	45.7	85.9	798.5	42.4
16	金禾 330	235.4	22.6	94.4	45.6	37.4	40.1	84.5	795.5	48.3
17	济麦 22（CK）	236.0	21.8	102.9	43.2	34.9	45.3	78.7	805.3	42.0
18	衡 4399（CK）	232.6	25.0	99.7	44.9	33.9	42.4	76.4	807.0	45.0
19	石麦 22（CK）	238.3	25.2	134.6	47.4	33.3	42.8	80.9	795.3	35.2

表 7　2018—2019 年度黄淮冬麦区北片节水组大区试验参试品种抗寒性汇总

序号	品种名称	河北赵县		河北邢台		河北景县		河北泊头	河北邯山		河北辛集	河北晋州		河北藁城	河北永年		山东诸城		山东禹城	
		2 月 19 日	3 月 16 日	冬季	春季	冬季	春季		冬季	春季	冬季	冬季	春季	冬季	冬季	春季	冬季	春季	冬季	春季
1	济麦 44	2−	2	3	3	4	4	2	4	1	2++	2	3	3+	1	1	1	1	1	1
2	泰科麦 493	2	2	2	2	3	3	3	2	2	2	2	2	3+	1	1	1	1	1	1
3	鲁研 373	2−	2−	3	3	3	3	3	2	1	2+	2	3	3+	1	1	1	1	1	1
4	衡 H15 - 5115	2	2	3	2	2	3	1	2	1	2	2	3	3+	1	1	1	1	1	1
5	鲁研 897	2	2	3	3	3	4	2	3	1	2++	2	3	3+	1	1	1	1	1	1
6	LS018R	2−	2−	3	3	2	3	2	3	1	2+	2	3	3+	1	1	1	1	1	1
7	LH16 - 4	2	2	3	3	2	3	1	3	1	2++	2	3	3	1	1	1	1	1	1
8	中麦 6032	2+	2+	3	2	2	2	1	3	1	2	2	2	2	1	1	1	1	1	1
9	济麦 0435	2+	2+	3	3	2	2	2	2	1	2+	2	2	2	1	1	1	1	1	1
10	鲁研 1403	2	2	3	3	2	2	3	3	1	3−	2	2	3+	1	1	1	1	1	1
11	石 15 鉴 21	2+	2+	3	2	2	3	3	2	1	2++	3	2	3+	1	1	1	1	1	1
12	沧麦 2016 - 2	2	2	3	2	2	3	1	2	1	2++	2	2	3+	1	1	1	1	1	1
13	LS3666	2	2	2	2	3	3	3	2	1	2+	2	2	3	1	1	1	1	1	1
14	航麦 3290	2	2	3	3	3	3	1	3	1	2+	2	2	3+	1	1	1	1	1	1
15	LH1706	2	2	3	3	3	3	1	3	1	2+	2	3	3+	1	1	1	1	1	1
16	金禾 330	2	2	3	2	3	3	2	3	1	3−	3	3	3+	1	1	1	1	1	1
17	济麦 22（CK）	2	2	3	2	2	3	1	2	1	2	2	2	3−	1	1	1	1	1	1
18	衡 4399（CK）	2	2	3	2	3	3	1						3+						
19	石麦 22（CK）								2	1	2	2	2							

（续）

序号	品种名称	山东菏泽		山东滨州		山东肥城		山东平度	山东东阿		山东潍坊	山东临沂		山东德州		山东济南		山西临汾	
		1月17日	2月24日	冬季	春季	12月2日	3月30日	冬季	冬季	春季	2月25日	冬季	春季	冬季	春季	1月15日	2月22日	冬季	春季
1	济麦44	3	3	3	2	3		2	3	2	2	2	2	3	3+	2	3	3	1
2	泰科麦493	2	3	2	2	2		2	2+	2	2	2	2	3−	3	2	2	3	1
3	鲁研373	2	3	2	2	3		2	2	2	2	2	2	3	3	2	3−	4	2
4	衡H15-5115	2	3	2	2	2		2	2	2	2	2	2	3	3+	2	3−	3	2
5	鲁研897	2	3	3	2	2+		2	2	2	2	2	2	3	3+	2	3−	3	2
6	LS018R	3	3	2	2	2		2	2	2	2	2	2	3	3+	2	2+	2	1
7	LH16-4	3	4	2	2	3+		2	2+	1	2	2	2	3−	3	2	3−	2	1
8	中麦6032	2	3	2	2	2+		2	2	1	2	2	2	3−	3	2	2	2	1
9	济麦0435	3	3	2	2	3−		2	3	2	2	2	2	3−	3	2	3	3	2
10	鲁研1403	2	4	2	2	3	3	2	2+	3	2	2	2	3	3+	2	3	2	2
11	石15鉴21	3	4	2	2	2	3	2	2+	2	2	2	2	3	3+	2	2+	3	1
12	沧麦2016-2	3	3	2	2	3		2	2+	2	2	2	2	3−	3−	2	2+	3	2
13	LS3666	2	3	2	2	2	3	2	2	2	2	2	2	3	3	2	2−	2	1
14	航麦3290	3	3	2	2	3−		2	2	2	2	2	2	3	3+	2	2+	3	1
15	LH1706	3	3	2	2	3		2	2	2+	2	2	2	3−	3−	2	2+	3	1
16	金禾330	3	3	2	2	3+		2	3	3	2	2	2	3	3	2	3	3	1
17	济麦22（CK）	3	3	2	2	2		2	2	1	2	2	2	3−	3	2	2	3	1
18	衡4399（CK）																		
19	石麦22（CK）																		

表8　2018—2019年度黄淮冬麦区北片节水组大区试验参试品种叶锈病汇总

序号	品种名称	河北邢台		河北景县	河北藁城	河北永年	山东诸城		山东平度		山东济南		山东东阿		山东潍坊	
		反应型	普遍率（%）	反应型	反应型	反应型	反应型	普遍率（%）	反应型	普遍率（%）	反应型	普遍率（%）	反应型	普遍率（%）	反应型	普遍率（%）
1	济麦44	2	0	2	1	1	3	45	2	5	2+	75	2	2	2	30
2	泰科麦493	2	0	3	1	1	4	46	2	5	3+	100	1		2	30
3	鲁研373	2	0	2	1	1	4	24	2	5	2+	50	1		2	30
4	衡H15-5115	2	0	2	1	1	3	23	2	5	3	100	2	5	2	30
5	鲁研897	2	0	2	1	1	4	45	2	5	2	50	2	3	2	30
6	LS018R	2	0	2	1	1	4	35	2	5	2+	50	2	2	2	30
7	LH16-4	2	0	3	1	1	4	41	2	10	3	100	1		2	30
8	中麦6032	2	0	2	1	1	4	34	2	5	2	50	1		2	30
9	济麦0435	2	0	2	1	1	3	24	2	5	1	25	1		2	30
10	鲁研1403	2	0	2	1	1	3	25	2	5	2	50	2	3	2	30
11	石15鉴21	2	0	2	1	1	3	21	2	5	2	50	1		2	30
12	沧麦2016-2	2	0	3	1	1	4	35	2	10	3	100	1		3	30
13	LS3666	2	0	2	1	1	4	35	2	5	2	50	1		2	30
14	航麦3290	2	0	3	1	1	4	36	2	5	1	25	1		2	30
15	LH1706	2	1	2	1	1	4	35	2	5	2+	75	1		2	30
16	金禾330	2	0	2	1	1	3	21	2	5	3	100	1		2	30
17	济麦22（CK）	2	0	2	1	1	3	12	2	10	2	75	1		2	30
18	衡4399（CK）	2	0	2	1											
19	石麦22（CK）															

表 9　2018—2019 年度黄淮冬麦区北片节水组大区试验参试品种白粉病汇总

序号	品种名称	河北邯山	河北晋州	河北邢台	河北景县	山东平度	山东德州	山东济南	山东东阿	山东潍坊	山西临汾
1	济麦 44	2	1	2	2	2	2	2	3	2	2
2	泰科麦 493	2	2	2	2	2	3	3	2	2	2
3	鲁研 373	2	2	2	2	2	3	3	3	2	2
4	衡 H15-5115	2	2	2	2	2	3	3	3	2	3
5	鲁研 897	2	2	3	2	2	4	3	4	2	4
6	LS018R	2	2	2	2	2	3	2	2	2	3
7	LH16-4	2	2	2	2	2	3	3	2	2	4
8	中麦 6032	2	2	2	2	2	3	3	2	2	3
9	济麦 0435	2	2	2+	2	2	2	2	4	2	4
10	鲁研 1403	2	2	3	2	2	3	3	4	2	4
11	石 15 鉴 21	2	3	4	2	2	4	3	5	2	4
12	沧麦 2016-2	2	2	3	2	2	4	3	4	2	4
13	LS3666	2	2	3	2	2	2	2	2	3	3
14	航麦 3290	2	2	3	2	2	2	3	3	2	3
15	LH1706	2	1	2	2	2	2	2	2	2	2
16	金禾 330	2	2	3	2	2	3	3	4	2	3
17	济麦 22（CK）	2	1	3	2	2	3	2	4	2	2
18	衡 4399（CK）			3	2	2				2	
19	石麦 22（CK）	3	3								

表 10　2018—2019 年度黄淮冬麦区北片节水组大区试验各试验点各品种主要性状

项目	试验点	济麦 44	泰科麦 493	鲁研 373	衡 H15－5115	鲁研 897	LS 018R	LH 16－4	中麦 6032	济麦 0435	鲁研 1403	石 15 鉴 21	沧麦 2016－2	LS 3666	航麦 3290	LH 1706	金禾 330	济麦 22	衡 4399	石麦 22
成熟期（月－日）	河北赵县	6－11	6－11	6－11	6－10	6－10	6－10	6－11	6－10	6－10	6－10	6－10	6－10	6－11	6－11	6－11	6－10	6－10	6－11	
	河北邢台	6－10	6－11	6－10	6－11	6－10	6－11	6－11	6－10	6－10	6－11	6－12	6－13	6－10	6－11	6－12	6－11	6－11	6－11	
	河北景县	6－9	6－11	6－6	6－9	6－9	6－8	6－10	6－10	6－10	6－10	6－10	6－11	6－10	6－7	6－10	6－7	6－10	6－8	
	河北泊头	6－9	6－11	6－10	6－10	6－10	6－11	6－11	6－10	6－10	6－10	6－10	6－12	6－12	6－11	6－11	6－9	6－10	6－10	
	河北邯山	6－6	6－7	6－6	6－7	6－6	6－6	6－7	6－6	6－7	6－6	6－7	6－8	6－8	6－9	6－9	6－8	6－9		6－8
	河北辛集	6－10	6－11	6－11	6－10	6－9	6－9	6－9	6－10	6－8	6－8	6－8	6－9	6－11	6－9	6－10	6－9	6－11		6－9
	河北晋州	6－13	6－13	6－13	6－14	6－12	6－13	6－14	6－13	6－14	6－14	6－13	6－15	6－13	6－13	6－12	6－13	6－13		6－13
	河北藁城	6－9	6－10	6－9	6－10	6－10	6－10	6－10	6－10	6－8	6－9	6－10	6－9	6－10	6－11	6－10	6－8	6－10	6－8	
	河北永年	6－7	6－8	6－7	6－7	6－4	6－3	6－5	6－5	6－3	6－8	6－8	6－3	6－4	6－7	6－3	6－7	6－7		
	山东诸城	6－16	6－17	6－17	6－16	6－16	6－17	6－17	6－18	6－17	6－17	6－16	6－19	6－17	6－15	6－18	6－16	6－19		
	山东禹城	6－7	6－9	6－9	6－10	6－9	6－9	6－8	6－8	6－11	6－11	6－11	6－11	6－9	6－9	6－10	6－9	6－9		
	山东菏泽	6－4	6－5	6－2	6－5	6－6	6－6	6－3	6－5	6－5	6－4	6－3	6－5	6－5	6－5	6－5	6－5	6－5		
	山东滨州	6－9	6－11	6－10	6－12	6－10	6－11	6－10	6－12	6－11	6－10	6－13	6－12	6－10	6－12	6－11	6－11	6－11		
	山东肥城	6－13	6－13	6－14	6－13	6－13	6－14	6－13	6－13	6－13	6－13	6－13	6－13	6－14	6－13	6－13	6－14	6－14		
	山东平度	6－16	6－17	6－17	6－17	6－17	6－17	6－17	6－17	6－17	6－17	6－17	6－17	6－18	6－18	6－18	6－18	6－18		
	山东东阿	6－7	6－8	6－7	6－8	6－6	6－7	6－8	6－7	6－8	6－8	6－9	6－8	6－8	6－7	6－8	6－8	6－8		
	山东潍坊	6－15	6－16	6－16	6－16	6－16	6－17	6－15	6－17	6－17	6－18	6－21	6－21	6－20	6－19	6－19	6－19	6－19		
	山东临沂	6－5	6－6	6－6	6－6	6－6	6－7	6－7	6－7	6－5	6－7	6－7	6－7	6－6	6－7	6－7	6－6	6－6		
	山东德州	6－7	6－9	6－8	6－11	6－8	6－10	6－8	6－9	6－8	6－8	6－12	6－10	6－9	6－10	6－9	6－9	6－9		
	山东济南	6－10	6－13	6－12	6－12	6－12	6－11	6－11	6－11	6－11	6－12	6－12	6－14	6－12	6－12	6－13	6－12	6－12		
	山西临汾	6－11	6－17	6－11	6－14	6－15	6－14	6－14	6－14	6－14	6－16	6－16	6－16	6－15	6－17	6－17	6－16	6－14		

（续）

项目	试验点	济麦 44	泰科麦 493	鲁研 373	衡 H15-5115	鲁研 897	LS 018R	LH 16-4	中麦 6032	济麦 0435	鲁研 1403	石 15 鉴 21	沧麦 2016-2	LS 3666	航麦 3290	LH 1706	金禾 330	济麦 22	衡 4399	石麦 22
生育期（天）	河北赵县	235	235	235	234	234	234	235	234	234	234	234	234	235	235	235	234	234	235	
	河北邢台	231	232	231	232	231	232	232	231	231	232	233	234	231	232	233	232	232	231	
	河北景县	234	236	231	234	234	233	235	235	235	235	235	236	235	232	235	232	235	233	
	河北泊头	227	229	228	228	228	229	229	228	228	228	228	230	230	229	229	227	228	228	
	河北邯山	240	239	238	239	238	238	239	238	239	238	239	240	240	241	241	240	241		240
	河北辛集	240	241	241	240	239	239	239	240	238	238	238	239	241	239	240	239	241		239
	河北晋州	236	236	236	237	235	236	237	236	237	237	236	237	236	236	235	236	236		236
	河北藁城	237	238	237	238	238	238	238	237	236	237	238	237	238	239	238	236	238	236	
	河北永年	232	233	232	232	229	228	230	230	228	233	233	228	229	232	228	232	232		
	山东诸城	224	225	225	224	223	223	223	222	223	223	221	226	223	221	223	221	225		
	山东禹城	231	233	233	234	233	233	232	232	235	235	235	235	233	233	234	233	233		
	山东菏泽	226	227	224	227	228	228	225	227	277	226	225	227	227	227	227	227	227		
	山东滨州	241	243	242	244	242	243	242	244	243	242	245	244	242	244	243	243	243		
	山东肥城	235	235	235	235	235	235	235	235	235	235	235	235	235	235	235	235	235		
	山东平度	244	245	245	245	245	245	245	245	245	245	245	245	246	246	246	246	246		
	山东东阿	232	232	232	233	230	232	233	232	232	233	233	233	232	232	233	232	233		
	山东潍坊	237	238	238	238	238	239	237	239	239	240	243	243	242	241	241	241	241		
	山东临沂	230	231	231	231	231	232	232	232	230	232	232	232	231	232	232	231	231		
	山东德州	229	231	230	233	230	232	230	231	230	230	234	232	231	232	231	231	231		
	山东济南	240	243	242	242	242	241	241	241	241	242	242	244	242	242	243	242	242		
	山西临汾	248	254	248	251	252	251	251	251	251	253	253	253	252	254	254	253	251		
	平均	**234.7**	**236.0**	**235.0**	**235.8**	**235.0**	**235.3**	**235.2**	**235.2**	**237.5**	**235.6**	**236.1**	**236.4**	**235.8**	**235.9**	**236.0**	**235.4**	**236.0**	**232.6**	**238.3**

（续）

项目	试验点	济麦 44	泰科麦 493	鲁研 373	衡 H15－5115	鲁研 897	LS 018R	LH 16－4	中麦 6032	济麦 0435	鲁研 1403	石 15 鉴 21	沧麦 2016－2	LS 3666	航麦 3290	LH 1706	金禾 330	济麦 22	衡 4399	石麦 22
亩基本苗数（万）	河北赵县	21.82	22.32	21.61	21.49	21.77	21.78	21.69	21.42	21.31	21.48	21.28	21.69	22.14	21.96	22.10	21.52	21.65	22.05	
	河北邢台	22.2	21.4	18.6	21.4	23.4	22.9	21.6	18.2	18.6	18.2	22.6	19.4	18.6	18.2	23.5	18.8	19.4	18.2	
	河北景县	25.4	25.2	27.3	26.3	27.1	28.1	29.1	28.5	25.0	26.7	24.6	24.2	25.8	27.7	28.5	26.3	26.9	27.5	
	河北泊头	26.4	30.0	25.0	27.8	31.1	26.2	29.7	28.2	30.2	27.7	31.3	33.8	29.1	27.6	24.1	34.5	26.3	25.4	
	河北邯山	18.8	20.0	17.2	20.7	25.6	22.0	21.5	24.2	21.9	22.8	21.8	20.7	19.6	23.0	21.3	17.6	16.4		22.1
	河北辛集	28.4	29.2	30.2	30.6	28.8	30.2	31.8	29.6	28.8	28.4	30.0	28.0	30.4	28.8	29.2	32.0	30.4		28.4
	河北晋州	25.0	25.0	25.0	25.0	25.0	25.0	25.0	25.0	25.0	25.0	25.0	25.0	25.0	25.0	25.0	25.0	25.0		25.0
	河北藁城	27.8	27.0	29.0	23.7	20.8	28.8	31.2	26.7	25.4	23.8	34.7	24.9	30.4	24.5	22.4	26.4	29.6	31.8	
	河北永年	32.3	29.0	22.3	30.3	28.7	33.2	28.5	34.7	34.8	23.7	29.0	22.7	27.2	21.8	31.2	31.7	30.2		
	山东诸城	22.4	23.7	21.6	23.9	24.3	24.9	21.9	24.3	21.5	21.7	23.2	21.1	21.5	22.1	21.1	21.7	23.4		
	山东禹城	17.73	20.41	22.64	19.74	17.42	19.38	19.74	19.95	24.19	23.10	22.38	24.29	21.45	17.73	20.41	22.64	17.42		
	山东菏泽	21.6	22.2	21.8	22.4	21.6	20.1	22.4	23.7	23.8	21.6	23.2	22.1	22.1	20.5	22.4	22.1	21.3		
	山东滨州	11.3	11.4	12.0	12.1	11.8	11.9	11.4	10.1	9.8	10.2	11.0	13.1	9.5	9.8	11.0	10.4	10.4		
	山东肥城	16.5	14.8	14.8	14.2	15.3	17.4	15.1	16.1	16.6	16.3	16.5	14.7	18.3	16.7	15.7	16.5	16.6		
	山东平度	18.3	19.0	16.0	19.5	14.8	21.5	16.3	19.8	18.8	18.5	20.0	21.3	18.8	17.3	17.0	21.0	18.0		
	山东东阿	24.8	23.4	22.6	23.4	20.9	23.1	27.9	26.5	23.5	22.5	22.9	24.0	24.0	21.7	23.1	27.8	24.9		
	山东潍坊	12.13	12.63	14.51	12.26	15.13	15.76	10.76	10.51	11.88	14.51	13.13	12.51	12.76	12.51	13.13	11.76	13.36		
	山东临沂	20.5	19.7	22.4	19.7	20.5	19.5	20.5	21.6	18.7	19.7	18.4	20.3	18.1	20.5	21.6	19.2	22.6		
	山东德州	24.9	23.2	21.0	18.1	21.8	23.0	25.5	20.5	14.8	20.0	23.8	20.2	23.2	23.4	23.0	26.8	25.8		
	山东济南	18.8	21.5	16.5	20.7	17.9	21.8	19.4	21.1	17.7	18.0	23.6	18.4	19.3	17.5	19.7	18.5	18.3		
	山西临汾	21.6	22.4	20.1	20.9	25.3	28.1	24.0	25.3	26.9	25.5	26.4	26.4	23.6	22.2	22.6	22.5	19.5		
	平均	**21.84**	**22.07**	**21.06**	**21.63**	**21.86**	**23.08**	**22.62**	**22.67**	**21.87**	**21.40**	**23.09**	**21.85**	**21.95**	**20.98**	**21.82**	**22.61**	**21.78**	**24.99**	**25.17**

（续）

项目	试验点	济麦44	泰科麦493	鲁研373	衡H15-5115	鲁研897	LS018R	LH16-4	中麦6032	济麦0435	鲁研1403	石15鉴21	沧麦2016-2	LS3666	航麦3290	LH1706	金禾330	济麦22	衡4399	石麦22
亩最高茎蘖数（万）	河北赵县	95.6	106.6	89.7	94.1	96.9	112.3	98.7	88.2	96.7	103.4	112.4	115.1	107.6	103.4	105.3	95.7	92.9	91.3	
	河北邢台	126.1	121.6	91.7	107.1	111.9	127.3	93.7	83.2	91.7	118.4	132.4	130.1	134.6	118.4	134.3	90.7	113.9	106.3	
	河北景县	93.9	127.3	114.1	104.8	79.6	97.2	109.8	121.8	112.3	67.2	89.7	86.0	62.8	84.8	89.7	88.3	94.3	88.9	
	河北泊头	74.4	82.3	72.5	78.7	79.8	72.2	99.7	68.9	79.2	64.9	89.9	98.3	89.3	76.9	79.6	86.2	82.5	74.9	
	河北邯山	100.6	108.8	117.0	114.8	129.2	119.8	127.3	123.0	120.2	86.4	115.2	137.6	118.0	118.8	120.9	100.6	113.4		142.9
	河北辛集	108.1	118.4	94.4	105.8	125.8	103.2	120.6	105.4	125.1	106.4	117.3	109.5	118.8	106.6	81.4	99.6	108.4		105.5
	河北晋州	139.4	170.8	143.4	172.4	179.4	176.8	176.0	154.6	177.4	169.0	142.2	236.0	116.4	186.6	124.4	119.2	150.6		155.4
	河北藁城	123.5	142.8	127.7	129.8	135.7	138.6	131.9	133.1	147.0	114.0	142.0	149.6	145.7	128.4	121.0	118.6	116.9	137.3	
	河北永年	90.0	85.0	91.0	90.0	86.0	88.0	85.0	79.0	78.0	75.0	77.0	80.0	78.0	76.0	82.0	76.0	75.0		
	山东诸城	119.3	121.3	101.9	107.6	100.9	119.0	95.4	103.0	120.2	72.0	107.9	97.1	114.8	67.0	104.9	103.7	100.9		
	山东禹城	80.00	80.83	77.21	74.88	63.67	86.05	74.88	81.14	88.37	88.99	91.94	88.99	79.38	80.00	80.83	77.21	63.67		
	山东菏泽	123.5	128.5	113.6	137.3	125.1	121.4	116.3	121.0	127.2	106.7	135.5	117.3	137.3	103.7	106.1	109.9	117.9		
	山东滨州	99.2	94.4	94.3	102.1	89.7	98.4	97.1	93.6	94.5	95.4	94.4	90.5	91.2	93.7	109.1	108.3	89.8		
	山东肥城	92.7	89.2	88.4	87.6	90.2	96.3	85.1	101.5	100.0	64.9	92.8	100.5	91.7	88.3	90.9	92.1	88.9		
	山东平度	106.0	114.0	86.0	92.8	113.5	99.5	94.5	104.0	121.5	76.5	81.3	126.0	96.8	86.0	70.5	88.0	122.5		
	山东东阿	101.3	108.4	113.0	111.3	95.3	93.1	99.1	109.5	87.5	72.3	77.9	108.3	87.1	90.5	91.4	93.6	104.9		
	山东潍坊	97.63	99.63	96.50	82.50	90.00	93.75	105.25	86.13	100.50	73.75	128.63	102.25	100.25	90.88	101.00	85.75	109.30		
	山东临沂	94.6	124.2	95.7	109.9	83.2	110.9	103.0	107.1	117.9	92.6	126.2	129.6	113.0	98.8	89.1	97.4	123.9		
	山东德州	84.28	116.83	102.11	85.89	91.06	88.5	127.72	91.28	107.06	82.72	103.06	116.00	91.39	101.28	95.56	95.94	103.78		
	山东济南	118.9	98.9	106.1	97.6	104.9	123.0	110.1	121.4	98.9	62.9	93.3	137.6	104.9	88.0	99.7	94.0	111.0		
	山西临汾	56.0	80.0	76.6	77.9	80.2	90.9	88.6	90.7	94.5	98.9	68.9	90.4	87.5	77.6	87.3	60.8	76.5		
	平均	**101.19**	**110.47**	**99.66**	**103.09**	**102.48**	**107.44**	**106.65**	**103.22**	**108.84**	**90.11**	**105.71**	**116.51**	**103.17**	**98.36**	**98.33**	**94.36**	**102.90**	**99.74**	**134.6**

（续）

项目	试验点	济麦44	泰科麦493	鲁研373	衡H15-5115	鲁研897	LS 018R	LH 16-4	中麦6032	济麦0435	鲁研1403	石15鉴21	沧麦2016-2	LS 3666	航麦3290	LH 1706	金禾330	济麦22	衡4399	石麦22
亩有效穗数（万）	河北赵县	43.5	44.1	43.3	45.7	43.2	45.4	45.0	42.9	42.6	41.5	44.7	47.9	42.9	41.3	42.4	44.2	42.1	43.4	
	河北邢台	46.5	47.4	43.3	50.7	46.4	48.4	48.5	44.4	44.4	39.9	49.1	53.7	46.5	41.9	45.4	48.2	46.2	48.4	
	河北景县	44.7	50.4	43.1	52.7	44.4	51.5	48.5	49.9	52.8	38.0	53.8	56.0	48.5	48.0	47.7	46.5	44.6	48.7	
	河北泊头	35.2	32.4	31.2	34.8	34.2	33.8	31.5	35.6	31.8	28.4	41.4	43.6	32.3	35.1	33.6	35.2	30.2	34.8	
	河北邯山	42.1	35.7	37.2	41.2	35.8	38.9	33.3	34.5	44.7	26.2	38.8	43.0	42.3	35.9	38.4	41.6	37.3		38.3
	河北辛集	44.6	45.3	40.1	48.8	40.4	44.1	42.5	42.7	45.4	40.7	44.5	45.9	49.6	43.0	42.2	46.1	45.3		49.3
	河北晋州	54.0	58.4	56.0	57.6	64.0	69.2	56.4	51.4	72.4	38.0	63.4	57.8	71.4	32.2	44.8	60.0	61.4		54.5
	河北藁城	44.9	55.9	52.5	54.5	48.0	57.9	46.7	52.6	53.3	42.0	51.0	48.7	53.5	43.1	38.1	43.4	46.2	49.0	
	河北永年	68.3	57.0	57.3	49.6	53.3	49.3	50.3	63.3	67.7	33.0	53.3	64.7	50.7	43.3	41.3	51.3	46.7		
	山东诸城	49.9	53.2	44.0	45.6	45.0	52.8	40.2	44.7	50.8	29.0	50.5	41.8	51.8	30.0	49.5	47.6	43.1		
	山东禹城	60.5	47.2	37.0	46.6	44.5	50.1	35.0	32.4	53.3	26.9	58.5	40.0	50.5	28.5	34.8	42.4	30.5		
	山东菏泽	52.1	55.5	58.3	56.8	51.0	54.3	51.3	57.3	57.3	42.5	55.8	53.8	51.8	41.5	51.3	48.8	53.6		
	山东滨州	39.9	40.1	39.5	43.3	38.9	43.7	38.2	42.8	44.7	32.3	41.1	38.4	42.6	28.3	40.2	39.7	37.6		
	山东肥城	47.2	49.9	45.8	48.3	50.1	58.9	53.3	59.9	60.9	31.3	50.1	44.3	64.9	38.0	41.9	53.8	46.4		
	山东平度	41.2	42.3	39.6	42.3	38.9	47.6	43.5	38.5	42.4	27.5	42.8	43.2	43.5	42.6	41.3	41.9	42.5		
	山东东阿	47.3	51.9	46.6	51.7	47.5	51.2	47.4	48.9	47.2	34.9	38.6	46.6	46.8	38.3	42.0	50.2	46.1		
	山东潍坊	37.8	42.9	45.9	53.7	38.4	44.4	45.9	33.8	45.4	23.5	48.3	38.8	53.5	32.4	44.0	41.0	44.2		
	山东临沂	43.2	52.3	34.1	50.9	39.3	48.5	45.9	44.4	49.3	31.9	47.9	43.2	52.1	29.1	38.6	43.5	44.1		
	山东德州	41.8	40.4	44.2	47.2	43.6	42.7	47.1	35.8	56.9	26.9	39.6	41.1	47.2	32.8	39.8	49.3	40.6		
	山东济南	48.7	52.4	46.9	48.7	47.0	48.2	49.6	51.0	50.7	30.1	42.0	49.1	50.2	30.9	43.3	42.5	45.0		
	山西临汾	35.4	35.1	32.5	37.8	38.3	43.2	38.5	40.9	41.7	28.9	34.3	42.2	42.1	34.2	34.3	40.3	33.0		
	平均	**46.13**	**47.14**	**43.73**	**48.14**	**44.39**	**48.77**	**44.69**	**45.13**	**50.28**	**33.02**	**47.11**	**46.85**	**49.27**	**36.68**	**41.66**	**45.60**	**43.17**	**44.86**	**47.37**

（续）

项目	试验点	济麦 44	泰科麦 493	鲁研 373	衡 H15－5115	鲁研 897	LS 018R	LH 16－4	中麦 6032	济麦 0435	鲁研 1403	石 15 鉴 21	沧麦 2016－2	LS 3666	航麦 3290	LH 1706	金禾 330	济麦 22	衡 4399	石麦 22
穗粒数（粒）	河北赵县	34.4	35.4	34.8	34.0	36.0	35.2	36.4	35.8	35.7	37.4	34.6	35.4	34.2	35.1	36.2	36.5	35.1	35.5	
	河北邢台	34.4	35.4	32.9	33.0	35.0	36.0	36.0	35.7	34.2	41.5	33.8	34.5	36.8	38.0	36.0	35.5	34.1	34.5	
	河北景县	32.2	33.7	32.2	32.4	30.8	33.3	30.8	32.2	31.4	33.9	30.6	30.9	32.4	32.4	31.8	33.3	30.5	32.7	
	河北泊头	29.2	30.1	28.7	32.3	31.2	28.4	29.3	28.7	31.3	32.0	29.2	28.4	29.7	26.9	29.8	31.4	33.5	29.2	
	河北邯山	29.9	33.9	31.1	29.9	30.7	28.7	39.2	35.7	25.5	41.8	27.3	29.5	27.8	34.0	34.8	29.8	31.3		34.3
	河北辛集	34.1	33.9	37.4	33.8	36.4	34.9	37.1	36.0	31.2	35.5	34.7	32.5	32.3	34.1	37.8	33.7	34.7		32.5
	河北晋州	32.8	32.0	33.2	30.2	36.2	33.8	34.6	32.0	30.7	38.4	36.0	34.0	34.6	39.4	37.6	37.4	33.4		33.2
	河北藁城	30.4	39.7	35.6	34.5	34.4	34.2	37.8	36.4	37.9	40.9	34.2	38.8	39.8	38.4	40.0	40.2	34.9	37.4	
	河北永年	36.0	39.2	37.4	32.0	36.0	32.0	40.8	37.2	30.6	41.2	37.2	37.4	29.8	44.0	48.0	34.4	38.0		
	山东诸城	31.6	35.0	38.8	36.2	35.8	34.2	50.4	39.2	32.6	48.1	29.6	37.4	35.6	54.1	36.7	42.2	36.6		
	山东禹城	27.5	28.4	31.9	30.1	30.7	29.1	33.2	38.8	26.8	44.8	26.9	31.6	29.6	50.3	37.8	37.6	33.5		
	山东菏泽	34.1	33.7	32.9	31.9	37.6	34.6	40.7	36.2	30.1	34.9	28.7	31.3	35.3	43.5	33.2	36.8	32.4		
	山东滨州	38.3	39.7	38.7	38.5	37.7	37.7	46.7	38.8	33.4	46.4	35.6	39.4	40.8	48.5	41.0	41.6	38.8		
	山东肥城	27.3	31.9	27.0	26.1	25.2	32.0	28.4	34.3	27.8	35.2	31.4	30.6	34.4	33.0	38.7	32.1	30.2		
	山东平度	41.2	43.9	42.3	41.6	42.5	39.4	44.8	41.8	43.5	55.8	37.8	42.5	40.1	41.3	41.2	45.4	41.1		
	山东东阿	29.9	30.3	30.2	29.3	28.8	28.5	29.1	31.3	29.4	36.9	29.8	30.3	32.0	35.8	33.2	30.3	30.2		
	山东潍坊	35.0	40.2	36.0	39.9	36.5	35.3	41.2	42.1	30.2	47.7	28.2	42.8	35.6	55.6	42.7	47.0	38.4		
	山东临沂	33.1	31.8	38.5	28.7	38.1	29.1	38.4	32.3	29.8	38.7	30.3	32.6	31.5	44.9	36.3	33.7	35.1		
	山东德州	37.6	42.9	38.0	39.3	43.7	37.4	41.8	43.7	39.4	47.0	35.7	46.3	38.7	53.9	49.6	43.0	39.1		
	山东济南	33.4	39.6	36.6	37.9	38.6	39.0	38.2	35.6	31.8	39.5	35.8	29.9	37.0	51.0	39.3	40.6	34.1		
	山西临汾	35.4	35.1	34.2	35.6	34.8	28.8	40.6	37.6	30.8	43.9	36.8	35.0	33.2	37.4	41.0	42.0	37.9		
	平均	**33.22**	**35.51**	**34.68**	**33.68**	**35.08**	**33.41**	**37.88**	**36.26**	**32.10**	**41.02**	**32.58**	**34.81**	**34.34**	**41.50**	**38.22**	**37.35**	**34.90**	**33.86**	**33.33**

（续）

项目	试验点	济麦44	泰科麦493	鲁研373	衡H15-5115	鲁研897	LS018R	LH16-4	中麦6032	济麦0435	鲁研1403	石15鉴21	沧麦2016-2	LS3666	航麦3290	LH1706	金禾330	济麦22	衡4399	石麦22
千粒重（克）	河北赵县	48.0	46.7	48.4	47.4	47.6	44.1	45.2	46.9	47.2	45.8	46.7	43.1	48.2	46.7	46.8	45.2	46.7	45.4	
	河北邢台	48.0	47.9	49.8	46.4	48.1	44.1	44.2	45.0	46.6	40.9	47.9	43.1	48.8	50.7	47.1	42.2	49.4	40.9	
	河北景县	43.7	45.5	46.8	44.3	45.9	42.1	43.0	46.4	45.5	43.6	45.4	41.2	42.9	45.4	44.5	43.1	44.8	43.2	
	河北泊头	42.2	41.3	40.6	37.3	45.4	42.5	39.7	38.5	43.5	40.8	42.8	39.8	42.7	43.3	44.8	34.1	40.9	44.3	
	河北邯山	43.5	44.1	46.1	45.0	45.6	42.0	42.5	42.4	42.0	47.7	45.6	39.1	40.0	46.6	43.7	43.9	43.6		43.0
	河北辛集	45.7	46.9	50.8	46.7	48.7	44.4	45.2	48.3	47.4	49.1	48.2	45.3	48.5	50.5	50.6	44.1	48.4		46.0
	河北晋州	41.9	36.4	40.3	41.6	41.4	38.0	41.4	38.8	40.3	42.5	41.1	34.1	42.0	45.8	43.5	36.4	44.0		39.5
	河北藁城	37.4	44.6	44.2	43.5	46.2	40.5	41.2	38.4	39.4	49.1	40.7	36.7	45.5	46.8	42.0	32.0	45.1	38.1	
	河北永年	49.4	44.0	52.4	50.1	47.7	44.8	44.5	44.6	47.5	47.9	49.9	44.6	44.6	47.0	47.5	39.6	44.6		
	山东诸城	49.1	44.3	48.2	48.2	47.7	43.7	38.9	46.8	46.3	53.9	51.3	42.3	44.1	48.2	42.2	38.4	48.5		
	山东禹城	45.8	48.7	51.1	41.7	50.0	43.7	46.9	44.9	44.9	48.4	42.9	38.2	42.2	46.4	44.4	42.3	46.6		
	山东菏泽	45.7	41.9	44.7	43.7	42.4	41.5	38.0	38.8	43.6	46.0	45.8	43.1	43.6	44.8	42.1	38.5	42.5		
	山东滨州	47.8	48.3	51.2	48.7	52.9	46.8	42.6	47.6	46.4	47.4	48.6	46.1	44.8	51.0	47.1	42.4	47.3		
	山东肥城	45.7	41.7	49.5	46.3	45.0	42.5	42.1	46.2	44.6	48.9	45.3	41.3	40.6	45.8	46.0	36.3	43.8		
	山东平度	43.5	43.0	48.8	43.2	49.6	44.2	41.8	45.3	42.5	49.5	48.4	38.2	46.8	45.5	46.4	39.5	45.5		
	山东东阿	45.5	45.5	47.5	45.6	47.9	43.9	45.4	44.4	45.8	47.2	47.7	44.7	45.3	46.5	46.3	41.0	44.4		
	山东潍坊	54.6	46.9	52.1	51.3	52.2	48.4	43.4	49.9	49.4	53.5	53.0	45.0	49.3	52.4	51.7	46.5	50.4		
	山东临沂	41.4	38.7	47.6	45.8	44.1	43.5	38.1	42.3	41.1	48.1	43.7	41.8	40.7	48.5	42.3	39.2	41.8		
	山东德州	45.4	44.2	46.7	44.6	46.6	40.7	40.8	44.9	45.7	48.6	48.0	44.1	46.8	48.6	46.3	39.9	44.8		
	山东济南	44.6	43.5	45.5	41.3	44.0	38.8	37.3	42.8	44.8	48.3	46.8	40.0	43.3	46.5	46.3	37.3	43.3		
	山西临汾	45.2	44.8	46.4	45.4	46.3	43.5	43.6	44.1	43.7	43.9	46.3	41.0	44.5	48.1	48.8	39.3	45.8		
	平均	**45.43**	**44.23**	**47.56**	**45.15**	**46.92**	**43.03**	**42.18**	**44.16**	**44.67**	**47.20**	**46.48**	**41.56**	**44.53**	**47.38**	**45.73**	**40.05**	**45.34**	**42.38**	**42.83**

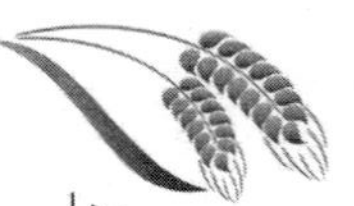

（续）

项目	试验点	济麦 44	泰科麦 493	鲁研 373	衡 H15－5115	鲁研 897	LS 018R	LH 16－4	中麦 6032	济麦 0435	鲁研 1403	石15 鉴21	沧麦 2016－2	LS 3666	航麦 3290	LH 1706	金禾 330	济麦 22	衡 4399	石麦 22
株高（厘米）	河北赵县	81.0	78.0	78.0	79.0	74.0	79.0	81.0	80.0	80.0	92.0	83.0	90.0	83.0	89.0	87.0	88.0	80.0	79.0	
	河北邢台	83.0	80.0	80.0	81.0	76.0	81.0	83.0	82.0	82.0	98.0	85.0	92.0	85.0	91.0	91.0	90.0	82.0	81.0	
	河北景县	74.0	76.0	75.0	73.0	75.0	66.0	76.0	74.0	75.0	85.0	76.0	78.0	70.0	82.0	76.0	74.0	73.0	73.0	
	河北泊头	60.0	63.0	70.0	70.0	71.0	75.0	75.0	70.0	70.0	68.0	70.0	75.0	65.0	65.0	70.0	75.0	73.0	70.0	
	河北邯山	77.4	82.8	77.4	82.2	74.2	74.0	81.6	77.4	78.2	86.8	86.4	90.2	80.8	83.2	87.0	84.2	81.4		88.6
	河北辛集	70.0	71.0	74.0	75.0	75.0	75.0	83.0	73.0	78.0	83.0	80.0	87.0	77.0	80.0	86.0	85.0	82.0		84.0
	河北晋州	80.0	85.0	80.0	81.0	80.0	76.0	81.0	82.0	76.0	87.0	83.0	95.0	82.0	74.0	80.0	78.0	78.0		70.0
	河北藁城	78.0	78.0	76.0	81.0	80.0	77.0	79.0	80.0	81.0	86.0	86.0	87.0	73.0	82.0	83.0	86.0	75.0	79.0	
	河北永年	82.0	82.0	84.0	78.0	79.0	69.0	80.0	76.0	80.0	87.0	79.0	87.0	76.0	72.0	91.0	85.0	77.0		
	山东诸城	82.1	81.5	81.3	79.5	77.5	74.3	76.8	78.2	82.5	87.3	83.5	89.4	79.8	81.4	84.4	85.2	80.4		
	山东禹城	77.7	82.3	77.2	76.1	75.6	73.5	76.3	79.9	77.0	86.5	85.3	84.9	79.2	83.8	87.5	84.6	76.5		
	山东菏泽	85.0	87.0	84.0	84.0	83.0	83.0	80.0	85.0	84.0	85.0	85.0	92.0	85.0	85.0	91.0	90.0	81.0		
	山东滨州	81.0	80.0	78.0	76.0	75.0	78.0	73.0	80.0	77.0	88.0	83.0	90.0	80.0	87.0	86.0	86.0	80.0		
	山东肥城	80.0	84.0	77.0	70.0	71.0	80.0	76.0	77.0	84.0	82.0	86.0	90.0	80.0	90.0	87.0	89.0	80.0		
	山东平度	84.0	85.0	85.0	86.0	88.0	81.0	78.0	83.0	85.0	97.0	90.0	97.0	83.0	89.0	90.0	93.0	85.0		
	山东东阿	75.0	77.0	72.0	75.0	72.0	67.0	74.0	72.0	73.0	75.0	72.0	85.0	73.0	73.0	83.0	75.0	75.0		
	山东潍坊	81.9	81.9	79.4	78.6	80.4	72.4	78.0	80.7	75.6	90.7	87.7	88.7	82.8	83.4	87.7	86.0	79.6		
	山东临沂	83.8	86.9	86.2	81.3	85.7	80.2	85.1	83.2	82.1	86.8	88.8	88.2	86.3	85.4	89.7	88.6	79.2		
	山东德州	75.5	77.3	78.7	78.8	73.8	73.4	74.5	78.2	71.2	87.0	80.2	84.6	76.5	80.7	89.8	84.3	73.2		
	山东济南	86.0	90.0	79.0	82.0	80.0	82.0	81.0	84.0	82.0	88.0	84.0	79.0	81.0	83.0	89.0	82.0	82.0		
	山西临汾	68.2	78.0	72.6	74.2	78.0	66.8	74.4	73.2	76.4	83.2	80.4	87.8	77.8	82.8	88.0	85.8	78.4		
	平均	**78.36**	**80.22**	**78.33**	**78.18**	**77.34**	**75.41**	**78.41**	**78.51**	**78.57**	**86.16**	**82.59**	**87.51**	**78.87**	**82.03**	**85.91**	**84.51**	**78.65**	**76.40**	**80.87**

（续）

项目	试验点	济麦 44	泰科麦 493	鲁研 373	衡 H15－5115	鲁研 897	LS 018R	LH 16－4	中麦 6032	济麦 0435	鲁研 1403	石 15 鉴 21	沧麦 2016－2	LS 3666	航麦 3290	LH 1706	金禾 330	济麦 22	衡 4399	石麦 22
幼苗习性	河北赵县	2	2	2	3	2	2	2	2	2	2	2	2	2	2	2	2	2	2	
	河北邢台	2	2	2	2	2	2	2	2	2	2	2	2	2	2	3	3	3	2	
	河北景县	3	3	3	1	3	3	3	3	3	3	3	3	3	3	3	3	3	3	
	河北泊头	1	3	1	1	3	3	3	2	3	3	3	1	3	3	3	1	1	1	
	河北邯山	2	2	2	2	2	2	2	2	2	2	2	2	2	2	2	2	2		2
	河北辛集	2	2	2	2	2	2	2	2	2	2	2	2	2	2	2	2	2		2
	河北晋州	2	2	2	2	2	2	2	2	2	2	2	2	2	1	2	2	2		2
	河北藁城	2	2	2	2	2	2	2	2	2	2	2	2	2	1	2	2	2	2	
	河北永年	3	2	2	2	2	3	3	2	1	3	3	2	3	1	3	3	3		
	山东诸城	3	3	3	3	3	3	3	3	3	3	3	3	3	3	3	3	3		
	山东禹城	2	2	2	2	1	2	2	1	2	2	2	2	2	2	2	2	2		
	山东菏泽	2	2	2	2	2	2	2	2	2	2	2	2	2	2	2	2	2		
	山东滨州	2	1	2	1	2	2	2	2	2	1	2	1	2	1	2	2	2		
	山东肥城	2	2	2	2	2	2	2	2	2	2	2	2	2	2	2	2	2		
	山东平度	2	2	2	2	2	2	2	2	2	2	2	2	2	2	2	2	2		
	山东东阿	2	2	2	2	2	2	2	2	2	2	2	2	2	2	2	2	2		
	山东潍坊	2	2	2	2	2	2	2	2	2	2	2	2	2	2	2	2	2		
	山东临沂	3	3	3	3	3	3	3	3	3	3	3	3	3	3	3	3	3		
	山东德州	—	—	—	—	—	—	—	—	—	—	—	—	—	—	—	—	—		
	山东济南	1	1	1	1	1	1	1	1	1	1	1	1	1	1	1	1	1		
	山西临汾	2	2	1	1	1	3	2	3	3	2	3	1	3	2	2	1	2		

（续）

项目	试验点	济麦 44	泰科麦 493	鲁研 373	衡 H15-5115	鲁研 897	LS 018R	LH 16-4	中麦 6032	济麦 0435	鲁研 1403	石 15 鉴 21	沧麦 2016-2	LS 3666	航麦 3290	LH 1706	金禾 330	济麦 22	衡 4399	石麦 22
熟相	河北赵县	1	1	1	1	1	1	1	3	1	1	1	1	1	3	1	1	1	1	
	河北邢台	3	1	3	3	3	3	3	3	3	3	3	3	3	3	3	3	3	1	
	河北景县	1	3	3	3	3	1	3	3	1	5	3	3	3	5	3	3	1	1	
	河北泊头	1	3	1	1	3	1	1	1	1	3	1	1	1	3	3	3	1	1	
	河北邯山	5	3	3	1	3	3	3	3	3	5	1	3	3	5	3	1	3		1
	河北辛集	1	1	1	1	1	1	1	1	1	1	1	1	1	1	1	1	1		1
	河北晋州	1	1	3	3	1	1	1	1	1	1	1	3	1	1	1	1	1		3
	河北藁城	3	1	3	1	3	3	3	1	1	3	3	3	1	3	3	3	1	3	
	河北永年	1	1	1	1	1	1	1	1	1	1	1	1	1	1	1	1	1		
	山东诸城	1	1	3	3	3	3	1	3	1	1	1	3	3	3	3	1	3		
	山东禹城	—	—	—	—	—	—	—	—	—	—	—	—	—	—	—	—	—		
	山东菏泽	1	3	3	1	3	1	3	1	3	3	3	3	1	3	3	1	3		
	山东滨州	2	3	3	1	3	3	3	3	3	3	3	1	3	3	3	3	3		
	山东肥城	1	3	3	3	1	3	3	3	3	3	3	3	1	3	1	1	3		
	山东平度	1	1	1	1	1	1	1	1	1	1	1	1	1	1	1	1	1		
	山东东阿	1	3	1	1	1	3	3	1	1	3	3	3	3	3	1	1	1		
	山东潍坊	1	1	3	1	1	1	1	1	3	1	1	3	1	3	1	1	1		
	山东临沂	3	3	1	3	1	3	3	1	3	3	3	3	1	3	3	3	3		
	山东德州	3	3	3	3	3	3	3	3	3	3	3	3	3	3	3	3	3		
	山东济南	3	3	1	3	3	3	3	3	3	1	5	3	1	3	3	1	3		
	山西临汾	1	1	1	1	1	1	1	1	1	1	1	1	1	1	1	1	1		

（续）

项目	试验点	济麦 44	泰科麦 493	鲁研 373	衡 H15－5115	鲁研 897	LS 018R	LH 16－4	中麦 6032	济麦 0435	鲁研 1403	石 15 鉴 21	沧麦 2016－2	LS 3666	航麦 3290	LH 1706	金禾 330	济麦 22	衡 4399	石麦 22
穗形	河北赵县	3	3	3	4	3	3	3	3	3	3	3	3	3	3	3	3	3	3	
	河北邢台	1	1	3	4	3	1	1	1	1	1	1	1	1	1	1	1	1	1	
	河北景县	1	1	1	1	1	1	1	1	1	3	1	1	1	3	1	1	1	1	
	河北泊头	1	3	3	3	3	3	1	3	3	3	1	3	1	3	3	3	1	1	
	河北邯山	1	1	1	1	1	3	1	1	1	1	1	1	1	1	1	1	1		1
	河北辛集	1	3	1	1	1	1	1	3	1	1	1	1	1	1	3	1	1		1
	河北晋州	1	1	1	1	1	3	1	1	1	1	1	3	3	1	1	1	3		1
	河北藁城	1	3	3	1	1	3	1	3	1	3	1	1	3	1	1	1	3	1	
	河北永年	5	4	3	3	3	5	5	5	5	3	5	2	5	3	5	4	5		
	山东诸城	3	3	3	3	3	3	3	3	1	3	1	1	3	1	1	3	3		
	山东禹城	3	3	3	3	3	3	3	3	3	3	3	3	3	3	3	3	3		
	山东菏泽	1	1	3	1	1	3	1	1	3	1	1	1	1	1	1	1	1		
	山东滨州	3	3	3	3	3	3	3	3	3	3	3	1	3	3	3	1	3		
	山东肥城	5	3	5	5	5	5	3	5	5	5	5	5	5	3	5	5	3		
	山东平度	3	3	3	3	3	3	3	3	3	3	3	3	3	3	3	3	3		
	山东东阿	1	3	1	1	1	1	1	1	1	1	1	1	1	1	1	2	1		
	山东潍坊	3	3	3	3	3	3	3	3	3	3	3	3	3	3	3	3	3		
	山东临沂	3	3	3	3	3	3	3	3	3	3	3	3	3	3	3	3	3		
	山东德州	1	3	5	1	5	1	1	3	1	3	1	1	1	3	5	1	3		
	山东济南	3	3	1	3	3	3	3	3	3	3	3	5	3	1	1	3	3		
	山西临汾	4	4	4	4	3	3	4	4	3	3	3	1	1	3	3	3	3		

（续）

项目	试验点	济麦 44	泰科麦 493	鲁研 373	衡 H15－5115	鲁研 897	LS 018R	LH 16－4	中麦 6032	济麦 0435	鲁研 1403	石 15 鉴 21	沧麦 2016－2	LS 3666	航麦 3290	LH 1706	金禾 330	济麦 22	衡 4399	石麦 22
芒	河北赵县	5	5	5	5	5	5	5	5	5	5	5	5	5	5	5	5	5	5	
	河北邢台	5	5	5	5	5	5	5	5	5	5	5	5	5	5	5	5	5	5	
	河北景县	5	5	5	5	5	5	5	5	5	5	5	5	5	5	5	5	5	5	
	河北泊头	5	4	5	5	4	5	4	5	5	4	5	5	5	5	5	5	5	5	
	河北邯山	5	5	4	4	4	4	4	5	4	5	4	5	4	4	4	5	5		5
	河北辛集	5	5	5	5	5	5	5	5	5	5	5	5	5	5	5	5	5		5
	河北晋州	5	5	5	5	5	5	5	5	5	5	5	5	5	5	5	5	5		5
	河北藁城	5	5	5	5	5	5	5	5	5	5	5	5	5	5	5	5	5	5	
	河北永年	5	5	5	5	5	5	5	5	5	5	5	5	5	5	5	5	5		
	山东诸城	1	1	1	1	1	1	1	1	1	1	1	1	4	1	1	1	1		
	山东禹城	5	5	5	5	5	5	5	5	5	5	5	5	5	5	5	5	5		
	山东菏泽	5	5	5	5	5	5	5	5	5	5	5	5	5	5	5	5	5		
	山东滨州	5	5	5	5	5	5	5	5	5	5	5	5	5	5	5	5	5		
	山东肥城	5	5	5	5	5	5	5	5	5	5	5	5	5	5	5	5	5		
	山东平度	5	5	5	5	5	5	5	5	5	5	5	5	5	5	5	5	5		
	山东东阿	5	5	5	5	5	5	5	5	5	5	5	5	5	5	5	5	5		
	山东潍坊	5	5	5	5	4	5	4	5	5	5	5	5	4	5	5	5	4		
	山东临沂	5	5	5	5	5	5	5	5	5	5	5	5	5	5	5	5	5		
	山东德州	5	5	5	5	5	5	5	5	5	5	5	5	5	5	5	5	5		
	山东济南	5	5	5	5	5	5	5	5	5	5	5	5	5	5	5	5	5		
	山西临汾	3	5	3	5	3	5	5	5	5	5	5	5	5	3	5	5	5		

（续）

项目	试验点	济麦 44	泰科麦 493	鲁研 373	衡 H15-5115	鲁研 897	LS 018R	LH 16-4	中麦 6032	济麦 0435	鲁研 1403	石15鉴21	沧麦 2016-2	LS 3666	航麦 3290	LH 1706	金禾 330	济麦 22	衡 4399	石麦 22
粒色	河北赵县	1	1	1	1	1	1	1	1	1	1	1	1	1	1	1	1	1	1	
	河北邢台	1	1	1	1	1	1	1	1	1	1	1	1	1	1	1	1	1	1	
	河北景县	1	1	1	1	1	1	1	1	1	1	1	1	1	5	1	1	1	1	
	河北泊头	1	1	1	1	1	1	1	1	1	1	1	1	1	1	1	1	1	1	
	河北邯山	1	1	1	1	1	1	1	1	1	1	1	1	1	5	1	1	1		1
	河北辛集	1	1	1	1	1	1	1	1	1	1	1	1	1	1	1	1	1		1
	河北晋州	1	1	1	1	1	1	1	1	1	1	1	1	1	5	1	1	1		1
	河北藁城	1	1	1	1	1	1	1	1	1	1	1	1	1	5	1	1	1	1	
	河北永年	1	1	1	1	1	1	1	1	1	1	1	1	1	1	1	1	1		
	山东诸城	1	1	1	1	1	1	1	1	1	1	1	1	1	5	1	1	1		
	山东禹城	1	1	1	1	1	1	1	1	1	1	1	1	1	1	1	1	1		
	山东菏泽	1	1	1	1	1	1	1	1	1	1	1	1	1	淡红	1	1	1		
	山东滨州	1	1	1	1	1	1	1	1	1	1	1	1	1	5	1	1	1		
	山东肥城	1	1	1	1	1	1	1	1	1	1	1	1	1	5	1	1	1		
	山东平度	1	1	1	1	1	1	1	1	1	1	1	1	1	1	1	1	1		
	山东东阿	1	1	1	1	1	1	1	1	1	1	1	1	1	3	1	1	1		
	山东潍坊	3	3	3	3	3	3	3	3	3	3	3	3	3	5	3	3	3		
	山东临沂	1	1	1	1	1	1	1	1	1	1	1	1	1	1	1	1	1		
	山东德州	1	1	1	1	1	1	1	1	1	1	1	1	1	5	1	1	1		
	山东济南	1	1	1	1	1	1	1	1	1	1	1	1	1	1	1	1	1		
	山西临汾	3	3	3	3	3	3	3	3	3	3	3	3	3	5	3	3	3		

（续）

项目	试验点	济麦 44	泰科麦 493	鲁研 373	衡 H15－5115	鲁研 897	LS 018R	LH 16－4	中麦 6032	济麦 0435	鲁研 1403	石 15 鉴 21	沧麦 2016－2	LS 3666	航麦 3290	LH 1706	金禾 330	济麦 22	衡 4399	石麦 22
籽粒饱满度	河北赵县	1	1	1	1	1	1	1	1	1	1	1	1	1	1	1	1	1	1	
	河北邢台	1	1	1	2	1	1	1	2	1	1	1	2	1	1	1	2	2	1	
	河北景县	2	2	2	2	3	3	2	2	3	3	1	2	2	2	3	2	2	2	
	河北泊头	3	1	1	1	3	1	1	1	1	1	3	3	3	1	3	1	3	1	
	河北邯山	4	2	3	2	3	2	2	2	3	3	2	2	2	2	2	2	3		2
	河北辛集	1	1	1	1	1	1	1	1	1	1	1	1	1	1	1	1	1		1
	河北晋州	1	2	1	2	1	1	1	1	2	1	2	2	1	1	1	1	1		1
	河北藁城	2	1	1	2	1	2	1	2	2	2	1	2	1	1	1	3	1	1	
	河北永年	3	3	3	3	4	3	3	3	3	3	3	3	3	3	3	3	3		
	山东诸城	2	2	2	2	2	2	4	2	3	1	2	1	2	1	2	2	1		
	山东禹城	2	2	2	2	2	2	2	2	2	2	2	2	2	2	2	2	2		
	山东菏泽	1	1	1	1	1	1	2	2	1	2	1	3	1	1	1	1	1		
	山东滨州	2	2	2	2	2	1	4	2	2	3	2	3	2	2	1	3	2		
	山东肥城	2	1	1	2	1	2	2	1	3	1	3	3	2	2	2	2	3		
	山东平度	1	1	1	1	1	1	2	1	1	1	1	1	1	1	1	1	1		
	山东东阿	3	2	3	3	3	3	3	1	4	3	3	1	2	2	2	1	2		
	山东潍坊	1	1	1	1	1	1	2	1	1	1	1	1	1	1	1	1	1		
	山东临沂	1	2	1	1	2	1	2	2	1	2	1	1	1	1	1	1	2		
	山东德州	2	2	2	3	3	2	2	2	2	2	1	1	2	2	2	2	3		
	山东济南	2	2	2	2	2	2	3	2	2	2	2	2	2	2	2	2	1		
	山西临汾	1	1	1	2	1	1	1	1	1	1	1	1	1	1	1	1	1		

（续）

项目	试验点	济麦44	泰科麦493	鲁研373	衡H15－5115	鲁研897	LS 018R	LH 16－4	中麦6032	济麦0435	鲁研1403	石15鉴21	沧麦2016－2	LS 3666	航麦3290	LH 1706	金禾330	济麦22	衡4399	石麦22
粒质	河北赵县	1	1	1	1	1	1	1	1	1	1	1	3	1	1	1	1	1	1	
	河北邢台	1	1	1	3	1	5	1	3	3	1	1	3	1	1	5	3	1	3	
	河北景县	1	1	1	1	1	1	1	1	1	1	1	1	1	3	3	1	1	1	
	河北泊头	1	1	1	1	1	1	1	3	1	5	1	1	1	1	1	1	1	1	
	河北邯山	1	3	3	3	3	3	3	3	5	1	3	3	3	3	3	5	1		3
	河北辛集	1	1	1	1	1	1	1	1	1	1	1	1	1	1	1	1	1		1
	河北晋州	1	1	1	1	1	1	1	1	1	1	1	1	3	1	1	3	1		1
	河北藁城	1	1	1	1	1	1	1	1	1	1	1	1	1	1	1	1	1	1	
	河北永年	1	1	1	1	1	1	1	3	3	1	1	1	1	1	3	3	1		
	山东诸城	1	1	1	1	1	1	3	1	1	1	1	1	1	1	3	3	1		
	山东禹城	1	1	1	1	1	1	1	1	1	1	1	1	1	1	1	1	1		
	山东菏泽	1	1	1	1	1	1	1	1	1	1	1	1	1	1	1	1	1		
	山东滨州	1	1	1	1	1	1	1	1	1	1	1	1	1	1	1	1	1		
	山东肥城	3	3	1	3	3	3	5	3	3	1	5	3	1	3	1	5	3		
	山东平度	1	1	1	1	1	1	1	1	1	1	1	1	1	1	1	1	1		
	山东东阿	1	1	1	1	1	3	1	1	1	1	3	3	1	1	3	1	1		
	山东潍坊	1	1	1	1	1	3	1	1	1	1	1	1	1	1	3	3	1		
	山东临沂	1	1	2	2	1	3	1	1	1	1	1	1	1	1	2	2	1		
	山东德州	1	1	1	1	1	1	1	1	1	1	1	1	1	1	1	1	1		
	山东济南	1	1	3	1	1	1	3	1	1	1	1	1	1	1	5	3	1		
	山西临汾	1	1	3	1	1	3	1	1	1	3	1	3	1	1	3	3	3		

（续）

项目	试验点	济麦44	泰科麦493	鲁研373	衡H15-5115	鲁研897	LS 018R	LH 16-4	中麦6032	济麦0435	鲁研1403	石15鉴21	沧麦2016-2	LS 3666	航麦3290	LH 1706	金禾330	济麦22	衡4399	石麦22
容重（克/升）	河北赵县	832.0	804.0	811.0	811.0	759.0	797.0	803.0	787.0	828.0	801.0	802.0	790.0	783.0	804.0	787.0	803.0	805.0	807.0	
	河北邢台	797.0	804.0	811.0	811.0	759.0	842.0	803.0	787.0	839.0	801.0	802.0	790.0	783.0	804.0	787.0	803.0	805.0	837.0	
	河北景县	810.0	820.0	800.0	810.0	911.0	836.0	829.0	824.0	834.0	815.0	835.0	843.0	831.0	820.0	818.0	811.0	820.0	805.0	
	河北泊头	767.0	764.0	762.0	787.0	755.0	745.0	762.0	760.0	780.0	733.0	712.0	773.0	775.0	768.0	782.0	735.0	770.0	778.0	
	河北邯山	776.0	778.0	768.0	777.0	742.0	782.0	768.0	784.0	785.0	775.0	789.0	792.0	783.0	785.0	760.0	750.0	783.0		773.0
	河北辛集	804.0	808.0	791.0	802.0	783.0	816.0	807.0	803.0	809.0	810.0	816.0	830.0	818.0	801.0	798.0	797.0	802.0		805.0
	河北晋州	824.0	807.0	784.0	798.0	772.0	817.0	797.0	795.0	825.0	809.0	798.0	792.0	821.0	803.0	787.0	797.0	813.0		808.0
	河北藁城	810.0	814.0	781.0	815.0	792.0	809.0	812.0	822.0	812.0	801.0	815.0	815.0	814.0	822.0	821.0	803.0	813.0	808.0	
	河北永年	909.6	853.8	882.7	877.5	829.8	880.7	918.8	899.9	916.0	890.5	925.1	923.5	865.2	938.2	884.9	904.8	897.8		
	山东诸城	764.1	733.8	752.3	782.4	767.0	764.8	702.9	775.8	778.8	770.8	757.2	762.0	799.0	807.3	775.5	750.1	726.6		
	山东禹城	797.0	802.0	796.0	781.0	779.0	805.0	796.0	790.0	814.0	802.0	801.0	811.0	804.0	794.0	778.0	793.0	802.0		
	山东菏泽	813.0	807.0	761.0	793.0	776.0	805.0	791.0	800.0	803.0	820.0	815.0	828.0	818.0	807.0	794.0	770.0	811.0		
	山东滨州	820.0	821.0	786.0	813.0	793.0	810.0	774.0	785.0	798.0	787.0	790.0	817.0	794.0	802.0	790.0	796.0	806.0		
	山东肥城	794.0	799.0	785.0	809.0	777.0	788.0	794.0	794.0	796.0	780.0	755.0	774.0	737.0	788.0	793.0	777.0	796.0		
	山东平度	804.0	796.0	788.0	777.0	778.0	797.0	760.0	782.0	794.0	809.0	805.0	795.0	802.0	795.0	782.0	767.0	787.0		
	山东东阿	832.0	831.0	815.0	837.0	807.0	837.0	822.0	826.0	829.0	819.0	836.0	840.0	841.0	833.0	816.0	822.0	838.0		
	山东潍坊	770.97	788.77	771.65	790.20	771.26	804.25	769.28	777.94	786.06	790.77	779.86	779.88	793.94	770.78	782.50	790.28	792.24		
	山东临沂	792.6	803.1	796.7	786.9	796.7	785.0	806.5	815.4	817.3	813.4	819.1	816.8	813.9	817.3	807.5	804.6	811.4		
	山东德州	832.0	834.0	805.0	813.0	804.0	827.0	797.0	816.0	827.0	825.0	842.0	845.0	846.0	821.0	797.0	801.0	811.0		
	山东济南	827.0	824.0	795.0	812.0	785.0	819.0	789.0	804.0	823.0	801.0	813.0	809.0	822.0	819.0	812.0	815.0	797.0		
	山西临汾	841.0	837.0	797.5	820.5	805.5	832.5	823.5	826.0	844.5	830.0	825.5	848.5	832.5	815.5	817.0	816.0	824.5		
	平均	**810.35**	**806.17**	**792.37**	**804.93**	**787.73**	**809.49**	**796.43**	**802.57**	**816.13**	**803.97**	**806.32**	**813.08**	**808.41**	**810.24**	**798.54**	**795.51**	**805.31**	**807.00**	**795.33**

（续）

项目	试验点	济麦 44	泰科麦 493	鲁研 373	衡 H15 - 5115	鲁研 897	LS 018R	LH 16 - 4	中麦 6032	济麦 0435	鲁研 1403	石 15 鉴 21	沧麦 2016 - 2	LS 3666	航麦 3290	LH 1706	金禾 330	济麦 22	衡 4399	石麦 22
亩产量（千克）	河北赵县	609.36	612.54	616.92	626.48	622.98	597.18	625.16	611.68	608.70	597.56	610.84	619.36	599.96	577.48	608.50	615.36	586.46	590.92	
	河北邢台	642.73	674.64	614.71	692.26	671.47	686.96	694.32	657.89	632.62	613.86	668.05	673.10	702.41	641.08	698.85	668.19	631.37	638.80	
	河北景县	529.41	652.94	549.02	645.10	531.37	609.80	552.94	647.06	639.22	470.59	639.22	596.08	578.43	592.16	574.51	570.59	515.69	586.27	
	河北泊头	453.35	436.68	413.35	429.35	443.36	460.02	406.02	440.02	430.02	409.02	426.69	471.02	453.36	470.02	466.69	476.69	426.69	416.69	
	河北邯山	527.85	500.20	537.72	555.01	471.06	458.72	531.80	524.39	478.47	456.74	535.75	527.35	525.38	497.73	493.78	525.87	509.08		538.71
	河北辛集	585.80	641.90	587.30	622.70	606.70	595.10	654.70	628.40	580.90	561.60	621.50	581.80	658.50	610.80	640.00	630.10	594.60		612.60
	河北晋州	615.61	617.07	616.65	620.04	616.11	620.11	677.20	652.18	620.55	586.59	633.59	574.54	694.16	568.65	679.78	631.74	603.93		611.99
	河北藁城	534.15	607.38	590.15	620.3	594.46	676.30	663.38	643.99	562.15	521.23	581.53	572.92	650.46	577.23	516.92	540.61	547.07	549.23	
	河北永年	590.54	586.14	589.57	546.39	484.68	525.90	551.50	539.30	512.42	456.68	525.32	551.56	571.96	512.55	525.89	501.23	520.66		
	山东诸城	649.44	707.76	687.22	679.26	674.26	684.86	676.14	696.20	624.52	621.70	658.16	593.58	724.60	661.44	659.24	672.24	624.18		
	山东禹城	522.10	556.92	592.82	569.14	603.83	565.00	526.17	559.23	532.83	515.38	546.18	531.64	581.27	535.95	526.07	559.72	529.08		
	山东菏泽	611.30	629.90	599.00	623.80	620.40	630.00	605.30	622.60	612.80	511.70	519.50	616.10	634.50	606.20	542.00	521.10	596.40		
	山东滨州	581.71	605.27	624.27	614.04	640.87	604.56	615.54	642.73	505.23	537.68	621.98	558.87	609.13	514.85	648.33	629.55	556.67		
	山东肥城	652.10	653.00	634.70	651.60	632.10	653.10	660.60	679.00	584.70	592.20	601.20	598.90	609.60	600.20	613.70	578.10	614.20		
	山东平度	625.80	625.00	627.00	622.40	656.40	659.00	639.00	617.60	619.00	622.20	607.00	552.00	649.00	632.40	621.60	618.00	593.00		
	山东东阿	597.60	628.40	604.20	620.80	596.60	587.00	580.20	605.60	569.20	560.60	525.00	577.20	584.80	541.2	574.40	578.40	566.40		
	山东潍坊	730.73	682.87	703.43	675.28	727.12	726.04	729.08	681.36	668.20	672.40	673.86	660.20	754.92	644.45	728.06	659.20	664.82		
	山东临沂	595.52	633.71	628.50	635.45	630.76	616.35	644.13	609.41	626.77	576.42	609.93	611.14	633.71	614.61	580.93	569.47	588.57		
	山东德州	607.29	614.09	569.31	592.36	618.63	557.66	614.55	622.55	608.28	558.58	606.59	600.83	618.42	612.95	605.05	609.34	574.62		
	山东济南	564.30	627.50	595.10	579.40	607.50	581.10	569.00	599.60	559.10	546.10	562.50	558.80	577.40	565.90	593.00	550.70	554.60		
	山西临汾	485.89	450.31	449.16	518.14	519.27	470.07	597.07	555.57	490.24	473.10	478.37	526.45	528.66	519.91	585.56	583.38	479.87		
	平均	**586.31**	**606.87**	**591.91**	**606.63**	**598.57**	**598.33**	**610.18**	**611.26**	**574.57**	**545.81**	**583.46**	**578.74**	**616.22**	**576.08**	**594.42**	**585.22**	**565.62**	**556.38**	**587.77**

四、参试品种简评

（一）参试两年，完成试验程序的品种：济麦44、泰科麦493、鲁研373、衡H15－5115、鲁研897

1. 济麦44 第二年参加大区试验，同时参加生产试验。2017—2018年度试验，21点汇总，平均亩产471.6千克，比对照济麦22增产2.48%，增产点率71.4%，增产≥2%点率42.9%，居19个参试品种的第十七位。2018—2019年度试验，21点汇总，平均亩产586.3千克，比对照济麦22增产3.66%，居17个参试品种的第十位，增产点率85.7%，增产≥2%点率61.9%。两年平均亩产529.0千克，比对照济麦22增产3.08%，增产点率78.6%，增产≥2%点率52.4%。2018年、2019年非严重倒伏点率分别为95.2%、100%。

半冬性，中熟，幼苗半匍匐，分蘖力强。穗纺锤形，白壳，长芒，白粒，籽粒较饱满，硬质。抗病性较好，熟相一般，抗倒伏。区试两年平均生育期231.4天，比对照济麦22早熟1.3天，平均株高76.9厘米，平均亩穗数45.3万，穗粒数32.2粒，千粒重42.8克。接种抗病性鉴定：2018年结果，抗条锈病，中抗白粉病，中感纹枯病和赤霉病，高感叶锈病；2019年结果，中抗白粉病，中感条锈病和纹枯病，高感叶锈病和赤霉病。抗旱节水鉴定，2018年节水指数0.769，2019年节水指数0.668，两年平均节水指数0.719。2018年品质测定结果：粗蛋白（干基）含量17.3%，湿面筋含量30.9%，吸水率60.1%，稳定时间26.9分钟，最大拉伸阻力916.0EU，拉伸面积175.0厘米^2。2019年品质测定结果：粗蛋白（干基）含量16.2%，湿面筋含量33.1%，吸水率65.4%，稳定时间25.2分钟，最大拉伸阻力574.8EU，拉伸面积109.8厘米^2。

2. 泰科麦493 第二年参加大区试验，同时参加生产试验。2017—2018年度试验，21点汇总，平均亩产490.2千克，比对照济麦22增产6.52%，居19个参试品种的第四位，增产点率90.5%，增产≥2%点率76.2%。2018—2019年度试验，21点汇总，平均亩产606.9千克，比对照济麦22增产7.29%，居17个参试品种的第四位，增产点率90.5%，增产≥2%点率90.5%。两年平均亩产548.6千克，比对照济麦22增产6.95%，增产点率90.5%，增产≥2%点率83.3%。2018年、2019年非严重倒伏点率分别为85.7%、100%。

半冬性，中晚熟，幼苗半匍匐，分蘖力强。穗纺锤形，白壳，长芒，白粒，籽粒较饱满，半硬质。抗病性一般，熟相一般，较抗倒伏。区试两年平均生育期232.9天，比对照济麦22晚熟0.2天，平均株高78.1厘米，平均亩穗数46.5万，穗粒数33.8粒，千粒重41.9克。接种抗病性鉴定：2018年结果，感条锈病，高感叶锈病，中抗白粉病，中感纹枯病和赤霉病；2019年结果，中抗条锈病、叶锈病、白粉病和纹枯病，高感赤霉病。抗旱节水鉴定，2018年节水指数0.897，2019年节水指数1.213，两年平均节水指数1.055。2018年品质测定结果：粗蛋白（干基）含量15.6%，湿面筋含量30.1%，吸水率51.7%，稳定时间4.8分钟，最大拉伸阻力472.0EU，拉伸面积85.0厘米^2。2019年品质测定结果：粗蛋白（干基）含量14.5%，湿面筋含量35.1%，吸水率69.7%，稳定

时间2.3分钟，最大拉伸阻力173.0EU，拉伸面积34.5厘米^2。

3. 鲁研373 第二年参加大区试验，同时参加生产试验。2017—2018年度试验，21点汇总，平均亩产483.0千克，比对照济麦22增产4.95%，居19个参试品种的第七位，增产点率81.0%，增产≥2%点率66.7%。2018—2019年度试验，21点汇总，平均亩产591.9千克，比对照济麦22增产4.65%，居17个参试品种的第九位，增产点率76.2%，增产≥2%点率71.4%。两年平均亩产537.5千克，比对照济麦22增产4.79%，增产点率78.6%，增产≥2%点率69.1%。2018年、2019年非严重倒伏点率分别为95.2%、100%。

半冬性，中晚熟，幼苗半匍匐，分蘖力较强。穗纺锤形，白壳，长芒，白粒，籽粒较饱满，半硬质。抗病性一般，熟相一般，抗倒伏。区试两年平均生育期232.0天，比对照济麦22早熟0.7天，平均株高74.9厘米，平均亩穗数43.3万，穗粒数33.6粒，千粒重45.1克。接种抗病性鉴定：2018年结果，中感白粉病，高感条锈病、叶锈病、纹枯病和赤霉病；2019年结果，中感条锈病、叶锈病、白粉病和纹枯病，高感赤霉病。抗旱节水鉴定，2018年节水指数1.032，2019年节水指数0.781，两年平均节水指数0.907。2018年品质测定结果：粗蛋白（干基）含量15.4%，湿面筋含量31.2%，吸水率61.7%，稳定时间5.2分钟，最大拉伸阻力363.0EU，拉伸面积53.0厘米^2。2019年品质测定结果：粗蛋白（干基）含量13.2%，湿面筋含量31.4%，吸水率66.5%，稳定时间3.8分钟，最大拉伸阻力259.3EU，拉伸面积34.5厘米^2。

4. 衡H15－5115 第二年参加大区试验，同时参加生产试验。2017—2018年度试验，21点汇总，平均亩产475.3千克，比对照济麦22增产3.28%，居19个参试品种的第十三位，增产点率81.0%，增产≥2%点率66.7%。2018—2019年度试验，21点汇总，平均亩产606.6千克，比对照济麦22增产7.25%，居17个参试品种的第五位，增产点率100.0%，增产≥2%点率90.5%。两年平均亩产541.0千克，比对照济麦22增产5.27%，增产点率90.5%，增产≥2%点率78.6%。2018年、2019年非严重倒伏点率分别为95.2%、100%。

半冬性，中晚熟，幼苗半匍匐，分蘖力较强。穗纺锤形，白壳，长芒，白粒，籽粒较饱满，半硬质。抗病性较好，熟相较好，抗倒伏。区试两年平均生育期232.6天，与对照济麦22熟期相当，平均株高76.1厘米，平均亩穗数46.2万，穗粒数33.3粒，千粒重42.5克。接种抗病性鉴定：2018年结果，成株期抗条锈病，高抗叶锈病，中感纹枯病，高感白粉病和赤霉病；2019年结果，中抗叶锈病和纹枯病，中感白粉病，高感条锈病和赤霉病。抗旱节水鉴定，2018年节水指数1.008，2019年节水指数1.090，两年平均节水指数1.049。2018年品质测定结果：粗蛋白（干基）含量15.0%，湿面筋含量25.7%，吸水率59.4%，稳定时间5.0分钟，最大拉伸阻力569.0EU，拉伸面积97.0厘米^2。2019年品质测定结果：粗蛋白（干基）含量13.3%，湿面筋含量31.0%，吸水率66.0%，稳定时间4.2分钟，最大拉伸阻力351.5EU，拉伸面积51.5厘米^2。

5. 鲁研897 第二年参加大区试验，同时参加生产试验。2017—2018年度试验，21点汇总，平均亩产479.4千克，比对照济麦22增产4.17%，居19个参试品种的第十一位，增产点率76.2%，增产≥2%点率66.7%。2018—2019年度试验，21点汇总，平均

亩产 598.6 千克，比对照济麦 22 增产 5.83%，居 17 个参试品种的第六位，增产点率 90.5%，增产≥2%点率 90.5%。两年平均亩产 539.0 千克，比对照济麦 22 增产 5.08%，增产点率 83.6%，增产≥2%点率 78.6%。2018 年、2019 年非严重倒伏点率分别为 95.2%、100%。

半冬性，中晚熟，幼苗半匍匐，分蘖力较强。穗纺锤形，白壳，长芒，白粒，籽粒较饱满，半硬质。抗病性一般，熟相一般，抗倒伏。区试两年平均生育期 232.1 天，比对照济麦 22 早熟 0.6 天，平均株高 75.1 厘米，平均亩穗数 42.9 万，穗粒数 33.8 粒，千粒重 44.3 克。接种抗病性鉴定：2018 年结果，中感纹枯病，高感条锈病、叶锈病、白粉病和赤霉病；2019 年结果，中感纹枯病和叶锈病，高感条锈病、白粉病和赤霉病。抗旱节水鉴定：2018 年节水指数 0.820，2019 年节水指数 0.864，两年平均节水指数 0.842。2018 年品质测定结果：粗蛋白（干基）含量 14.7%，湿面筋含量 31.2%，吸水率 61.1%，稳定时间 5.7 分钟，最大拉伸阻力 401.0EU，拉伸面积 55.0 厘米^2。2019 年品质测定结果：粗蛋白（干基）含量 13.6%，湿面筋含量 32.3%，吸水率 66.3%，稳定时间 4.4 分钟，最大拉伸阻力 290.0EU，拉伸面积 39.3 厘米^2。

（二）参加大区试验 2 年，比对照济麦 22 增产＞3%、增产≥2%点率＞60%、节水指数＞1.0，下年度进入生产试验的品种：LS018R、LH16－4

1. LS018R 第二年参加大区试验。2017—2018 年度试验，21 点汇总，平均亩产 474.6 千克，比对照济麦 22 增产 3.13%，居 19 个参试品种的第十六位，增产点率 66.7%，增产≥2%点率 66.7%。2018—2019 年度试验，21 点汇总，平均亩产 598.3 千克，比对照济麦 22 增产 5.78%，居 17 个参试品种的第七位，增产点率 85.7%，增产≥2%点率 71.4%。两年平均亩产 536.5 千克，比对照济麦 22 增产 4.59%，增产点率 76.2%，增产≥2%点率 69.1%。2017 年、2018 年非严重倒伏点率分别为 95.2%、100%。

半冬性，中晚熟，幼苗半匍匐，分蘖力较强。穗纺锤形，白壳，长芒，白粒，籽粒较饱满，半硬质。抗病性一般，熟相一般，抗倒伏。区试两年平均生育期 232.3 天，比对照济麦 22 早熟 0.4 天，平均株高 72.4 厘米，平均亩穗数 46.4 万，穗粒数 32.8 粒，千粒重 41.5 克。接种抗病性鉴定：2018 年结果，感条锈病，高抗/高感叶锈病，中感白粉病和纹枯病，高感赤霉病；2019 年结果，高抗叶锈病，中感白粉病和纹枯病，高感条锈病和赤霉病。抗旱节水鉴定，2019 年节水指数 1.275。2018 年品质测定结果：粗蛋白（干基）含量 14.5%，湿面筋含量 30.4%，吸水率 62.3%，稳定时间 2.6 分钟，最大拉伸阻力 260.0EU，拉伸面积 48.0 厘米^2。2019 年品质测定结果：粗蛋白（干基）含量 13.3%，湿面筋含量 32.8%，吸水率 67.2%，稳定时间 2.7 分钟，最大拉伸阻力 236.5EU，拉伸面积 41.8 厘米^2。

2. LH16－4 第二年参加大区试验。2017—2018 年度试验，21 点汇总，平均亩产 471.4 千克，比对照济麦 22 增产 2.43%，居 19 个参试品种的第十八位，增产点率 61.9%，增产≥2%点率 57.1%。2018—2019 年度试验，21 点汇总，平均亩产 610.2 千克，比对照济麦 22 增产 7.88%，居 17 个参试品种的第三位，增产点率 90.5%，增产≥

2%点率 85.7%。两年平均亩产 540.8 千克，比对照济麦 22 增产 5.16%，增产点率 76.2%，增产≥2%点率 71.4%。2018 年、2019 年非严重倒伏点率分别为 90.5%、100%。

半冬性，中晚熟，幼苗半匍匐，分蘖力较强。穗纺锤形，白壳，长芒，白粒，籽粒较饱满，半硬质。抗病性一般，熟相一般。区试两年平均生育期 232.2 天，比对照济麦 22 早熟 0.5 天，平均株高 75.3 厘米，平均亩穗数 44.4 万，穗粒数 36.1 粒，千粒重 39.7 克。接种抗病性鉴定：2018 年结果，抗条锈病，中感白粉病和纹枯病，高感叶锈病和赤霉病；2019 年结果，慢条锈病，中感白粉病和纹枯病，高感叶锈病和赤霉病。抗旱节水鉴定，2018 年节水指数 1.116，2019 年节水指数 1.353，两年平均节水指数 1.235。2018 年品质测定结果：粗蛋白（干基）含量 16.4%，湿面筋含量 35.3%，吸水率 56.4%，稳定时间 1.7 分钟，最大拉伸阻力 209.0EU，拉伸面积 44.0 厘米^2。2019 年品质测定结果：粗蛋白（干基）含量 13.8%，湿面筋含量 33.1%，吸水率 59.7%，稳定时间 1.9 分钟，最大拉伸阻力 176.5EU，拉伸面积 28.3 厘米^2。

（三）参加大区试验 1 年，比对照济麦 22 增产＞5%、增产≥2%点率＞60%、节水指数＞1.0，下年度大区试验和生产试验同步进行的品种：LS3666、中麦 6032、LH1706

1. LS3666　第一年参加大区试验，21 点汇总，平均亩产 616.2 千克，比对照济麦 22 增产 8.95%，居 17 个参试品种的第一位，增产点率 95.2%，增产≥2%点率 95.2%。非严重倒伏点率 100%。半冬性，中晚熟，全生育期 235.8 天，与对照济麦 22 熟期相当。幼苗半匍匐，分蘖力较强，株高 78.9 厘米。抗病性较好，熟相好。穗纺锤形，长芒，白壳，白粒，籽粒较饱满，硬质。亩穗数 49.3 万，穗粒数 34.3 粒，千粒重 44.5 克。接种抗病性鉴定结果：高抗叶锈病，中抗纹枯病，中感白粉病，高感条锈病和赤霉病。抗旱节水鉴定，节水指数 1.348。品质测定结果：粗蛋白（干基）含量 13.4%，湿面筋含量 32.9%，吸水率 65.2%，稳定时间 6.9 分钟，最大拉伸阻力 395.8EU，拉伸面积 56.5 厘米^2。

2. 中麦 6032　第一年参加大区试验，21 点汇总，平均亩产 611.3 千克，比对照济麦 22 增产 8.07%，居 17 个参试品种的第二位，增产点率 100.0%，增产≥2%点率 100.0%。非严重倒伏点率 100%。半冬性，中晚熟，全生育期 235.2 天，比对照济麦 22 早熟 0.8 天。幼苗半匍匐，分蘖力较强，株高 78.5 厘米。抗病性一般，熟相一般。穗纺锤形，长芒，白壳，白粒，籽粒较饱满，硬质。亩穗数 45.1 万，穗粒数 36.3 粒，千粒重 44.2 克。接种抗病性鉴定结果：中抗白粉病，中感条锈病、叶锈病和纹枯病，高感赤霉病。抗旱节水鉴定，节水指数 1.198。品质测定结果：粗蛋白（干基）含量 14.2%，湿面筋含量 32.4%，吸水率 63.2%，稳定时间 5.7 分钟，最大拉伸阻力 467.0EU，拉伸面积 83.3 厘米^2。

3. LH1706　第一年参加大区试验，21 点汇总，平均亩产 594.4 千克，比对照济麦 22 增产 5.09%，居 17 个参试品种的第八位，增产点率 71.4%，增产≥2%点率 61.9%。非严重倒伏点率 100%。半冬性，中晚熟，全生育期 236 天，与对照济麦 22 熟期相当。

幼苗半匍匐，分蘖力较强，株高 85.9 厘米。抗病性一般，熟相一般。穗纺锤形，长芒，白壳，白粒，籽粒较饱满，半硬质。亩穗数 41.7 万，穗粒数 38.2 粒，千粒重 45.7 克。接种抗病性鉴定结果：慢条锈病，中抗白粉病，中感纹枯病，高感叶锈病和赤霉病。抗旱节水鉴定，节水指数 1.034。品质测定结果：粗蛋白（干基）含量 12.9%，湿面筋含量 30.8%，吸水率 59.7%，稳定时间 1.6 分钟，最大拉伸阻力 211.0EU，拉伸面积 39.0 厘米^2。

（四）参加大区试验 1 年，比对照济麦 22 增产＞1%、增产≥2%点率＜60%、节水指数＞1.0、品质为中强筋，下年度大区试验和生产试验同步进行的品种：济麦 0435

济麦 0435 第一年参加大区试验，21 点汇总，平均亩产 574.6 千克，比对照济麦 22 增产 1.58%，居 17 个参试品种的第十五位，增产点率 76.2%，增产≥2%点率 42.9%。非严重倒伏点率 100%。半冬性，中晚熟，全生育期 237.5 天，比对照济麦 22 晚熟 1.5 天。幼苗半匍匐，分蘖力较强，株高 78.6 厘米。抗病性较差，熟相好。穗纺锤形，长芒，白壳，白粒，籽粒较饱满，硬质。亩穗数 50.3 万，穗粒数 32.1 粒，千粒重 44.7 克。接种抗病性鉴定结果：中抗纹枯病，高感条锈病、叶锈病、白粉病和赤霉病。抗旱节水鉴定，节水指数 1.142。品质测定结果：粗蛋白（干基）含量 15.9%，湿面筋含量 35.5%，吸水率 64.2%，稳定时间 12.9 分钟，最大拉伸阻力 513.0EU，拉伸面积 92.8 厘米^2。

（五）参加大区试验 1 年，比对照济麦 22 增产＞1%、增产≥2%点率＜60%、节水指数＞1.2，下年度大区试验和生产试验同步进行的品种：航麦3290

航麦 3290 第一年参加大区试验，21 点汇总，平均亩产 576.1 千克，比对照济麦 22 增产 1.85%，居 17 个参试品种的第十四位，增产点率 61.9%，增产≥2%点率 47.6%。非严重倒伏点率 100%。半冬性，中晚熟，全生育期 236 天，与对照济麦 22 熟期相当。幼苗半匍匐，分蘖力较强，株高 82.0 厘米。抗病性一般，熟相一般。穗纺锤形，长芒，白壳，红粒，籽粒较饱满，硬质。亩穗数 36.7 万，穗粒数 41.5 粒，千粒重 47.4 克。接种抗病性鉴定结果：中抗白粉病和纹枯病，高感条锈病、叶锈病和赤霉病。抗旱节水鉴定，节水指数 1.204。品质测定结果：粗蛋白（干基）含量 13.9%，湿面筋含量 35.6%，吸水率 66.5%，稳定时间 1.7 分钟，最大拉伸阻力 194.0EU，拉伸面积 34.5 厘米^2。

（六）参加大区试验 1 年，比对照济麦 22 增产＞3%，增产≥2%点率＞60%，下年度继续大区试验的品种：石 15 鉴 21 和金禾 330

1. 石 15 鉴 21 第一年参加大区试验，21 点汇总，平均亩产 583.5 千克，比对照济麦 22 增产 3.15%，居 17 个参试品种的第十二位，增产点率 76.2%，增产≥2%点率 61.9%。非严重倒伏点率 100%。半冬性，中晚熟，全生育期 236.1 天，与对照济麦 22 熟期相当。幼苗半匍匐，分蘖力较强，株高 82.6 厘米。抗病性较差，熟相一般。穗纺锤形，长芒，白壳，白粒，籽粒较饱满，硬质。亩穗数 47.1 万，穗粒数 32.6 粒，千粒重

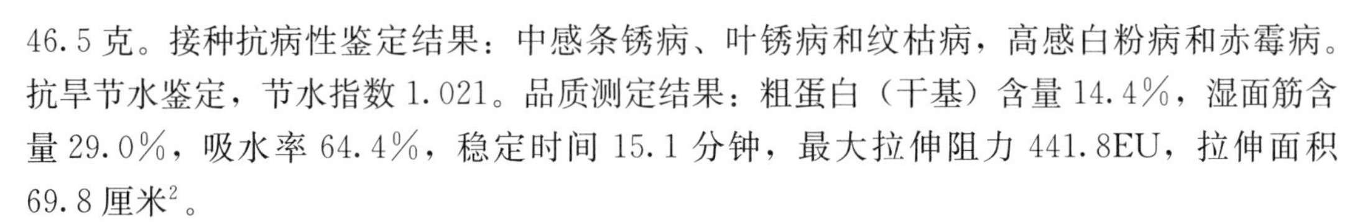

46.5 克。接种抗病性鉴定结果：中感条锈病、叶锈病和纹枯病，高感白粉病和赤霉病。抗旱节水鉴定，节水指数 1.021。品质测定结果：粗蛋白（干基）含量 14.4%，湿面筋含量 29.0%，吸水率 64.4%，稳定时间 15.1 分钟，最大拉伸阻力 441.8EU，拉伸面积 69.8 厘米^2。

2. 金禾 330　第一年参加大区试验，21 点汇总，平均亩产 585.2 千克，比对照济麦 22 增产 3.47%，居 17 个参试品种的第十一位，增产点率 66.7%，增产≥2%点率 66.7%。非严重倒伏点率 100%。半冬性，中晚熟，全生育期 235.4 天，比对照济麦 22 早熟 0.6 天。幼苗半匍匐，分蘖力一般，株高 84.5 厘米。抗病性较差，熟相好。穗纺锤形，长芒，白壳，白粒，籽粒较饱满，半硬质。亩穗数 45.6 万，穗粒数 37.4 粒，千粒重 40.1 克。接种抗病性鉴定结果：中抗纹枯病，中感条锈病和白粉病，高感叶锈病和赤霉病。抗旱节水鉴定，节水指数 0.926。品质测定结果：粗蛋白（干基）含量 13.9%，湿面筋含量 31.4%，吸水率 62.1%，稳定时间 9.3 分钟，最大拉伸阻力 563.5EU，拉伸面积 130.3 厘米^2。

（七）参加大区试验 1 年，比对照济麦 22 减产＜5%、增产≥2%点率＜60%，品质为强筋，下年度继续大区试验的品种：鲁研 1403

鲁研 1403　第一年参加大区试验，21 点汇总，平均亩产 545.8 千克，比对照济麦 22 减产 3.50%，居 17 个参试品种的第十七位，增产点率 14.3%，增产≥2%点率 4.8%。非严重倒伏点率 100%。半冬性，中晚熟，全生育期 235.6 天，比对照济麦 22 早熟 0.4 天。幼苗半匍匐，分蘖力较差，株高 86.2 厘米。抗病性较差，熟相一般。穗纺锤形，长芒，白壳，白粒，籽粒较饱满，硬质。亩穗数 33.0 万，穗粒数 41.0 粒，千粒重 47.2 克。接种抗病性鉴定结果：中感条锈病、叶锈病、白粉病和纹枯病，高感赤霉病。抗旱节水鉴定，节水指数 0.326。品质测定结果：粗蛋白（干基）含量 17.7%，湿面筋含量 39.0%，吸水率 67.2%，稳定时间 26.2 分钟，最大拉伸阻力 622.0EU，拉伸面积 125.0 厘米^2。

（八）参加大区试验 1 年，比对照济麦 22 增产＞2%，增产≥2%点率＜60%、节水指数＞1.0，下年度继续大区试验的品种：沧麦 2016－2

沧麦 2016－2　第一年参加大区试验，21 点汇总，平均亩产 578.7 千克，比对照济麦 22 增产 2.32%，居 17 个参试品种的第十三位，增产点率 71.4%，增产≥2%点率 52.4%。非严重倒伏点率 100%。半冬性，中晚熟，全生育期 236.4 天，比对照济麦 22 晚熟 0.4 天。幼苗半匍匐，分蘖力强，株高 87.5 厘米。抗病性一般，熟相一般。穗纺锤形，长芒，白壳，白粒，籽粒较饱满，硬质。亩穗数 46.9 万，穗粒数 34.8 粒，千粒重 41.56 克。接种抗病性鉴定结果：中感白粉病、纹枯病和赤霉病，高感条锈病和叶锈病。抗旱节水鉴定，节水指数 1.053。品质测定结果：粗蛋白（干基）含量 14.3%，湿面筋含量 34.6%，吸水率 66.2%，稳定时间 4.1 分钟，最大拉伸阻力 378.8EU，拉伸面积 61.8 厘米^2。

五、存在问题和建议

本年度气候整体适合小麦生长，小麦籽粒饱满度好，千粒重偏高，属于小麦高产年。部分试验点较常年干旱少雨且干热风发生频繁，产量较低。同时，因为干旱少雨，病害较常年发生较轻，但多个试验点有茎基腐病点片发生的现象。

2018—2019年度广适性小麦新品种试验
黄淮冬麦区北片广适组大区试验总结

为了鉴定国家小麦良种重大科研联合攻关单位育成新品种的丰产性、稳产性、抗逆性、适应性和品质特性，筛选适合黄淮冬麦区北片种植的小麦新品种，为国家小麦品种审定及合理利用提供重要科学依据，按照农业农村部关于国家四大粮食作物良种重大科研联合攻关部署，以及全国农业技术推广服务中心农技种函〔2018〕488号文件《关于印发〈2018—2019年度国家小麦良种联合攻关广适性品种试验实施方案〉的通知》精神，设置了本试验。

一、试验概况

（一）试验设计

试验采用顺序排列，不设重复，小区面积不少于0.5亩。试验采用机械播种，全区机械收获并现场称重计产。

（二）参试品种

本年度参试品种17个（不含对照，表1），统一对照品种济麦22，衡4399为河北省相应区试辅助对照品种。

表1　2018—2019年度黄淮冬麦区北片广适组大区试验承试单位与试验地点

序号	承试单位	联系人	试验地点
1	中国科学院遗传与发育生物学研究所	李俊明	河北省石家庄市栾城县柳林屯镇范台村
2	河北农业大学	李瑞奇	河北省石家庄市辛集市马庄试验站
3	邢台市农业科学研究院	景东林	河北省邢台市南和县闫里乡闫里村
4	河北省农林科学院旱作农业研究所	乔文臣	河北省深州市护驾迟镇莲花池村
5	沧州市农林科学院	王奉芝	河北省献县河城街乡小屯村
6	邯郸市农业科学院	刘保华	河北省邯郸市邯山区河沙镇苗庄村
7	石家庄大地种业有限公司	张　冲	河北省晋州市周家庄乡第八生产队
8	中国种子集团有限公司	吴海彬	河北省石家庄市高邑县高邑原种场
9	中国农业科学院作物科学研究所	底瑞耀	河北省藁城市南营镇马房村
10	中国农业科学院作物科学研究所	郭会君	山东省诸城市昌城镇杨义庄村
11	山东登海种业股份有限公司	翟冬峰	山东莱州城港路登海种业
12	菏泽市农业科学院	刘凤洲	山东省菏泽市曹县普连集镇李楼寨村
13	滨州市农业科学院	武利峰	山东省滨州市博兴县店子镇马庄村

（续）

序号	承试单位	联系人	试验地点
14	泰安市农业科学研究院	王瑞霞	山东省肥城市安驾庄镇安驾庄村
15	烟台市农业科学研究院	姜鸿明	山东省平度市青丰种业试验地
16	聊城市农业科学研究院	王怀恩	山东省东阿县牛角店镇红布刘村
17	潍坊市农业科学院	魏秀华	山东省潍坊市寒亭区张家院村
18	临沂市农业科学院	李宝强	山东省兰陵县芦柞镇南头村
19	山东省农业科学院作物研究所	刘建军	山东省德州市陵城区神头镇西辛村
20	山东鲁研农业良种有限公司	杨在东	山东省济南市章丘区龙山街道办事处甄家村
21	山西省农业科学院小麦研究所	张定一	山西省临汾市尧都区洪堡村

（三）试验点分布

本年度共设置试验点 21 个（表 2），分布在河北省、山东省、山西省。

表 2　2018—2019 年度黄淮冬麦区北片广适组大区试验参试品种

序号	品种名称	组　合	选育单位	联系人
1	冀麦 659	YB66180/济麦 0536	河北省农林科学院粮食作物研究所	李　辉
2	中麦 6079	济麦 22/百农 160	中国农业科学院作物科学研究所	肖世和
3	济麦 418	济麦 22/泰农 18	山东省农业科学院作物研究所	宋健民
4	鲁研 454	邯 6172/200832584	山东鲁研农业良种有限公司 山东省农业科学院原子能农业应用研究所	李新华
5	临农 11	科农 199/轮选 104	临沂市农业科学院	李宝强
6	衡 H165171	济麦 22/衡 5362	河北省农林科学院旱作农业研究所	乔文臣
7	TKM0311	泰农 18/齐丰 2 号	泰安市农业科学研究院	王瑞霞
8	LS4155	泰农 18/LS0370	山东农业大学/山东圣丰种业科技有限公司	李斯深
9	鲁原 309	NSA00－0061/鲁原 202	山东鲁研农业良种有限公司 山东省农业科学院原子能农业应用研究所	李新华
10	LH1703	石麦 18/石农 086	河北大地种业有限公司 石家庄市农林科学研究院	张　冲
11	邢麦 29	衡 4358//科农 9204/邢 1135	邢台市农业科学研究院	景东林
12	石 15－6375	济麦 22/衡观 35	石家庄市农林科学研究院	何明琦
13	潍麦 1711	BPT0536/95－1	山东省潍坊市农业科学院	于海涛
14	鲁研 951	鲁原 502/济麦 22	山东鲁研农业良种有限公司 山东省农业科学院原子能农业应用研究所	李新华
15	鲁研 733	200832573/泰农 18	山东鲁研农业良种有限公司 山东省农业科学院原子能农业应用研究所	李新华
16	衡 H1608	衡 0628/山农 16	河北省农林科学院旱作农业研究所 衡水市农业科学院	张文英
17	TKM6007	泰山 21/济麦 22	泰安市农业科学研究院	王瑞霞
18	济麦 22（黄淮冬麦区北片对照品种）			
19	衡 4399（河北省对照品种）			

(四) 试验实施情况

试验一般安排在当地种粮大户的生产田中，采用限水栽培管理，小麦春季限浇 2 水，按当地生态条件上等栽培水平管理。本年度各试验点基本做到适时播种、施肥、浇水、除草等田间管理，及时按记载项目和要求进行调查记载，认真进行数据汇总和总结。本年度各试验点基本在适播期完成播种，播期 10 月 5～25 日，亩基本苗数 19 万～23 万。21 个试验点试验质量均达到了汇总要求。

二、气候条件对小麦生长发育的影响

本年度气候总体适合小麦生长，属于小麦高产年。播期土壤墒情较好，气温适宜，小麦出苗整齐。越冬期无极端低温天气，冻害整体较 2017—2018 年度轻。春季低温持续时间长，气温平稳，分蘖数量适宜，群体适中，干旱，降水比往年偏少。抽穗期较往年晚 1～2 天，株高与往年相当。但灌浆中后期遇到短暂高温，对个别品种有所影响，2019 年小麦与常年成熟相当，小麦粒重普遍高于常年。部分地区收获前大风降雨，但倒伏较少。病害方面，白粉病、条锈病、叶锈病发病较轻，茎基腐病零星发生，蚜虫发生较轻，赤霉病发生较轻。

三、试验结果与分析

试验产量和其他农艺性状数据均采用平均数法统计分析。

(一) 产量

1. 试验点产量　本年度 21 个试验点全部参加汇总。各试验点平均亩产 622.1 千克，亩产变幅为 438.4～701.0 千克，平均亩产在 600 千克以上的试验点有 14 个，亩产高于 650 千克的试验点有 7 个；平均亩产低于 500 千克的试验点为河北沧州（表 3）。

表 3　2018—2019 年度黄淮冬麦区北片广适组大区试验各试验点产量

中国科学院遗传与发育生物学研究所					河北农业大学				
品种名称	亩产量（千克）	比济麦 22 增产（%）	比本省对照增产（%）	位次	品种名称	亩产量（千克）	比济麦 22 增产（%）	比本省对照增产（%）	位次
冀麦 659	664.90	6.02	8.02	5	冀麦 659	625.78	−6.55	−14.67	15
中麦 6079	653.82	4.25	6.22	10	中麦 6079	647.11	−3.36	−11.76	13
济麦 418	654.72	4.40	6.36	8	济麦 418	600.00	−10.4	−18.18	17
鲁研 454	668.54	6.60	8.61	1	鲁研 454	655.19	−2.16	−10.66	11
临农 11	657.30	4.81	6.78	7	临农 11	666.08	−0.53	−9.17	8
衡 H165171	661.24	5.44	7.42	6	衡 H165171	638.52	−4.65	−12.93	14
TKM0311	650.72	3.76	5.71	11	TKM0311	663.71	−0.88	−9.50	9

（续）

中国科学院遗传与发育生物学研究所					河北农业大学				
品种名称	亩产量（千克）	比济麦 22 增产（%）	比本省对照增产（%）	位次	品种名称	亩产量（千克）	比济麦 22 增产（%）	比本省对照增产（%）	位次
LS4155	627.36	0.04	1.92	15	LS4155	714.67	6.73	−2.55	3
鲁原 309	639.92	2.04	3.96	13	鲁原 309	698.67	4.34	−4.73	4
LH1703	650.54	3.73	5.68	12	LH1703	654.23	−2.3	−10.79	12
邢麦 29	666.18	6.23	8.22	2	邢麦 29	602.67	−10	−17.82	16
石 15-6375	665.88	6.18	8.17	3	石 15-6375	583.11	−12.92	−20.49	19
潍麦 1711	665.00	6.04	8.03	4	潍麦 1711	790.52	18.05	7.80	1
鲁研 951	607.12	−3.19	−1.37	19	鲁研 951	593.48	−11.37	−19.07	18
鲁研 733	654.62	4.38	6.35	9	鲁研 733	692.45	3.41	−5.58	5
衡 H1608	630.80	0.58	2.48	14	衡 H1608	684.15	2.17	−6.71	6
TKM6007	626.68	−0.07	1.81	17	TKM6007	661.93	−1.15	−9.74	10
济麦 22	627.14	—	1.88	16	济麦 22	669.63	—	−8.69	7
衡 4399	615.56	−1.85	—	18	衡 4399	733.34	9.51	—	2
平均	646.7				平均	661.9			

邢台市农业科学院					河北省农林科学院旱作农业研究所				
品种名称	亩产量（千克）	比济麦 22 增产（%）	比本省对照增产（%）	位次	品种名称	亩产量（千克）	比济麦 22 增产（%）	比本省对照增产（%）	位次
冀麦 659	715.76	10.87	8.83	4	冀麦 659	647.06	6.45	0.61	13
中麦 6079	724.62	12.25	10.18	2	中麦 6079	666.67	9.68	3.66	7
济麦 418	625.08	−3.17	−4.96	18	济麦 418	633.33	4.19	−1.52	18
鲁研 454	690.87	7.02	5.04	10	鲁研 454	639.22	5.16	−0.61	17
临农 11	682.19	5.67	3.72	12	临农 11	645.10	6.13	0.30	14
衡 H165171	729.29	12.97	10.88	1	衡 H165171	739.22	21.61	14.94	1
TKM0311	722.58	11.93	9.87	3	TKM0311	690.20	13.55	7.32	4
LS4155	680.65	5.44	3.49	13	LS4155	668.63	10.00	3.96	6
鲁原 309	713.30	10.49	8.45	6	鲁原 309	664.71	9.35	3.35	8
LH1703	657.50	1.85	−0.03	16	LH1703	711.76	17.10	10.67	2
邢麦 29	714.04	10.61	8.57	5	邢麦 29	696.08	14.52	8.23	3
石 15-6375	712.45	10.36	8.32	7	石 15-6375	662.75	9.03	3.05	11
潍麦 1711	684.02	5.96	4.00	11	潍麦 1711	664.71	9.35	3.35	8
鲁研 951	699.43	8.35	6.35	9	鲁研 951	674.51	10.97	4.88	5
鲁研 733	624.46	−3.27	−5.05	19	鲁研 733	641.18	5.48	−0.30	16
衡 H1608	661.29	2.44	0.55	14	衡 H1608	649.02	6.77	0.91	12
TKM6007	699.55	8.36	6.36	8	TKM6007	664.71	9.35	3.35	8
济麦 22	645.56	—	−1.85	17	济麦 22	607.84	—	−5.49	19
衡 4399	657.70	1.88	—	15	衡 4399	643.14	5.81	—	15
平均	686.33				平均	663.68			

（续）

沧州市农林科学院					邯郸市农业科学院				
品种名称	亩产量（千克）	比济麦22增产（%）	比本省对照增产（%）	位次	品种名称	亩产量（千克）	比济麦22增产（%）	比本省对照增产（%）	位次
冀麦659	422.01	−1.10	1.28	14	冀麦659	588.58	12.13	8.96	1
中麦6079	446.68	4.69	7.20	5	中麦6079	572.29	9.03	5.94	4
济麦418	418.68	−1.88	0.48	16	济麦418	503.16	−4.14	−6.86	19
鲁研454	417.02	−2.27	0.08	18	鲁研454	542.17	3.29	0.37	14
临农11	443.35	3.91	6.40	6	临农11	569.82	8.56	5.49	5
衡H165171	428.69	0.47	2.88	10	衡H165171	536.24	2.16	−0.73	16
TKM0311	476.69	11.72	14.40	2	TKM0311	579.70	10.44	7.31	2
LS4155	421.35	−1.25	1.12	15	LS4155	556.98	6.11	3.11	7
鲁原309	440.02	3.12	5.60	7	鲁原309	552.04	5.17	2.19	9
LH1703	470.02	10.16	12.80	3	LH1703	550.56	4.89	1.92	10
邢麦29	418.35	−1.95	0.40	17	邢麦29	578.71	10.25	7.13	3
石15-6375	440.02	3.12	5.60	7	石15-6375	561.92	7.05	4.02	6
潍麦1711	466.69	9.37	12.00	4	潍麦1711	548.09	4.42	1.46	12
鲁研951	426.69	—	2.40	11	鲁研951	550.07	4.80	1.83	11
鲁研733	440.02	3.12	5.60	7	鲁研733	555.50	5.83	2.83	8
衡H1608	483.36	13.28	16.00	1	衡H1608	544.64	3.76	0.82	13
TKM6007	426.69	—	2.40	11	TKM6007	511.06	−2.63	−5.39	18
济麦22	426.69	—	2.40	11	济麦22	524.89	—	−2.83	17
衡4399	416.69	−2.34	—	19	衡4399	540.19	2.92	—	15
平均	438.41				平均	550.87			

河北大地种业有限公司					中国种子集团有限公司				
品种名称	亩产量（千克）	比济麦22增产（%）	比本省对照增产（%）	位次	品种名称	亩产量（千克）	比济麦22增产（%）	比本省对照增产（%）	位次
冀麦659	628.36	6.4	4.3	6	冀麦659	637.556	3.52	2.69	8
中麦6079	623.76	5.7	3.5	8	中麦6079	616.084	0.03	−0.77	17
济麦418	638.39	8.1	6.0	5	济麦418	617.736	0.30	−0.50	15
鲁研454	561.39	−4.9	−6.8	19	鲁研454	701.972	13.97	13.06	1
临农11	619.64	5.0	2.8	10	临农11	627.646	1.91	1.09	11
衡H165171	606.47	2.7	0.7	14	衡H165171	649.118	5.39	4.55	5
TKM0311	611.10	3.5	1.4	12	TKM0311	678.848	10.22	9.34	3
LS4155	660.27	11.9	9.6	3	LS4155	673.894	9.42	8.54	4
鲁原309	668.83	13.3	11.0	1	鲁原309	637.556	3.52	2.69	8
LH1703	655.32	11.0	8.8	4	LH1703	622.690	1.10	0.29	12
邢麦29	609.83	3.3	1.2	13	邢麦29	621.040	0.83	0.03	13
石15-6375	614.28	4.1	2.0	11	石15-6375	632.602	2.71	1.89	10
潍麦1711	661.05	12.0	9.7	2	潍麦1711	644.164	4.59	3.75	6

（续）

河北大地种业有限公司					中国种子集团有限公司				
品种名称	亩产量（千克）	比济麦 22 增产（%）	比本省对照增产（%）	位次	品种名称	亩产量（千克）	比济麦 22 增产（%）	比本省对照增产（%）	位次
鲁研 951	619.85	5.0	2.9	9	鲁研 951	617.736	0.30	−0.50	15
鲁研 733	605.53	2.6	0.5	15	鲁研 733	695.366	12.90	12.00	2
衡 H1608	579.95	−1.8	−3.7	18	衡 H1608	639.208	3.78	2.96	7
TKM6007	625.78	6.0	3.9	7	TKM6007	604.982	−1.77	−2.56	19
济麦 22	590.29	—	−2.0	17	济麦 22	615.904	—	−0.80	18
衡 4399	602.51	2.1	—	16	衡 4399	620.860	0.78	—	14
平均	639.73				平均	639.730			

中国农业科学院作物科学研究所（藁城点）					中国农业科学院作物科学研究所（诸城点）				
品种名称	亩产量（千克）	比济麦 22 增产（%）	比本省对照增产（%）	位次	品种名称	亩产量（千克）	比济麦 22 增产（%）	比本省对照增产（%）	位次
冀麦 659	684.92	20.0	26.05	2	冀麦 659	659.94	3.21		10
中麦 6079	705.46	23.6	29.83	1	中麦 6079	676.16	5.75		5
济麦 418	630.12	10.4	15.97	6	济麦 418	640.98	0.25		14
鲁研 454	536.52	−6.0	−1.26	19	鲁研 454	689.94	7.90		2
临农 11	575.33	0.8	5.88	13	临农 11	627.84	−1.81		18
衡 H165171	582.18	2.0	7.14	12	衡 H165171	702.34	9.84		1
TKM0311	662.09	16.0	21.85	4	TKM0311	674.92	5.56		6
LS4155	550.22	−3.6	1.26	17	LS4155	631.24	−1.28		17
鲁原 309	557.07	−2.4	2.52	15	鲁原 309	680.62	6.45		4
LH1703	598.16	4.8	10.08	10	LH1703	637.24	−0.34		16
邢麦 29	595.88	4.4	9.66	11	邢麦 29	641.02	0.25		13
石 15-6375	607.29	6.4	11.76	9	石 15-6375	672.90	5.24		7
潍麦 1711	625.56	9.6	15.13	7	潍麦 1711	687.08	7.46		3
鲁研 951	652.95	14.4	20.17	5	鲁研 951	667.72	4.43		8
鲁研 733	552.50	−3.2	1.68	16	鲁研 733	649.44	1.56		12
衡 H1608	675.78	18.4	24.37	3	衡 H1608	660.7	3.33		9
TKM6007	625.56	9.6	15.13	8	TKM6007	652.92	2.11		11
济麦 22	570.76	—	5.04	14	济麦 22	639.46	—		15
衡 4399	543.37	−4.8	—	18	平均	660.69			
平均	606.93								

山东登海种业股份有限公司					菏泽市农业科学院				
品种名称	亩产量（千克）	比济麦 22 增产（%）	比本省对照增产（%）	位次	品种名称	亩产量（千克）	比济麦 22 增产（%）	比本省对照增产（%）	位次
冀麦 659	717.56	3.95		5	冀麦 659	548.8	−5.61		15
中麦 6079	724.24	4.91		1	中麦 6079	604.8	4.02		8
济麦 418	717.00	3.87		6	济麦 418	602.3	3.60		10

（续）

山东登海种业股份有限公司					菏泽市农业科学院				
品种名称	亩产量（千克）	比济麦 22 增产（%）	比本省对照增产（%）	位次	品种名称	亩产量（千克）	比济麦 22 增产（%）	比本省对照增产（%）	位次
鲁研 454	678.63	−1.69		15	鲁研 454	603.4	3.78		9
临农 11	719.70	4.26		3	临农 11	617.2	6.15		3
衡 H165171	698.61	1.21		12	衡 H165171	616.7	6.07		4
TKM0311	660.59	−4.30		17	TKM0311	635.2	9.26		2
LS4155	666.91	−3.39		16	LS4155	606.2	4.27		7
鲁原 309	718.38	4.07		4	鲁原 309	648.1	11.48		1
LH1703	659.92	−4.40		18	LH1703	601.6	3.47		11
邢麦 29	711.07	3.01		9	邢麦 29	611.1	5.11		6
石 15－6375	715.35	3.63		7	石 15－6375	539.7	−7.18		16
潍麦 1711	712.79	3.26		8	潍麦 1711	614.0	5.61		5
鲁研 951	707.34	2.47		10	鲁研 951	487.0	−16.23		18
鲁研 733	696.92	0.96		13	鲁研 733	496.1	−14.67		17
衡 H1608	701.93	1.69		11	衡 H1608	599.1	3.04		12
TKM6007	721.11	4.46		2	TKM6007	551.2	−5.19		14
济麦 22	690.29	—		14	济麦 22	581.4	—		13
平均	701.02				平均	586.88			

滨州市农业科学院					泰安市农业科学研究院				
品种名称	亩产量（千克）	比济麦 22 增产（%）	比本省对照增产（%）	位次	品种名称	亩产量（千克）	比济麦 22 增产（%）	比本省对照增产（%）	位次
冀麦 659	567.80	−2.51		15	冀麦 659	643.7	3.0		12
中麦 6079	646.78	11.06		2	中麦 6079	666.0	6.6		5
济麦 418	613.59	5.36		11	济麦 418	647.2	3.6		9
鲁研 454	562.56	−3.41		16	鲁研 454	668.2	6.9		4
临农 11	547.49	−6.00		18	临农 11	646.7	3.5		10
衡 H165171	667.91	14.69		1	衡 H165171	659.1	5.5		6
TKM0311	634.59	8.96		5	泰科麦 0311	674.3	7.9		3
LS4155	616.70	5.89		10	LS4155	638.5	2.2		13
鲁原 309	623.21	7.01		8	鲁原 309	657.6	−2.9		18
LH1703	640.07	9.91		3	LH1703	619.5	−0.8		15
邢麦 29	549.48	−5.66		17	邢麦 29	657.6	5.2		7
石 15－6375	597.10	2.53		13	石 15－6375	619.3	−0.9		16
潍麦 1711	624.55	7.24		7	潍麦 1711	646.7	3.5		10
鲁研 951	633.40	8.76		6	鲁研 951	684.0	9.5		2
鲁研 733	638.13	9.57		4	鲁研 733	692.8	10.9		1
衡 H1608	622.52	6.89		9	衡 H1608	612.6	−2.0		17
TKM6007	609.39	4.64		12	泰科麦 6007	655.9	5.0		8
济麦 22	582.41	—		14	济麦 22	624.9	—		14
平均	609.87				平均	650.81			

（续）

烟台市农业科学研究院					聊城市农业科学研究院				
品种名称	亩产量（千克）	比济麦 22 增产（%）	比本省对照增产（%）	位次	品种名称	亩产量（千克）	比济麦 22 增产（%）	比本省对照增产（%）	位次
冀麦 659	573.0	−8.32		18	冀麦 659	553.90	−2.89		17
中麦 6079	637.0	5.41		6	中麦 6079	604.34	5.99		3
济麦 418	664.2	6.27		4	济麦 418	549.08	−3.70		18
鲁研 454	672.4	7.58		2	鲁研 454	601.38	5.47		4
临农 11	645.4	3.26		13	临农 11	571.32	0.12		13
衡 H165171	627.6	4.13		8	衡 H165171	596.50	4.61		7
TKM0311	646.2	3.39		11	TKM0311	577.92	1.35		10
LS4155	659.0	5.44		5	LS4155	620.12	8.75		1
鲁原 309	638.6	2.18		14	鲁原 309	613.20	7.54		2
LH1703	552.0	0.03		16	LH1703	595.34	4.41		8
邢麦 29	646.6	5.06		7	邢麦 29	598.22	4.91		5
石 15 - 6375	645.8	3.33		12	石 15 - 6375	596.78	4.66		6
潍麦 1711	648.4	3.74		9	潍麦 1711	574.42	0.74		12
鲁研 951	666.6	6.66		3	鲁研 951	576.28	1.07		11
鲁研 733	708.4	13.34		1	鲁研 733	565.44	−0.84		15
衡 H1608	593.8	1.25		15	衡 H1608	556.10	−2.50		16
TKM6007	646.8	3.49		10	TKM6007	580.40	1.79		9
济麦 22	625.0	—		17	济麦 22	570.20	—		14
平均	638.7				平均	583.39			

潍坊市农业科学院					临沂市农业科学院				
品种名称	亩产量（千克）	比济麦 22 增产（%）	比本省对照增产（%）	位次	品种名称	亩产量（千克）	比济麦 22 增产（%）	比本省对照增产（%）	位次
冀麦 659	671.25	0.97		13	冀麦 659	619.82	4.38		10
中麦 6079	682.58	2.67		10	中麦 6079	612.88	3.21		14
济麦 418	654.45	−1.56		17	济麦 418	628.50	5.84		6
鲁研 454	733.57	10.34		2	鲁研 454	614.61	3.51		13
临农 11	650.20	−2.19		18	临农 11	644.13	8.48		2
衡 H165171	694.14	4.41		8	衡 H165171	626.77	5.55		8
TKM0311	711.14	6.97		5	TKM0311	645.87	8.77		1
LS4155	695.65	4.64		7	LS4155	595.52	0.29		15
鲁原 309	693.31	4.29		9	鲁原 309	638.92	7.60		3
LH1703	672.33	1.13		12	LH1703	582.49	−1.90		17
邢麦 29	701.87	5.57		6	邢麦 29	623.30	4.97		9
石 15 - 6375	682.53	2.66		11	石 15 - 6375	630.24	6.14		5
潍麦 1711	713.05	7.25		4	潍麦 1711	628.50	5.84		6
鲁研 951	663.19	−0.25		15	鲁研 951	578.85	−2.52		18
鲁研 733	718.32	8.05		3	鲁研 733	618.09	4.09		11
衡 H1608	656.09	−1.31		16	衡 H1608	635.45	7.01		4
TKM6007	756.23	13.75		1	TKM6007	616.35	3.80		12
济麦 22	664.82	—		14	济麦 22	593.78	—		16
平均	689.71				平均	618.56			

（续）

山东省农业科学院作物研究所					山东鲁研农业良种有限公司				
品种名称	亩产量（千克）	比济麦 22 增产（%）	比本省对照增产（%）	位次	品种名称	亩产量（千克）	比济麦 22 增产（%）	比本省对照增产（%）	位次
冀麦 659	571.33	−3.23		14	冀麦 659	581.3	1.2		17
中麦 6079	639.20	8.27		5	中麦 6079	586.4	2.1		15
济麦 418	595.37	0.84		9	济麦 418	602.3	4.8		4
鲁研 454	622.37	5.42		6	鲁研 454	592.0	3.0		10
临农 11	570.92	−3.30		15	临农 11	589.1	2.5		13
衡 H165171	611.60	3.59		7	衡 H165171	601.1	4.6		5
TKM0311	550.53	−6.75		18	TKM0311	596.8	3.9		6
LS4155	562.02	−4.81		16	LS4155	608.1	5.8		3
鲁原 309	557.62	−5.55		17	鲁原 309	636.7	10.8		1
LH1703	574.15	−2.75		13	LH1703	596.8	3.9		6
邢麦 29	586.97	−0.58		12	邢麦 29	586.5	2.1		14
石 15 - 6375	603.71	2.26		8	石 15 - 6375	590.6	2.8		11
潍麦 1711	590.94	0.09		10	潍麦 1711	623.2	8.5		2
鲁研 951	640.96	8.56		3	鲁研 951	594.8	3.5		8
鲁研 733	639.24	8.27		4	鲁研 733	594.0	3.4		9
衡 H1608	649.04	9.93		1	衡 H1608	583.8	1.6		16
TKM6007	641.59	8.67		2	TKM6007	590.0	2.7		12
济麦 22	590.37	—		11	济麦 22	597.1	—		18
平均	599.89				平均	597.1			

山西省农业科学院小麦研究所					汇　总				
品种名称	亩产量（千克）	比济麦 22 增产（%）	比本省对照增产（%）	位次	品种名称	亩产量（千克）	比济麦 22 增产（%）	比本省对照增产（%）	位次
冀麦 659	599.13	3.58		8	潍麦 1711	638.77	6.24		1
中麦 6079	637.34	10.18		2	中麦 6079	636.87	5.92		2
济麦 418	580.37	0.34		10	TKM0311	634.65	5.56		3
鲁研 454	584.00	0.96		9	衡 H165171	631.51	5.03		4
临农 11	494.13	−14.57		18	鲁原 309	628.36	4.51		5
衡 H165171	633.05	9.44		5	TKM6007	623.94	3.77		6
TKM0311	550.71	−4.79		13	鲁研 733	621.70	3.40		7
LS4155	499.78	−13.60		17	石 15 - 6375	621.63	3.39		8
鲁原 309	523.65	−9.47		15	邢麦 29	621.54	3.37		9
LH1703	518.96	−10.28		16	鲁研 454	620.76	3.24		10
邢麦 29	635.80	9.92		3	LS4155	617.70	2.74		11
石 15 - 6375	680.01	17.56		1	衡 H1608	616.69	2.57		12
潍麦 1711	600.70	3.85		6	鲁研 951	616.31	2.50		13
鲁研 951	600.49	3.81		7	冀麦 659	615.36	2.35		14
鲁研 733	577.14	−0.22		12	LH1703	610.53	1.54		15
衡 H1608	531.21	−8.16		14	济麦 418	610.31	1.51		16
TKM6007	633.82	9.58		4	临农 11	610.03	1.46		17
济麦 22	578.43	—		11	济麦 22	601.25	—		18
平均	581.04				衡 4399	595.69	−0.92		19
					平均	619.66			

2. 品种产量　参试品种平均亩产622.2千克，亩产变幅为610.0～638.8千克。对照济麦22居第十八位（表4），17个参试品种的平均亩产均超过对照品种，增产幅度1.46%～6.24%。增产5%以上的品种分别是潍麦1711、中麦6079、TKM0311、衡H165171（表5）。

表4　2018—2019年度对照品种的产量表现

组别	对照品种	对照亩产量（千克）	最大增幅（%）	最大减幅（%）	位次	增产品种数（个）
黄淮冬麦区北片广适组大区试验	济麦22	601.25	6.24	0	18	17

表5　2018—2019年度黄淮冬麦区北片广适组大区试验参试品种产量比较

序号	品种名称	平均亩产量（千克）	参试年数	比对照济麦22增产（%）	增产点率（%）	增产≥2%点率（%）
1	冀麦659	615.36	2	2.35	66.7	57.1
2	中麦6079	636.87	1	5.92	95.2	90.0
3	济麦418	610.31	1	1.51	71.4	52.0
4	鲁研454	620.76	1	3.24	71.4	67.0
5	临农11	610.03	1	1.46	71.4	57.0
6	衡H165171	631.51	1	5.03	95.2	86.0
7	TKM0311	634.65	1	5.56	81.0	76.0
8	LS4155	617.7	1	2.74	71.4	62.0
9	鲁原309	628.36	1	4.51	81.0	81.0
10	LH1703	610.53	1	1.54	61.9	48.0
11	邢麦29	621.54	1	3.37	81.0	71.0
12	石15-6375	621.63	1	3.39	85.7	85.7
13	潍麦1711	638.77	1	6.24	100.0	90.0
14	鲁研951	616.31	1	2.50	71.4	62.0
15	鲁研733	621.70	1	3.40	76.2	67.0
16	衡H1608	616.69	1	2.57	76.2	52.0
17	TKM6007	623.94	1	3.77	71.4	67.0
18	济麦22	601.25				
19	衡4399	595.69				

（二）品种评价

参试的17个品种均为中筋小麦。根据产量、抗性鉴定和品质测试结果，结合生长期间田间考察，依据《主要农作物品种审定标准（国家级）》中小麦品种审定标准对参试品

种提出初步处理意见：

（1）参加大区试验 2 年的品种冀麦 659，比对照济麦 22 增产＞2％，2018—2019 年度增产≥2％点率＜60％，终止试验。

（2）参加大区试验 1 年，比对照济麦 22 增产＞5％、增产≥2％点率＞60％、节水指数＞1.0 的品种有 4 个，为潍麦 1711、中麦 6079、TKM0311、衡 H165171，推荐下年度大区试验和生产试验同步进行。

（3）参加大区试验 1 年，比对照济麦 22 增产＞2％、增产≥2％点率＞60％的品种有 8 个，为鲁原 309、TKM6007、鲁研 733、石 15－6375、邢麦 29、鲁研 454、LS4155、鲁研 951，推荐下年度继续大区试验。

（4）参加大区试验 1 年，比对照济麦 22 增产＞2％、增产≥2％点率＜60％、节水指数＞1.0 的品种衡 H1608，推荐下年度继续大区试验。

（5）参加大区试验 1 年，比对照济麦 22 增产＜2％、增产≥2％点率＜60％的品种有济麦 418、临农 11、LH1703，建议停止试验。

参试品种在各试验点的抗性鉴定和农艺性状见表 6 至表 13。

表 6　2018—2019 年度黄淮冬麦区北片广适组大区试验参试品种茎蘖动态及产量构成

序号	品种名称	生育期（天）	亩基本苗数（万）	亩最高茎蘖数（万）	亩穗数（万）	穗粒数（粒）	千粒重（克）	株高（厘米）	容重（克/升）	分蘖成穗率（％）
1	冀麦 659	237	19.98	103.48	44.82	36.5	46.3	80.0	800	45.84
2	中麦 6079	237	21.89	99.02	42.51	38.3	48.7	87.8	804	44.68
3	济麦 418	237	20.25	107.71	43.54	36.0	47.9	79.4	801	42.24
4	鲁研 454	236	20.11	112.95	44.36	36.4	45.5	78.8	788	42.09
5	临农 11	237	22.16	98.89	44.77	34.2	46.8	77.8	806	46.30
6	衡 H165171	236	20.62	110.42	47.14	35.6	45.4	76.7	803	44.84
7	TKM0311	238	22.59	109.16	41.03	41.2	45.2	80.5	796	39.35
8	LS4155	236	20.72	94.72	38.40	39.7	47.3	76.2	804	41.73
9	鲁原 309	236	23.04	108.62	47.98	33.4	47.5	77.5	775	45.18
10	LH1703	237	21.96	105.91	45.77	34.5	46.3	78.3	805	44.44
11	邢麦 29	236	21.82	103.49	44.50	36.3	44.1	77.3	797	44.27
12	石 15－6375	236	22.20	107.09	45.84	35.2	44.5	78.9	806	44.83
13	潍麦 1711	237	21.04	103.37	45.40	35.3	47.1	78.1	801	45.97
14	鲁研 951	237	21.28	104.78	43.43	35.3	46.7	76.9	774	43.32
15	鲁研 733	236	20.36	104.68	42.18	36.8	47.0	79.0	777	42.78
16	衡 H1608	236	22.45	109.10	47.66	36.8	42.8	78.5	814	44.90
17	TKM6007	236	20.96	108.11	44.37	36.8	45.6	78.1	796	42.97
18	济麦 22	237	20.48	107.35	44.39	36.4	45.8	77.6	805	43.18
19	衡 4399	235	24.84	108.49	47.31	34.0	41.2	76.9	814	44.89

表 7　2018—2019 年度黄淮冬麦区北片广适组大区试验参试品种亩产量汇总（千克）

品种名称	河北栾城	河北辛集	河北南和	河北深州	河北献县	河北邯山	河北晋州	河北高邑	河北藁城	山东诸城	山东莱州	山东曹县	山东博兴	山东肥城	山东平度	山东东阿	山东寒亭	山东兰陵	山东陵城	山东章丘	山西临汾	平均
冀麦 659	664.9	625.8	715.8	647.1	422.0	588.6	628.4	637.6	684.9	659.9	717.6	548.8	567.8	643.7	573.0	553.9	671.3	619.8	571.3	581.3	599.1	**615.4**
中麦 6079	653.8	647.1	724.6	666.7	446.7	572.3	623.8	616.1	705.5	676.2	724.2	604.8	646.8	666.0	637.0	604.3	682.6	612.9	639.2	586.4	637.3	**636.9**
济麦 418	654.7	600.0	625.1	633.3	418.7	503.2	638.4	617.7	630.1	641.0	717.0	602.3	613.6	647.2	664.2	549.1	654.5	628.5	595.4	602.3	580.4	**610.3**
鲁研 454	668.5	655.2	690.9	639.2	417.0	542.2	561.4	702.0	536.5	689.9	678.6	603.4	562.6	668.2	672.4	601.4	733.6	614.6	622.4	592.0	584.0	**620.8**
临农 11	657.3	666.1	682.2	645.1	443.4	569.8	619.6	627.6	575.3	627.8	719.7	617.2	547.5	646.7	645.4	571.3	650.2	644.1	570.9	589.1	494.1	**610.0**
衡 H165171	661.2	638.5	729.3	739.2	428.7	536.2	606.5	649.1	582.2	702.3	698.6	616.7	623.2	659.1	627.6	596.5	694.1	626.8	611.6	601.1	633.1	**631.5**
TKM0311	650.7	663.7	722.6	690.2	476.7	579.7	611.1	678.8	662.1	674.9	660.6	635.2	667.9	674.3	646.2	577.9	711.1	645.9	550.5	596.8	550.7	**634.7**
LS4155	627.4	714.7	680.7	668.6	421.4	557.0	660.3	673.9	550.2	631.2	666.9	606.2	634.6	638.5	659.0	620.1	695.7	595.5	562.0	608.1	499.8	**617.7**
鲁原 309	639.9	698.7	713.3	664.7	440.0	552.0	668.8	637.6	557.1	680.6	718.4	648.1	616.7	657.6	638.6	613.2	693.3	638.9	557.6	636.7	523.7	**628.4**
LH1703	650.5	654.2	657.5	711.8	470.0	550.6	655.3	622.7	598.2	637.2	659.9	601.6	640.1	619.5	552.0	595.3	672.3	582.5	574.2	596.8	519.0	**610.5**
邢麦 29	666.2	602.7	714.0	696.1	418.4	578.7	609.8	621.0	595.9	641.0	711.1	611.1	549.5	657.6	646.6	598.2	701.9	623.3	587.0	586.5	635.8	**621.5**
石 15 - 6375	665.9	583.1	712.5	662.8	440.0	561.9	614.3	632.6	607.3	672.9	715.4	539.7	597.1	619.3	645.8	596.8	682.5	630.2	603.7	590.6	680.0	**621.6**
潍麦 1711	665.0	790.5	684.0	664.7	466.7	548.1	661.1	644.2	625.6	687.1	712.8	614.0	624.6	646.7	648.4	574.4	713.1	628.5	590.9	623.2	600.7	**638.8**
鲁研 951	607.1	593.5	699.4	674.5	426.7	550.1	619.9	617.7	653.0	667.7	707.3	487.0	633.4	684.0	666.6	576.3	663.2	578.9	641.0	594.8	600.5	**616.3**
鲁研 733	654.6	692.5	624.5	641.2	440.0	555.5	605.5	695.4	552.5	649.4	696.9	496.1	638.1	692.8	708.4	565.4	718.3	618.1	639.2	594.0	577.1	**621.7**
衡 H1608	630.8	684.2	661.3	649.0	483.4	544.6	580.0	639.2	675.8	660.7	701.9	599.1	622.5	612.6	593.8	556.1	656.1	635.5	649.0	583.8	531.2	**616.7**
TKM6007	626.7	661.9	699.6	664.7	426.7	511.1	625.8	605.0	625.6	652.9	721.1	551.2	609.4	655.9	646.8	580.4	756.2	616.4	641.6	590.0	633.8	**623.9**
济麦 22	627.1	669.6	657.7	607.8	426.7	524.9	590.3	615.9	570.8	639.5	690.3	581.4	582.4	624.9	625.0	570.2	664.8	593.8	590.4	594.3	578.4	**601.2**
衡 4399	615.6	733.3	645.6	643.1	416.7	540.2	602.5	620.9	543.4													**595.7**

表 8　2018—2019 年度黄淮冬麦区北片广适组大区试验参试品种抗寒性汇总

序号	品种名称	河北栾城		河北辛集		河北南和		河北深州		河北献县	河北邯山		河北晋州		河北高邑		河北藁城	
		冬季（2月19日）	春季（3月20日）	冬季	春季（3月5日）	冬季	春季	冬季	春季	冬季	冬季	春季	冬季	春季	冬季（2月15日）	春季	冬季	春季
1	冀麦 659	2—	2—		3	3	2	2	2	2	2	1	2	2	3		3	
2	中麦 6079	2	2		3	3	2	2	3	1	3	2	2	3	3		3	
3	济麦 418	2—	2—		4	2	3	3	3	1	2	1	2	3	3		3+	
4	鲁研 454	2	2		4	3	3	3	3	2	2	1	2	3	3		3+	
5	临农 11	2	2		4	2	2	3	3	2	3	1	2	2	3		3	
6	衡 H165171	2—	2—		3	2	2	3	3	2	3	1	2	2	3		3	
7	TKM0311	2	2		3	2	2	2	3	1	3	1	2	2	3		3	
8	LS4155	2+	2+		3	3	2	3	3	1	3	1	3	3	3		3	
9	鲁原 309	2+	2+		4	2	3	3	3	2	3	1	2	3	3		4—	
10	LH1703	2	2		3	2	2	3	3	3	3	1	2	2	3		3—	
11	邢麦 29	2+	2+		4	3	2	3	2	3	2	1	2	3	3		3+	
12	石 15 - 6375	2	2		3	3	2	3	3	1	2	1	2	2	3		3	
13	潍麦 1711	2	2		3	3	2	3	3	3	2	1	2	2	3		3	
14	鲁研 951	2	2		4	3	3	2	3	1	2	1	2	2	3		3—	
15	鲁研 733	2	2		4	3	3	3	3	1	2	1	3	2	3		3+	
16	衡 H1608	2	2		4	3	2	3	3	2	3	1	2	3	3		3+	
17	TKM6007	2	2		4	3	2	3	3	1	3	1	3	3	3		3	
18	济麦 22	2	2		3	3	3	3	3	1	2	1	2	2	3		3—	
19	衡 4399	2	1		3	2	2	3	3	1	3	1	3	3	3		3+	

（续）

序号	品种名称	山东诸城		山东莱州		山东肥城		山东曹县		山东博兴		山东肥城		山东平度		山东东阿		山东寒亭		山东兰陵		山东陵城		山东章丘		山西临汾	
		冬季	春季	冬季	春季	冬季	春季	冬季（1月17日）	春季（2月24日）	冬季	春季	冬季	春季（2月12日）	冬季	春季	冬季	春季	冬季	春季（2月25日）	冬季	春季	冬季	春季	冬季（1月15日）	春季（2月22日）	冬季	春季
1	冀麦659	1	1	2		3		2	3	2	2		2	2	2	2	2+		2	2	2	3	3	2	2	4	1
2	中麦6079	1	1	2		2		2	2	2	2		2	2	2	2+	2		2	2	2	3−	3−	2	2+	3	1
3	济麦418	1	1	2		3		2	4	3	2		2+	2	2	2+	2		2	2	2	3	3	2	3−	3	1
4	鲁研454	1	1	2		2		2	3	2	2		3−	2	2	3	2		2	2	2	3−	3−	2	3	3	3
5	临农11	1	1	2		2+		2	3	3	2		2+	2	2	2	2		2	2	2	3−	3−	2	2	3	3
6	衡H165171	1	1	2		2		3	3	2	2		2+	2	2	2	2		2	2	2	2+	3−	2	2	3	2
7	TKM0311	1	1	2		3+		3	3	2	2		3−	2	2	2	2		2	2	2	3	3+	2	2	3	1
8	LS4155	1	1	2		2+		3	3	3	2		2	2	2	2+	2		2	2	2	3+	4−	2	2	3	1
9	鲁原309	1	1	2		3−		3	3	2	2		2+	2	2	2	2−		2	2	2	3	3	2	3	3	3
10	LH1703	1	1	2		3	3	2	3	2	2		2+	2	2	3+	2		2	2	2	3−	3−	2	2+	3	1
11	邢麦29	1	1	2		2	3	3	3	3	2		3−	2	2	3	2+		2	2	2	3−	3	2	3−	4	2
12	石15-6375	1	1	2		3		3	3	2	2		2	2	2	2+	2		2	2	2	3	3+	2	2+	4	1
13	潍麦1711	1	1	2		2	3	2	3	2	2		3+	2	2	2	3		2	2	2	3	3	2	2+	3	1
14	鲁研951	1	1	2		3−		3	3	2	2		2	2	2	2	2−		2	2	2	3	3+	2	2+	3	1
15	鲁研733	1	1	2		3		3	3	2	2		2	2	2	2	2		2	2	2	3	3	2	3−	3	3
16	衡H1608	1	1	2		3+		3	3	3	2		2+	2	2	4	2+		2	2	2	3−	3	2	3	3	2
17	TKM6007	1	1	2		2		3	3	3	2		3	2	2	2+	2		2	2	2	3	3+	2	2	3	2
18	济麦22	1	1	2				2	3	2	2		3+	2	2	2−	2−		2	2	2	3−	3	2	2	3	1

表 9　2018—2019 年度黄淮冬麦区北片广适组大区试验参试品种叶锈病汇总

序号	品种名称	河北辛集		河北南和		河北深州		河北晋州		河北藁城		山东诸城		山东莱州		山东博兴		山东平度		山东东阿		山东寒亭		山东兰陵		山东章丘	
		反应型	普遍率（%）	反应型	普遍率（%）	反应型	普遍率（%）	反应型	普遍率（%）	反应型	普遍率（%）	反应型	普遍率（%）	反应型	普遍率（%）	反应型	普遍率（%）	反应型	普遍率（%）	反应型	普遍率（%）	反应型	普遍率（%）	反应型	普遍率（%）	反应型	普遍率（%）
1	冀麦 659	1	0	2	0	2		1	0	1		4	25	3	20	1	0	2	10	1	0	2	30	2	5	2	75
2	中麦 6079	1	0	2	0	2		1	0	1		4	34	3	20	1	0	2	10	1	0	2	30	2	30	3	100
3	济麦 418	1	0	2	1	3		1	0	1		4	23	3	20	1	0	2	8	1	0	2	30	2	20	2	75
4	鲁研 454	1	0	2	0	2		1	0	1		3	2	3	20	1	0	2	10	1	0	2	30	2	50	2	50
5	临农 11	1	0	2	0	2		1	0	1		4	16	3	30	1	0	2	10	1	0	2	30	2	10	3	100
6	衡 H165171	1	0	2	0	2		1	0	1		4	15	3	20	1	0	2	10	1	0	2	30	2	40	3	75
7	TKM0311	1	0	2	0	2		1	0	1		4	15	2	20	1	0	2	7	1	0	2	30	2	70	2	50
8	LS4155	1	0	2	0	2		1	0	1		4	18	2	10	1	0	2	5	1	0	2	30	2	60	2	50
9	鲁原 309	1	0	2	0	2		1	0	1		4	19	2	10	1	0	2	5	1	0	2	30	2	1	2+	75
10	LH1703	1	0	2	0	2		1	0	1		3	42	3	30	1	0	2	5	1	0	2	30	2	5	2	50
11	邢麦 29	1	0	2	0	2		1	0	1		3	39	3	40	1	0	2	5	1	0	2	30	2	60	3	100
12	石 15－6375	1	0	2	0	2		1	0	1		4	32	2	10	1	0	2	5	1	0	2	30	2	1	1+	50
13	潍麦 1711	1	0	2	0	2		1	0	1		4	40	3	10	1	0	2	5	1	0	2	30	2	10	2	50
14	鲁研 951	1	0	2	0	2		1	0	1		4	40	2	5	1	0	2	5	1	0	2	30	2	20	1+	50
15	鲁研 733	1	0	2	0	2		1	0	1		3	30	2	30	1	0	2	5	1	0	2	30	2	70	3	100
16	衡 H1608	1	0	2	0	2		1	0	1		3	20	3	40	1	0	2	5	1	0	2	30	3	60	3	100
17	TKM6007	1	0	3	40	2		1	0	1		3	20	3	20	1	0	2	5	1	0	2	30	2	60	3	100
18	济麦 22	1	0	2	0	3		1	0	1		3	15	2	10	1	0	2	5	2	2	2	30	2	1	2	50
19	衡 4399	1	0	2	0	2		1	0	1																	

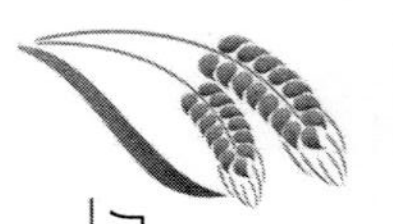

表 10　2018—2019 年度黄淮冬麦区北片广适组大区试验参试品种条锈病汇总

序号	品种名称	河北栾城		河北辛集		河北南和		河北深州		河北献县		河北晋州		河北藁城		山东诸城		山东博兴		山东东阿		山东章丘	
		反应型	普遍率（%）	反应型	普遍率（%）	反应型	普遍率（%）	反应型	普遍率（%）	反应型	普遍率（%）	反应型	普遍率（%）	反应型	普遍率（%）	反应型	普遍率（%）	反应型	普遍率（%）	反应型	普遍率（%）	反应型	普遍率（%）
1	冀麦 659	2	5	1	0	2	0	1		1	0	1	0	1		3	50	1	0	1	0	1	0
2	中麦 6079	2	6	1	0	2	0	1		1	0	1	0	1		4	32	1	0	1	0	1	0
3	济麦 418	2	4	1	0	2	0	1		1	0	1	0	1		4	36	1	0	1	0	1	0
4	鲁研 454	2	5	1	0	2	0	1		1	0	1	0	1		4	27	1	0	1	0	1	0
5	临农 11	2	4	1	0	2	0	1		1	0	1	0	1		3	40	1	0	1	0	1	0
6	衡 H165171	2	4	1	0	2	0	1		1	0	1	0	1		3	38	1	0	1	0	1	0
7	TKM0311	2	5	1	0	2	0	1		1	0	1	0	1		3	19	1	0	1	0	1	0
8	LS4155	2	6	1	0	2	0	1		1	0	1	0	1		3	30	1	0	1	0	1	0
9	鲁原 309	2	6	1	0	2	0	1		1	0	1	0	1		4	27	1	0	1	0	1	0
10	LH1703	2	5	1	0	2	0	1		1	0	1	0	1		4	10	1	0	1	0	1	0
11	邢麦 29	2	4	1	0	2	0	1		1	0	1	0	1		4	10	1	0	1	0	1	0
12	石 15 - 6375	2	5	1	0	2	0	1		1	0	1	0	1		3	40	1	0	1	0	1	0
13	潍麦 1711	2	5	1	0	2	0	1		1	0	1	0	1		4	36	1	0	1	0	1	0
14	鲁研 951	2	6	1	0	2	0	1		1	0	1	0	1		4	53	1	0	1	0	1	0
15	鲁研 733	2	6	1	0	2	0	1		1	0	1	0	1		4	34	1	0	1	0	1	0
16	衡 H1608	2	4	1	0	2	0	1		1	0	1	0	1		4	10	1	0	1	0	1	0
17	TKM6007	2	5	1	0	2	0	1		1	0	1	0	1		4	20	1	0	1	0	1	0
18	济麦 22	2	6	1	0	2	0	1		1	0	1	0	1		3	31	1	0	1	0	1	0
19	衡 4399	2	6	1	0	2	0	1		1	0	1	0	1									

表 11　2018—2019 年度黄淮冬麦区北片广适组大区试验参试品种白粉病汇总

序号	品种名称	河北栾城		河北辛集		河北深州		河北献县		河北邯山		河北晋州		河北藁城		山东诸城		山东曹县		山东博兴		山东平度		山东东阿		山东寒亭		山东陵城		山东章丘		山西临汾	
		反应型	普遍率(%)	反应型	普遍率(%)	反应型	普遍率(%)	反应型	普遍率(%)	反应型	普遍率(%)	反应型	普遍率(%)	反应型	普遍率(%)	反应型	普遍率(%)	反应型	普遍率(%)	反应型	普遍率(%)	反应型	普遍率(%)	反应型	普遍率(%)	反应型	普遍率(%)	反应型	普遍率(%)	反应型	普遍率(%)	反应型	普遍率(%)
1	冀麦 659	2	2	1	0	2		1	0	1		2		1		1		3		1		1		3		2	30	3		2		3	
2	中麦 6079	2	2	1	0	2		1	0	1		1		1		1		3		1		1		4		2	30	3		3		4	
3	济麦 418	2	2	1	0	2		1	0	1		1		1		1		4		1		1		3		2	30	2		2		4	
4	鲁研 454	2	2	1	0	2		1	0	1		2		1		1		3		1		1		3		3	60	2		2		3	
5	临农 11	2	2	1	0	2		1	0	1		2		1		1		4		1		1		3		2	30	2		2		3	
6	衡 H165171	2	2	1	0	2		1	0	1		2		1		1		3		1		1		4		2	30	2		3		3	
7	TKM0311	2	2	1	0	2		1	0	1		2		1		1		3		1		1		2		2	30	2		2		2	
8	LS4155	2	2	1	0	2		1	0	1		2		1		1		3		1		1		4		2	30	2		2		2	
9	鲁原 309	2	2	1	0	2		1	0	1		2		1		1		4		1		1		4		2	30	3		2+		2	
10	LH1703	2	2	1	0	2		1	0	1		2		1		1		3		1		1		3		2	30	2		3		2	
11	邢麦 29	2	2	1	0	2		1	0	3		2		1		1		4		1		1		4		2	30	2		3		4	
12	石 15 - 6375	2	2	1	0	2		1	0	1		2		1		1		3		1		1		5		2	30	3		2+		4	
13	潍麦 1711	2	2	1	0	2		1	0	1		2		1		1		3		1		1		5		2	30	3		3		2	
14	鲁研 951	2	2	1	0	2		1	0	1		2		1		1		4		1		1		5		2	30	3		3		2	
15	鲁研 733	2	2	1	0	2		1	0	1		2		1		1		3		1		1		4		3	60	3		3		3	
16	衡 H1608	2	2	1	0	2		1	0	1		2		1		1		3		1		1		5		4	90	2		3		4	
17	TKM6007	2	2	1	0	2		1	0	1		2		1		1		3		1		1		2		2	30	3		3		3	
18	济麦 22	2	2	1	0	2		1	0	1		1		1		1		3		1		1		4		2	30	2		2		2	
19	衡 4399	2	2	1	0	2		1	0	1		2		1																			

表 12　2018—2019 年度黄淮冬麦区北片广适组大区试验参试品种赤霉病汇总

序号	品种名称	河北栾城		河北辛集		河北南和		河北献县		河北邯山		河北藁城		山东诸城		山东博兴		山东东阿		山东寒亭	
		反应型	普遍率（%）	反应型	普遍率（%）	反应型	普遍率（%）	反应型	普遍率（%）	反应型	普遍率（%）	反应型	普遍率（%）	反应型	普遍率（%）	反应型	普遍率（%）	反应型	普遍率（%）	反应型	普遍率（%）
1	冀麦 659	1	0	1	0	2	1	1	0	0	0	1		1	0	1	0	1	0	1	
2	中麦 6079	1	0	1	0	2	1	1	0	0	0	1		1	0	1	0	1	0	1	
3	济麦 418	1	0	1	0	2	1	1	0	0	0	1		1	0	1	0	1	0	1	
4	鲁研 454	1	0	1	0	2	1	1	0	0	0	1		1	0	1	0	1	0	1	
5	临农 11	1	0	1	0	2	1	1	0	0	0	1		1	0	1	0	1	0	1	
6	衡 H165171	1	0	1	0	2	1	1	0	0	0	1		1	0	1	0	1	0	1	
7	TKM0311	1	0	1	0	2	1	1	0	0	0	1		1	0	1	0	1	0	1	
8	LS4155	1	0	1	0	2	1	1	0	0	0	1		1	0	1	0	1	0	1	
9	鲁原 309	1	0	1	0	2	1	1	0	0	0	1		1	0	1	0	1	0	1	
10	LH1703	1	0	1	0	2	1	1	0	0	0	1		1	0	1	0	1	0	1	
11	邢麦 29	1	0	1	0	2	1	1	0	0	0	1		1	0	1	0	1	0	1	
12	石 15 - 6375	1	0	1	0	2	1	1	0	0	0	1		1	0	1	0	1	0	1	
13	潍麦 1711	1	0	1	0	2	1	1	0	0	0	1		1	0	1	0	1	0	1	
14	鲁研 951	1	0	1	0	2	1	1	0	0	0	1		1	0	1	0	1	0	1	
15	鲁研 733	1	0	1	0	2	1	1	0	0	0	1		1	0	1	0	1	0	1	
16	衡 H1608	1	0	1	0	2	1	1	0	0	0	1		1	0	1	0	1	0	1	
17	TKM6007	1	0	1	0	2	1	1	0	0	0	1		1	0	1	0	1	0	1	
18	济麦 22	1	0	1	0	2	1	1	0	0	0	1		1	0	1	0	1	0	1	
19	衡 4399	1	0	1	0	2	1	1	0	0	0	1									

表 13　2018—2019 年度黄淮冬麦区北片广适组大区试验各试验点各品种主要性状

项目	试验点	冀麦 659	中麦 6079	济麦 418	鲁研 454	临农 11	衡 H 165171	TKM 0311	LS 4155	鲁原 309	LH 1703	邢麦 29	石 15 - 6375	潍麦 1711	鲁研 951	鲁研 733	衡 H 1608	TKM 6007	济麦 22	衡 4399
成熟期（月-日）	河北栾城	6-13	6-13	6-13	6-12	6-11	6-11	6-13	6-12	6-12	6-12	6-12	6-12	6-13	6-13	6-13	6-12	6-13	6-12	6-13
	河北辛集	6-11	6-10	6-12	6-11	6-12	6-11	6-12	6-10	6-11	6-11	6-10	6-11	6-12	6-11	6-12	6-10	6-10	6-11	6-11
	河北南和	6-12	6-11	6-13	6-11	6-13	6-12	6-13	6-11	11-6	11-6	10-6	12-6	12-6	11-6	10-6	10-6	10-6	12-6	12-6
	河北深州	6-9	6-8	6-10	6-7	6-8	6-7	6-10	6-7	6-9	6-7	6-6	6-6	6-7	6-8	6-6	6-6	6-6	6-9	6-6
	河北献县	6-10	6-9	6-10	6-10	6-9	6-8	6-11	6-11	6-11	6-11	6-10	6-10	6-10	6-10	6-9	6-9	6-8	6-10	6-9
	河北邯山	6-7	6-6	6-7	6-6	6-9	6-6	6-10	6-7	6-8	6-7	6-7	6-7	6-9	6-8	6-7	6-8	6-7	6-9	6-8
	河北晋州	6-13	6-13	6-14	6-13	6-13	6-13	6-13	6-13	6-13	6-13	6-13	6-13	6-13	6-13	6-12	6-12	6-12	6-14	6-13
	河北高邑	6-11	6-11	6-10	6-10	6-12	6-10	6-12	6-9	6-9	6-9	6-8	6-9	6-9	6-11	6-10	6-9	6-9	6-9	6-8
	河北藁城	6-9	6-9	6-10	6-7	6-8	6-8	6-10	6-9	6-9	6-10	6-9	6-8	6-10	6-11	6-8	6-8	6-8	6-11	6-8
	山东诸城	6-18	6-18	6-18	6-17	6-16	6-16	6-16	6-16	6-16	6-16	6-16	6-16	6-13	6-15	6-16	6-15	6-15	6-15	
	山东莱州	6-17	6-18	6-18	6-17	6-18	6-17	6-18	6-17	6-17	6-17	6-16	6-17	6-17	6-18	6-17	6-17	6-17	6-17	
	山东曹县	6-4	6-5	6-5	6-4	6-4	6-4	6-6	6-5	6-4	6-4	6-3	6-5	6-5	6-5	6-4	6-4	6-5	6-5	
	山东博兴	6-13	6-13	6-14	6-13	6-13	6-13	6-13	6-14	6-13	6-13	6-13	6-13	6-13	6-14	6-13	6-13	6-14	6-14	
	山东肥城	6-13	6-13	6-14	6-13	6-13	6-13	6-13	6-14	6-13	6-13	6-13	6-13	6-13	6-14	6-13	6-13	6-14	6-14	
	山东平度	6-17	6-17	6-17	6-17	6-17	6-17	6-17	6-16	6-17	6-17	6-17	6-17	6-17	6-17	6-17	6-17	6-17	6-17	
	山东东阿	6-9	6-8	6-10	6-8	6-9	6-9	6-11	6-9	6-11	6-10	6-9	6-8	6-9	6-10	6-10	6-9	6-7	6-8	
	山东寒亭	6-20	6-19	6-21	6-16	6-19	6-15	6-21	6-15	6-16	6-16	6-16	6-16	6-17	6-20	6-20	6-18	6-17	6-19	
	山东兰陵	6-7	6-7	6-6	6-6	6-6	6-6	6-7	6-7	6-6	6-7	6-6	6-6	6-6	6-7	6-6	6-6	6-6	6-6	
	山东陵城	6-9	6-8	6-8	6-6	6-7	6-5	6-9	6-7	6-6	6-8	6-7	6-7	6-7	6-8	6-6	6-6	6-6	6-8	
	山东章丘	6-12	6-12	6-13	6-12	6-12	6-13	6-13	6-11	6-12	6-13	6-9	6-11	6-12	6-13	6-12	6-9	6-9	6-12	
	山西临汾	6-18	6-18	6-18	6-15	6-16	6-17	6-18	6-15	6-15	6-16	6-16	6-16	6-16	6-15	6-16	6-14	6-14	6-15	

（续）

项目	试验点	冀麦 659	中麦 6079	济麦 418	鲁研 454	临农 11	衡 H 165171	TKM 0311	LS 4155	鲁原 309	LH 1703	邢麦 29	石 15－6375	潍麦 1711	鲁研 951	鲁研 733	衡 H 1608	TKM 6007	济麦 22	衡 4399
生育期（天）	河北栾城	237	237	237	236	235	235	237	236	236	236	236	236	237	237	237	236	237	237	236
	河北辛集	235	236	237	237	237	237	237	236	236	236	236	236	237	236	237	236	235	234	236
	河北南和	233	232	234	232	234	233	234	232	232	232	231	233	233	232	231	231	231	233	232
	河北深州	231	230	232	229	230	229	232	229	231	229	228	228	229	230	228	228	228	231	228
	河北献县	228	227	228	228	227	226	229	229	229	229	228	228	228	228	227	227	226	228	227
	河北邯山	239	238	239	238	241	238	242	239	240	239	239	239	241	240	239	240	239	241	240
	河北晋州	236	236	237	236	236	236	236	236	236	236	236	236	236	236	235	235	235	237	236
	河北高邑	245	245	244	244	246	244	246	243	243	243	242	243	243	245	244	243	243	243	243
	河北藁城	237	237	238	235	236	236	238	237	237	238	237	236	238	239	236	236	236	239	237
	山东诸城	225	225	225	224	223	223	223	223	223	223	223	223	220	222	223	225	225	225	
	山东莱州	249	250	250	249	250	249	250	249	249	249	248	249	249	250	249	249	249	249	
	山东曹县	226	227	227	226	226	226	228	227	226	226	225	227	227	227	226	226	227	227	
	山东博兴	244	243	242	242	245	242	245	242	242	243	241	243	243	243	241	241	241	243	
	山东肥城	235	235	235	235	235	235	235	235	235	235	235	235	235	235	235	235	235	235	
	山东平度	245	245	245	245	245	245	245	244	245	245	245	245	245	245	245	245	245	245	
	山东东阿	233	232	234	232	233	234	235	233	234	234	232	233	233	234	233	231	233	234	
	山东寒亭	242	241	243	238	241	237	243	237	238	238	238	238	239	242	242	240	239	241	
	山东兰陵	232	232	231	231	231	231	233	232	231	232	231	231	232	232	231	231	231	231	
	山东陵城	231	230	230	228	229	227	231	229	228	230	229	229	229	230	228	228	228	230	
	山东章丘	242	242	243	242	242	243	243	241	242	243	239	241	242	243	242	239	239	242	
	山西临汾	255	255	255	252	253	254	255	252	252	253	253	253	253	252	253	251	251	252	
	平均	**237.1**	**236.9**	**237.4**	**236.1**	**236.9**	**236.2**	**238**	**236.2**	**236.4**	**236.6**	**235.8**	**236.3**	**236.6**	**237**	**236.3**	**235.9**	**235.9**	**237**	**235**

（续）

项目	试验点	冀麦 659	中麦 6079	济麦 418	鲁研 454	临农 11	衡H 165171	TKM 0311	LS 4155	鲁原 309	LH 1703	邢麦 29	石15-6375	潍麦 1711	鲁研 951	鲁研 733	衡H 1608	TKM 6007	济麦 22	衡 4399
亩基本苗数（万）	河北栾城	22.42	22.92	22.21	22.09	22.37	22.38	22.29	22.02	21.91	22.08	21.88	22.29	22.74	22.56	22.7	22.12	22.65	22.32	22.25
	河北辛集	23.49	29.42	35.80	29.13	36.39	26.16	34.61	34.24	36.02	25.27	27.79	33.20	32.16	26.24	34.24	34.31	31.50	23.35	26.90
	河北南和	20.6	20.2	22.2	18.0	18.2	23.8	20.6	18.6	20.2	19.8	21.0	22.2	23.4	21.4	18.4	21.4	21.8	21.4	23.4
	河北深州	22.0	25.0	25.5	22.9	27.4	26.0	24.8	26.5	30.1	31.2	28.4	29.8	25.7	25.9	24.2	30.0	27.4	24.7	25.6
	河北献县	27.2	30.0	25.0	27.8	31.1	29.2	29.7	27.1	32.2	27.7	33.1	33.8	29.1	27.6	24.1	34.5	25.2	24.2	34.2
	河北邯山	19.4	18.7	17.2	21.3	22.5	21.9	26.1	19.6	24.2	22.0	22.7	23.2	22.8	29.4	21.7	20.1	19.2	19.3	16.6
	河北晋州	25	25	25	25	25	25	25	25	25	25	25	25	25	25	25	25	25	25	25
	河北高邑	22.6	22.9	20.2	21.7	22.4	20.4	21.2	21.5	21.4	20.2	22.5	22.1	21.4	21.2	20.7	22.0	20.8	22.3	20.7
	河北藁城	24.6	29.1	23.2	26.8	25.6	24.0	28.4	25.0	29.6	29.9	25.9	31.5	22.1	27.6	24.4	30.3	26.0	26.2	28.9
	山东诸城	23.3	24.8	21.5	22.5	24.7	21.9	24.4	21.5	21.5	24.3	24.4	22.3	24.9	23.2	21.1	21.6	21.3	22.8	
	山东莱州	13.5	15.5	11.8	13.4	14.8	14.2	16.9	14.3	16.1	12.9	16.4	14.8	14.7	12.2	15.0	17.9	16.7	15.7	
	山东曹县	22.8	21.1	23.9	21.6	23.3	22.4	22.8	20.0	23.9	24.4	22.2	20.6	22.8	23.0	23.3	20.4	21.1	23.9	
	山东博兴	11.5	12.0	11.0	10.9	12.0	9.6	12.1	11.6	11.8	12.2	10.1	11.0	11.0	12.0	11.2	11.1	9.7	10.2	
	山东肥城	16.6	17.3	15.1	16.6	17.4	15.4	18.1	15.4	17.7	16.4	17.1	16.7	16.7	14.8	14.7	16.3	16.9	15.9	
	山东平度	19.3	18.2	16.8	15.1	16.8	17.9	16.2	16.5	21.7	17.1	16.8	18.4	15.7	18.4	16.0	18.7	17.1	17.1	
	山东东阿	22.17	29.79	16.65	21.78	24.97	23.96	26.83	24.97	21.62	29.01	25.55	23.26	21.16	22.17	19.06	25.28	22.17	23.65	
	山东寒亭	13.26	12.38	12.76	12.13	17.63	10.13	18.88	15.38	13.38	12.76	10.88	11.88	14.38	14.26	14.51	12.63	14.01	13.36	
	山东兰陵	18.7	20.5	23.2	17.1	21.6	17.3	20.5	17.9	23.2	19.7	21.1	19.2	18.9	21.6	17.6	21.6	18.7	20.5	
	山东陵城	16.39	24.5	18.83	19.17	21.06	22.61	24.56	20.67	24.00	23.17	23.45	23.11	18.61	18.95	22.67	23.5	23.67	20.33	
	山东章丘	18.4	20.8	18.6	19.0	19.9	20.0	19.8	18.4	22.1	20.8	19.1	19.3	16.8	21.0	16.4	20.2	17.6	19.1	
	山西临汾	16.4	19.6	18.7	18.3	20.3	18.8	20.7	18.9	26.2	25.2	22.9	22.6	21.8	18.5	20.5	22.5	21.6	18.8	
	平均	**19.98**	**21.89**	**20.25**	**20.11**	**22.16**	**20.62**	**22.59**	**20.72**	**23.04**	**21.96**	**21.82**	**22.20**	**21.04**	**21.28**	**20.36**	**22.45**	**20.96**	**20.48**	**24.84**

（续）

项目	试验点	冀麦 659	中麦 6079	济麦 418	鲁研 454	临农 11	衡 H 165171	TKM 0311	LS 4155	鲁原 309	LH 1703	邢麦 29	石 15 - 6375	潍麦 1711	鲁研 951	鲁研 733	衡 H 1608	TKM 6007	济麦 22	衡 4399
亩最高茎蘖数（万）	河北栾城	91.2	91.5	91.7	88.4	87.5	90.0	86.7	88.6	87.3	88.5	91.1	89.9	87.8	86.3	85.7	91.5	95.4	93.5	84.3
	河北辛集	78.2	77.4	97.5	94.9	105.2	73.3	98.1	100.4	102.2	77.7	82.1	79.0	124.0	70.0	114.2	125.8	91.5	71.4	84.9
	河北南和	80.0	87.7	134.9	136.2	106.7	107.9	93.3	112.3	85.7	114.7	121.2	135.8	108.3	138.6	86.1	125.3	137.4	125.7	100.6
	河北深州	86.8	76.3	82.3	70.3	94.0	111.3	87.0	104.0	103.1	102.4	99.3	96.7	94.9	107.3	99.3	99.4	112.9	87.9	105.4
	河北献县	68.4	79.2	75.2	77.8	78.9	71.1	97.9	69.8	72.9	69.4	89.5	93.2	83.9	79.6	76.9	82.6	82.2	79.4	72.6
	河北邯山	118.4	103.5	101.7	113.1	99.6	112.0	106.7	91.4	125.2	113.1	117.3	110.2	115.6	110.0	107.4	114.5	109.9	117.5	104.5
	河北晋州	161.4	151.2	176.4	227.8	142.0	177.6	164.0	155.6	169.8	163.2	145.0	192.8	137.6	148.6	168.0	161.0	147.6	165.2	147.4
	河北高邑	165.8	152.2	179.4	172.0	140.5	173.6	166.9	123.4	125.6	132.0	135.9	140.8	144.8	147.0	173.2	138.3	159.5	150.0	141.9
	河北藁城	149.8	119.0	144.2	165.6	114.1	143.4	159.1	110.8	142.3	132.8	111.1	134.7	126.7	121.5	127.9	149.8	133.3	112.2	134.8
	山东诸城	108.3	108.1	104.4	109.8	102.2	121.0	87.0	83.6	96.3	104.7	105.6	110.0	97.9	108.9	81.1	109.2	98.8	93.5	
	山东莱州	136.8	121.3	129.1	146.9	101.1	167.7	167.7	120.5	147.9	153.5	131.1	147.9	149.4	129.5	149.1	153.7	171.3	173.2	
	山东曹县	123.5	131.1	124.3	122.1	120.9	124.3	115.8	119.6	123.2	132.3	119.3	117.0	125.8	122.1	132.4	127.2	114.5	123.5	
	山东博兴	98.6	95.3	87.2	89.7	94.3	91.0	93.0	95.0	102.3	89.0	94.0	90.0	91.0	93.0	109.0	89.0	94.0	87.0	
	山东肥城	84.2	82.7	94.9	98.9	87.8	94.2	92.6	87.1	90.6	95.7	99.9	83.2	78.4	87.9	82.8	88.7	95.3	88.9	
	山东平度	86.3	67.0	85.3	72.5	87.5	80.3	77.5	63.0	100.5	60.0	64.5	55.5	61.5	77.5	70.0	70.3	69.3	77.3	
	山东东阿	83.7	98.6	72.8	88.8	98.9	102.0	99.3	88.9	106.6	100.2	105.9	89.7	86.4	78.4	63.7	92.9	80.8	107.6	
	山东寒亭	113.8	94.4	111.6	102.0	112.1	113.9	110.9	79.5	91.6	89.1	110.1	99.5	107.9	100.6	103.3	89.6	94.1	109.3	
	山东兰陵	106.8	96.5	86.2	96.5	92.9	123.2	98.0	91.2	106.9	97.2	94.1	110.6	106.8	102.7	114.0	119.2	106.8	107.6	
	山东陵城	83.2	92.4	82.3	88.0	77.7	92.2	90.8	79.9	104.5	97.7	89.4	96.4	87.6	88.7	96.2	95.7	102.4	97.4	
	山东章丘	101.9	85.5	135.1	142.9	80.2	87.1	107.0	71.6	107.4	122.9	108.3	115.0	102.2	133.7	102.8	102.1	100.1	95.5	
	山西临汾	46.1	68.6	65.3	67.8	52.7	61.9	93.2	52.9	89.0	88.0	58.6	61.0	52.3	68.4	55.3	65.3	73.3	90.6	
	平均	**103.5**	**99.0**	**107.7**	**113.0**	**98.9**	**110.4**	**109.2**	**94.7**	**108.6**	**105.9**	**103.5**	**107.1**	**103.4**	**104.8**	**104.7**	**109.1**	**108.1**	**107.3**	**108.5**

（续）

项目	试验点	冀麦 659	中麦 6079	济麦 418	鲁研 454	临农 11	衡 H 165171	TKM 0311	LS 4155	鲁原 309	LH 1703	邢麦 29	石 15 - 6375	潍麦 1711	鲁研 951	鲁研 733	衡 H 1608	TKM 6007	济麦 22	衡 4399
亩有效穗数（万）	河北栾城	50.2	51.0	50.3	49.5	52.0	50.5	52.5	50.6	51.1	52.9	51.3	52.0	52.4	51.4	51.9	52.3	50.1	49.7	49.1
	河北辛集	56.21	49.43	51.98	44.14	50.25	46.81	37.79	44.24	50.33	53.48	55.14	41.18	44.41	65.47	38.16	44.88	54.05	55.71	58.90
	河北南和	58.3	53.3	31.4	34.1	44.1	47.8	51.5	39.5	58.5	42.2	41.7	37.8	41.6	31.7	50.4	39.8	33.3	38.6	49.0
	河北深州	55.8	63.9	56.6	68.1	51.0	49.0	58.7	46.7	47.6	52.8	54.1	53.6	51.4	48.6	50.4	50.0	47.1	53.9	48.2
	河北献县	44.15	43.69	42.02	43.96	39.80	41.63	34.93	40.40	44.17	48.41	32.40	37.77	38.86	43.22	42.13	46.73	41.85	34.26	47.93
	河北邯山	31.8	33.0	30.3	33.2	40.3	30.7	27.6	33.7	31.9	35.7	33.6	37.7	32.3	34.6	37.7	32.3	27.8	32.1	37.7
	河北晋州	38.5	35.2	35.9	28.4	42.8	33.9	25.9	34.1	41.1	40.0	36.3	32.9	42.4	31.9	35.0	43.9	32.1	31.7	41.4
	河北高邑	30.3	28.1	24.5	26.4	31.7	26.2	27.1	31.2	39.2	35.2	33.6	31.6	27.6	31.4	27.5	41.3	24.4	27.8	33.8
	河北藁城	36.6	35.6	37.4	30.9	40.1	35.4	33.9	41.3	36.3	39.8	40.3	38.8	39.5	38.3	35.4	34.9	37.4	39.6	38.0
	山东诸城	42.6	42.1	41.2	40.9	44.3	44.2	47.1	45.6	47.7	43.6	42.8	47.7	48.6	43.1	40.5	43.9	46.2	45.0	
	山东莱州	34.3	32.5	31.0	28.2	45.3	30.9	20.4	28.7	31.0	31.1	35.4	34.7	30.1	30.7	26.1	32.1	28.8	29.0	
	山东曹县	41.3	37.2	44.2	44.2	51.7	47.3	45.3	37.1	41.9	43.5	43.4	46.2	45.5	35.4	31.5	41.2	40.7	41.0	
	山东博兴	36.3	40.5	38.9	44.9	39.3	47.2	39.9	32.1	48.3	44.6	41.7	34.8	41.1	38.5	35.1	43.9	34.9	47.5	
	山东肥城	67.1	60.7	53.8	55.0	64.7	69.1	63.4	46.3	61.5	48.9	49.8	66.0	62.0	67.5	59.0	67.2	57.7	66.5	
	山东平度	52.4	54.5	45.6	54.1	40.7	60.0	41.3	53.7	48.2	59.7	55.8	62.5	65.9	49.4	57.9	57.3	59.7	58.9	
	山东东阿	45.6	45.8	50.3	53.3	44.6	50.2	40.9	45.9	47.1	48.4	45.7	50.5	53.6	55.7	54.3	43.9	53.8	41.3	
	山东寒亭	41.65	47.02	39.31	43.87	40.80	45.12	36.30	39.94	53.21	48.53	35.87	43.47	37.89	41.49	46.25	50.07	50.46	40.44	
	山东兰陵	38.5	43.8	47.9	40.3	47.3	39.5	39.7	42.4	45.6	44.8	44.6	44.6	44.1	43.6	36.2	40.0	45.4	39.4	
	山东陵城	40.81	36.06	41.05	35.86	45.53	41.77	29.07	37.69	37.69	39.65	39.57	39.63	49.97	42.04	37.36	40.63	37.55	42.65	
	山东章丘	45.4	53.3	38.1	32.3	54.1	48.6	34.9	49.7	48.5	41.0	49.9	42.3	50.3	36.2	43.1	47.3	48.8	51.1	
	山西临汾	74.8	51.5	55.3	52.2	61.9	55.9	38.2	55.4	37.8	38.9	66.6	65.6	65.8	49.6	62.4	49.2	50.3	40.7	
	平均	**45.84**	**44.68**	**42.24**	**42.09**	**46.30**	**44.84**	**39.35**	**41.73**	**45.18**	**44.44**	**44.27**	**44.83**	**45.97**	**43.32**	**42.78**	**44.90**	**42.97**	**43.18**	**44.89**

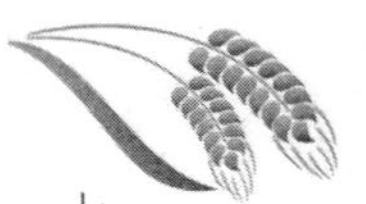

（续）

项目	试验点	冀麦 659	中麦 6079	济麦 418	鲁研 454	临农 11	衡 H 165171	TKM 0311	LS 4155	鲁原 309	LH 1703	邢麦 29	石 15 - 6375	潍麦 1711	鲁研 951	鲁研 733	衡 H 1608	TKM 6007	济麦 22	衡 4399
穗粒数（粒）	河北栾城	36.7	35.5	36.6	37.8	35.8	36.2	34.9	35.6	35.9	35.4	35.9	35.2	35.9	34.4	36.4	34.4	33.8	34.3	36.8
	河北辛集	36.0	37.0	29.0	26.0	29.0	34.0	38.0	35.0	31.0	36.0	34.0	35.0	33.0	33.0	32.0	27.0	29.0	37.0	32.0
	河北南和	34.3	34.0	33.0	35.5	35.2	34.5	35.7	36.2	34.0	32.2	34.8	34.5	36.4	38.7	35.2	35.5	36.0	33.7	34.5
	河北深州	33.5	32.3	33.5	32.8	33.6	32.2	33.2	33.4	33.0	32.7	32.2	33.2	33.8	32.6	32.8	33.0	32.7	33.4	32.9
	河北献县	29.5	31.0	31.5	27.5	28.5	30.0	31.5	29.5	31.2	28.3	29.4	28.5	29.4	27.5	26.5	31.5	30.2	33.5	29.2
	河北邯山	33.6	32.6	35.5	31.6	31.1	34.7	47.6	40.2	28.0	28.4	33.5	32.2	32.4	32.7	35.9	34.0	37.6	30.4	36.7
	河北晋州	34.4	35.4	36.0	38.8	26.4	30.4	36.4	38.0	31.2	34.0	30.4	32.8	32.2	28.4	31.2	29.8	35.4	34.8	32.8
	河北高邑	28.1	33.0	28.2	30.1	29.6	27.6	29.9	36.7	26.3	30.2	30.9	28.8	29.7	29.7	29.6	30.7	31.9	34.1	33.1
	河北藁城	39.8	42.6	38.8	37.9	42.0	41.8	46.4	38.0	34.8	37.4	36.9	37.8	35.6	34.4	30.4	35.9	36.8	30.4	38.2
	山东诸城	34.2	35.2	36.2	45.1	29.8	32.6	46.4	38.2	30.2	32.6	43.2	28.2	29.3	34.4	50.2	40.8	36.6	36.1	
	山东莱州	33.0	35.3	33.1	36.0	32.9	33.2	44.2	37.6	30.1	30.7	33.2	30.9	30.8	32.9	35.4	33.9	32.3	30.6	
	山东曹县	32.4	37.1	34.2	33.5	29.3	30.0	34.9	40.6	33.7	34.5	34.3	33.1	34.0	35.1	32.8	35.5	36.4	34.8	
	山东博兴	41.5	40.2	36.8	35.7	36.0	34.7	40.5	51.6	33.2	42.1	36.3	40.4	42.3	36.5	37.8	38.1	42.5	39.2	
	山东肥城	67.1	60.7	53.8	55.0	64.7	69.1	63.4	46.3	61.5	48.9	49.8	66.0	62.0	67.5	59.0	67.2	57.7	66.5	
	山东平度	40.1	41.0	43.7	42.5	39.2	37.4	52.2	46.4	36.9	39.2	41.8	38.2	40.1	39.6	40.7	44.3	43.7	40.7	
	山东东阿	30.8	31.0	30.0	30.0	28.0	30.5	32.0	35.0	26.4	27.2	30.7	30.0	28.5	29.9	30.3	28.5	29.3	29.0	
	山东寒亭	29.1	44.9	33.6	43.3	28.5	33.3	46.5	50.3	32.9	32.6	39.8	34.3	32.0	32.2	41.0	37.3	40.0	38.4	
	山东兰陵	34.9	34.4	35.7	34.9	32.6	31.8	41.3	41.1	29.2	33.8	35.8	31.2	31.9	30.4	37.5	34.0	30.2	36.7	
	山东陵城	41.4	44.4	43.9	40.2	40.6	38.9	52.9	45.6	36.2	40.6	44.2	38.3	40.2	38.2	42.7	45.2	42.8	40.2	
	山东章丘	36.4	46.6	38.0	34.0	31.5	36.4	42.0	44.1	32.1	32.7	37.3	32.8	33.8	34.1	37.8	36.6	38.8	34.0	
	山西临汾	38.8	39.3	34.4	35.6	34.2	38.4	35.2	34.8	34.0	35.0	38.0	37.8	37.6	39.0	37.6	39.6	39.7	37.1	
	平均	**36.5**	**38.3**	**36.0**	**36.4**	**34.2**	**35.6**	**41.2**	**39.7**	**33.4**	**34.5**	**36.3**	**35.2**	**35.3**	**35.3**	**36.8**	**36.8**	**36.8**	**36.4**	**34.0**

（续）

项目	试验点	冀麦659	中麦6079	济麦418	鲁研454	临农11	衡H165171	TKM0311	LS4155	鲁原309	LH1703	邢麦29	石15-6375	潍麦1711	鲁研951	鲁研733	衡H1608	TKM6007	济麦22	衡4399
千粒重（克）	河北栾城	46.6	46.6	45.8	47.6	47.5	47.3	48.2	46.3	47.1	46.2	46.8	47.6	47.5	46.8	47.7	45.1	45.7	46.3	47.5
	河北辛集	40.9	43.1	43.2	44.4	42.7	42.8	41.5	44.3	43.5	42.0	43.3	40.1	44.8	41.5	47.2	45.2	39.8	44.8	40.1
	河北南和	50.1	53.7	54.4	48.0	50.0	48.0	45.8	49.4	48.7	48.8	46.3	45.5	49.1	50.2	50.4	43.8	46.8	47.2	43.1
	河北深州	47.2	49.6	47.7	46.8	47.2	47.9	47.4	47.6	48.1	46.8	47.4	43.4	46.5	46.1	46.2	45.4	45.3	45.2	45.2
	河北献县	41.7	44.9	43.8	42.7	44.2	44.6	40.8	44.0	44.1	37.0	44.9	43.5	44.6	41.1	42.0	39.2	46.2	40.9	44.3
	河北邯山	46.6	51.5	48.0	45.8	45.8	46.7	45.6	47.5	48.3	48.3	43.9	42.1	45.7	45.3	48.5	43.5	47.9	45.8	42.1
	河北晋州	42.8	42.3	43.7	38.9	39.9	39.9	39.5	43.9	45.0	41.7	38.8	40.5	44.1	45.2	40.8	36.8	43.2	43.4	36.6
	河北高邑	45.3	49.7	49.3	45.9	46.6	47.3	45.1	48.0	48.5	45.2	41.1	41.5	45.8	46.3	44.9	39.0	47.0	46.1	38.8
	河北藁城	42.8	43.5	39.9	37.0	42.1	43.6	43.2	41.2	43.0	45.3	44.5	42.6	47.0	42.8	43.2	39.8	43.8	43.4	33.1
	山东诸城	50.5	51.2	51.6	44.2	50.5	46.7	43.9	47.3	50.1	49.3	40.8	47.3	49.9	47.8	48.2	39.3	42.8	45.5	
	山东莱州	49.0	50.6	48.6	47.6	49.2	43.9	44.4	53.3	51.0	47.3	44.5	45.5	49.9	51.3	47.9	45.9	47.9	49.9	
	山东曹县	42.5	42.6	43.2	42.0	42.9	44.2	41.3	43.4	47.7	37.9	41.8	39.6	39.4	41.3	45.9	43.8	43.6	42.6	
	山东博兴	48.8	51.0	50.6	49.5	48.9	48.1	48.6	49.9	48.4	49.2	45.8	48.8	49.9	50.7	49.1	45.1	47.2	47.4	
	山东肥城	44.4	44.9	48.0	46.9	46.6	41.0	47.9	45.2	43.9	46.6	42.2	43.2	48.0	46.7	48.1	41.0	47.3	44.9	
	山东平度	50.5	52.4	51.4	46.3	52.2	46.8	44.7	51.8	51.4	53.1	42.1	50.5	50.8	50.1	48.0	43.7	44.9	52.6	
	山东东阿	48.3	50.1	50.1	47.6	45.1	44.8	46.9	48.0	49.6	46.5	45.4	46.0	46.0	48.0	48.8	42.1	46.8	45.5	
	山东寒亭	53.1	56.0	55.3	48.7	53.2	46.9	49.8	52.8	52.7	54.3	48.4	49.0	51.9	51.1	52.0	45.4	50.4	50.4	
	山东兰陵	41.2	44.1	47.6	44.3	47.8	42.5	46.1	44.1	47.8	44.9	43.7	39.2	44.5	43.6	45.5	45.3	43.0	39.3	
	山东陵城	45.4	52.0	45.5	44.2	44.6	42.5	43.9	45.7	40.5	46.0	43.1	43.9	43.1	46.2	45.8	43.0	44.9	43.6	
	山东章丘	44.0	48.3	46.5	44.5	45.3	42.5	44.3	46.0	46.8	44.3	39.5	40.8	44.0	43.8	45.0	38.0	42.5	46.8	
	山西临汾	51.3	55.5	52.6	52.0	50.3	56.5	49.5	54.1	52.1	51.8	52.1	52.8	55.7	54.8	52.4	48.1	51.2	50.7	
	平均	**46.3**	**48.7**	**47.9**	**45.5**	**46.8**	**45.4**	**45.2**	**47.3**	**47.5**	**46.3**	**44.1**	**44.5**	**47.1**	**46.7**	**47.0**	**42.8**	**45.6**	**45.8**	**41.2**

（续）

项目	试验点	冀麦659	中麦6079	济麦418	鲁研454	临农11	衡H165171	TKM0311	LS4155	鲁原309	LH1703	邢麦29	石15-6375	潍麦1711	鲁研951	鲁研733	衡H1608	TKM6007	济麦22	衡4399
株高（厘米）	河北栾城	81.0	86.0	82.0	86.0	82.0	83.0	82.0	82.0	86.0	86.0	76.0	81.0	83.0	83.0	86.0	81.0	84.0	80.0	83.0
	河北辛集	71.5	92.2	76.1	73.6	74.3	68.4	70.0	70.6	72.4	77.8	76.4	77.0	83.0	68.0	77.0	75.5	74.3	76.6	75.7
	河北南和	84.0	93.0	89.0	80.0	81.0	77.0	85.0	78.0	80.0	79.0	78.0	82.0	80.0	79.0	78.0	82.0	80.0	80.0	80.0
	河北深州	78.0	85.0	75.0	76.0	78.0	72.0	80.0	75.0	73.0	77.0	76.0	77.0	79.0	83.0	80.0	76.0	75.0	76.0	75.0
	河北献县	65.0	70.0	72.0	75.0	68.0	75.0	75.0	70.0	70.0	70.0	70.0	70.0	65.0	65.0	70.0	75.0	73.0	70.0	73.0
	河北邯山	83.6	89.4	74.8	73.4	77.6	77.2	83.6	78.6	80.2	80.4	76.8	79.2	78.2	74.2	73.6	75.8	76.0	76.2	74.4
	河北晋州	84.0	93.0	80.0	83.0	80.0	73.0	82.0	79.0	82.0	76.0	80.0	80.0	72.0	72.0	74.0	75.0	76.0	78.0	80.0
	河北高邑	80.2	91.0	78.4	79.6	78.8	75.8	78.2	72.0	73.8	74.4	77.4	79.0	77.8	76.0	83.2	77.6	71.4	71.8	73.4
	河北藁城	78.0	87.0	78.0	70.0	71.0	73.0	80.0	68.0	71.0	75.0	80.0	76.0	71.0	77.0	78.0	81.0	77.0	77.0	78.0
	山东诸城	81.3	88.8	81.6	79.1	79.3	81.9	81.5	75.4	82.5	83.5	78.2	83.5	77.5	77.5	81.1	78.5	79.3	75.5	
	山东莱州	82.0	92.0	80.0	81.0	82.0	81.0	80.0	78.0	80.0	80.0	79.0	79.0	78.0	80.0	80.0	80.0	82.0	78.0	
	山东曹县	84.0	86.0	80.0	84.0	82.0	77.0	83.0	77.0	80.0	80.0	80.0	81.0	80.0	80.0	85.0	80.0	84.0	80.0	
	山东博兴	73.0	85.0	77.0	75.0	80.0	73.0	83.0	75.0	75.0	76.0	76.0	85.0	85.0	75.0	80.0	78.0	78.0	85.0	
	山东肥城	90.0	92.0	81.0	84.0	80.0	83.0	84.0	78.0	79.0	81.0	78.0	82.0	90.0	79.0	80.0	81.0	82.0	79.0	
	山东平度	80.2	94.2	84.3	84.3	81.5	83.2	84.3	80.9	77.8	75.2	77.2	75.4	80.2	74.5	84.5	77.8	83.2	80.5	
	山东东阿	77.0	84.0	80.0	75.0	74.0	72.0	77.0	73.0	75.0	79.0	75.0	78.0	75.0	78.0	72.0	73.0	73.0	78.0	
	山东寒亭	82.1	89.4	83.0	83.3	79.6	78.1	81.5	75.0	78.1	78.6	78.6	77.6	76.5	78.5	84.4	79.4	81.8	79.6	
	山东兰陵	85.1	87.8	79.7	85.2	83.1	82.8	86.9	85.8	85.1	83.2	83.9	82.2	83.7	84.7	86.2	82.8	81.2	78.9	
	山东陵城	71.1	88.2	76.5	73.9	71.7	72.6	76.9	74.0	66.5	74.3	68.7	77.2	70.1	73.8	75.3	76.7	72.6	74.3	
	山东章丘	82.0	91.0	84.0	80.0	78.0	76.0	83.0	81.0	84.0	83.0	81.0	83.0	82.0	80.0	76.0	82.0	83.0	82.0	
	山西临汾	87.6	78.2	75.0	74.0	72.6	75.8	74.4	73.4	75.4	74.0	76.8	72.0	73.0	77.2	74.2	81.0	73.8	74.0	
	平均	**80.0**	**87.8**	**79.4**	**78.8**	**77.8**	**76.7**	**80.5**	**76.2**	**77.5**	**78.3**	**77.3**	**78.9**	**78.1**	**76.9**	**79.0**	**78.5**	**78.1**	**77.6**	**76.9**

（续）

项目	试验点	冀麦 659	中麦 6079	济麦 418	鲁研 454	临农 11	衡 H 165171	TKM 0311	LS 4155	鲁原 309	LH 1703	邢麦 29	石 15－6375	潍麦 1711	鲁研 951	鲁研 733	衡 H 1608	TKM 6007	济麦 22	衡 4399
幼苗习性	河北栾城	2	2	2	3	2	2	2	2	2	2	2	2	2	2	2	2	2	2	2
	河北辛集	2	2	2	1	1	2	2	2	2	2	2	2	2	1	1	1	2	2	2
	河北南和	2	3	3	2	2	2	3	3	2	2	2	2	2	2	2	2	2	2	2
	河北深州	3	3	3	3	1	3	3	5	3	3	3	3	3	3	3	3	3	3	1
	河北献县	3	3	3	1	3	3	3	2	3	3	3	3	3	3	3	3	3	3	3
	河北邯山	2	3	2	2	2	1	2	3	2	2	2	2	2	2	2	2	2	2	2
	河北晋州	2	2	2	2	2	2	2	2	3	2	2	2	2	2	3	2	2	2	2
	河北高邑	3	3	3	3	3	3	3	3	3	3	3	3	3	3	3	3	3	3	3
	河北藁城	2	2	2	2	2	2	2	2	2	2	2	2	2	2	2	2	2	2	2
	山东诸城	3	3	3	3	3	3	3	3	3	3	3	3	3	3	3	3	3	3	
	山东莱州	3	3	3	3	3	3	3	3	3	3	3	3	3	3	3	3	3	3	
	山东曹县	2	2	2	2	2	2	2	2	2	2	2	2	2	2	2	2	2	2	
	山东博兴	2	2	2	2	2	2	2	2	2	2	1	2	2	2	2	2	2	2	
	山东肥城	2	2	2	2	2	2	2	2	2	2	2	2	2	2	2	2	2	2	
	山东平度	2	2	2	2	2	2	2	2	2	2	2	2	2	2	2	2	2	2	
	山东东阿	2	2	2	2	2	2	2	2	2	2	2	2	2	2	2	2	2	2	
	山东寒亭	2	2	2	2	2	2	2	2	2	2	2	2	2	2	2	2	2	2	
	山东兰陵	3	3	3	3	3	3	3	3	3	3	3	3	3	3	3	3	3	3	
	山东章丘	2	2	2	2	2	2	2	2	2	2	2	2	2	2	2	2	2	2	
	山西临汾	2	3	3	2	3	1	2	3	2	3	1	2	1	2	2	2	3	2	

（续）

项目	试验点	冀麦 659	中麦 6079	济麦 418	鲁研 454	临农 11	衡H 165171	TKM 0311	LS 4155	鲁原 309	LH 1703	邢麦 29	石15-6375	潍麦 1711	鲁研 951	鲁研 733	衡H 1608	TKM 6007	济麦 22	衡 4399
熟相	河北栾城	3	3	1	1	1	1	1	1	1	1	1	1	3	3	3	1	3	3	1
	河北辛集	3	1	5	5	5	3	3	3	1	3	5	3	3	5	3	5	3	3	5
	河北南和	3	3	3	3	3	1	3	3	3	3	1	1	3	3	3	3	3	3	1
	河北深州	3	1	5	3	1	1	1	3	3	3	1	3	3	3	3	3	1	3	1
	河北献县	1	1	1	3	1	1	3	1	1	3	1	1	1	3	1	3	1	1	1
	河北邯山	3	3	3	3	1	3	3	3	3	3	1	3	3	3	3	1	3	3	1
	河北晋州	1	1	1	1	1	1	3	3	3	1	1	1	1	3	1	3	3	3	1
	河北高邑	1	1	1	1	3	1	1	1	1	1	1	1	1	1	1	1	1	1	1
	河北藁城	1	1	3	3	3	1	1	1	3	1	1	3	3	1	3	3	1	1	1
	山东诸城	1	3	3	1	3	3	1	1	1	3	1	1	3	3	1	1	1	1	
	山东莱州	3	3	3	3	3	3	3	1	3	3	1	3	1	3	3	1	1	3	
	山东曹县	1	3	3	3	3	3	1	1	3	3	3	1	1	1	3	3	1	3	
	山东博兴	3	3	3	4	1	3	2	1	3	3	1	3	3	1	3	2	3	3	
	山东肥城	1	2	2	2	1	2	1	1	1	1	1	2	2	2	1	1	1	1	
	山东平度	1	1	1	1	1	1	1	1	1	1	2	1	1	1	1	1	1	1	
	山东东阿	1	1	1	3	3	3	3	3	3	3	1	1	3	3	5	1	5	1	
	山东寒亭	1	1	1	1	3	1	1	1	1	1	1	1	1	1	1	1	1	1	
	山东兰陵	3	1	3	3	3	3	3	1	3	3	3	3	3	3	3	3	1	3	
	山东陵城	2	2	2	2	2	2	2	2	2	2	2	2	2	2	2	2	2	2	
	山东章丘	3	1	3	3	1	3	5	1	3	3	3	3	3	3	1	3	3	3	
	山西临汾	1	1	1	1	1	1	1	1	1	1	1	3	1	1	1	1	1	1	

（续）

项目	试验点	冀麦 659	中麦 6079	济麦 418	鲁研 454	临农 11	衡H 165171	TKM 0311	LS 4155	鲁原 309	LH 1703	邢麦 29	石15－6375	潍麦 1711	鲁研 951	鲁研 733	衡H 1608	TKM 6007	济麦 22	衡 4399
	河北栾城	3	3	3	3	3	1	1	4	3	3	1	3	3	3	3	3	1	1	3
	河北辛集	3	3	3	3	3	3	3	3	3	4	3	3	3	3	3	3	3	3	3
	河北南和	1	1	1	1	1	1	1	1	1	1	1	1	1	1	1	1	1	1	1
	河北深州	1	1	1	1	1	1	1	1	1	1	1	1	1	1	1	1	1	1	1
	河北献县	1	3	3	3	3	3	1	3	3	3	1	3	1	3	3	3	3	1	1
	河北邯山	1	3	1	1	1	3	3	3	1	1	1	1	1	1	1	1	1	1	1
	河北晋州	3	3	1	1	1	1	3	3	1	3	1	1	3	3	1	1	3	3	1
	河北高邑	1	3	1	1	1	1	3	3	3	1	1	1	1	1	1	1	1	1	1
	河北藁城	1	3	1	1	1	1	1	1	1	3	1	1	1	1	1	1	1	1	1
	山东诸城	1	1	1	1	1	1	3	1	1	1	1	1	1	1	1	1	3	3	
穗形	山东莱州	3	3	3	3	3	3	3	3	3	3	1	3	3	3	3	1	3	3	
	山东曹县	1	1	1	1	1	3	1	3	3	1	1	1	1	1	1	1	1	1	
	山东博兴	3	3	3	1	1	1	3	3	3	3	1	3	3	3	3	1	3	3	
	山东肥城	5	5	5	3	5	5	5	3	3	5	5	5	5	5	5	5	3	3	
	山东平度	3	1	3	3	3	3	3	3	3	3	3	3	3	3	3	1	3	3	
	山东东阿	3	1	1	3	1	1	3	3	1	3	1	1	1	1	1	1	1	1	
	山东寒亭	3	3	3	3	3	3	3	3	3	3	3	3	3	3	3	3	3	3	
	山东兰陵	3	3	3	3	3	3	3	3	3	3	3	3	3	3	3	3	3	3	
	山东陵城	3	3	1	1	3	1	3	4	1	1	5	1	3	3	3	5	3	3	
	山东章丘	3	3	3	3	3	3	3	4	3	3	5	3	3	3	1	5	3	3	
	山西临汾	4	3	3	3	3	3	3	4	4	3	1	1	3	3	3	1	4	3	

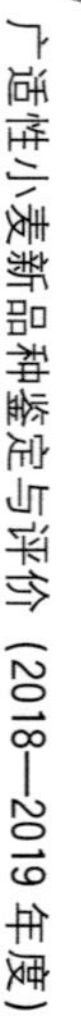

（续）

项目	试验点	冀麦 659	中麦 6079	济麦 418	鲁研 454	临农 11	衡 H 165171	TKM 0311	LS 4155	鲁原 309	LH 1703	邢麦 29	石 15－6375	潍麦 1711	鲁研 951	鲁研 733	衡 H 1608	TKM 6007	济麦 22	衡 4399
芒	河北栾城	5	5	5	5	5	5	5	5	5	5	5	5	5	5	5	5	5	5	5
	河北辛集	5	5	5	5	5	5	5	5	5	5	5	5	5	5	5	5	4	5	5
	河北南和	5	5	5	5	5	5	5	5	5	5	5	5	5	5	5	5	5	5	5
	河北深州	5	5	5	5	5	5	5	5	5	5	5	5	5	5	5	5	5	5	5
	河北献县	5	4	5	5	4	5	4	5	5	4	5	5	5	5	5	5	4	1	1
	河北邯山	4	5	5	4	4	4	5	5	4	4	5	5	4	5	5	5	5	5	5
	河北晋州	5	5	5	5	5	5	5	5	5	5	5	5	5	5	5	5	5	5	5
	河北高邑	5	5	5	5	5	4	5	5	5	5	5	5	5	5	5	5	5	5	5
	河北藁城	5	5	5	5	5	5	5	5	5	5	5	5	5	5	5	5	5	5	5
	山东诸城	5	5	5	5	5	5	5	5	5	5	5	5	5	5	5	5	5	5	
	山东莱州	5	5	5	5	4	5	5	5	5	5	5	5	5	5	5	5	5	5	
	山东曹县	5	5	5	5	4	5	5	5	5	5	5	5	5	5	5	5	5	5	
	山东博兴	5	5	5	5	5	5	5	5	5	5	5	5	5	5	5	5	5	5	
	山东肥城	5	5	5	5	5	5	5	5	5	5	5	5	5	5	5	5	5	5	
	山东平度	5	5	5	5	5	5	5	5	5	5	5	5	5	5	5	5	5	5	
	山东东阿	5	5	5	5	5	5	5	5	5	5	5	5	5	5	5	5	5	5	
	山东寒亭	4	4	5	5	4	4	5	5	4	4	4	4	4	4	5	5	5	4	
	山东兰陵	5	5	5	5	5	5	5	5	5	5	5	5	5	5	5	5	5	5	
	山东陵城	5	5	5	5	5	5	5	5	5	5	5	5	5	5	5	5	5	5	
	山东章丘	5	5	5	5	5	5	5	5	5	5	5	5	5	5	5	5	5	5	
	山西临汾	5	5	5	4	5	5	5	5	5	3	5	5	5	3	3	3	5	5	

（续）

项目	试验点	冀麦659	中麦6079	济麦418	鲁研454	临农11	衡H165171	TKM0311	LS4155	鲁原309	LH1703	邢麦29	石15-6375	潍麦1711	鲁研951	鲁研733	衡H1608	TKM6007	济麦22	衡4399
粒色	河北栾城	1	1	1	1	1	1	1	1	1	1	1	1	1	1	1	1	1	1	1
	河北辛集	3	3	3	3	3	3	3	3	3	3	3	3	3	3	1	3	3	3	3
	河北南和	1	1	1	1	1	1	1	1	1	1	1	1	1	1	1	1	1	1	1
	河北深州	1	1	1	1	1	1	1	1	1	5	1	1	1	1	1	1	1	1	1
	河北献县	1	1	1	1	1	1	1	1	1	1	1	1	1	1	1	1	1	1	1
	河北邯山	1	1	1	1	1	1	1	1	5	1	1	1	1	1	1	1	1	1	1
	河北晋州	1	1	1	1	1	1	1	1	1	1	1	1	1	1	1	1	1	1	1
	河北高邑	1	1	1	1	1	1	1	1	3	1	1	1	1	1	1	1	1	1	1
	河北藁城	1	1	1	1	1	1	1	1	5	1	1	1	1	1	1	1	1	1	1
	山东诸城	1	1	1	1	1	1	1	1	5	1	1	1	1	1	1	1	1	1	
	山东莱州	1	1	1	1	1	1	1	1	5	1	1	1	1	1	1	1	1	1	
	山东曹县	1	1	1	1	1	1	1	1	5	1	1	1	1	1	1	1	1	1	
	山东博兴	1	1	1	1	1	1	1	1	5	1	1	1	1	1	1	1	1	1	
	山东肥城	1	1	1	1	1	1	1	1	1	1	1	1	1	1	1	1	1	1	
	山东平度	1	1	1	1	1	1	1	1	1	1	1	1	1	1	1	1	1	1	
	山东东阿	1	1	1	1	1	1	1	1	3	1	1	1	1	1	1	1	1	1	
	山东寒亭	3	3	3	3	3	3	3	3	5	3	3	3	3	3	3	3	3	3	
	山东兰陵	1	1	1	1	1	1	1	1	1	1	1	1	1	1	1	1	1	1	
	山东陵城	1	1	1	1	1	1	1	1	3	1	1	1	1	1	1	1	1	1	
	山东章丘	1	1	1	1	1	1	1	1	1	1	1	1	1	1	1	1	1	1	
	山西临汾	3	3	3	3	3	3	3	3	5	3	3	3	3	3	3	3	3	3	

（续）

项目	试验点	冀麦659	中麦6079	济麦418	鲁研454	临农11	衡H165171	TKM0311	LS4155	鲁原309	LH1703	邢麦29	石15-6375	潍麦1711	鲁研951	鲁研733	衡H1608	TKM6007	济麦22	衡4399
籽粒饱满度	河北栾城	1	1	1	1	1	1	1	1	1	1	1	1	1	1	1	1	1	1	1
	河北辛集	3	4	2	2	2	3	1	2	4	2	2	2	3	2	2	2	2	2	2
	河北南和	1	1	1	1	1	1	1	2	1	1	1	1	1	1	1	1	1	1	1
	河北深州	3	2	3	3	2	2	2	3	3	2	2	2	2	3	3	3	2	3	2
	河北献县	3	1	1	1	3	1	1	1	1	1	3	3	3	1	3	1	3	1	1
	河北邯山	2	1	2	3	2	2	2	2	3	2	2	2	2	4	3	2	2	2	1
	河北晋州	1	2	1	2	1	2	1	1	1	1	1	1	2	2	2	1	1	1	1
	河北高邑	2	2	2	2	2	2	2	2	2	2	2	2	2	2	2	2	2	2	2
	河北藁城	2	1	1	2	1	2	1	2	1	1	2	2	1	2	1	1	2	1	1
	山东诸城	2	2	1	2	1	2	1	2	1	2	2	2	1	2	2	1	2	2	
	山东莱州	2	2	2	2	2	2	2	2	2	2	2	2	1	3	2	2	2	2	
	山东曹县	1	2	1	2	1	1	1	1	1	2	1	3	1	3	2	1	1	1	
	山东博兴	2	1	2	3	1	2	2	1	2	2	2	3	1	1	3	3	1	1	
	山东肥城	1	2	1	2	1	3	2	2	3	3	1	3	2	2	2	1	2	3	
	山东平度	1	1	1	1	1	1	1	1	1	1	1	1	1	1	1	1	1	1	
	山东东阿	3	1	3	3	2	2	3	2	3	2	3	1	3	3	3	3	2	3	
	山东寒亭	1	1	1	1	1	1	1	1	1	1	1	1	1	1	1	1	1	1	
	山东兰陵	2	1	1	1	1	1	2	1	1	1	1	2	1	2	2	1	2	2	
	山东陵城	2	3	2	2	2	2	2	2	3	3	2	2	2	3	3	2	2	3	
	山东章丘	2	1	2	2	2	2	2	2	2	2	3	2	2	3	2	3	2	1	
	山西临汾	1	1	2	1	2	1	2	2	1	1	1	2	2	2	2	2	2	1	

（续）

项目	试验点	冀麦 659	中麦 6079	济麦 418	鲁研 454	临农 11	衡 H 165171	TKM 0311	LS 4155	鲁原 309	LH 1703	邢麦 29	石 15 - 6375	潍麦 1711	鲁研 951	鲁研 733	衡 H 1608	TKM 6007	济麦 22	衡 4399
	河北栾城	1	1	1	1	1	1	1	1	1	1	1	1	1	1	1	1	1	1	1
	河北辛集	1	1	1	1	1	1	1	1	1	1	1	1	1	1	1	1	1	1	1
	河北南和	1	1	3	3	1	1	1	3	1	1	1	1	1	3	1	1	1	1	1
	河北深州	1	1	1	1	1	1	1	1	1	3	1	1	1	1	1	1	1	1	1
	河北献县	1	1	1	1	1	1	1	3	1	5	1	1	1	1	1	1	1	1	1
	河北邯山	3	3	3	3	3	3	3	3	3	1	3	3	3	3	3	3	3	3	3
	河北晋州	1	1	1	1	1	1	3	1	1	1	1	1	1	1	1	1	1	1	1
	河北高邑	1	1	1	1	1	1	3	1	1	1	1	1	1	1	1	1	1	1	1
	河北藁城	1	1	1	1	1	1	1	1	1	3	1	1	1	1	1	1	1	1	1
	山东诸城	1	1	1	1	1	1	1	1	1	1	1	1	1	1	1	1	3	1	
粒质	山东莱州	1	1	1	1	1	1	1	1	1	1	1	1	1	1	1	1	1	1	
	山东曹县	1	1	1	1	1	1	1	1	1	1	1	1	1	1	1	1	1	1	
	山东博兴	1	1	1	1	1	1	5	1	1	1	1	1	1	1	1	1	1	1	
	山东肥城	3	3	1	3	3	3	3	3	3	3	3	1	3	1	1	1	3	3	
	山东平度	1	1	1	1	1	1	1	1	1	1	1	1	1	1	1	1	1	1	
	山东东阿	1	3	1	3	1	1	5	1	3	1	1	3	1	3	3	1	1	1	
	山东寒亭	1	1	1	1	1	1	3	1	1	1	1	1	1	1	1	3	1	1	
	山东兰陵	1	2	2	1	1	1	1	1	2	1	2	1	1	1	1	2	1	1	
	山东陵城	1	1	1	1	1	1	1	1	1	1	1	1	1	1	1	1	1	1	
	山东章丘	1	1	1	3	1	1	3	1	1	1	1	1	1	1	3	3	1	1	
	山西临汾	1	3	1	3	1	1	3	1	1	1	3	1	3	3	1	1	1	3	

（续）

项目	试验点	冀麦 659	中麦 6079	济麦 418	鲁研 454	临农 11	衡 H 165171	TKM 0311	LS 4155	鲁原 309	LH 1703	邢麦 29	石 15－6375	潍麦 1711	鲁研 951	鲁研 733	衡 H 1608	TKM 6007	济麦 22	衡 4399
容重（克/升）	河北栾城	772	811	784	798	786	797	805	788	815	839	800	818	781	767	789	809	791	799	828
	河北辛集	810.2	823.2	828.3	807.0	830.0	820.2	824.2	824.0	833.8	818.2	829.5	815.8	825.0	792.8	799.7	828.5	813.3	820.2	833.2
	河北南和	774	813	786	800	788	799	807	790	817	841	802	820	783	769	791	811	793	801	830
	河北深州	810	821	796	803	828	812	803	818	824	819	836	824	815	770	773	808	785	810	800
	河北献县	761	774	766	780	754	765	766	761	760	733	712	743	785	766	782	765	770	778	789
	河北邯山	791	788	782	754	793	777	785	764	784	789	802	781	793	743	758	797	761	778	800
	河北晋州	793	796	798	784	811	800	790	818	807	788	822	807	814	779	773	815	811	813	819
	河北高邑	813.1	814.2	828.0	796.0	817.8	819.2	815.0	815.0	27.8	814.1	511.9	808.6	815.0	791.6	781.1	807.2	807.1	819.1	812.9
	河北藁城	810	803	815	789	808	807	802	817	820	810	807	814	813	791	786	814	812	810	811
	山东诸城	762.4	774.2	778.3	742.6	753.6	768.3	739.9	755.2	781.8	718.7	764.5	790.3	712.1	684.3	733.5	802.7	756.5	748.7	
	山东莱州	824	799	793	780	807	834	788	820	821	821	840	829	816	781	778	846	819	826	
	山东曹县	806	802	822	779	816	798	807	805	817	807	815	796	808	774	773	808	767	809	
	山东博兴	810	800	822	778	810	805	826	812	828	825	829	803	798	753	775	823	796	790	
	山东肥城	790	787	810	799	818	790	798	798	793	792	832	794	789	788	782	828	818	806	
	山东平度	797	791	818	765	805	777	800	790	796	795	801	789	798	771	746	804	774	803	
	山东东阿	826	834	832	810	825	823	800	826	820	818	834	828	832	790	798	835	805	810	
	山东寒亭	791.8	793.0	776.2	778.4	786.5	795.5	755.7	805.9	816.7	805.5	808.1	786.1	787.5	755.0	749.4	797.3	775.7	792.2	
	山东兰陵	812.6	809.0	799.3	799.3	803.2	805.1	807.0	816.7	821.6	798.3	817.4	812.9	813.8	796.4	784.7	815.8	807.0	810.0	
	山东陵城	811	828	744	806	822	812	822	819	827	829	836	826	813	800	788	836	815	825	
	山东章丘	822	812	823	797	826	818	782	815	822	812	825	812	813	778	784	824	814	822	
	山西临汾	807.0	820.0	815.5	800.5	828.0	831.0	803.5	825.5	836.5	835.5	809.5	834.5	812.0	823.5	792.5	830.0	825.5	842.0	
	平均	**799.7**	**804.4**	**800.8**	**787.9**	**805.5**	**802.5**	**796.5**	**804.0**	**774.7**	**805.2**	**796.9**	**806.3**	**800.8**	**774.5**	**777.0**	**814.5**	**796.0**	**805.3**	**813.7**

四、参试品种简评

（一）参试两年，停止试验的品种：冀麦 659

冀麦 659　第二年参加大区试验。2017—2018 年度试验，21 点汇总，平均亩产 480.1 千克，比对照济麦 22 增产 4.32%，居 18 个参试品种的第十位，增产点率 85.7%，增产≥2%点率 71.4%。2018—2019 年度试验，21 点汇总，平均亩产 615.4 千克，比对照济麦 22 增产 2.54%，居 18 个参试品种的第十四位，增产点率 66.7%，增产≥2%点率 57.1%。2018 年、2019 年非严重倒伏点率均为 95.2%。

幼苗半匍匐，分蘖力较强，抗病性一般，熟相一般。穗纺锤形，长芒，白壳，白粒，籽粒较饱满，半硬质。区试两年平均生育期 233.5 天，比对照济麦 22 晚熟 1.2 天，平均株高 77.2 厘米。平均亩穗数 44.5 万，穗粒数 34.3 粒，千粒重 43.3 克。2017—2018 年度接种抗病性鉴定结果：抗条锈病，中感白粉病和纹枯病，高感叶锈病和赤霉病。2018—2019 年度接种抗病性鉴定结果：中抗条锈病，中感白粉病和纹枯病，高感叶锈病和赤霉病。2017—2018 年度抗旱节水鉴定，节水指数 0.778；2018—2019 年度抗旱节水鉴定，节水指数 0.980；两年平均 0.879。2017—2018 年度品质测定结果：粗蛋白（干基）含量 15.6%，湿面筋含量 34.4%，吸水率 59.7%，稳定时间 2.3 分钟，最大拉伸阻力 275.0EU，拉伸面积 59.0 厘米^2。2018—2019 年度品质测定结果：粗蛋白（干基）含量 14.4%，湿面筋含量 35.8%，吸水率 68.2%，稳定时间 2.6 分钟，最大拉伸阻力 248.0 EU，拉伸面积 46.8 厘米^2。

（二）参加大区试验 1 年，比对照济麦 22 增产＞5%、增产≥2%点率＞60%、节水指数＞1.0，下年度大区试验和生产试验同步进行的品种：潍麦 1711、中麦 6079、TKM0311、衡 H165171

1. 潍麦 1711　第一年参加大区试验，21 点汇总，平均亩产 638.8 千克，比对照济麦 22 增产 6.24%，居 18 个参试品种的第一位，增产点率 100%，增产≥2%点率 90%。非严重倒伏点率 100%。半冬性，早熟，全生育期 236.6 天，比对照济麦 22 早熟 0.3 天。幼苗半匍匐，分蘖力较强，株高 8.1 厘米。抗病性一般，熟相一般。穗纺锤形，长芒，白壳，白粒，籽粒较饱满，硬质。亩穗数 45.4 万，穗粒数 35.3 粒，千粒重 47.1 克。接种抗病性鉴定结果：中抗白粉病，中感条锈病和纹枯病，高感叶锈病和赤霉病。抗旱节水鉴定，节水指数 1.086。品质测定结果：粗蛋白（干基）含量 14.3%，湿面筋含量 35.9%，吸水率 67.4%，稳定时间 2.1 分钟，最大拉伸阻力 201.3EU，拉伸面积 40.0 厘米^2。

2. 中麦 6079　第一年参加大区试验，21 点汇总，平均亩产 636.87 千克，比对照济麦 22 增产 5.92%，居 18 个参试品种的第二位，增产点率 95.2%，增产≥2%点率 90%。非严重倒伏点率 100%。半冬性，中熟，全生育期 236.9 天，比对照济麦 22 早熟 0.1 天。幼苗半匍匐，分蘖力强，株高 87.8 厘米。抗病性差，熟相一般。穗纺锤形，长芒，白壳，白粒，籽粒较饱满，硬质。亩穗数 42.5 万，穗粒数 38.3 粒，千粒重 48.7 克。接种抗病

性鉴定结果：中感白粉病，高感条锈病、叶锈病、纹枯病和赤霉病。抗旱节水鉴定，节水指数 1.246。品质测定结果：粗蛋白（干基）含量 13.6%，湿面筋含量 32.9%，吸水率 66.2%，稳定时间 4.0 分钟，最大拉伸阻力 290.3EU，拉伸面积 57.3 厘米^2。

3. TKM0311 第一年参加大区试验，21 点汇总，平均亩产 634.65 千克，比对照济麦 22 增产 5.56%，居 18 个参试品种的第三位，增产点率 80.9%，增产≥2%点率 76%。非严重倒伏点率 100%。半冬性，中晚熟，全生育期 237.9 天，比对照济麦 22 晚熟 0.9 天。幼苗半匍匐，分蘖力强，株高 87.8 厘米。抗病性一般，熟相好。穗纺锤形，长芒，白壳，白粒，籽粒较饱满，硬质。亩穗数 41 万，穗粒数 41.2 粒，千粒重 45.2 克。接种抗病性鉴定结果：中抗条锈病，中感叶锈病、白粉病和纹枯病，高感赤霉病。抗旱节水鉴定，节水指数 1.369。品质测定结果：粗蛋白（干基）含量 13.7%，湿面筋含量 31.6%，吸水率 63.4%，稳定时间 6.9 分钟，最大拉伸阻力 433.5EU，拉伸面积 68.0 厘米^2。

4. 衡 H165171 第一年参加大区试验，21 点汇总，平均亩产 631.51 千克，比对照济麦 22 增产 5.03%，居 18 个参试品种的第四位，增产点率 95.2%，增产≥2%点率 86%。非严重倒伏点率 100%。半冬性，早熟，全生育期 236.2 天，比对照济麦 22 早熟 0.8 天。幼苗半匍匐，分蘖力强，株高 76.7 厘米。抗病性一般，熟相好。穗纺锤形，长芒，白壳，白粒，籽粒较饱满，硬质。亩穗数 47.1 万，穗粒数 35.6 粒，千粒重 45.4 克。接种抗病性鉴定结果：中抗白粉病，中感条锈病和纹枯病，高感叶锈病和赤霉病。抗旱节水鉴定，节水指数 1.237。品质测定结果：粗蛋白（干基）含量 14.2%，湿面筋含量 36.4%，吸水率 66.9%，稳定时间 2.6 分钟，最大拉伸阻力 367.8EU，拉伸面积 54.0 厘米^2。

（三）参加大区试验 1 年，比对照济麦 22 增产＞2%、增产≥2%点率＞60%，下年度继续大区试验的品种：鲁原 309、TKM6007、鲁研 733、石 15－6375、邢麦 29、鲁研 454、LS4155、鲁研 951

1. 鲁原 309 第一年参加大区试验，21 点汇总，平均亩产 628.36 千克，比对照济麦 22 增产 4.51%，居 18 个参试品种的第五位，增产点率 81.0%，增产≥2%点率 81%。非严重倒伏点率 100%。半冬性，中熟，全生育期 236.4 天，比对照济麦 22 早熟 0.6 天。幼苗半匍匐，分蘖力较强，株高 77.5 厘米。抗病性一般，熟相一般。穗纺锤形，长芒，白壳，白粒，籽粒饱满度中等，半硬质。亩穗数 47.9 万，穗粒数 33.4 粒，千粒重 47.5 克。接种抗病性鉴定结果：慢条锈病，中感白粉病和纹枯病，高感叶锈病和赤霉病。抗旱节水鉴定，节水指数 0.818。品质测定结果：粗蛋白（干基）含量 13.7%，湿面筋含量 29.8%，吸水率 66.4%，稳定时间 7.0 分钟，最大拉伸阻力 346.0EU，拉伸面积 63.5 厘米^2。

2. TKM6007 第一年参加大区试验，21 点汇总，平均亩产 623.94 千克，比对照济麦 22 增产 3.77%，居 18 个参试品种的第六位，增产点率 71.4%，增产≥2%点率 67%。非严重倒伏点率 100%。半冬性，早熟，全生育期 235.9 天，比对照济麦 22 早熟 1.1 天。幼苗半匍匐，分蘖力较强，株高 78.1 厘米。抗病性一般，熟相好。穗纺锤形，长芒，白壳，白粒，籽粒较饱满，硬质。亩穗数 44.3 万，穗粒数 36.8 粒，千粒重 45.6 克。接种抗病性鉴定结果：中抗白粉病，中感纹枯病，高感条锈病、叶锈病和赤霉病。抗旱节水鉴定，节水指数1.035。品质测定结果：粗蛋白（干基）含量14.8%，湿面筋含量38.8%，吸水率67.0%，稳定时间2.0分钟，最大拉伸阻力136.5EU，拉伸面积31.3厘米²。

3. 鲁研733　第一年参加大区试验，21点汇总，平均亩产621.7千克，比对照济麦22增产3.4%，居18个参试品种的第七位，增产点率76.2%，增产≥2%点率67.0%。非严重倒伏点率100%。半冬性，中熟，全生育期236.2天，比对照济麦22早熟0.8天。幼苗半匍匐，分蘖力较强，株高79厘米。抗病性一般，熟相一般。穗纺锤形，长芒，白壳，白粒，籽粒较饱满，硬质。亩穗数42.2万，穗粒数36.8粒，千粒重47克。接种抗病性鉴定结果：中感条锈病和纹枯病，高感叶锈病、白粉病和赤霉病。抗旱节水鉴定，节水指数0.754。品质测定结果：粗蛋白（干基）含量13.6%，湿面筋含量33.0%，吸水率66.5%，稳定时间3.8分钟，最大拉伸阻力251.5EU，拉伸面积36.3厘米²。

4. 石15-6375　第一年参加大区试验，21点汇总，平均亩产621.6千克，比对照济麦22增产3.39%，居18个参试品种的第八位，增产点率85.7%，增产≥2%点率85.7%。非严重倒伏点率100%。半冬性，中熟，全生育期236.3天，比对照济麦22早熟0.7天。幼苗半匍匐，分蘖力较强，株高78.9厘米。抗病性一般，熟相一般。穗纺锤形，长芒，白壳，白粒，籽粒较饱满，半硬质。亩穗数45.8万，穗粒数35.2粒，千粒重44.5克。非严重倒伏点率95.2%。接种抗病性鉴定结果：中抗条锈病和叶锈病，中感白粉病和纹枯病，高感赤霉病。抗旱节水鉴定，节水指数0.886。品质测定结果：粗蛋白（干基）含量13.5%，湿面筋含量33.7%，吸水率66.9%，稳定时间2.7分钟，最大拉伸阻力277.8EU，拉伸面积46.0厘米²。

5. 邢麦29　第一年参加大区试验，21点汇总，平均亩产621.54千克，比对照济麦22增产3.37%，居18个参试品种的第九位，增产点率81%，增产≥2%点率71%。非严重倒伏点率100%。半冬性，早熟，全生育期235.8天，比对照济麦22早熟1.2天。幼苗半匍匐，分蘖力较强，株高77.3厘米。抗病性一般，熟相好。穗纺锤形，长芒，白壳，白粒，籽粒较饱满，硬质。亩穗数44.5万，穗粒数36.3粒，千粒重44.1克。非严重倒伏点率95.2%。接种抗病性鉴定结果：中抗纹枯病，中感条锈病和白粉病，高感叶锈病和赤霉病。抗旱节水鉴定，节水指数1.097。品质测定结果：粗蛋白（干基）含量13.1%，湿面筋含量31.9%，吸水率64.8%，稳定时间2.5分钟，最大拉伸阻力195.0EU，拉伸面积38.3厘米²。

6. 鲁研454　第一年参加大区试验，21点汇总，平均亩产620.76千克，比对照济麦22增产3.24%，居18个参试品种的第十位，增产点率71.4%，增产≥2%点率67.0%。非严重倒伏点率100%。半冬性，中晚熟，全生育期236.1天，比对照济麦22早熟0.9天。幼苗半匍匐，分蘖力较强，株高78.8厘米。抗病性一般，熟相一般。穗纺锤形，长芒，白壳，白粒，籽粒较饱满，硬质。亩穗数44.4万，穗粒数36.4粒，千粒重45.5克。接种抗病性鉴定结果：中感纹枯病，高感条锈病、叶锈病、白粉病和赤霉病。抗旱节水鉴定，节水指数0.602。品质测定结果：粗蛋白（干基）含量13.1%，湿面筋含量31.5%，吸水率66.4%，稳定时间2.9分钟，最大拉伸阻力199.3EU，拉伸面积27.3厘米²。

7. LS4155　第一年参加大区试验，21点汇总，平均亩产617.7千克，比对照济麦22增产2.74%，居18个参试品种的第十一位，增产点率71.43%，增产≥2%点率62.0%。

非严重倒伏点率100%。半冬性，早熟，全生育期236.2天，比对照济麦22早熟0.8天。幼苗直立，分蘖力较强，株高76.2厘米。抗病性一般，熟相一般。穗纺锤形，长芒，白壳，白粒，籽粒较饱满，硬质。亩穗数38.4万，穗粒数39.7粒，千粒重47.3克。接种抗病性鉴定结果：中抗白粉病和纹枯病，高感条锈病、叶锈病和赤霉病。抗旱节水鉴定，节水指数1.131。品质测定结果：粗蛋白（干基）含量14.6%，湿面筋含量33.2%，吸水率69.2%，稳定时间8.5分钟，最大拉伸阻力397.5EU，拉伸面积66.0厘米^2。

8. 鲁研951 第一年参加大区试验，21点汇总，平均亩产616.31千克，比对照济麦22增产2.5%，居18个参试品种的第十三位，增产点率71.4%，增产≥2%点率62.0%。非严重倒伏点率100%。半冬性，中晚熟，全生育期237天，与对照济麦22相当。幼苗半匍匐，分蘖力较强，株高76.9厘米。抗病性一般，熟相一般。穗纺锤形，长芒，白壳，白粒，籽粒较饱满，硬质。亩穗数43.4万，穗粒数35.3粒，千粒重46.7克。接种抗病性鉴定结果：条锈病近免疫，中感白粉病和纹枯病，高感叶锈病和赤霉病。抗旱节水鉴定，节水指数1.158。品质测定结果：粗蛋白（干基）含量13.6%，湿面筋含量32.8%，吸水率64.9%，稳定时间3.9分钟，最大拉伸阻力238.5EU，拉伸面积40.0厘米^2。

（四）参加大区试验1年，比对照济麦22增产>2%、增产≥2%点率<60%、节水指数>1.0，下年度继续大区试验的品种：衡H1608

衡H1608 第一年参加大区试验，21点汇总，平均亩产616.69千克，比对照济麦22增产2.57%，居18个参试品种的第十二位，增产点率76.2%，增产≥2%点率52%。非严重倒伏点率100%。半冬性，早熟，全生育期235.9天，比对照济麦22早熟1.1天。幼苗半匍匐，分蘖力较强，株高78.5厘米。抗病性差，熟相一般。穗纺锤形，长芒，白壳，白粒，饱满度中等，硬质。亩穗数47.7万，穗粒数36.8粒，千粒重42.8克。非严重倒伏点率95.2%。接种抗病性鉴定结果：中感条锈病、白粉病、纹枯病和赤霉病，高感叶锈病。抗旱节水鉴定，节水指数1.194。品质测定结果：粗蛋白（干基）含量13.2%，湿面筋含量32.4%，吸水率63.8%，稳定时间2.5分钟，最大拉伸阻力216.3EU，拉伸面积39.3厘米^2。

（五）参加大区试验1年，比对照济麦22增产<2%、增产≥2%点率<60%，停止试验的品种：LH1703、济麦418、临农11

1. LH1703 第一年参加大区试验，21点汇总，平均亩产610.53千克，比对照济麦22增产1.54%，居18个参试品种的第十五位，增产点率61.9%，增产≥2%点率48%。非严重倒伏点率100%。半冬性，中熟，全生育期236.6天，比对照济麦22早熟0.4天。幼苗半匍匐，分蘖力较强，株高78.3厘米。抗病性一般，熟相一般。穗纺锤形，长芒，白壳，白粒，籽粒较饱满，半硬质。亩穗数45.8万，穗粒数34.5粒，千粒重46.3克。接种抗病性鉴定结果：慢条锈病，中感纹枯病，高感叶锈病、白粉病和赤霉病。抗旱节水鉴定，节水指数0.980。品质测定结果：粗蛋白（干基）含量14.4%，湿面筋含量37.1%，吸水率67.9%，稳定时间1.8分钟，最大拉伸阻力181.0EU，拉伸面积36.5厘米^2。

2. 济麦418 第一年参加大区试验，21点汇总，平均亩产610.31千克，比对照济麦22增产1.51%，居18个参试品种的第十六位，增产点率71.4%，增产≥2%点率52%。非严重倒伏点率100%。半冬性，中晚熟，全生育期237.4天，比对照济麦22晚熟0.4天。幼苗半匍匐，分蘖力较强，株高79.4厘米。抗病性差，熟相一般。穗纺锤形，长芒，白壳，白粒，籽粒较饱满，半硬质。亩穗数43.5万，穗粒数36粒，千粒重47.9克。接种抗病性鉴定结果：中感白粉病，高感条锈病、叶锈病、纹枯病和赤霉病。抗旱节水鉴定，节水指数0.678。品质测定结果：粗蛋白（干基）含量14.1%，湿面筋含量32.5%，吸水率66.5%，稳定时间3.5分钟，最大拉伸阻力252.5EU，拉伸面积41.5厘米^2。

3. 临农11 第一年参加大区试验，21点汇总，平均亩产610.03千克，比对照济麦22增产1.46%，居18个参试品种的第十七位，增产点率71.4%，增产≥2%点率57%。非严重倒伏点率100%。半冬性，中晚熟，全生育期236.9天，比对照济麦22早熟0.1天。幼苗半匍匐，分蘖力较强，株高77.8厘米。抗病性一般，熟相一般。穗纺锤形，长芒，白壳，白粒，籽粒较饱满，半硬质。亩穗数44.8万，穗粒数34.2粒，千粒重46.8克。接种抗病性鉴定结果：慢条锈病，中感叶锈病、白粉病和纹枯病，高感赤霉病。抗旱节水鉴定，节水指数1.023。品质测定结果：粗蛋白（干基）含量13.5%，湿面筋含量32.6%，吸水率64.6%，稳定时间1.6分钟，最大拉伸阻力122.8EU，拉伸面积19.3厘米^2。

五、存在问题和建议

无。

2018—2019年度广适性小麦新品种试验长江中下游组生产试验总结

进一步验证长江中下游组大区试验中表现较好的小麦新品系在接近大田生产条件下的丰产性、适应性以及抗逆性，筛选适合长江中下游麦区种植的小麦新品种，加快优良品种审定和推广步伐，为小麦新品种审定及推广提供科学依据，根据《主要农作物品种审定办法》的有关规定和全国农业技术推广服务中心农技种函〔2018〕488号文件《关于印发〈2018—2019年度国家小麦良种联合攻关广适性品种试验实施方案〉的通知》精神，设置本试验。

一、试验概况

1. 试验点设置 本年度试验共安排11个试验点，分布情况为：江苏省5个，分别为泰州姜堰、扬州高邮、扬州仪征、扬州江都、盐城东台；湖北省2个，分别为随州曾都、襄阳襄州；河南省2个，分别为信阳潢川、信阳息县谯楼；安徽省2个，分别为六安裕安、六安舒城。共11个县（市、区）（表1）。

表1 2018—2019年度长江中下游组生产试验承试单位

序号	省份	承试单位	联系人	试验地点
1	江苏	江苏里下河地区农业科学研究所	朱冬梅	江苏省姜堰区沈高镇河横村
2	江苏	江苏里下河地区农业科学研究所	朱冬梅	江苏省高邮市甘垛镇带程村
3	江苏	江苏省农业科学院	马鸿翔	江苏省仪征市新城镇桃坞村
4	江苏	江苏省大华种业集团有限公司	王先如	江苏省东台市弶港农场
5	江苏	江苏省金土地种业有限公司	张林巧	江苏省扬州市江都区小纪镇
6	湖北	湖北省农业科学院	高春保	湖北省随州市曾都区何店镇王店村
7	湖北	襄阳市农业科学院	凌　冬	湖北省襄阳市襄州区张家集镇何岗村
8	安徽	六安市农业科学研究院	姜文武	安徽省舒城县千人桥镇千人桥村
9	安徽	六安市农业科学研究院	姜文武	安徽省六安市裕安区徐集镇徐集村
10	河南	信阳市农业科学院	陈金平	河南省潢川县魏岗乡邓店村
11	河南	信阳市农业科学院	陈金平	河南省息县谯楼办事处何营村

2. 参试品种 本年度生产试验参试品种1个，为扬11品19，统一对照品种为扬麦20；河南省所属试验点以偃展4110为辅助对照品种；湖北省所属试验点以郑麦9023为辅助对照品种（表2）。

表 2　2018—2019 年度长江中下游组生产试验参试品种

序号	品种名称	组　合	选育单位	联系人
1	扬 11 品 19	2＊扬 17//扬麦 11/豫麦 18	江苏里下河地区农业科学研究所	高德荣
2	扬麦 20（CK）	2＊扬 17//扬麦 11/豫麦 18	江苏里下河地区农业科学研究所	高德荣
3	郑麦 9023（湖北对照）			
4	偃展 4110（河南对照）			

3. 试验设计　试验采用顺序排列，不设重复，小区面积不少于 1 亩。试验采用机械播种，全区机械收获并现场称重计产。

4. 田间管理　试验安排在当地种植大户的生产田中，各试验点于 2018 年 10 月 16 日至 11 月 3 日播种，按当地生态条件上等栽培水平管理。本年度各试验点均做到适时播种、施肥、浇水、除草等田间管理，及时按记载项目和要求进行调查记载，认真进行数据汇总和总结。

二、小麦生育期间气候条件分析

1. 盐城东台

播种—出苗期：土壤墒情适中，温度高，有利于出苗、齐苗。

分蘖—拔节期：越冬期受高积温和持续阴雨寡照影响，小麦生育期提早，叶片偏长偏弱，根系发育不良，分蘖生长差、发生少。

抽穗—扬花期：2019 年 4 月中下旬积温为 302.3℃，较常年高 12.3℃；日照为 72 小时，较常年少 48 小时，降水量 42.5 毫米，较常年少 4 毫米。温度高，日照少，雨水少的天气，赤霉病发生中等。

灌浆—成熟期：5 月积温 638.6℃、日照 208 小时，分别较常年高 53.2℃、17.8 小时，降水量 20.1 毫米，较常年少 70.5%，有利于籽粒灌浆，千粒重高；但是 5 月 26 日的大风降雨，导致小麦发生倒伏。

2. 扬州仪征　播种出苗期气温雨水适宜，出苗整齐。苗期和越冬返青期雨水多、持续时间长，土壤含水量高，对小麦苗期生长产生严重的不利影响，许多耐渍性差的品种因渍害而生长缓慢甚至出现死苗，严重影响小麦的分蘖并影响最终的成穗数。返青拔节后气温适宜，因土壤含水量高，对部分品种还有一些影响。孕穗抽穗直至成熟，这一时期气候适宜、光照充足，有利于小麦的穗分化、授粉、结实、灌浆，赤霉病、白粉病、锈病发病均较轻，籽粒色质好、粒重高。

3. 扬州高邮

播种出苗期：无特殊天气情况，2018 年 11 月 1 日播种，播种时墒情较好，出苗整齐，但出苗后持续降雨。

越冬期：雨雪天气偏多，越冬期整体长势较慢，且略有渍害。

拔节孕穗期：以晴好天气为主，基本无病虫害发生。

灌浆结实期：气温适宜，无高温天气，灌浆较好，粒重较高。

成熟期：无特殊灾害性天气，天气晴朗，正常收获。

4. 扬州江都

播种出苗期：小麦播种后遇雨，2018 年 10 月 22 日和 25 日以及 11 月 5～8 日有明显降雨过程，气温与常年同期相比略高，气候条件整体对出苗较为有利，实现了一播全苗，出苗较齐较匀。

越冬期：进入 12 月，小麦进入分蘖期及缓慢生长阶段，至 2019 年 2 月本地区降水频繁，雨日远超常年，光照奇缺，持续阴雨寡照使得在田小麦发生不同程度的渍害，尤其早播黄淮麦区品种受渍较为严重，苗嫩水分足，植株较瘦弱，分蘖较少偏弱，苗体素质下降。由于此期间温度整体偏高，冬季冻害程度轻，小麦生育进程快于常年。

返青期：2019 年 3 月小麦进入返青拔节期，温光、降水适宜，有利于小麦光合积累和春长春发，整体对小麦生长较为有利。

拔节孕穗期：小麦于 4 月中旬进入孕穗至抽穗开花期，4 月上中旬温高光足，4 月下旬阴雨天气较多，气象条件整体有利于小麦生长，本年度赤霉病整体发生较轻。

灌浆结实期：5 月气温总体偏高，降水量明显偏少，日照略显不足，主要不利的气象条件是 5 月下旬初的干热天气，且空气湿度低，对小麦的灌浆结实有一定影响，总体 5 月天气对小麦生长利大于弊，有利于作物产量形成。

成熟期：5 月底 6 月初天气晴好，有利于小麦的收获、晾晒。

5. 襄阳襄州 秋播期间持续干旱，降水量较常年同期减少 50%以上，但稻茬麦底墒足，出苗快。11 月上旬普降小到中雨，有效解除了旱情，对小麦出苗非常有利。11 月中旬至 12 月 20 日，平均气温 8℃，较 2017 年的 7.9℃略高 0.1℃，累计日照时数 122.9 小时，较 2017 年少 23.9%；累计降水量为 32.2 毫米，对小麦生长总体较为有利。2019 年 2 月上中旬持续低温阴雨，最低气温达到－3.6℃，导致部分小麦叶片出现轻微冻害，对小麦旺长起到一定的抑制作用。2～4 月为干旱天气，累计降水 80.3 毫米，同期减少 30%，水田保墒性好，影响较小。4 月下旬温光适宜，利于小麦灌浆充实。5 月雨量、温度适宜，光照充足，有利于夏收作物充分成熟，麦收期间无降雨，小麦千粒重高，品质是近年来最好的一年。

6. 随州曾都区 播种期间持续干旱少雨，播种质量高，稻—茬小麦墒情好，出苗快且整齐，田间长势好，麦苗素质高；2018 年 11 月 5～7 日遇有效降雨，小麦生长正常；2018 年 12 月 19 日至 2019 年 2 月 20 日持续低温阴雨天气，特别是 2 月 1～20 日日照时数仅 14.1 小时，平均气温 2.2℃，均低于常年，低温阴雨寡照导致小麦生长发育滞后，所有品种不同程度受冻；立春后气温低于常年，据区植保站调查，赤霉病子囊壳形成晚于 2018 年，孢子弹射与小麦花期不遇，赤霉病病害较轻；后期灌浆乳熟阶段未出现 30℃以上的高温，昼夜温差较大，灌浆时间延长，籽粒饱满。

7. 六安舒城、裕安区 2018 年播种期间天气较好，播后出苗齐，基本苗多，为保证足够的有效穗奠定了基础。2018 年 12 月至 2019 年 3 月上旬出现阴雨寡照天气，部分品种出现渍害。3 月中旬开始晴好天气多，光照充足，小麦成穗率和穗粒数、千粒重都较常年明显提高，并且赤霉病等穗期病害明显轻发，小麦品质高、商品性好。

8. 信阳潢川 2018—2019 年度小麦播种时期，温湿度较为适宜，适期播种，苗齐、

苗匀，年内小麦越冬期低温阴雨，但病害不重。2019 年小麦土传花叶病属暴发年份。年后返青期，天气比较正常，小麦抽穗期略有提前，抽穗期到成熟期气温略偏低，有利于干物质的积累，千粒重普遍较高。

9. 信阳息县 2018—2019 年度小麦适宜播种期间，9 月下旬和 10 月降水量 7.2 毫米，降水明显偏少，土壤几乎没有墒情，在 2018 年 10 月底干播待雨。11 月 3～4 日有一次有效的雨水，小麦得以正常生长发育，11 月 11 日刚刚出苗，基本上达到了苗齐、苗均、苗匀的要求，但比较瘦弱。2018 年 12 月平均气温 3.7℃，2019 年 1 月平均气温 2.1℃，最低气温－1.6℃，冬季温度不是很低，起伏变化不大，小麦越冬期间没有发生冻害。年后气温光照都比较正常，小麦正常返青拔节，抽穗后，雨水天数多，但没有出现连续的情况，小麦病害发生比较轻微，特别是赤霉病，和近几年相比，感染率和严重度都下降了很多；5 月温度平均 21.2℃，日照时数 150.7 小时，降水天数 6 天，降水量 16.5 毫米，雨量不大，温度不高，日照时间长，小麦灌浆时间充足，千粒重和往年相比有所提高。总的来说，2018—2019 年度播种稍微延后，小麦越冬安全，后期雨水适中，温度不高，病害发生轻，有利于扬花灌浆，成熟期推迟，丰产性得到展现。

三、试验结果及品种简评

本年度共设置 11 个试验点，根据试验考察和试验结果报告情况，全部试验点均符合汇总要求，实际汇总 11 个试验点，汇总各试验点的试验数据采用平均数法进行统计。

本年度参试品种扬 11 品 19 平均亩产 460.67 千克，比国家统一对照品种扬麦 20 增产 6.08%，对照扬麦 20 平均亩产 434.24 千克（表 3）。

表 3 2018—2019 年度长江中下游组生产试验产量汇总

品种名称	平均亩产量（千克）	比扬麦 20 增产（%）	位次	汇总点数（个）	增产点数（个）	减产点数（个）	增产点率（%）
扬 11 品 19	460.67	6.08	1	11	11	0	100
扬麦 20（CK）	434.24						

各试验点参试品种产量及性状见表 4 至表 6。

根据 2018—2019 年度生产试验表现，结合大区试验结果，依照《主要农作物品种审定标准（国家级）》中小麦品种审定标准的指标，推荐申报国家审定。

1. 品种名称 扬 11 品 19。

2. 选育单位 江苏里下河地区农业科学研究所。

3. 申请单位 江苏里下河地区农业科学研究所。

4. 品种来源 2＊扬 17//扬麦 11/豫麦 18。

5. 省级审定情况 未审定。

6. 特征特性 春性，幼苗半直立，叶色深，分蘖力较强，株型稍紧凑，穗纺锤形，长芒，白壳，红粒，籽粒较饱满，粉质。穗层整齐度好，抗病性好，熟相好。

表4　2018—2019年度长江中下游组生产试验各试验点产量

省份	试验点	扬11品19亩产量（千克）	扬麦20亩产量（千克）	扬11品19比扬麦20增产（%）	本省对照亩产量（千克）	扬11品19比本省对照增产（%）	位次
江苏	姜堰	425.8	401.9	5.95	401.9	5.95	1
	高邮	560.2	503.6	11.24	503.6	11.24	1
	仪征	332.8	316.2	5.24	316.24	5.24	1
	江都	490.2	488.4	0.36	488.4	0.36	1
	东台	645.1	602.9	7.00	602.9	7.00	1
	平均	490.8	462.6	6.10	462.6	6.10	1
湖北	曾都	504.2	432.4	16.60	432.6	16.55	1
	襄州	472.0	459.5	2.74	449.9	4.91	1
	平均	488.1	446.0	9.44	441.3	10.61	1
河南	潢川	440.4	435.2	1.19	399.7	10.18	1
	息县	447.7	407.9	9.76	417.7	7.18	1
	平均	444.1	421.6	5.34	408.7	8.67	1
安徽	裕安	328.97	321.63	2.28	321.63	2.28	1
	舒城	419.97	406.94	3.20	406.94	3.20	1
	平均	374.5	364.3	2.80	364.3	2.80	1
平均		460.67	434.24	6.08			1

表 5　2018—2019 年度长江中下游组生产试验各试验点性状（一）

品种名称	试验点	全生育期（天）	亩基本苗数（万）	亩最高茎蘖数（万）	成穗率（%）	亩穗数（万）	穗粒数（粒）	千粒重（克）	穗发芽	落粒性	耐热性	耐湿性	株高（厘米）	熟相
扬 11 品 19	泰州姜堰	204	24.1	61.2	58.0	35.5	31.6	40.3	无	3	—	—	78.9	好
	扬州高邮	202	20.7	61.5	54.9	33.8	36.3	45.3	0	3	—	—	91.0	1
	扬州仪征	197	16.4	42.4	62.6	26.6	38.4	45.8	—	5	—	—	79.3	好
	扬州江都	200	17.4	44.0	76.4	33.6	43.5	45.5	1	3	—	1	83.5	1
	盐城东台	208	15.9	89.0	38.1	33.9	44.0	43.2	1	3	—	3	99.5	1
	随州曾都	215	24.7	65.2	38.8	25.3	25.7	42.5			—		68.2	1
	襄阳襄州	208	21.2	81.3	46.1	37.5	38.4	42.2	1	3	1	1	81.0	1
	信阳潢川	206	18.6	49.7	67.0	33.3	31.9	44.6	—	3	—	—	67.3	1
	信阳息县	212	35.8	83.3	53.9	44.9	32.8	40.3	1	3	—	—	75.0	1
	六安裕安	199	17.7	67.6	43.3	29.3	25.2	49.2	1	3	1	1	78.3	1
	六安舒城	206	23.2	68.3	46.6	31.8	35.3	39.6	1	3	1	1	79.1	1
	平均	205.2	21.4	64.9	53.2	33.2	34.8	43.5					80.1	1
扬麦 20	泰州姜堰	204	24.3	64.3	51.5	33.1	32.2	42.1	无	3	—	—	84.8	好
	扬州高邮	204	20.3	57.3	55.7	31.9	37.1	41.8	0	3	—	—	90.0	1
	扬州仪征	196	15.7	33.0	77.9	25.7	26.0	44.0	—	5	—	—	79.3	好
	扬州江都	201	16.4	36.8	79.3	29.2	45.5	46.3	1	3	—	1	84.8	1
	盐城东台	210	17.2	72.8	43.1	31.4	48.9	40.5	1	3	—	1	99.4	1
	随州曾都	216	27.0	71.4	39.1	27.9	20.5	44.1	—	—	—	—	68.1	1
	襄阳襄州	210	20.4	69.6	52.2	36.3	38.5	41.0	1	3	1	1	75.1	1
	信阳潢川	206	19.8	56.3	60.9	34.3	37.4	44.9	—	3	—	—	68.7	1
	信阳息县	212	36.5	77.3	53.4	41.3	33.5	44.0	1	3	—	—	75.0	1
	六安裕安	201	17.6	67.8	49.7	33.7	29.9	46.1	1	3	1	1	80.2	1
	六安舒城	206	22.3	73.1	42.8	31.2	43.0	37.5	1	3	1	1	82.0	1
	平均	206	21.6	61.8	55.1	32.4	35.7	42.9					80.7	1
郑麦 9023	随州曾都	215	23.7	80.6	48.3	38.9	28.5	46.5	—	—	—	—	80.9	1
	襄阳襄州	210	22.3	86.2	42.3	36.5	32.6	44.1	1	3	1	1	78.9	1
	平均	212.5	23.0	83.4	45.3	37.7	30.55	45.3	1	3	1	1	79.9	1
偃展 4110	信阳潢川	205	18.6	48.0	72.9	34.7	31.5	41.8	—	3	—	—	74.3	3
	信阳息县	212	34.6	78.6	54.6	42.9	31.6	46.6	1	3			70.0	3
	平均	208.5	26.6	63.3	63.75	38.8	31.55	44.2	1	3			72.15	3

表 6　2018—2019 年度长江中下游组生产试验各试验点性状（二）

品种名称	试验点	穗形	芒	粒色	饱满度	粒质	黑胚率（%）	容重（克/升）	幼苗习性	冬季冻害	春季冻害	越冬死茎率（%）	倒伏		条锈病		叶锈病		白粉病	赤霉病		纹枯病		叶枯病	其他病害
													程度	面积（%）	反应型	普遍率（%）	反应型	普遍率（%）		反应型	普遍率（%）	反应型	普遍率（%）		
扬 11 品 19	泰州姜堰	3	5	5	2	5	—	—	2	—	—	—		0		0		0	轻	轻					
	扬州高邮	1	5	5	1	5	0	—	2	1	1	—	1	0	1		—		1	1	—	1	—	—	—
	扬州仪征	5	5	5	2	5	—	790	3	2	4	14	—	—	—	—	—	—	—	2	13	—	—	—	
	扬州江都	1	5	5	1	3	0		3	2	2	0	—	—	—	—	—	—	1	—	—	2	—		
	盐城东台	1	5	5	1	3	0.2		3	2	1	0	5	20	—	—	—	—	1	—	—	2	10		
	随州曾都	1	5	5	1	3	0		3	3	4	20	—	—	—	—	—	—	1	2	22.8	2	—		
	襄阳襄州	1	5	1	1	3	0.80	776	3	2	2	10.2	1	—	1	—	1	—	1	1	—	1	—	1	—
	信阳潢川	1	5	5	1	5	0.2	—	3	2	—	—	—	—	—	—	2	30	—	2	—	2	1	—	—
	信阳息县	1	5	5	1	5			5	1	—	—	—	—	—	—				2	3	2			
	六安裕安	3	5	5	2	3	2		3	2	1	0	1	0	2	5	1	0	1	2	6	1	0	1	
	六安舒城	3	5	5	1	3	2		3	2	1	0	1	0	1	0	2	5		2	7	1	0	1	
扬麦 20	泰州姜堰	1	5	5	2	3	—	—	2	—	—	—		0		0		0	轻	轻					
	扬州高邮	1	5	5	1	5	0	—	2	1	1	—	1	0	1	—	1	—	1	1	—	1	—	—	—
	扬州仪征	1	5	5	1	3	—	804	2	2	2	8	—	—	—	—	—	—	—	2	9	—	—	—	
	扬州江都	1	5	5	1	3	0		3	2	2	0	—	—	—	—	—	—	1	—	—	2	—		
	盐城东台	1	5	5	1	3	0		3	2	1	0	5	95	—	—	—	—	1	—	—	2	15		
	随州曾都	1	5	5	1	3	0		3	3	4	20	—	—	—	—	—	—	1	2	20.9	2	—		
	襄阳襄州	1	5	5	2	3	1.25	755	3	2	2	9.1	1	—	4	3	1	—	1	1	—	1	—	1	—
	信阳潢川	3	5	5	1	5	0	—	3	2	—	—	—	—	—	—	2	20	—	2	—	2	1	—	
	信阳息县	1	5	5	1	5			5	1	—	—	—	—	—	—				2	3	4			
	六安裕安	3	5	5	2	3	0		5	1	1	0	1	0	2	5	1	0	1	2	5	1	0	1	
	六安舒城	3	5	5	1	3	0		5	2	1	0	1	0	1	0	2	5		2	5	1	0	1	
郑麦	随州曾都	1	2	1	1	3	0		3	1	1	—	—	—	—	—	—	—	1	3	22.9	—	—	—	—
9023	襄阳襄州	1	5	1	1	1	4.00	780	3	2	2	11.1	1	—	1	—	1	—	1	1	—	1	—	1	—
偃展	信阳潢川	1	5	3	1	5	0.5	—	3	2	—	—	—	—	2	50	2	30	—	2	—	2	2	—	—
4110	信阳息县	1	5	1	1	5			5	1										3	9	2			

2018 年/2019 年大区试验：平均亩穗数 34.7 万/33.2 万，穗粒数 33.5 粒/35.6 粒，千粒重 39 克/43.6 克；全生育期 195.2 天/203.3 天，比对照扬麦 20 早熟 1.4 天/早熟 0.6 天；平均株高 77.3 厘米/80.6 厘米。非严重倒伏点率 95%/90%。抗病性接种鉴定，感条锈病/高感条锈病，中抗白粉病/中抗白粉病，高感叶锈病/高感叶锈病，中感纹枯病/高感纹枯病，中抗赤霉病/中抗赤霉病。品质测定结果：粗蛋白（干基）含量 13.0%/11.6%，湿面筋含量 23.7%/26.5%，吸水率 51.1%/55.3%，稳定时间 3.3 分钟/3 分钟，最大拉伸阻力 554.5 EU/443.3EU，拉伸面积 87.5 厘米^2/66.5 厘米^2。2019 年生产试验平均亩穗数 33.2 万，穗粒数 34.8 粒，千粒重 43.5 克，平均株高 80.1 厘米，全生育期 205.2 天，无严重倒伏点。两年大区试验结果：平均亩穗数 34.0 万，穗粒数 34.6 粒，千粒重 41.3 克；全生育期 199.3 天，比对照扬麦 20 早熟 1 天；平均株高 79.0 厘米。非严重倒伏点率 92.5%。高感条锈病、叶锈病和纹枯病，中抗白粉病和赤霉病。

7. 产量表现 2017—2018 年度大区试验，20 点汇总，平均亩产 395.8 千克，比对照扬麦 20 增产 7.44%，居参试品种第一位，增产点率 95%，增产≥2.0%点率 90%。2018—2019 年度继续试验，20 点汇总，平均亩产 468.5 千克，比对照扬麦 20 增产 8.17%，居 6 个参试品种的第一位，增产点率 95%，增产≥2.0%点率 90%。两年平均亩产 432.2 千克，比对照扬麦 20 增产 7.81%，增产点率 95%。2018—2019 年度生产试验，11 点汇总，平均亩产 460.67 千克，较对照扬麦 20 增产 6.08%，居参试品种第一位，增产点率 100%。

8. 处理意见 两年大区试验、1 年生产试验平均产量和增产点数达到推荐审定标准，建议申报国家审定。

9. 适宜地区 江苏和安徽两省淮河以南地区、湖北、河南信阳地区。

10. 栽培技术要点 适宜播期 10 月 25 日至 11 月 15 日，亩基本苗数 18 万左右，抽穗后扬花期及时防治赤霉病。

2018—2019年度广适性小麦新品种试验黄淮冬麦区南片组生产试验总结

一、试验目的

进一步验证黄淮冬麦区南片组大区试验中表现较好的小麦新品种在接近大田生产条件下的丰产性、适应性以及抗逆性，筛选适合黄淮冬麦区南片组种植的小麦新品种，加快优良品种审定和推广步伐，为小麦新品种审定及推广提供科学依据。

二、试验依据

根据《主要农作物品种审定办法》的有关规定和全国农业技术推广服务中心农技种函〔2018〕488号文件《关于印发〈2018—2019年度国家小麦良种联合攻关广适性品种试验实施方案〉的通知》精神，设置本试验。

三、试验概况

1. 参试品种 本年度生产试验参试品种7个（不含对照），对照为周麦18（国家区试对照）和本省对照（表1）。其中，河南省区试对照是周麦18，和本试验周麦18重复，因此本试验在河南省区域内品种数为8个，在江苏省、安徽省、陕西省区域内品种数是9个。各省相似生态区对照如下：安徽省，济麦22；江苏省，淮麦20；陕西省，小偃22。

表1 黄淮冬麦区南片组生产试验参试品种

序号	品种名称	组合	选育单位	联系人
1	郑麦6694	04H551-2-1/郑麦7698//郑麦0856	河南省农业科学院小麦研究所	许为钢
2	濮麦117	周麦27/中育9307	濮阳市农业科学院	秦海英
3	皖宿0891	淮麦30/皖麦50//烟农19	宿州市农业科学院	吴兰云
4	安农1589	济麦22//M0959/168	安徽农业大学 安徽隆平高科种业有限公司	卢 杰
5	濮麦087	浚K8-4/濮麦9号	濮阳市农业科学院	高洪泽
6	涡麦606	莱137/新麦13//淮麦25	亳州市农业科学研究院	刘 钊
7	淮麦510	淮麦33/淮麦18	安徽皖垦种业股份有限公司	王华俊
8	周麦18（CK）	内乡185/周麦9号	周口市农业科学院	
9	本省对照			

2. 试验点设置 本年度生产试验在河南、安徽、江苏、陕西4个省设置16个试验点，其中河南5个、安徽4个、江苏4个、陕西3个（表2）。

表2　黄淮冬麦区南片组生产试验承试单位情况

序号	承试单位	联系人	试验地点
1	河南天存种业科技有限公司	张保亮	河南省郑州市荥阳市广武镇军张村
2	濮阳市农业科学院	秦海英	河南省濮阳市清丰县高堡乡王庄村
3	河南省农业科学院小麦研究所	张建周	河南省新乡市平原新区王村
4	商丘市农林科学院	胡　新	河南省商丘梁园王楼乡田营大华农场
5	漯河市农业科学院	廖平安	河南省漯河市郾城区新生农场
6	亳州市农业科学研究院	刘　钊	安徽省涡阳县城东镇棉麦原种场
7	宿州市农业科学院	吴兰云	安徽省宿州市现代农业科技研发中心
8	皖垦种业明光分公司	储焰芳	安徽省明光市潘村镇潘村湖农科所
9	荃银高科阜阳分公司	葛　永	安徽省阜阳市颍泉区农业科技示范园
10	淮安市农业科学研究院	杜小凤	江苏省宿迁市宿城区洋北镇老庄村
11	江苏瑞华农业科技有限公司	金彦刚	江苏省宿迁市湖滨新区塘湖良种场
12	江苏省大华种业集团有限公司育种研究院	刘洪伏	江苏省连云港市海州区岗埠农场
13	江苏徐淮地区徐州农业科学研究所	冯国华	江苏省徐州市经济技术开发区大庙村
14	陕西天丞禾农业科技有限公司	郑敏生	陕西省渭南市临渭区农业良种场
15	咸阳市农业科学研究院	李瑞国	陕西省咸阳市泾阳县中张镇庙底村
16	陕西农垦大华种业有限责任公司	孔长江	陕西省华阴市华西镇华阴农场

3. 试验执行情况　大部分试验点能严格按照试验技术规程和试验方案要求设置试验，统一田间管理，规范调查记载，及时收获和考种分析，为参试品种提供平等的展现特征特性及增产潜力的机会，但有个别试验点存在地力不匀、杂草较多等田间管理不到位现象。

4. 品种考察　2018年12月10～16日，试验主持单位河南黄泛区地神种业有限公司朱高纪，会同河南天存种业科技有限公司张保亮研究员、赵延勃经理及河南兆丰种业公司刘成副总经理一行4人，组成联合考察组，考察了陕西、河南、江苏、安徽18个良种攻关生产试验、品比（西部组）、大区试验承试单位。2019年5月，联合考察组在良种攻关广适性品种试验领导小组组长闫长生及副组长周凤明的带领和指导下，对河南、江苏、安徽、陕西其中14个生产试验承试点进行了考察，比较全面地了解了各试验点田间试验情况、试验方案执行情况、田间品种表现和试验存在的问题以及大田小麦生产情况等，试验质量均达到汇总要求。

四、2018—2019年度气候条件对试验及小麦生长发育的影响

2018—2019年度是小麦丰产年，总产、单产均创新高，生产上大面积出现亩产700千克以上的高产典型。小麦从播种到收获，基本没有经历特殊灾害性天气：前期苗情好，冻害轻，大部分小麦品种达到壮苗越冬；中期光温充足，降水较多，利于大穗形成；后期降水少，病害轻，是近几年来病害最轻的一年，光照强，利于灌浆，后期出现短暂干热风天气，部分晚熟品种高温逼熟，千粒重下降。现将本年度气象因素对小麦生长发育的影响简要分析如下。

播种—出苗：本年度大部分试验点能达到适期播种，经造墒播种或播后喷灌，基本做到了一播全苗。个别试验点因土壤湿度大，播期较往年推迟。由于墒情足，气温适宜，小麦出苗快，苗齐苗匀，生长正常。

分蘖—越冬：多个试验点 2018 年 11 月墒情足，光照强，平均气温高于常年，积温多，利于小麦分蘖的早生快发，品种苗势壮，形成了足够的冬前群体，且多以大分蘖越冬。小麦进入越冬期后，冬季气温接近常年，温度变化平稳，没有极端低温出现，寒流轻，品种间冻害差异表现不明显。大部分品种麦苗麦叶因冻稍有黄尖，冻害较轻。个别生长发育较快的小麦品种叶片长、薄，叶色淡，出现了 3～4 级冻害，整个越冬期，或冬灌或降水，墒情适宜，光温充足，利于麦苗安全越冬。

返青—挑旗：返青拔节期，多个试验点降水量略高于往年，土壤墒情适宜，平均气温比往年偏高，发育进程提前，起身早，拔节快。个别春季偏旱的试验点，生长发育稍慢，经喷灌浇水，有效促进了苗情转化。多个试验点在 3 月下旬出现明显的倒春寒天气，导致 4 月中旬抽穗时，对低温反应敏感的个别品种穗冻明显，主要表现为顶不育、穗头尖、下部退化小穗增多。4 月上中旬气温偏高，墒情好，日照时数多，小麦生长加快，抽穗略早于往年。

抽穗—扬花：抽穗期温度适宜，光照充足，4 月下旬开花期大部分试验点有短暂阴雨低温天气，阴雨虽有利于赤霉病的发生，但是温度较低，不利于赤霉病菌的扩散，后期赤霉病明显轻于往年。阴雨连绵，低温寡照，同时导致了个别晚熟品种育性变差，出现不同程度的不育现象，严重的田间整穗表现为透明“亮穗”，败育不结实。

灌浆—成熟：大部分试验点光照充足，昼夜温差较大，土壤墒情充足，持续灌浆时间长，灌浆强度较大，有利于千粒重的提高。降水量少，病虫害发生总体较轻：条锈病偏轻发生，刚蔓延时气温抬升，遂被抑制，流行时间短，损失轻；叶锈病发生相对偏晚，未产生明显的危害；白粉病因阴雨天气少，未形成大的危害；赤霉病未能流行，只有零星病穗。部分试验点 5 月下旬和 6 月上旬出现短暂干热风，温度达到 37～38℃，持续 3 天以上。5 月下旬干热风，部分根系活力差的品种因落黄不顺，灌浆受阻而早衰，同时还有部分品种因风倒伏；6 月上旬的干热风天气，使所有品种功能叶迅速衰亡，青干逼熟，停止灌浆。6 月上中旬收获后，天气晴好，有利于小麦晾晒和储藏。

综观本年度小麦生产，小麦生育期间的气候条件对小麦生产的影响利弊均有，利大于弊，对小麦产量三要素的影响是大部分品种亩穗数、穗粒数增加，早熟品种千粒重增加，晚熟品种千粒重略降，小麦产量较高。小麦整个生育期风调雨顺，产量高且品质好，是近年来少有的小麦丰收年份。

五、试验结果与分析

（一）田间试验产量结果

根据考察和试验结果，16 个试验点全部参加汇总。

对照品种周麦 18 在各试验点的亩产变幅为 412.9～616.6 千克，平均亩产 546.8 千克；济麦 22 在安徽省各试验点亩产变幅为 514.3～578.2 千克，平均亩产 545.6 千克；淮麦 20 在江苏省各试验点亩产变幅为 509.0～566.7 千克，平均亩产 535.1 千克；小偃 22 在陕西省各试验点亩产变幅为 417.3～511.1 千克，平均亩产为 473.3 千克；参试品种平均亩产变幅详见表 3。

参试品种性状表现见表 4 至表 6。

表 3　2018—2019 年度黄淮冬麦区南片组生产试验产量

试验点		郑麦 6694			濮麦 117			皖宿 0891			安农 1589			周麦 18（CK）	本省 CK	
省份	县（市、区）	亩产量（千克）	比周麦 18 增产（%）	比本省对照增产（%）	亩产量（千克）	比周麦 18 增产（%）	比本省对照增产（%）	亩产量（千克）	比周麦 18 增产（%）	比本省对照增产（%）	亩产量（千克）	比周麦 18 增产（%）	比本省对照增产（%）	亩产量（千克）	品种	亩产量（千克）
河南	荥阳	649.8	5.38	5.38	648.4	5.16	5.16	642.5	4.20	4.20	626.2	1.56	1.56	616.6	周麦 18	616.6
	清丰	622.9	2.13	2.13	663.5	8.78	8.78	648.9	6.38	6.38	614.8	0.80	0.80	609.9		609.9
	新乡	592.7	6.55	6.55	592.0	6.43	6.43	598.1	7.53	7.53	575.9	3.54	3.54	556.2		556.2
	商丘	604.9	10.48	10.48	586.8	7.18	7.18	469.9	−14.17	−14.17	501.9	−8.33	−8.33	547.5		547.5
	临颍	668.6	9.27	9.27	658.1	7.55	7.55	666.3	8.90	8.90	643.1	5.10	5.10	611.9		611.9
	平均	627.8	6.76	6.76	629.8	7.02	7.02	605.1	2.57	2.57	592.4	0.53	0.53	588.4		588.4
安徽	涡阳	585.7	5.20	8.70	584.0	4.90	8.40	583.1	4.70	8.20	587.1	5.40	9.00	556.9	济麦 22	538.7
	宿州	600.9	4.43	3.92	590.8	2.67	2.18	605.7	5.26	4.75	599.3	4.15	3.65	575.4		578.2
	明光	519.9	−4.00	−5.65	558.8	3.19	1.42	570.8	5.40	3.58	600.7	10.92	9.01	541.5		551.0
	阜阳	495.0	−2.65	−3.75	479.0	−5.81	−6.87	514.5	1.17	0.03	524.0	3.04	1.87	508.5		514.3
	平均	550.4	0.75	0.81	553.1	1.24	1.28	568.5	4.13	4.14	577.8	5.88	5.88	545.6		545.6
江苏	淮安	556.0	8.38	9.23	520.0	1.36	2.16	522.0	1.75	2.55	550.0	7.2	8.06	513.0	淮麦 20	509.0
	宿迁	600.2	4.83	5.92	587.2	2.56	3.62	597.5	4.35	5.43	596.0	4.09	5.16	572.6		566.7
	连云港	526.7	2.15	−2.55	562.8	9.15	4.13	549.2	6.52	1.61	554.6	7.56	2.61	515.6		540.5
	徐州	558.8	5.15	6.63	567.7	6.82	8.33	577.4	8.64	10.17	536.6	0.97	2.39	531.5		524.1
	平均	560.4	5.13	4.81	559.4	4.97	4.56	561.5	5.32	4.94	559.3	4.96	4.56	533.2		535.1
陕西	渭南	566.1	1.27	15.14	568.2	1.64	15.57	544.6	−2.57	10.78	553.3	−1.03	12.53	559.0	小偃 22	491.7
	泾阳	480.6	16.39	15.16	471.8	14.27	13.06	483.0	16.97	15.73	487.1	17.97	16.71	412.9		417.3
	华阴	521.8	0.29	2.06	534.2	2.67	4.44	528.0	1.47	3.24	520.0	−0.05	1.72	520.3		511.1
	平均	522.8	5.98	10.79	524.7	6.19	11.02	518.5	5.29	9.92	520.1	5.63	10.32	497.4		473.3
平均		571.9	4.69		573.3	4.91		568.8	4.16		566.9	3.93		546.8		

（续）

试验点		濮麦087			涡麦606			淮麦510			周麦18（CK）	本省CK	
省份	县（市、区）	亩产量（千克）	比周麦18增产（%）	比本省对照增产（%）	亩产量（千克）	比周麦18增产（%）	比本省对照增产（%）	亩产量（千克）	比周麦18增产（%）	比本省对照增产（%）	亩产量（千克）	品种	亩产量（千克）
河南	荥阳	648.0	5.10	5.10	642.9	4.26	4.26	630.8	2.30	4.26	616.6	周麦18	616.6
	清丰	626.2	2.66	2.66	655.4	7.45	7.45	616.4	1.06	7.45	609.9		609.9
	新乡	562.4	1.11	1.11	569.2	2.33	2.33	584.0	4.99	2.33	556.2		556.2
	商丘	558.9	2.08	2.08	604.9	10.48	10.48	530.8	−3.05	10.48	547.5		547.5
	临颍	627.1	2.48	2.48	634.8	3.74	3.74	629.7	2.91	3.74	611.9		611.9
	平均	604.5	2.69	2.69	621.4	5.65	5.65	598.3	1.64	5.65	588.4		588.4
安徽	涡阳	580.9	4.30	7.80	588.5	5.70	9.20	590.6	6.10	9.60	556.9	济麦22	538.7
	宿州	587.2	2.05	1.56	594.4	3.30	2.80	596.2	3.61	3.11	575.4		578.2
	明光	554.6	2.42	0.65	543.8	0.42	−1.31	597.0	10.25	8.35	541.5		551.0
	阜阳	518.2	1.90	0.74	504.7	−0.75	−1.87	511.1	0.51	−0.62	508.5		514.3
	平均	560.2	2.67	2.69	557.8	2.17	2.21	573.7	5.12	5.11	545.6		545.6
江苏	淮安	565.0	10.14	11.00	518.0	0.97	1.77	548.0	6.82	7.66	513.0	淮麦20	509.0
	宿迁	588.2	2.74	3.80	592.4	3.47	4.53	594.8	3.88	4.95	572.6		566.7
	连云港	523.6	1.55	−3.13	568.0	10.16	5.09	560.0	8.61	3.61	515.6		540.5
	徐州	561.2	5.59	7.07	563.9	6.11	7.60	537.2	1.08	2.50	531.5		524.1
	平均	559.5	5.01	4.69	560.6	5.18	4.75	560.0	5.10	4.68	533.2		535.1
陕西	渭南	573.9	2.66	16.73	531.6	−4.90	8.13	485.1	−13.21	−1.33	559.0	小偃22	491.7
	泾阳	439.2	6.37	5.24	460.5	11.53	10.35	427.7	3.59	2.49	412.9		417.3
	华阴	516.9	−0.65	1.12	519.2	−0.21	1.56	525.1	0.92	2.69	520.3		511.1
	平均	510.0	2.79	7.70	503.8	2.14	6.68	479.3	−2.90	1.28	497.4		473.3
平均		564.5	3.28		568.3	4.00		560.3	2.52		546.8		

表4 2018—2019年度黄淮冬麦区南片组生产试验各品种主要性状调查记载（一）

品种名称	试验点		生育期（天）	成熟期（月-日）	亩基本苗数（万）	亩最高茎蘖数（万）	成穗率（%）	亩穗数（万）	穗粒数（粒）	千粒重（克）	穗发芽	落粒性	耐热性	耐湿性	株高（厘米）	熟相
	省份	县（市、区）														
郑麦6694	河南	荥阳	229	6-7	18.0	82.6	47.9	39.6	43.2	44.8	1	3			80	1
		清丰	234	6-9	24.1	104.1	42.3	44.0	31.8	47.8	1	3			73	3
		新乡	227	6-3	17.3	84.7	49.6	42.0	35.0	45.6	1	3			82	1
		商丘	225	6-2	22.0	96.6	45.5	54.0	40.3	37.5	0	3			82	3
		临颍	231	6-6	16.6	89.5	50.5	45.2	35.7	50.2	1	3			75	3
	安徽	涡阳	223	6-5	17.0	82.1	48.5	39.8	38.0	40.2		3			75	1
		宿州	221	6-4	19.5	85.6	48.0	41.1	30.9	43.6	0	3	1	1	80	1
		明光	213	6-1	16.4	103.3	28.3	29.2	35.5	52.6	1	3	1	1	81	3
		阜阳	211	5-26	22.5	78.0	52.2	40.7	34.0	51.2	1	3			76	1
	江苏	淮安	209	6-9	23.6	109.9	37.9	41.7	37.8	41.7	1	1		1	73	1
		宿迁	234	6-8	15.0	96.4	42.2	40.7	33.4	45.9	1	3			87	1
		连云港	218	6-5	21.1	87.3	41.8	36.5	36.7	41.8	0	3			79	1
		徐州	233	6-9	13.6	75.5	55.8	42.1	36.7	41.7		3			82	3
	陕西	渭南	226	6-6	29.0	89.8	48.1	43.2	28.5	47.9	1	3	1	1	75	3
		泾阳	234	6-8	18.0	90.2	43.4	39.1	27.8	47.2	1	3			81	3
		华阴	225	6-1	18.0	82.1	50.5	41.5	31.8	42.5	0	1	1	2	77	1
	平均		224.6		19.5	89.9	45.8	41.3	34.8	45.1					79	

（续）

品种名称	试验点		生育期（天）	成熟期（月-日）	亩基本苗数（万）	亩最高茎蘖数（万）	成穗率（%）	亩穗数（万）	穗粒数（粒）	千粒重（克）	穗发芽	落粒性	耐热性	耐湿性	株高（厘米）	熟相
	省份	县（市、区）														
濮麦117	河南	荥阳	229	6-7	18.0	81.8	48.4	39.6	42.9	42.1	1	3			80	3
		清丰	234	6-9	18.3	90.2	49.0	44.2	33.8	48.7	1	3			70	1
		新乡	226	6-2	18.0	79.3	52.1	41.3	37.0	46.3	1	3			78	1
		商丘	227	6-3	23.0	90.0	55.9	45.0	38.7	41.0	0	3			86	3
		临颍	231	6-6	16.2	92.5	49.8	46.1	35.4	50.2	1	3			70	3
	安徽	涡阳	223	6-5	17.0	73.6	51.1	37.6	41.0	42.9		3			78	3
		宿州	221	6-4	17.9	79.5	45.7	36.3	36.5	42.9	0	3	1	1	83	2
		明光	215	6-3	18.0	92.0	32.6	30.0	37.9	45.4	1	3	1	1	80	3
		阜阳	213	5-28	20.4	90.6	44.7	40.5	41.0	51.4	1	3			76	3
	江苏	淮安	208	6-8	23.2	107.5	37.2	40.0	34.0	44.3	1	3		1	75	3
		宿迁	235	6-9	15.0	89.5	46.7	41.8	32.0	46.6	1	3			84	1
		连云港	220	6-7	20.8	110.2	35.6	39.2	35.3	42.8	0	3			82	1
		徐州	232	6-8	10.6	63.7	67.0	42.7	36.6	44.7		3			84	1
	陕西	渭南	227	6-7	30.8	85.1	45.5	38.7	31.9	45.3	1	3	1	1	73	3
		泾阳	234	6-8	19.0	81.9	48.6	39.8	25.5	49.3	1	3			74	1
		华阴	226	6-2	18.0	77.2	51.5	39.8	35.2	45.6	0	3	3	2	76	3
	平均		225.1		19.0	86.5	47.6	40.2	35.9	45.6					78	

（续）

品种名称	试验点 省份	试验点 县（市、区）	生育期（天）	成熟期（月-日）	亩基本苗数（万）	亩最高茎蘖数（万）	成穗率（%）	亩穗数（万）	穗粒数（粒）	千粒重（克）	穗发芽	落粒性	耐热性	耐湿性	株高（厘米）	熟相
皖宿0891	河南	荥阳	229	6-7	18.0	86.2	46.6	40.2	41.8	40.8	1	3			95	3
		清丰	235	6-6	21.4	105.8	46.1	48.8	31.2	45.6	1	3			78	1
		新乡	228	6-4	19.0	99.7	42.8	42.7	34.0	41.8	1	3			83	1
		商丘	225	6-3	22.0	76.7	51.9	47.0	38.9	38.0	0	3			84	3
		临颍	232	6-7	18.5	109.6	42.2	46.3	34.7	49.2	1	3			80	3
	安徽	涡阳	223	6-5	17.0	111.3	38.2	42.5	36.0	38.5		3			83	3
		宿州	222	6-5	18.6	102.6	49.3	50.6	32.6	39.5	0	3	1	1	83	1
		明光	216	6-4	18.4	110.5	31.2	34.4	36.9	47.8	1	3	1	1	89	1
		阜阳	214	5-29	22.3	80.4	50.5	40.6	42.0	44.6	1	3			81	1
	江苏	淮安	206	6-6	23.2	110.8	39.3	43.1	36.0	39.0	1	3		1	74	3
		宿迁	236	6-10	15.0	100.8	49.5	49.9	28.9	44.7	1	3			94	1
		连云港	219	6-6	20.5	114.5	35.6	40.8	36.6	38.5	0	3			90	1
		徐州	233	6-9	13.9	86.0	50.8	43.6	30.0	40.6		3			87	1
	陕西	渭南	229	6-9	30.3	83.7	56.3	47.1	29.9	41.6	1	3	1	1	83	3
		泾阳	234	6-8	18.5	94.8	41.7	39.6	30.8	45.5	1	3			78	1
		华阴	227	6-3	18.0	91.3	45.9	41.9	30.2	43.8	0	3	1	2	82	1
	平均		225.5		19.7	97.8	44.9	43.7	34.4	42.5					84	

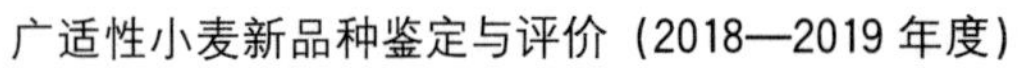

（续）

品种名称	试验点		生育期（天）	成熟期（月-日）	亩基本苗数（万）	亩最高茎蘖数（万）	成穗率（%）	亩穗数（万）	穗粒数（粒）	千粒重（克）	穗发芽	落粒性	耐热性	耐湿性	株高（厘米）	熟相
	省份	县（市、区）														
安农1589	河南	荥阳	229	6-7	18.0	85.6	46.9	40.2	36.6	41.6	1	3			85	1
		清丰	234	6-9	16.9	101.7	42.8	43.6	30.6	48.3	1	3			75	3
		新乡	226	6-2	16.0	110.0	43.4	47.7	33.0	47.5	1	3			76	1
		商丘	226	6-3	22.0	83.3	61.1	43.3	40.7	39.5	0	3			84	3
		临颍	231	6-6	16.4	105.0	44.9	47.1	34.2	47.6	1	3			75	3
	安徽	涡阳	223	6-5	19.0	98.2	41.9	41.1	43.0	42.2		3			76	1
		宿州	221	6-4	18.1	93.5	49.1	45.9	31.7	40.0	0	3	1	1	79	1
		明光	215	6-3	18.0	108.1	30.4	32.8	34.7	50.9	1	3	1	1	80	1
		阜阳	213	5-28	20.4	70.3	58.0	40.8	37.0	51.2	1	3			75	1
	江苏	淮安	207	6-7	24.1	114.6	36.5	41.8	31.6	49.2	1	3		1	72	3
		宿迁	235	6-9	15.0	102.8	42.2	43.4	33.0	44.8	1	3			90	1
		连云港	220	6-7	19.8	99.6	39.7	39.5	34.7	43.2	0	3			85	1
		徐州	230	6-6	12.7	77.1	52.7	40.7	33.4	40.4		3			85	1
	陕西	渭南	226	6-6	27.2	99.0	41.2	40.8	30.8	46.7	1	3	1	1	73	3
		泾阳	234	6-8	18.2	92.2	49.1	45.3	30.5	48.3	1	3			75	1
		华阴	227	6-3	18.0	87.5	48.0	42.0	29.6	44.5	0	1	1	2	81	1
	平均		224.8		18.7	95.5	45.5	42.3	34.1	45.4					79	

（续）

品种名称	试验点		生育期（天）	成熟期（月-日）	亩基本苗数（万）	亩最高茎蘖数（万）	成穗率（%）	亩穗数（万）	穗粒数（粒）	千粒重（克）	穗发芽	落粒性	耐热性	耐湿性	株高（厘米）	熟相
	省份	县（市、区）														
濮麦 087	河南	荥阳	231	6-9	18.0	86.2	46.5	40.1	39.8	44.2	1	3			88	1
		清丰	235	6-11	14.1	75.1	54.9	41.2	31.6	52.6	1	3			78	1
		新乡	227	6-3	17.0	74.3	48.5	36.0	39.0	49.0	1	3			81	1
		商丘	225	6-2	24.0	75.0	61.2	46.0	35.6	39.0	0	3			87	1
		临颍	232	6-7	17.4	107.5	40.4	43.4	36.2	48.8	1	3			82	3
	安徽	涡阳	223	6-5	17.0	83.8	45.2	37.9	45.0	46.7		3			78	3
		宿州	221	6-4	19.3	87.3	43.6	38.1	31.3	41.5	0	3	1	1	86	2
		明光	214	6-2	17.2	80.8	37.6	30.4	40.5	48.3	1	3	1	1	83	3
		阜阳	214	5-29	18.8	70.6	60.2	42.5	43.0	55.6	1	3			85	1
	江苏	淮安	209	6-9	23.5	113.2	36.7	41.5	41.7	38.6	1	1		1	81	1
		宿迁	236	6-10	15.0	101.3	38.6	39.1	35.4	45.1	1	3			92	1
		连云港	220	6-7	19.8	87.6	40.6	35.6	35.8	43.5	0	3			89	1
		徐州	231	6-7	11.4	69.7	50.9	35.5	40.0	45.8		3			87	1
	陕西	渭南	227	6-7	27.2	84.5	40.1	33.9	35.1	50.9	1	3	1	1	83	3
		泾阳	234	6-8	18.1	73.4	45.7	33.6	25.9	55.4	1	3			76	1
		华阴	226	6-2	18.0	76.8	49.2	37.8	34.6	45.1	0	1	3	2	75	3
	平均		225.3		18.5	84.2	46.2	38.3	36.9	46.9					83	

（续）

品种名称	试验点		生育期（天）	成熟期（月-日）	亩基本苗数（万）	亩最高茎蘖数（万）	成穗率（%）	亩穗数（万）	穗粒数（粒）	千粒重（克）	穗发芽	落粒性	耐热性	耐湿性	株高（厘米）	熟相
	省份	县（市、区）														
涡麦606	河南	荥阳	229	6-7	18.0	86.4	46.4	40.1	40.1	42.5	1	3			90	1
		清丰	235	6-11	11.3	85.1	53.8	45.8	31.8	48.1	1	3			83	3
		新乡	226	6-2	18.3	136.3	31.8	43.3	37.0	46.2	1	3			85	1
		商丘	226	6-3	24.0	86.6	50.0	47.3	33.0	37.6	0	3			105	3
		临颍	230	6-5	18.7	89.4	49.9	44.6	34.6	48.5	1	3			87	1
	安徽	涡阳	222	6-4	18.0	95.5	46.6	44.5	43.0	41.6		3			84	1
		宿州	222	6-5	17.9	94.9	47.2	44.8	32.1	41.8	0	3	1	1	88	1
		明光	215	6-3	18.0	78.4	42.3	33.2	38.9	45.5	1	3	1	1	95	3
		阜阳	213	5-28	18.5	60.3	71.5	43.1	42.0	45.2	1	3			92	1
	江苏	淮安	208	6-8	24.1	105.8	38.1	43.2	36.2	38.7	1	3		3	83	1
		宿迁	235	6-9	15.0	110.6	41.7	46.1	33.9	40.1	1	3			96	1
		连云港	221	6-8	20.1	131.5	31.8	41.8	34.6	42.6	0	3			96	1
		徐州	232	6-8	11.6	81.2	47.5	38.6	38.8	42.4		3			93	1
	陕西	渭南	228	6-8	27.0	91.3	42.7	39.0	31.9	45.9	1	3	1	1	83	3
		泾阳	235	6-9	18.6	89.3	47.0	42.0	31.0	49.4	1	3			83	1
		华阴	226	6-2	18.0	81.4	47.3	38.5	33.4	45.7	0	3	3	2	84	3
	平均		225.2		18.6	94.0	46.0	42.2	35.8	43.9					89	

（续）

品种名称	试验点		生育期（天）	成熟期（月-日）	亩基本苗数（万）	亩最高茎蘖数（万）	成穗率（%）	亩穗数（万）	穗粒数（粒）	千粒重（克）	穗发芽	落粒性	耐热性	耐湿性	株高（厘米）	熟相
	省份	县（市、区）														
淮麦510	河南	荥阳	229	6-7	18.0	85.9	45.5	39.1	37.1	42.6	1	3			85	1
		清丰	233	6-8	20.0	104.3	46.2	48.2	30.5	45.4	1	3			79	1
		新乡	224	5-31	19.3	99.3	46.3	46.0	32.0	43.4	1	3			85	1
		商丘	225	6-2	25.0	81.7	54.6	50.0	39.6	42.0	0	3			89	3
		临颍	230	6-5	18.5	102.1	44.6	45.6	34.1	47.8	1	3			85	1
	安徽	涡阳	220	6-3	17.0	79.4	54.5	43.3	37.0	37.9		3			78	1
		宿州	220	6-3	17.7	80.5	51.7	41.6	29.7	42.1	0	3	1	1	85	1
		明光	213	6-1	17.6	90.4	41.6	37.6	30.4	46.4	1	3	1	1	94	3
		阜阳	212	5-27	20.7	65.2	65.6	42.8	38.0	46.2	1	3			82	1
	江苏	淮安	202	6-2	24.2	108.9	38.5	41.0	33.4	47.9	1	5		1	80	3
		宿迁	233	6-7	15.0	117.7	36.4	42.9	34.2	43.4	1	3			92	1
		连云港	218	6-5	19.7	117.8	36.2	42.7	34.9	40.2	0	3			85	1
		徐州	230	6-6	15.7	75.9	54.5	41.4	29.3	38.7		3			84	1
	陕西	渭南	226	6-6	29.0	83.2	49.5	41.2	30.0	42.9	1	3	1	1	83	3
		泾阳	234	6-8	18.2	85.8	60.5	51.9	24.8	42.5	1	3			86	1
		华阴	227	6-3	18.0	87.3	45.9	40.2	31.2	43.5	0	3	3	2	90	3
	平均		223.5		19.6	91.6	48.3	43.5	32.9	43.3					85	

（续）

品种名称	试验点		生育期（天）	成熟期（月-日）	亩基本苗数（万）	亩最高茎蘖数（万）	成穗率（%）	亩穗数（万）	穗粒数（粒）	千粒重（克）	穗发芽	落粒性	耐热性	耐湿性	株高（厘米）	熟相
	省份	县（市、区）														
周麦18（CK）	河南	荥阳	229	6-7	18.0	85.2	48.4	41.2	40.5	45.2	1	3			80	1
		清丰	233	6-8	14.8	91.3	46.0	42.0	30.5	52.0	1	3			76	3
		新乡	225	6-1	18.7	105.0	35.5	37.3	36.0	51.2	1	3			81	1
		商丘	225	6-2	25.0	85.0	61.3	56.7	42.8	44.2	0	3			86	1
		临颍	231	6-6	17.3	92.9	47.6	44.2	34.2	49.3	1	3			78	3
	安徽	涡阳	223	6-5	17.0	86.8	49.9	43.3	36.0	37.3		3			77	1
		宿州	222	6-4	19.2	86.2	49.2	42.4	30.3	43.9	0	3	1	1	84	2
		明光	215	6-3	16.8	87.2	37.6	32.8	37.1	50.4	1	3	1	1	84	3
		阜阳	213	5-28	21.2	75.2	53.9	40.5	36.0	47.9	1	3			75	1
	江苏	淮安	207	6-7	23.3	100.7	39.8	39.5	33.9	45.3	1	3		1	74	1
		宿迁	235	6-9	15.0	100.3	37.2	37.3	34.6	47.2	1	3			86	1
		连云港	219	6-6	20.6	86.5	42.1	36.4	35.7	41.9	0	3			84	1
		徐州	231	6-7	13.6	75.9	48.9	37.1	30.5	45.1		3			82	1
	陕西	渭南	226	6-6	28.8	94.4	42.6	40.2	30.2	48.5	1	3	1	1	76	3
		泾阳	235	6-9	17.8	83.7	46.6	39.0	30.2	50.4	1	3			75	3
		华阴	226	6-2	18.0	74.6	50.0	38.0	32.4	44.9	0	1	1	2	75	1
	平均		224.7		19.1	88.2	46.0	40.5	34.4	46.5					80	

（续）

品种名称	试验点		生育期（天）	成熟期（月-日）	亩基本苗数（万）	亩最高茎蘖数（万）	成穗率（%）	亩穗数（万）	穗粒数（粒）	千粒重（克）	穗发芽	落粒性	耐热性	耐湿性	株高（厘米）	熟相
	省份	县（市、区）														
济麦22	安徽	涡阳	223	6-5	17.0	102.8	40.2	41.3	36.0	44.2		3			81	3
		宿州	222	6-5	18.3	95.3	45.0	42.9	33.6	44.9	0	3	1	1	84	1
		明光	215	6-3	16.8	92.8	37.1	34.4	33.7	44.3	1	3	1	1	86	3
		阜阳	214	5-29	20.5	72.9	58.3	42.5	39.0	48.2	1	3			78	1
	平均		218.5		18.15	90.95	45.2	40.3	35.6	45.4					82	
淮麦20	江苏	淮安	206	6-6	24.1	103.8	39.3	41.8	34.1	41.8	1	3		1	85	3
		宿迁	235	6-9	15.0	115.1	39.0	44.9	31.3	43.3	1	3			98	1
		连云港	217	6-7	20.7	125.7	34.4	43.2	34.8	39.5	0	3			90	1
		徐州	231	6-7	12.6	83.2	43.1	35.9	34.0	40.3		3			86	1
	平均		222.3		18.1	107.0	39.0	41.5	33.6	41.2					90	
小偃22	陕西	渭南	223	6-3	32.8	80.0	50.9	40.7	30.8	42.8	1	3	1	1	76	3
		泾阳	233	6-7	17.6	79.5	55.0	43.7	27.5	44.9	1	3			88	3
		华阴	225	6-1	18.0	84.3	46.8	39.5	29.5	42.1	0	1	1	2	88	1
	平均		227.0		22.8	81.3	50.9	41.3	29.3	43.3					84	

表 5　黄淮冬麦区南片组生产试验各品种主要性状调查记载（二）

品种名称	试验点		穗形	芒	粒色	饱满度	粒质	黑胚率（%）	容重（克/升）
	省份	县（市、区）							
郑麦6694	河南	荥阳	3	5	1	2		1.2	798
		清丰	4	5	1	1	1	5.0	805
		新乡	1	4	1	1	1	1.0	828
		商丘	5	1	5	2	3	1.9	783
		临颍	1	4	1	1	1	1.0	823
	安徽	涡阳	3	5	1	2	3	3.0	
		宿州	1	5	1	2	3	0.0	785
		明光	3	5	1	2	3	1.4	
		阜阳	1	5	1	2	3	1.0	805
	江苏	淮安	1	5	1	1	1	0.0	797
		宿迁	3	5	1	1	1	0.0	
		连云港	1	5	1	2	1	0.0	770
		徐州	3	5	1	1	1	0.0	
	陕西	渭南	1	5	1	3	3	0.0	
		泾阳	3	4	1			0.0	765
		华阴	1	5	1	1	1	2.1	799
	平均							1.1	796
濮麦117	河南	荥阳	3	5	1	2		1.6	789
		清丰	3	4	1	1	1	2.0	800
		新乡	1	4	1	1	1	0.0	832
		商丘	2	1	5	2	3	3.3	797
		临颍	1	4	1	2	1	1.0	813
	安徽	涡阳	1	5	1	1	3	6.0	
		宿州	1	5	1	3	3	0.0	795
		明光	3	5	1	2	3	0.5	
		阜阳	1	5	1	2	3	3.0	797
	江苏	淮安	1	5	1	1	1	0.0	793
		宿迁	3	5	1	1	1	0.0	
		连云港	5	5	1	1	1	2.4	776
		徐州	3	5	1	1	1	5.0	
	陕西	渭南	1	4	1	3	3	0.0	798
		泾阳	3	4	1			0.0	772
		华阴	3	5	1	3	1	4.0	795
	平均							1.8	796

（续）

品种名称	试验点		穗形	芒	粒色	饱满度	粒质	黑胚率（%）	容重（克/升）
	省份	县（市、区）							
皖宿0891	河南	荥阳	3	5	1	2		2.1	768
		清丰	3	5	1	1	3	5.0	795
		新乡	1	4	1	1	1	2.0	812
		商丘	5	1	5	2	5	0.0	783
		临颍	1	4	1	2	1	0.0	807
	安徽	涡阳	1	5	1	1	3	5.0	
		宿州	1	5	1	2	3	0.0	800
		明光	1	5	1	1	3	0.0	
		阜阳	1	5	1	2	3	8.0	807
	江苏	淮安	1	5	1	1	1	1.0	800
		宿迁	1	5	1	1	1	0.0	
		连云港	1	5	1	3	3	0.6	768
		徐州	1	5	1	1	1	5.0	
	陕西	渭南	1	5	1	3	3	0.0	788
		泾阳	3	4	1			0.0	780
		华阴	1	5	1	3	1	3.5	780
	平均							2.0	791
安农1589	河南	荥阳	3	5	1	2		2.3	761
		清丰	5	5	1	1	1	5.0	801
		新乡	1	4	1	1	1	2.0	804
		商丘	5	1	5	2	3	0.0	774
		临颍	1	4	1	2	1	0.0	814
	安徽	涡阳	3	5	1	1	3	6.0	
		宿州	1	5	1	2	3	0.0	790
		明光	1	5	1	1	1	0.9	
		阜阳	1	5	1	2	3	4.0	792
	江苏	淮安	1	5	1	1	1	0.0	776
		宿迁	1	5	1	1	1	0.0	
		连云港	5	5	1	1	1	1.2	771
		徐州	1	5	1	1	1	0.0	
	陕西	渭南	1	5	1	3	1	0.0	800
		泾阳	3	4	1			0.0	760
		华阴	1	5	1	3	1	2.0	786
	平均							1.5	786

（续）

品种名称	试验点		穗形	芒	粒色	饱满度	粒质	黑胚率（%）	容重（克/升）
	省份	县（市、区）							
濮麦087	河南	荥阳	3	5	1	2		1.3	750
		清丰	5	5	1	1	1	5.0	803
		新乡	1	4	1	1	1	1.0	816
		商丘	5	1	5	2	5	1.3	760
		临颍	1	4	1	2	1	1.0	811
	安徽	涡阳	3	5	1	2	3	7.0	
		宿州	1	5	1	2	3	0.2	795
		明光	3	5	1	2	3	1.0	
		阜阳	1	5	1	2	3	2.0	794
	江苏	淮安	1	5	1	1	1	1.0	803
		宿迁	3	5	1	1	1	0.0	
		连云港	1	5	1	2	3	3.8	780
		徐州	1	5	1	1	1	2.0	
	陕西	渭南	1	5	1	3	1	0.0	793
		泾阳	3	4	1			0.0	764
		华阴	1	5	1	3	1	5.0	790
	平均							2.0	788
涡麦606	河南	荥阳	3	4	1	2		0.8	762
		清丰	3	5	1	1	1	4.0	796
		新乡	1	4	1	1	1	0.0	820
		商丘	5	1	5	2	3	0.8	789
		临颍	1	4	1	2	1	1.0	772
	安徽	涡阳	3	5	1	2	3	2.0	
		宿州	1	5	1	3	3	0.0	785
		明光	1	5	1	1	1	0.0	
		阜阳	1	5	1	2	3	3.0	798
	江苏	淮安	1	5	1	1	1	0.0	805
		宿迁	3	5	1	1	3	0.0	
		连云港	1	5	1	2	3	0.0	795
		徐州	3	5	1	1	1	2.0	
	陕西	渭南	1	5	1	3	1	0.0	793
		泾阳	3	4	1			1.7	765
		华阴	1	5	1	3	3	3.1	779
	平均							1.2	788
淮麦510	河南	荥阳	3	5	1	2		0.6	758
		清丰	3	5	1	1	3	10.0	790
		新乡	1	4	1	1	1	0.0	847
		商丘	2	1	5	2	5	2.1	791
		临颍	1	4	1	3	1	8.0	792

（续）

品种名称	试验点		穗形	芒	粒色	饱满度	粒质	黑胚率（%）	容重（克/升）
	省份	县（市、区）							
淮麦510	安徽	涡阳	1	5	1	2	3	1.0	
		宿州	1	5	1	2	3	0.0	815
		明光	1	5	1	1	3	2.3	
		阜阳	1	5	1	2	3	2.0	808
	江苏	淮安	1	5	1	1	1	1.0	810
		宿迁	1	5	1	1	4	0.0	
		连云港	1	5	1	1	1	0.8	775
		徐州	1	5	1	2	1	0.0	
	陕西	渭南	1	5	1	3	1	0.0	811
		泾阳	3	4	1			1.5	760
		华阴	1	5	1	4	3	1.5	757
	平均							1.9	793
周麦18（CK）	河南	荥阳	3	5	1	2		2.8	760
		清丰	5	4	1	1	1	4.0	800
		新乡	1	4	1	1	1	0.0	833
		商丘	5	1	5	2	3	1.8	774
		临颍	1	4	1	1	3	1.0	794
	安徽	涡阳	3	5	1	1	3	8.0	
		宿州	1	5	1	3	3	0.0	805
		明光	1	5	1	2	3	4.6	
		阜阳	1	5	1	2	3	4.0	802
	江苏	淮安	1	5	1	1	1	1.0	770
		宿迁	3	5	1	1	1	0.0	
		连云港	5	5	1	2	3	0.0	773
		徐州	1	5	1	1	1	5.0	
	陕西	渭南	1	5	1	3	3	0.0	789
		泾阳	3	4	1			2.8	752
		华阴	1	5	1	1	1	5.0	770
	平均							2.5	785
济麦22	安徽	涡阳	3	5	1	1	1	5.0	
		宿州	1	5	1	2	3	0.6	795
		明光	3	5	1	1	3	0.0	
		阜阳	1	5	1	2	3	9.0	791
	平均							3.7	793
淮麦20	江苏	淮安	1	5	1	1	1	0.0	791
		宿迁	1	5	1	1	1	0.0	
		连云港	1	5	1	1	3	0.0	781
		徐州	1	5	1	1	1	0.0	
	平均							0.0	786
小偃22	陕西	渭南	1	4	1	3	1	0.0	803
		泾阳	2	4	1			0.0	752
		华阴	1	4	1	1	3	2.0	791
	平均							0.7	782

表 6　黄淮冬麦区南片组生产试验各品种主要性状调查记载（三）

品种名称	试验点		幼苗习性	冬季冻害	春季冻害	越冬死茎率（%）	倒伏		条锈病		叶锈病		白粉病	赤霉病		纹枯病		叶枯病	其他病害
	省份	县（市、区）					倒伏程度	面积（%）	反应型	普遍率（%）	反应型	普遍率（%）		严重度	病穗率（%）	反应型	病穗率（%）		
郑麦6694	河南	荥阳	2	2				0	2		2		3						
		清丰	5	3	2		2	10	3	15	2	10	3	2	0.2	3	0.2	3	
		新乡	3	2	2								2						
		商丘	3				1	0	2	0	2	0	2	2	0.3	4	11	2	
		临颍	2	2							2	10							
	安徽	涡阳	2	2															
		宿州	2	2	2	0	1				2			3	0.8				
		明光	2	1	1	0	1	0	1	0	1	0	1	2	4	1	0	1	1
		阜阳	3	1	2		1	0	4	100	1	0	1	0	0	1	0	1	
	江苏	淮安	2	2	2	0	2	10	1	0	1	0	2	2	0.6	2	0		
		宿迁	3	2	2			0		0		0	1	5	4		0	1	
		连云港	5	2	2								1					4	
		徐州	3		2	0										2	0		
	陕西	渭南		1	1	0	1	0	1	0	1	5	1	3	1	1	0	3	1
		泾阳	2	1	1	0	1		1		1		1	3					
		华阴	3	2	2	0	0	0	3	20	2	5	3	2	0.1	3	2	2	

（续）

品种名称	试验点		幼苗习性	冬季冻害	春季冻害	越冬死茎率（%）	倒伏		条锈病		叶锈病		白粉病	赤霉病		纹枯病		叶枯病	其他病害
	省份	县（市、区）					倒伏程度	面积（%）	反应型	普遍率（%）	反应型	普遍率（%）		严重度	病穗率（%）	反应型	病穗率（%）		
濮麦117	河南	荥阳	2	2				0	4		2		2						
		清丰	3	2	2		1		2	10	2	10	3	2	0.2	2	0.1	3	
		新乡	3	2	2								2						
		商丘	3				1	0	2	0	2	0	2	1	0	4	10	1	
		临颍	2	2					3	1	3	30							
	安徽	涡阳	2	2															
		宿州	2	2	2	0	1				2			3	0.8				
		明光	2	1	1	0	1	0	1	0	1	0	1	2	2	1	0	1	1
		阜阳	3	1	2		1	0	4	100	1	0	1	0	0	1	0	1	
	江苏	淮安	2	2	1	0	3	9	1	0	1	0	2	2	0.8	1	0		
		宿迁	5	2	3			0		0		0	1	5	2		0	1	
		连云港	5	2	1								2					4	
		徐州	3		2	0										2	0		
	陕西	渭南		1	1	0	1	0	1	0	1	5	1	3	1	1	0	3	1
		泾阳	2	1	1	0	1		1		1		1	1					
		华阴	3	2	3	0	0	0	2	2	3	20	2	3	1	2	2	3	

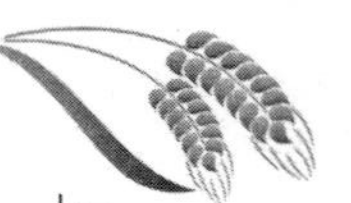

（续）

品种名称	试验点		幼苗习性	冬季冻害	春季冻害	越冬死茎率（%）	倒伏		条锈病		叶锈病		白粉病	赤霉病		纹枯病		叶枯病	其他病害
	省份	县（市、区）					倒伏程度	面积（%）	反应型	普遍率（%）	反应型	普遍率（%）		严重度	病穗率（%）	反应型	病穗率（%）		
皖宿0891	河南	荥阳	2	2				0	4		4		4						
		清丰	1	2	2		1		3	20	2	25	3	2	0.3	3	0.2	2	
		新乡	3	2	2								2						
		商丘	3				1	0	2	0	2	0	2	2	0.1	4	8	1	
		临颍	2	2							4	40		4	1				
	安徽	涡阳	2	1			3	5											
		宿州	2	1	1	0	1				2			2	0.3				
		明光	2	1	1	0	1	0	1	0	1	0	1	2	0.5	1	0	1	1
		阜阳	3	1	2		1	0	3	100	1	0	1	0	0	1	0	1	
	江苏	淮安	2	2	1	0	1	0	1	0	1	0	1	2	1	2	0		
		宿迁	3	2	3			0		0		0	1	5	1		0	1	
		连云港	3	2	1								2	3	0.3			4	
		徐州	3		2	0										2	0		
	陕西	渭南		1	1	0	1	0	2	5	2	5	1	2	1	1	0	3	1
		泾阳	2	1	1	0	1		1		1		1	1					
		华阴	3	2	2	0	0	0	3	15	3	30	3	3	0.2	3	2	2	

（续）

品种名称	试验点		幼苗习性	冬季冻害	春季冻害	越冬死茎率（%）	倒伏		条锈病		叶锈病		白粉病	赤霉病		纹枯病		叶枯病	其他病害
	省份	县（市、区）					倒伏程度	面积（%）	反应型	普遍率（%）	反应型	普遍率（%）		严重度	病穗率（%）	反应型	病穗率（%）		
安农1589	河南	荥阳	2	2			3	20	2		2		2						
		清丰	5	3	2		2	5	3	25	3	20	3	2	0.2	2	0.2	3	
		新乡	3	2	2								2						
		商丘	2				3	20	2	0	2	0	2	2	0.1	5	16	3	
		临颍	2	2							2	7							
	安徽	涡阳	2	2			3	5											
		宿州	2	2	2	0	1				2			2	0.3				
		明光	2	1	1	0	1	0	1	0	1	0	1	2	0.5	1	0	1	1
		阜阳	3	1	2		1	0	4	100	1	0	1	0	0	1	0	1	
	江苏	淮安	3	1	1	0	2	8	1	0	1	0	1	1	0	2	0		
		宿迁	5	2	3			0		0		0	1	5	1		0	1	
		连云港	3	2	1								1	2	0.3			4	
		徐州	3		2	0	3	10								4	0		
	陕西	渭南		1	1	0	1	0	1	0	1	5	1	2	1	1	0	3	1
		泾阳	2	1	1	0	1		1		1		1	1					
		华阴	3	1	2	0	0	0	2	5	3	25	2	2	0.1	2	2	2	

（续）

品种名称	试验点		幼苗习性	冬季冻害	春季冻害	越冬死茎率（%）	倒伏		条锈病		叶锈病		白粉病	赤霉病		纹枯病		叶枯病	其他病害
	省份	县（市、区）					倒伏程度	面积（%）	反应型	普遍率（%）	反应型	普遍率（%）		严重度	病穗率（%）	反应型	病穗率（%）		
濮麦087	河南	荥阳	2	2				0	2		2		4						
		清丰	3	2	2		1		2	10	2	10	3	2	0.2	2	0.1	2	
		新乡	3	2	2								3			4	3		
		商丘	2				1	0	2	0	2	0	2	1	0	4	7	1	
		临颍	2	2							2	9		4	1				
	安徽	涡阳	1	1			2	10											
		宿州	2	2	2	0	1				2			3	0.5				
		明光	2	1	1	0	1	0	1	0	1	0	1	2	1.5	1	0	1	1
		阜阳	3	1	1		1	0	2	100	1	0	1	0	0	1	0	1	
	江苏	淮安	3	2	1	0	3	20	1	0	1	0	2	2	0.4	1	0		
		宿迁	5	2	2			0		0		0	1	5	3		0	1	
		连云港	3	2	2								1	2	0.3			3	
		徐州	3		2	0	4	15								2	0		
	陕西	渭南		1	1	0	1	0	1	0	1	5	1	2	1	1	0	2	1
		泾阳	2	1	1	0	1		1		1		1	1					
		华阴	3	2	2	0	0	0	2	5	2	5	2	3	2	3	3	2	

（续）

品种名称	试验点		幼苗习性	冬季冻害	春季冻害	越冬死茎率（%）	倒伏		条锈病		叶锈病		白粉病	赤霉病		纹枯病		叶枯病	其他病害
	省份	县（市、区）					倒伏程度	面积（%）	反应型	普遍率（%）	反应型	普遍率（%）		严重度	病穗率（%）	反应型	病穗率（%）		
涡麦606	河南	荥阳	2	2				0	4		2		2						
		清丰	1	2	2		1		3	12	3	15	3	2	0.2	2	0.1	3	
		新乡	3	2	2								2						
		商丘	2				3	20	2	0	2	0	2	1	0	4	12	1	
		临颍	2	2							2	2							
	安徽	涡阳	1	2			2	20											
		宿州	2	1	1	0	1				2			2	0.3				
		明光	2	1	1	0	1	0	1	0	1	0	1	2	0.5	1	0	1	1
		阜阳	3	1	2		1	0	2	100	1	0	1	0	0	1	0	1	
	江苏	淮安	2	2	2	0	3	20	1	0	1	0	1	2	0.7	1	0		
		宿迁	3	2	3			0		0		0	1	4	0.5		0	1	
		连云港	3	2	1								2	3	0.2			3	
		徐州	3	2	2	0	4	15								2	0		
	陕西	渭南		1	1	0	1	0	1	0	1	5	1	2	1	1	0	2	1
		泾阳	2	1	1	0	1		1		1		1	1					
		华阴	3	2	2	0	0	0	3	15	3	20	2	2	0.5	2	2	2	

（续）

品种名称	试验点		幼苗习性	冬季冻害	春季冻害	越冬死茎率（%）	倒伏		条锈病		叶锈病		白粉病	赤霉病		纹枯病		叶枯病	其他病害
	省份	县（市、区）					倒伏程度	面积（%）	反应型	普遍率（%）	反应型	普遍率（%）		严重度	病穗率（%）	反应型	病穗率（%）		
淮麦510	河南	荥阳	2	2			4	45	2		4		3						
		清丰	1	2	2		1		3	25	3	20	2	2	0.3	3	0.2	2	
		新乡	3	2	2								2						
		商丘	2				4	35	2	0	2	0	2	1	0	5	14	2	
		临颍	2	2							2	50							
	安徽	涡阳	2	2															
		宿州	2	2	2	0	1				2			2	0.5				
		明光	2	1	1	0	1	0	1	0	1	0	1	2	0.5	1	0	1	1
		阜阳	3	1	2		1	0	4	100	1	0	1	0	0	1	0	1	
	江苏	淮安	3	1	1	0	3	15	1	0	3	61	2	1	0	1	0		
		宿迁	5	2	3			0		0		0	1	5	2		0	1	
		连云港	3	2	1								1	2	0.2			3	
		徐州	3	2	2	0										3	0		
	陕西	渭南		1	1	0	1	0	2	0.1	1	5	1	2	1	1	0	3	1
		泾阳	2	1	1	0	1		1		1		1	1					
		华阴	3	2	2	0	0	0	2	5	2	5	2	2	0.3	2	2	2	

（续）

品种名称	试验点		幼苗习性	冬季冻害	春季冻害	越冬死茎率（%）	倒伏		条锈病		叶锈病		白粉病	赤霉病		纹枯病		叶枯病	其他病害
	省份	县（市、区）					倒伏程度	面积（%）	反应型	普遍率（%）	反应型	普遍率（%）		严重度	病穗率（%）	反应型	病穗率（%）		
周麦18（CK）	河南	荥阳	2	2				0	2		2		3						
		清丰	3	4	2		1		3	30	3	15	3	2	0.3	3	0.3	3	
		新乡	3	2	2								2						
		商丘	2				1	0	2	0	2	0	2	1	0	5	13	3	
		临颍	2	2															
	安徽	涡阳	2	2			2	5											
		宿州	2	2	2	0	1				2			3	0.8				
		明光	2	2	2	0	1	0	1	0	1	0	1	2	1.5	1	0	1	1
		阜阳	3	1	2		1	0	4	100	1	0	1	0	0	1	0	1	
	江苏	淮安	2	2	2	0	1	0	1	0	1	0	2	2	0.5	2	0		
		宿迁	5	3	2			0		0		0	1	5	1		0	1	
		连云港	5	2	2								2					4	
		徐州	3	2	2	0										2	0		
	陕西	渭南		1	1	0	1	0	1	0	1	5	1	2	1	1	0	3	1
		泾阳	2	1	1	0	1		1		1		1	1					
		华阴	3	3	3	0	0	0	2	5	2	10	3	3	1	2	2	2	

（续）

品种名称	试验点		幼苗习性	冬季冻害	春季冻害	越冬死茎率（%）	倒伏		条锈病		叶锈病		白粉病	赤霉病		纹枯病		叶枯病	其他病害
	省份	县（市、区）					倒伏程度	面积（%）	反应型	普遍率（%）	反应型	普遍率（%）		严重度	病穗率（%）	反应型	病穗率（%）		
济麦22	安徽	涡阳	1	2															
		宿州	2	1	1	0	1				2			3	0.8				
		明光	2	2	1	0	1	0	1	0	1	0	1	2	1	1	0	1	1
		阜阳	3	1	2		1	0	2	100	1	0	1	0	0	1	0	1	
淮麦20	江苏	淮安	1	1	1	0	3	30	1	0	1	0	1	1	0	1	0		
		宿迁	3	2	2			0		0		0	1	3	0.5		0	1	
		连云港	3	2	1								1					3	
		徐州	3		2	0	4	15								2	0		
小偃22	陕西	渭南		1	1	0	1	0	1	0	1	5	1	2	1	1	0	3	1
		泾阳	2	1	1	0	1		1		1		3	1					
		华阴	3	2	2	0	0	0	3	20	2	5	3	3	1	3	2	5	

（二）抗病性鉴定结果

生产试验不做抗病性鉴定，现将参试品种在本年度大区试验中的抗性鉴定结果列出，以备参考。

大区试验委托西北农林科技大学统一安排了抗条锈病、叶锈病鉴定。鉴定结果：在 7 个参试品种中，中抗条锈病品种 3 个，为郑麦 6694、安农 1589、濮麦 087；中感品种 1 个，为皖宿 0891；高感品种 3 个，为濮麦 117、涡麦 606、淮麦 510。在 7 个参试品种中，中抗叶锈病品种 2 个，为安农 1589、濮麦 087；中感叶锈病品种 1 个，为涡麦 606；高感叶锈病品种 3 个，为濮麦 117、皖宿 0891、淮麦 510；慢叶锈病品种 1 个，为郑麦 6694。

大区试验委托湖北省农业科学院统一安排了抗白粉病、纹枯病鉴定。鉴定结果：在 7 个参试品种中，中抗白粉病品种 3 个，为郑麦 6694、皖宿 0891、涡麦 606；中感白粉病品种 4 个，为濮麦 117、安农 1589、濮麦 087、淮麦 510。在 7 个参试品种中，中抗纹枯病品种 1 个，为濮麦 117；其他品种均中感纹枯病。

大区试验委托河南省南阳市农业科学院统一安排了抗赤霉病鉴定。鉴定结果：在 7 个参试品种中，中抗赤霉病品种 1 个，为涡麦 606；中感赤霉病品种 4 个，为皖宿 0891、安农 1589、濮麦 087、淮麦 510；高感赤霉病品种 2 个，为郑麦 6694、濮麦 117。

六、品种评述

（一）郑麦 6694

1. 品种名称　郑麦 6694

2. 选育单位　河南省农业科学院小麦研究所。

3. 品种来源　04H551－2－1/郑麦 7698//郑麦 0856。

4. 省级审定情况　未审定。

5. 特征特性　属半冬性中早熟品种。生育期 224.6 天，比对照周麦 18 早熟 0.1 天。幼苗半匍匐，长叶，叶色浓绿，生长健壮，冬季抗寒性一般，分蘖力中等，成穗率高。春季起身拔节偏慢，两极分化快。苗脚利落，株行间透光性好。株高 74.6 厘米（2018 年、2019 年大区试验平均株高分别为 71.7 厘米、77.5 厘米，生产试验株高 79 厘米），抗倒伏能力较好，倒伏程度≤3 级或倒伏面积≤40.0%（非严重倒伏）的点率 2018 年为 85.7%，2019 年为 95.5%。株型松紧适中，旗叶斜举、短宽挺立，茎穗有蜡质，穗层较整齐，穗多穗匀，穗码密，根系活力强，叶功能期长，灌浆速度快，落黄好。长方形穗，长芒，白壳，白粒，籽粒半硬质，均匀性好，饱满度较好。田间自然发病：中抗至中感条锈病，中感叶锈病、白粉病、纹枯病、叶枯病，赤霉病发病中等。接种抗病性鉴定：2018 年结果，成株期抗条锈病，中抗叶锈病、白粉病，中感纹枯病，高感赤霉病；2019 年结果，中抗条锈病、白粉病，慢叶锈病，中感纹枯病，高感赤霉病。平均亩穗数 39.5 万，穗粒数 35.9 粒，千粒重 44.2 克（2018 年和 2019 年大区试验亩穗数、穗粒数、千粒重分别为 36.5 万、35.3 粒、42.4 克，42.5 万、36.4 粒、45.9 克）。2018 年品质测定结果：粗蛋白（干基）含量 14.7%，湿面筋含量 29.1%，吸水率 58.2%，稳定时间 3.5 分钟，最大

拉伸阻力 374.0EU，拉伸面积 71.2 厘米^2。2019 年品质测定结果：粗蛋白（干基）含量 13.3%，湿面筋含量 33.3%，吸水率 63.3%，稳定时间 3.3 分钟，最大拉伸阻力 287.2EU，拉伸面积 52.8 厘米^2。

6. 产量表现 2017—2018 年度大区试验，21 点汇总，平均亩产 454.9 千克，比对照周麦 18 增产 5.84%，增产点率 90.5%，增产≥2%点率 81.0%，居 15 个参试品种的第五位。2018—2019 年度大区试验，22 点汇总，平均亩产 588.8 千克，比对照周麦 18 增产 6.40%，增产点率 90.9%，增产≥2%点率 81.8%，居 17 个参试品种的第一位。两年大区试验平均亩产 521.9 千克，比对照周麦 18 增产 6.12%，增产点率 90.7%，增产≥2%点率 81.4%。2018—2019 年度生产试验，16 点汇总，平均亩产 571.9 千克，比对照周麦 18 增产 4.70%，增产点率 87.5%，居参试品种第二位。

7. 处理意见 两年大区试验和 1 年生产试验增产幅度、增产点率以及抗病性等综合表现符合审定标准，推荐申报国家审定。

8. 栽培技术要点 适宜播期 10 月上中旬，每亩适宜基本苗数 15 万～22 万，注意防治蚜虫、白粉病、纹枯病、赤霉病等病虫害。

9. 适宜地区 该品种完成试验程序，符合国家小麦品种审定标准，通过审定。适合黄淮冬麦区南片的河南省除信阳市和南阳市南部部分地区以外的平原灌区，陕西省西安市、渭南市、咸阳市、铜川市和宝鸡市灌区，江苏和安徽两省淮河以北地区高中水肥地块中茬种植。

（二）濮麦 117

1. 品种名称 濮麦 117。

2. 选育单位 濮阳市农业科学院。

3. 品种来源 周麦 27/中育 9307。

4. 省级审定情况 未审定。

5. 特征特性 属半冬性中晚熟品种。生育期 225.1 天，比周麦 18 晚熟 0.4 天。幼苗半匍匐，叶片细长，叶色浅绿，苗势壮，冬季冻害轻，抗寒性中等，分蘖力一般，成穗率高。春季起身拔节偏慢，两极分化快，株高 74.4 厘米（2018 年、2019 年大区试验平均株高分别为 72.3 厘米、76.4 厘米，生产试验株高 78 厘米），抗倒伏能力较好，倒伏程度≤3 级或倒伏面积≤40.0%（非严重倒伏）点率 2018 年为 85.7%，2019 年为 90%。株型松紧适中，旗叶短宽、斜上冲，穗层较整齐，穗大穗匀，穗码略密，熟相好。长方形穗，长芒，白壳，白粒，半硬质，饱满度好。田间自然发病：中抗到高抗白粉病，中抗到中感叶锈病，个别试验点有赤霉病穗，综合抗病性较好。接种抗病性鉴定：2018 年结果，感条锈病，高感叶锈病、白粉病，中感纹枯病、赤霉病；2019 年结果，高感条锈病、叶锈病、赤霉病，中抗纹枯病，中感白粉病。平均亩穗数 38.3 万，穗粒数 37 粒，千粒重 43.9 克（2018 年和 2019 年大区试验亩穗数、穗粒数、千粒重分别为 36.5 万、35.3 粒、42.4 克，40.0 万、38.7 粒、45.3 克）。2018 年品质测定结果：粗蛋白（干基）含量 13.7%，湿面筋含量 27.6%，吸水率 60.0%，稳定时间 3.5 分钟，最大拉伸阻力 303.0EU，拉伸面积 51.4 厘米^2。2019 年品质测定结果：粗蛋白（干基）含量 12.5%，湿面筋含量 31.7%，

吸水率 63.0%，稳定时间 3.0 分钟，最大拉伸阻力 254.8EU，拉伸面积 41.0 厘米²。

6. 产量表现 2017—2018 年度大区试验，21 点汇总，平均亩产 452.1 千克，比对照周麦 18 增产 5.19%，增产点率 76.2%，增产≥2%点率 71.4%，居 15 个参试品种的第九位。2018—2019 年度大区试验，20 点汇总，平均亩产 589.1 千克，比对照周麦 18 增产 6.98%，增产点率 100.0%，增产≥2%点率 95.0%；比对照百农 207 增产 8.13%，增产点率 100.0%，增产≥2%点率 95.0%，居 15 个参试品种的第一位。两年大区试验平均亩产 520.6 千克，比对照周麦 18 增产 6.09%，增产点率 88.1%，增产≥2%点率 83.2%。2018—2019 年度生产试验，16 点汇总，平均亩产 573.3 千克，比对照周麦 18 增产 4.91%，增产点率 93.8%，居参试品种第一位。

7. 处理意见 两年大区试验和 1 年生产试验产量、增产点率以及抗病性等综合表现符合审定标准，推荐申报国家审定。

8. 栽培技术要点 适宜播期 10 月上中旬，每亩适宜基本苗数 15 万～22 万，注意防治蚜虫、白粉病、纹枯病、赤霉病等病虫害。

9. 适宜地区 该品种完成试验程序，符合国家小麦品种审定标准，通过审定。适合黄淮冬麦区南片的河南省除信阳市和南阳市南部部分地区以外的平原灌区，陕西省西安市、渭南市、咸阳市、铜川市和宝鸡市灌区，江苏和安徽两省淮河以北地区高中水肥地块中茬种植。

（三）皖宿 0891

1. 品种名称 皖宿 0891。

2. 选育单位 宿州市农业科学院。

3. 品种来源 淮麦 30/皖麦 50//烟农 19。

4. 省级审定情况 未审定。

5. 特征特性 属半冬性中晚熟品种。生育期 225.5 天，比周麦 18 晚熟 0.8 天。幼苗半匍匐，叶色深绿，略细小，长势壮，分蘖力强，成穗率较高，冬前生长量小，抗寒性较好。春季起身慢，株高 78.5 厘米（2018 年、2019 年大区试验平均株高分别为 76.7 厘米、80.2 厘米，生产试验株高 84 厘米），茎秆弹性中等，抗倒伏能力一般，倒伏程度≤3 级或倒伏面积≤40.0%（非严重倒伏）点率 2018 年为 73.9%，2019 年为 90%。株型略松散，旗叶短小上冲，茎秆细，穗层厚，穗小穗多，穗色青绿，熟相好。纺锤形穗，长芒，白壳，白粒，籽粒半硬质，饱满度中等。田间自然发病：中抗至中感条锈病、叶锈病，中抗白粉病，赤霉病发生较轻。接种抗病性鉴定：2018 年结果，感条锈病，中感叶锈病、纹枯病，中抗白粉病和赤霉病；2019 年结果，中感条锈病、纹枯病和赤霉病，高感叶锈病，中抗白粉病。平均亩穗数 43.6 万，穗粒数 33.3 粒，千粒重 40.9 克（2018 年和 2019 年大区试验亩穗数、穗粒数、千粒重分别为 41.8 万、32.4 粒、39.0 克，45.4 万、34.1 粒、42.7 克）。2018 年品质测定结果：粗蛋白（干基）含量 14.3%，湿面筋含量 28.8%，吸水率 55.9%，稳定时间 6.2 分钟，最大拉伸阻力 588.8EU，拉伸面积 111.0 厘米²。2019 年品质测定结果：粗蛋白（干基）含量 13.5%，湿面筋含量 30.3%，吸水率 54.3%，稳定时间 5.4 分钟，最大拉伸阻力 475.5EU，拉伸面积 68.8 厘米²。

6. 产量表现 2017—2018 年度大区试验，23 点汇总，平均亩产 454.7 千克，比对照周麦 18 增产 6.14%，增产点率 87%，增产≥2%点率 87%，居 12 个参试品种的第一位。2018—2019 年度大区试验，20 点汇总，平均亩产 573.7 千克，比对照周麦 18 增产 4.18%，增产点率 90.0%，增产≥2%点率 85.0%；比对照百农 207 增产 5.30%，增产点率 90.0%，增产≥2%点率 80.0%，居 15 个参试品种的第五位。两年大区试验平均亩产 514.2 千克，比对照周麦 18 增产 5.16%，增产点率 88.5%，增产≥2%点率 86.0%。2018—2019 年度生产试验，16 点汇总，平均亩产 568.8 千克，比对照周麦 18 增产 4.16%，增产点率 87.5%，居参试品种第三位。

7. 处理意见 两年大区试验和 1 年生产试验产量、增产点率以及抗病性等综合表现符合审定标准，推荐申报国家审定。

8. 栽培技术要点 适宜播期 10 月上中旬，每亩适宜基本苗数 15 万～22 万，注意防治蚜虫、白粉病、纹枯病、赤霉病等病虫害。

9. 适宜地区 该品种完成试验程序，符合国家小麦品种审定标准，通过审定。适合黄淮冬麦区南片的河南省除信阳市和南阳市南部部分地区以外的平原灌区，陕西省西安市、渭南市、咸阳市、铜川市和宝鸡市灌区，江苏和安徽两省淮河以北地区高中水肥地块中茬种植。

（四）安农 1589

1. 品种名称 安农 1589。

2. 选育单位 安徽农业大学/安徽隆平高科种业有限公司。

3. 品种来源 济麦 22//M0959/168。

4. 省级审定情况 未审定。

5. 特征特性 属半冬性中晚熟品种。生育期 224.8 天，比周麦 18 晚熟 0.1 天。幼苗半匍匐，叶色深绿，苗势壮，抗寒性中等，分蘖力较强，成穗率高，起身拔节快，两极分化较快，株高 74.8 厘米（2018 年、2019 年大区试验平均株高分别为 71.7 厘米、77.8 厘米，生产试验株高 79 厘米），茎秆弹性中等，抗倒伏能力一般，倒伏程度≤3 级或倒伏面积≤40.0%（非严重倒伏）点率 2018 年为 78.3%，2019 年为 85%。株型适中，旗叶短宽挺立。纺锤形穗，穗层整齐，长芒，白壳，白粒，籽粒灌浆快，硬质，饱满度好。田间自然发病：叶锈病、白粉病中度发生，赤霉病发生轻。接种抗病性鉴定：2018 年结果，成株期抗条锈病，高抗叶锈病，中感白粉病、纹枯病和赤霉病；2019 年结果，中抗条锈病、叶锈病，中感白粉病、纹枯病和赤霉病。平均亩穗数 42.5 万，穗粒数 33.5 粒，千粒重 42.9 克（2018 年和 2019 年大区试验亩穗数、穗粒数、千粒重分别为 40.3 万、32.9 粒、41.7 克，44.7 万、34.1 粒、44.1 克）。2018 年品质测定结果：粗蛋白（干基）含量 14.9%，湿面筋含量 31.6%，吸水率 58.4%，稳定时间 3.6 分钟，最大拉伸阻力 451.0EU，拉伸面积 96.4 厘米^2。2019 年品质测定结果：粗蛋白（干基）含量 13.6%，湿面筋含量 34.1%，吸水率 61.9%，稳定时间 2.6 分钟，最大拉伸阻力 301.3EU，拉伸面积 64.3 厘米^2。

6. 产量表现 2017—2018 年度大区试验，23 点汇总，平均亩产 446.2 千克，比对照

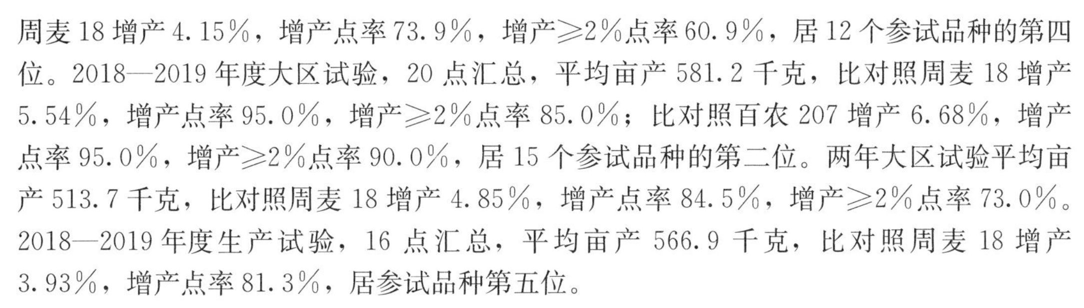

周麦 18 增产 4.15%，增产点率 73.9%，增产≥2%点率 60.9%，居 12 个参试品种的第四位。2018—2019 年度大区试验，20 点汇总，平均亩产 581.2 千克，比对照周麦 18 增产 5.54%，增产点率 95.0%，增产≥2%点率 85.0%；比对照百农 207 增产 6.68%，增产点率 95.0%，增产≥2%点率 90.0%，居 15 个参试品种的第二位。两年大区试验平均亩产 513.7 千克，比对照周麦 18 增产 4.85%，增产点率 84.5%，增产≥2%点率 73.0%。2018—2019 年度生产试验，16 点汇总，平均亩产 566.9 千克，比对照周麦 18 增产 3.93%，增产点率 81.3%，居参试品种第五位。

7. 处理意见　两年大区试验和 1 年生产试验产量、增产点率以及抗病性等综合表现符合审定标准，推荐申报国家审定。

8. 栽培技术要点　适宜播期 10 月上中旬，每亩适宜基本苗数 15 万～22 万，注意防治蚜虫、白粉病、纹枯病、赤霉病等病虫害。

9. 适宜地区　该品种完成试验程序，符合国家小麦品种审定标准，通过审定。适合黄淮冬麦区南片的河南省除信阳市和南阳市南部部分地区以外的平原灌区，陕西省西安市、渭南市、咸阳市、铜川市和宝鸡市灌区，江苏和安徽两省淮河以北地区高中水肥地块中茬种植。

（五）濮麦 087

1. 品种名称　濮麦 087。

2. 选育单位　濮阳市农业科学院。

3. 品种来源　浚 K8－4/濮麦 9 号。

4. 省级审定情况　未审定。

5. 特征特性　属半冬性中晚熟品种。生育期 225.3 天，比周麦 18 晚熟 0.6 天。幼苗半匍匐，苗势壮，叶片长，叶色深绿，冬季冻害轻，抗寒性较好，分蘖力中等，成穗率高。春季起身拔节偏慢，两极分化快，对春季低温较敏感，有缺粒和虚尖现象。株高 79.4 厘米（2018 年、2019 年大区试验平均株高分别为 76.4 厘米、82.4 厘米，生产试验株高 83 厘米），茎秆弹性中等，抗倒伏能力一般，倒伏程度≤3 级或倒伏面积≤40.0%（非严重倒伏）点率 2018 年为 71.4%，2019 年为 85%。株型松紧适中，叶色清秀，穗层厚，整齐，蜡质重，穗大粒多，小穗排列较密，结实性较好。叶功能期长，灌浆速度快。纺锤形穗，长芒，白壳，白粒，籽粒硬质，饱满度较好，千粒重高，熟相中等。田间自然发病：综合抗病性较好，条锈病轻度发生，白粉病中度发生，赤霉病发生较轻。接种抗病性鉴定：2018 年结果，感条锈病，高抗叶锈病，中感白粉病、纹枯病、赤霉病；2019 年结果，中抗条锈病、叶锈病，中感白粉病、纹枯病和赤霉病。平均亩穗数 36.9 万，穗粒数 37.7 粒，千粒重 45.8 克（2018 年和 2019 年大区试验亩穗数、穗粒数、千粒重分别为 35.6 万、35.4 粒、44.4 克，38.1 万、39.0 粒、46.3 克）。2018 年品质测定结果：粗蛋白（干基）含量 14.5%，湿面筋含量 32.5%，吸水率 57.4%，稳定时间 2.6 分钟，最大拉伸阻力 225.4EU，拉伸面积 52.2 厘米^2。2019 年品质测定结果：粗蛋白（干基）含量 12.5%，湿面筋含量 31.3%，吸水率 60.3%，稳定时间 1.8 分钟，最大拉伸阻力 200.5EU，拉伸面积 41.0 厘米^2。

6. 产量表现 2017—2018 年度大区试验，21 点汇总，平均亩产 444.0 千克，比对照周麦 18 增产 3.30%，增产点率 66.7%，增产≥2%点率 66.7%，居 15 个参试品种的第十二位。2018—2019 年度大区试验，20 点汇总，平均亩产 569.9 千克，比对照周麦 18 增产 3.49%，增产点率 85.0%，增产≥2%点率 70.0%；比对照百农 207 增产 4.61%，增产点率 85.0%，增产≥2%点率 70.0%，居 15 个参试品种的第七位。两年大区试验平均亩产 507.0 千克，比对照周麦 18 增产 3.40%，增产点率 75.6%，增产≥2%点率 68.4%。2018—2019 年度生产试验，16 点汇总，平均亩产 564.5 千克，比对照周麦 18 增产 3.82%，增产点率 93.8%，居参试品种第五位。

7. 处理意见 两年大区试验和 1 年生产试验产量、增产点率以及抗病性等综合表现符合审定标准，推荐申报国家审定。

8. 栽培技术要点 适宜播期 10 月上中旬，每亩适宜基本苗数 15 万～22 万，注意防治蚜虫、白粉病、纹枯病、赤霉病等病虫害。

9. 适宜地区 该品种完成试验程序，符合国家小麦品种审定标准，通过审定。适合黄淮冬麦区南片的河南省除信阳市和南阳市南部部分地区以外的平原灌区，陕西省西安市、渭南市、咸阳市、铜川市和宝鸡市灌区，江苏和安徽两省淮河以北地区高中水肥地块中茬种植。

（六）涡麦 606

1. 品种名称 涡麦 606。

2. 选育单位 亳州市农业科学研究院。

3. 品种来源 莱 137/新麦 13//淮麦 25。

4. 省级审定情况 未审定。

5. 特征特性 属半冬性中晚熟品种。生育期 225.2 天，比周麦 18 晚熟 0.5 天。属半冬性多穗型中晚熟品系，幼苗近匍匐，叶片细长，叶色深绿，分蘖力强，乱穗率高，冬季抗寒性较好，耐倒春寒能力一般，前期发育较慢，冬前生长量小，春季起身拔节略迟，两极分化慢。株高 83.5 厘米（2018 年、2019 年大区试验平均株高分别为 79.1 厘米、87.9 厘米，生产试验株高 89 厘米），茎秆弹性中等，抗倒伏能力一般，倒伏程度≤3 级或倒伏面积≤40.0%（非严重倒伏）点率 2018 年为 73.9%，2019 年为 80%。株型紧凑，穗层整齐，蜡质重，纺锤形穗，长芒，穗大粒多，结实性好，旗叶短小，籽粒半硬质，饱满。根系有活力，耐热性较好，后期落黄好，熟相较好。田间自然发病：综合抗病性较好，叶锈病、白粉病中度发生，赤霉病发生轻。接种抗病性鉴定：2018 年结果，感条锈病，中抗白粉病，中感叶锈病、纹枯病和赤霉病；2019 年结果，高感条锈病，中感叶锈病、纹枯病，中抗白粉病、赤霉病。平均亩穗数 39.6 万，穗粒数 37.5 粒，千粒重 41.0 克（2018 年和 2019 年大区试验亩穗数、穗粒数、千粒重分别为 38.8 万、36.5 粒、39.0 克，40.4 万、38.5 粒、43.0 克）。2018 年品质测定结果：粗蛋白（干基）含量 13.6%，湿面筋含量 27.5%，吸水率 58.0%，稳定时间 9.5 分钟，最大拉伸阻力 549.0EU，拉伸面积 71.6 厘米^2。2019 年品质测定结果：粗蛋白（干基）含量 12.3%，湿面筋含量 29.7%，吸水率 62.0%，稳定时间 11.1 分钟，最大拉伸阻力 372.0EU，拉伸面积 43.5 厘米^2。

6. 产量表现　2017—2018年度试验，23点汇总，平均亩产448.1千克，比对照周麦18增产4.60%，增产点率78.3%，增产≥2%点率69.6%，居12个参试品种的第二位。2018—2019年度试验，20点汇总，平均亩产573.8千克，比对照周麦18增产4.20%，增产点率95.0%，增产≥2%点率90.0%；比对照百农207增产5.32%，增产点率90.0%，增产≥2%点率90.0%，居15个参试品种的第四位。两年大区试验平均亩产511.0千克，比对照周麦18增产4.40%，增产点率86.7%，增产≥2%点率79.8%。2018—2019年度生产试验，16点汇总，平均亩产568.3千克，比对照周麦18增产4.00%，增产点率81.3%，居参试品种第四位。

7. 处理意见　两年大区试验和1年生产试验产量、增产点率以及抗病性等综合表现符合审定标准，推荐申报国家审定。

8. 栽培技术要点　适宜播期10月上中旬，每亩适宜基本苗数15万～22万，注意防治蚜虫、白粉病、纹枯病、赤霉病等病虫害。

9. 适宜地区　该品种完成试验程序，符合国家小麦品种审定标准，通过审定。适合黄淮冬麦区南片的河南省除信阳市和南阳市南部部分地区以外的平原灌区，陕西省西安市、渭南市、咸阳市、铜川市和宝鸡市灌区，江苏和安徽两省淮河以北地区高中水肥地块中茬种植。

（七）淮麦510

1. 品种名称　淮麦510。

2. 选育单位　安徽皖垦种业股份有限公司。

3. 品种来源　淮麦33/淮麦18。

4. 省级审定情况　未审定。

5. 特征特性　属半冬性中早熟品种。生育期223.5天，比周麦18早熟1.2天。幼苗半匍匐，苗势壮，细叶，叶色深绿，冬季冻害中等，抗寒性中等，分蘖力较强，成穗率高，起身拔节偏慢，两极分化偏慢。株高80.9厘米（2018年、2019年大区试验平均株高分别为77.4厘米、84.3厘米，生产试验株高85厘米），茎秆弹性中等，抗倒伏能力一般，倒伏程度≤3级或倒伏面积≤40.0%（非严重倒伏）点率2018年为87%，2019年为80%。株型略松散，纺锤形穗，短芒，旗叶短小上冲，穗下节长，穗层较厚，码偏稀，小穗多穗型，结实性中等，蜡质重，茎秆较细，根系活力中等，后期落黄好，熟相较好。田间自然发病：综合抗病性较好，叶锈病、白粉病中度发生，赤霉病发生轻。接种抗病性鉴定：2018年结果，成株期抗条锈病，中抗叶锈病，中感白粉病、纹枯病、赤霉病；2019年结果，高感条锈病、叶锈病，中感白粉病、纹枯病和赤霉病。平均亩穗数41.4万，穗粒数34.5粒，千粒重41.4克（2018年和2019年大区试验亩穗数、穗粒数、千粒重分别为38.8万、36.5粒、39克，44.0万、32.5粒、43.8克）。2018年品质测定结果：粗蛋白（干基）含量14.8%，湿面筋含量30.0%，吸水率58.5%，稳定时间11.7分钟，最大拉伸阻力604.8EU，拉伸面积87.8厘米^2。2019年品质测定结果：粗蛋白（干基）含量12.8%，湿面筋含量27.8%，吸水率59.7%，稳定时间9.7分钟，最大拉伸阻力382.5EU，拉伸面积48.3厘米^2。

6. 产量表现 2017—2018 年度试验，23 点汇总，平均亩产 448.1 千克，比对照周麦 18 增产 4.60%，增产点率 87.0%，增产≥2%点率 73.9%，居 12 个参试品种的第二位。2018—2019 年度试验，20 点汇总，平均亩产 557.3 千克，比对照周麦 18 增产 1.20%，增产点率 65.0%，增产≥2%点率 40.0%；比对照百农 207 增产 2.29%，增产点率 60.0%，增产≥2%点率 60.0%，居 15 个参试品种的第十位。两年大区试验平均亩产 502.7 千克，比对照周麦 18 增产 2.90%，增产点率 76.0%，增产≥2%点率 57.0%。2018—2019 年度生产试验，平均亩产 560.3 千克，比对照周麦 18 增产 2.52%，增产点率 81.3%，居参试品种第七位。

7. 处理意见 因该品种第二年大区试验增产率及增产≥2%点率均不符合国家小麦品种审定标准，建议结束试验程序。

（八）对照品种

1. 周麦 18 平均亩产 546.8 千克。属半冬性多穗型中晚熟品种，生育期 224.7 天。幼苗半直立，长势旺，叶黄绿色，前期发育快，生长量大，分蘖力强，冬季抗寒性一般。春季起身拔节早，两极分化快，有生理性黄叶。茎秆弹性强，抗倒伏，株型松紧适中，穗层整齐，穗多穗匀，穗层厚，小穗排列较密，结实性好，旗叶窄长斜上冲，短芒，白壳，白粒，根系活力强，灌浆充分，抗干热风，耐后期高温，熟相好，籽粒半硬质，较饱满，容重 785 克/升，黑胚率中等，为 2.5%。田间自然发病：中抗到中感条锈病，中抗至高抗叶锈病，部分试验点有赤霉病穗。平均亩穗数 40.5 万，穗粒数 34.4 粒，千粒重 46.5 克，综合表现较好，建议继续作为对照品种。

2. 济麦 22 本试验安徽省区域对照品种，平均亩产 545.6 千克。属半冬性多穗型中晚熟品种。幼苗近匍匐，叶片窄短，叶色浓绿，长势壮，分蘖力强，冬季抗寒性好，春季起身拔节迟，滋生新蘖多，两极分化快。株高 82 厘米，茎秆弹性强，抗倒伏性好，株型紧凑，穗层整齐且较厚，旗叶短小、斜上冲，穗多穗匀，结实性好，长芒，部分试验点有少量赤霉病穗，熟相一般。籽粒硬质，较饱满，黑胚率稍高，为 3.7%，容重高，为 793 克/升。平均亩穗数 40.3 万，穗粒数 35.6 粒，千粒重 45.4 克。

3. 淮麦 20 本试验江苏省区域对照品种，平均亩产 535.1 千克。幼苗匍匐，叶片窄长，叶色深，苗期长势壮，抗寒性好，分蘖力强，成穗率一般。株高 90 厘米，稍高。株型半紧凑，旗叶上举，抗倒伏性一般，试验点出现小面积倒伏。穗层较整齐，纺锤形穗，熟相中等，长芒，白壳，白粒，籽粒半硬质，外观商品性较好，无黑胚，容重 786 克/升。平均亩穗数 41.5 万，穗粒数 33.6 粒，千粒重 41.2 克。

4. 小偃 22 本试验陕西省区域对照品种，平均亩产 473.3 千克。幼苗半匍匐，分蘖力一般，成穗率高，抗寒性一般，叶色浅，叶片较长。株型较紧凑，纺锤形穗，茎秆粗壮，旗叶干尖，蜡质轻，短芒，白壳，白粒，籽粒硬质，码密，结实性好，黑胚率低，为 0.7%，容重 782 克/升。株高 84 厘米，抗倒伏能力一般，本年度无倒伏。综合抗病性好，部分试验点有赤霉病穗。平均亩穗数 41.3 万，穗粒数 29.3 粒，千粒重 43.3 克。

2018—2019年度广适性小麦新品种试验
黄淮冬麦区北片组生产试验总结

为进一步鉴定国家小麦良种联合攻关黄淮冬麦区北片组大区试验中表现突出的广适性小麦新品种在接近大田生产条件下的丰产性、适应性及综合农艺性状表现，为品种审定及推广应用提供科学依据，按照农业农村部关于国家四大粮食作物良种重大科研联合攻关部署，以及全国农业技术推广服务中心农技种函〔2018〕488号文件《关于印发〈2018—2019年度国家小麦良种联合攻关广适性品种试验实施方案〉的通知》精神设置和实施本试验。

一、试验概况

1. 试验点设置 本年度共安排14个试验点，分布情况为：河北省5个，分别是中国农业科学院作物科学研究所（简称藁城）、邢台市农业科学研究院（简称邢台）、河北省农林科学院旱作农业研究所（简称景县、深州）、河北大地种业有限公司（简称晋州）；山东省8个，分别是烟台市农业科学研究院（简称平度）、山东鲁研农业良种有限公司（简称陵城）、聊城市农业科学研究院（简称聊城）、滨州市农业科学院（简称滨州）、中国农业科学院作物科学研究所（简称潍坊）、临沂市农业科学院（简称临沂）、泰安市农业科学研究院（简称泰安）、菏泽市农业科学院（简称菏泽）；山西省1个，山西省农业科学院小麦研究所（简称临汾）（表1）。

表1 2018—2019年度黄淮冬麦区北片组生产试验承试单位

序号	省份	承试单位	联系人	试验地点
1	河北	中国农业科学院作物科学研究所	孙果忠	河北省藁城市南营镇马房村
2	河北	邢台市农业科学研究院	景东林	河北省邢台市南和县闫里乡闫里村
3	河北	河北省农林科学院旱作农业研究所	乔文臣	河北省景县龙华镇景县志清合作社
4	河北	河北省农林科学院旱作农业研究所	乔文臣	河北省深州市护驾迟镇莲花池村
5	河北	河北大地种业有限公司	张　冲	河北省晋州市周家庄乡第八生产队
6	山东	烟台市农业科学研究院	姜鸿明	山东省平度市青丰种业试验地
7	山东	中国农业科学院作物科学研究所	郭会君	山东省诸城市昌城镇杨义庄村
8	山东	山东鲁研农业良种有限公司	杨在东	山东省德州市陵城区神头镇西辛村
9	山东	聊城市农业科学研究院	王怀恩	山东省东阿县牛角店镇红布刘村
10	山东	滨州市农业科学院	武利峰	山东省滨州市博兴县店子镇马庄村
11	山东	临沂市农业科学院	李宝强	山东省临沭县店头镇吴家月庄村
12	山东	泰安市农业科学研究院	王瑞霞	山东省肥城市安驾庄镇安驾庄村
13	山东	菏泽市农业科学院	刘凤州	山东省菏泽市曹县普连集镇李楼寨村
14	山西	山西省农业科学院小麦研究所	姬虎太	山西省临汾市洪洞县甘亭镇天井村

2. 参试品种 本年度生产试验参试品种 5 个，分别为济麦 44、泰科麦 493、鲁研 373、衡 H15-5115、鲁研 897，统一对照品种为济麦 22，河北省所属试验点以衡 4399 为辅助对照品种（表 2）。

表 2 2018—2019 年度黄淮冬麦区北片组生产试验参试品种

序号	品种名称	组 合	选育单位	联系人
1	济麦 44	954072/济南 17	山东省农业科学院作物研究所	曹新有
2	泰科麦 493	泰山 28/济麦 22	泰安市农业科学研究院	王瑞霞
3	鲁研 373	鲁原 502/鲁原 205//邯农 3475	山东鲁研农业良种有限公司 山东省农业科学院原子能农业应用研究所	李新华
4	衡 H15-5115	衡 4568/山农 05-066	河北省农林科学院旱作农业研究所	乔文臣
5	鲁研 897	鲁原 502/济麦 22	山东鲁研农业良种有限公司 山东省农业科学院原子能农业应用研究所	李新华
6	济麦 22（对照）	935024/935106	山东省农业科学院作物研究所	
7	衡 4399（对照）	邯 6172/衡穗 28	河北省农林科学院旱作农业研究所	

3. 试验设计 试验采用顺序排列，不设重复，小区面积不少于 1 亩。试验采用机械播种，全区机械收获并现场称重计产。

4. 田间管理 试验安排在各承试单位试验田或当地种植大户的生产田中，按当地生态条件上等栽培水平管理。本年度各试验点基本做到适时播种、施肥、浇水、除草等田间管理，及时按记载项目和要求进行调查记载，认真进行数据汇总和总结。

二、小麦生育期间气候条件分析

2018 年秋播期间天气晴好、降水较少，各试验点播期适宜，田间出苗情况较好，苗全、苗匀。冬前平均气温高于常年，有效降水偏少，日照充足，越冬前积温较高，热量条件充足，利于形成冬前壮苗，小麦冬前群体明显好于去年。越冬期虽经历多次较大幅度降温，但持续时间都较短，加之播期适宜、麦苗健壮，冻害普遍较轻，品种间差异不明显。年后回温快，返青期气温较常年偏高，大部分时期日照充足，降水偏少，温光条件适合冬小麦恢复生长，发育进程较快。2019 年 3 月底，个别试验点遭遇霜冻，部分对低温较为敏感的品种出现了一定程度的叶片冻害，但由于白天回温快，总体上冻害较轻，显著好于去年。4 月下旬气温偏低，小麦抽穗期较迟，扬花及灌浆期降水少，各试验点未见赤霉病发生，但其他叶部病害均有不同程度发生。灌浆期光照相对较多，昼夜温差大，对小麦灌浆十分有利。成熟前，绝大部分试验点未遇明显大风、强降雨及干热风天气，熟期较往年推迟，小麦灌浆较为充分，籽粒饱满度好、千粒重高，小麦产量显著高于往年。

三、试验结果及对参试品种简评

根据田间考察和试验结果报告情况，本年度 14 个试验点均符合汇总要求，实际汇总

14 个试验点，试验数据采用平均数法进行统计。

本年度参试品种平均亩产 618.7 千克，对照品种济麦 22 平均亩产 586.6 千克。5 个参试品种的平均亩产均超过对照品种济麦 22，增产幅度为 2.82%～7.14%（表 3）。

表 3　2018—2019 年度黄淮冬麦区北片组生产试验产量汇总

品种名称	平均亩产量（千克）	比济麦 22 增产（%）	位次	汇总点数（个）	增产点率（%）
济麦 44	603.2	2.82	5	14	100
泰科麦 493	626.6	6.80	2	14	100
鲁研 373	616.7	5.13	4	14	100
衡 H15 - 5115	628.5	7.14	1	14	100
鲁研 897	618.3	5.40	3	14	100
济麦 22（国）	586.6	—	6	14	
衡 4399（冀）	613.9			5	

根据 2018—2019 年度试验中各品种表现（表 4 至表 6），结合大区试验结果，依照《主要农作物品种审定标准（国家级）》中小麦品种审定标准，品种处理建议如下。

（一）济麦 44

1. 品种名称　济麦 44。

2. 选育单位　山东省农业科学院作物研究所，山东鲁研农业良种有限公司。

3. 申请单位　山东省农业科学院作物研究所。

4. 品种来源　954072/济南 17。

5. 省级审定情况　已通过山东省审定（2018 年）。

6. 特征特性　半冬性，生育期 231.4 天，比对照济麦 22 早熟 1.3 天。幼苗半匍匐，分蘖力较强，株型紧凑，叶色绿、蜡质较薄，旗叶上冲，综合抗病性较好，熟相中等，较抗倒伏。穗纺锤形，小穗排列半紧凑，长芒，白壳，白粒，籽粒饱满，硬质。2018 年/2019 年大区试验平均亩穗数 44.5 万/46.1 万，穗粒数 31.1 粒/33.2 粒，千粒重 40.2 克/45.4 克，平均株高 75.3 厘米/78.4 厘米；2019 年生产试验平均亩穗数 46.6 万，穗粒数 34.2 粒，千粒重 45.4 克，平均株高 79.2 厘米。2018 年/2019 年大区试验倒伏程度≤3 级或倒伏面积≤40%点率 95.2%/100%；2019 年生产试验，倒伏程度≤3 级或倒伏面积≤40%点率 100%。两年抗寒性评价鉴定，平均死茎率 18.4%，抗寒性级别 3 级，抗寒性评价中等。抗病性接种鉴定：2018 年结果，抗条锈病，中抗白粉病，中感纹枯病和赤霉病，高感叶锈病；2019 年结果，中感条锈病、纹枯病，中抗白粉病，高感叶锈病和赤霉病。2018 年/2019 年抗旱节水鉴定，节水指数 0.769/0.668，两年平均节水指数 0.719。2018 年/2019 年品质测定结果：粗蛋白（干基）含量 17.3%/16.2%，湿面筋含量 30.9%/33.1%，吸水率 60.1%/63.4%，稳定时间 26.9 分钟/25.2 分钟，最大拉伸阻力 916.0EU/574.8EU，拉伸面积 175.0 厘米^2/109.8 厘米^2。

表 4　2018—2019 年度黄淮冬麦区北片组生产试验性状汇总

品种名称	生育期（天）	株高（厘米）	黑胚率（%）	容重（克/升）	倒伏点数	严重倒伏点数	严重倒伏点率（%）	亩基本苗数（万）	亩最高茎蘖数（万）	亩有效穗数（万）	成穗率（%）	穗粒数（粒）	千粒重（克）
济麦 44	233.9	79.2	1.9	812.5	1	0	0	21.0	104.3	46.6	45.4	34.2	45.4
泰科麦 493	235.9	81.8	2.4	814.4	1	0	0	20.9	117.7	49.0	43.9	35.9	44.0
鲁研 373	234.4	78.2	1.1	792	1	0	0	20.3	101.3	45.4	45.8	34.9	48.0
衡 H15-5115	235.4	77.9	1.5	805.7	1	0	0	20.8	106.5	49.3	47.5	33.4	45.4
鲁研 897	234.9	77.8	1.1	787.5	1	0	0	20.4	108.9	47.0	43.9	34.6	46.7
济麦 22（国）	235.6	79.1	2.7	808.4	1	0	0	21.4	109.1	45.9	43.4	34.4	45.3
衡 4399（冀）	231.8	76.6	2.4	820.4	0	0	0	24.1	124.1	49.5	40.9	33.6	40.0

注：严重倒伏点为倒伏程度>3 级或倒伏面积>40%的试验点。

表 5　2018—2019 年度黄淮冬麦区北片组生产试验各试验点性状（一）

试验点	品种名称	出苗期（月-日）	抽穗期（月-日）	成熟期（月-日）	生育期（天）	幼苗习性	亩基本苗数（万）	亩最高茎蘖数（万）	亩有效穗数（万）	成穗率（%）	株高（厘米）	冬冻程度	春冻程度	倒伏程度	倒伏面积（%）
藁城	济麦 44	10-15		6-10	238	2	26.9	118.2	42.1	35.6	78	3+		1	0
邢台	济麦 44	10-22		6-10	231	2	20.6	90.1	45.4	50.4	83	3	3	1	0
景县	济麦 44	10-20		6-6	229	1	24.7	101.7	48.0	47.2	75	4	4	1	0
深州	济麦 44	10-24		6-6	225	1	23.8	118.9	50.5	42.5	75	3	4	1	0
晋州	济麦 44	10-20		6-13	236	2	25.0	137.5	54.0	39.3	82	3		1	0
平度	济麦 44	10-15		6-16	244	2	19.0	99.0	45.5	46.0	84	2		1	0
陵城	济麦 44	10-20	4-29	6-12	237	2	19.2	119.7	45.9	38.4	78	3	2	1	0
聊城	济麦 44	10-19		6-8	232	2	18.6	93.6	45.1	48.2	72	2+	2	1	0

（续）

试验点	品种名称	出苗期（月-日）	抽穗期（月-日）	成熟期（月-日）	生育期（天）	幼苗习性	亩基本苗数（万）	亩最高茎蘖数（万）	亩有效穗数（万）	成穗率（%）	株高（厘米）	冬冻程度	春冻程度	倒伏程度	倒伏面积（%）
滨州	济麦44	10-11		6-9	241	2	10.9	93.0	41.1	44.1	81	3	2	1	0
临沂	济麦44	10-18		6-5	230	3	20.2	97.4	44.4	45.6	84	2	2	1	0
潍坊	济麦44	10-30		6-16	224	3	21.1	91.2	40.9	44.9	83	1	1	1	0
泰安	济麦44	10-23	4-29	6-13	235	2	17.1	100.7	51.7	51.4	81	3		2	6
菏泽	济麦44	10-21	4-17	6-4	226	2	22.1	123.5	52.1	42.2	85	3	3	1	0
临汾	济麦44	10-16		6-11	247	2	24.8	76.0	45.4	59.7	68	1		1	0
藁城	泰科麦493	10-15		6-11	239	2	28.9	148.1	51.2	34.6	79	3		1	0
邢台	泰科麦493	10-22		6-12	233	2	18.6	126.7	46.0	36.3	84	3	2	1	0
景县	泰科麦493	10-19		6-11	235	3	24.2	99.2	47.8	48.1	76	3	3	1	0
深州	泰科麦493	10-26		6-12	229	3	22.7	115.2	52.7	45.7	76	3	3	1	0
晋州	泰科麦493	10-20		6-13	236	2	25.0	196.1	58.4	29.8	85	2		1	0
平度	泰科麦493	10-15		6-17	245	2	17.5	89.5	48.5	54.2	85	2		1	0
陵城	泰科麦493	10-20	5-1	6-15	240	2	20.4	167.2	43.3	25.9	83	3	2	1	0
聊城	泰科麦493	10-19		6-10	234	2	21.8	87.2	40.3	46.2	78	2+	2—	1	0
滨州	泰科麦493	10-11		6-11	243	1	11.6	94.0	40.7	43.3	80	2	2	1	0
临沂	泰科麦493	10-18		6-6	231	3	19.7	124.8	49.3	39.5	87	2	2	1	0
潍坊	泰科麦493	10-30		6-15	223	3	22.6	99.6	50.5	50.7	80	1	1	1	0
泰安	泰科麦493	10-23	4-28	6-13	235	2	14.7	91.7	54.9	59.9	87	2		2	6
菏泽	泰科麦493	10-21	4-17	6-5	227	2	22.2	128.5	55.5	43.2	87	2	3	1	0
临汾	泰科麦493	10-16		6-16	253	2	22.3	80.0	46.2	57.8	78	1		1	0

（续）

试验点	品种名称	出苗期（月-日）	抽穗期（月-日）	成熟期（月-日）	生育期（天）	幼苗习性	亩基本苗数（万）	亩最高茎蘖数（万）	亩有效穗数（万）	成穗率（%）	株高（厘米）	冬冻程度	春冻程度	倒伏程度	倒伏面积（%）
藁城	鲁研 373	10-15		6-10	238	2	25.9	119.1	43.9	36.9	76	3+		1	0
邢台	鲁研 373	10-22		6-11	232	2	18.2	91.1	45.5	50.0	80	3	3	1	0
景县	鲁研 373	10-20		6-7	230	3	22.9	92.1	43.4	47.1	75	3	3	1	0
深州	鲁研 373	10-23		6-7	227	3	22.3	105.1	46.5	44.2	75	3	3	1	0
晋州	鲁研 373	10-20		6-12	235	2	25.0	153.9	56.0	36.4	79	3		1	0
平度	鲁研 373	10-15		6-17	245	2	16.8	73.5	39.8	54.1	86	2		1	0
陵城	鲁研 373	10-20	4-30	6-13	238	2	18.7	136.7	47.3	34.6	77	3	2	1	0
聊城	鲁研 373	10-19		6-8	232	2	19.3	91.8	41.0	44.7	72	3	2—	1	0
滨州	鲁研 373	10-11		6-10	242	2	11.8	89.0	39.8	44.7	78	3	2	1	0
临沂	鲁研 373	10-18		6-6	231	3	19.3	77.4	34.1	44.1	86	2	2	1	0
潍坊	鲁研 373	10-30		6-17	225	3	21.9	105.3	47.3	45.0	75	1	1	1	0
泰安	鲁研 373	10-23	4-29	6-14	235	2	15.1	93.5	49.6	53.0	79	3		2	5
菏泽	鲁研 373	10-21	4-16	6-2	224	2	21.8	113.6	58.3	51.3	84	2	3	1	0
临汾	鲁研 373	10-17		6-11	247	2	24.7	76.6	42.5	55.5	73	1		1	0
藁城	衡 H15-5115	10-15		6-11	239	2	24.1	130.2	48.9	37.6	81	3		1	0
邢台	衡 H15-5115	10-22		6-12	233	2	18.2	90.8	50.1	55.1	80	3	2	1	0
景县	衡 H15-5115	10-20		6-9	232	1	24.9	92.8	51.1	55.0	75	2	3	1	0
深州	衡 H15-5115	10-24		6-9	228	1	23.1	112.0	52.0	46.4	75	3	3	1	0
晋州	衡 H15-5115	10-20		6-13	236	2	25.0	133.6	57.6	43.1	78	3		1	0
平度	衡 H15-5115	10-15		6-17	245	2	19.0	87.5	46.2	52.8	86	2		1	0

（续）

试验点	品种名称	出苗期（月-日）	抽穗期（月-日）	成熟期（月-日）	生育期（天）	幼苗习性	亩基本苗数（万）	亩最高茎蘖数（万）	亩有效穗数（万）	成穗率（%）	株高（厘米）	冬冻程度	春冻程度	倒伏程度	倒伏面积（%）
陵城	衡H15-5115	10-20	4-30	6-14	239	2	18.3	127.5	49.1	38.5	82	3	2	1	0
聊城	衡H15-5115	10-19		6-9	233	2	22.0	90.0	44.4	49.3	68	3	2+	1	0
滨州	衡H15-5115	10-11		6-12	244	1	12.2	94.0	43.1	45.8	76	3	2	1	0
临沂	衡H15-5115	10-18		6-6	231	3	20.7	119.2	47.7	40.0	81	2	2	1	0
潍坊	衡H15-5115	10-30		6-16	224	3	22.9	108.9	46.2	42.4	79	1	1	1	0
泰安	衡H15-5115	10-23	4-28	6-13	235	2	14.4	89.3	49.7	55.6	72	2		2	5
菏泽	衡H15-5115	10-21	4-17	6-5	227	2	22.4	137.3	56.8	41.4	84	2	3	1	0
临汾	衡H15-5115	10-16		6-14	250	2	23.8	77.9	47.8	61.4	74	1		1	0
藁城	鲁研897	10-15		6-10	238	2	21.3	125.9	45.1	35.8	80	3+		1	0
邢台	鲁研897	10-22		6-10	231	2	21.0	119.0	45.6	38.3	79	3	3	1	0
景县	鲁研897	10-19		6-7	231	3	25.1	101.6	44.2	43.5	72	4	4	1	0
深州	鲁研897	10-24		6-7	226	3	23.4	110.9	51.0	46.0	72	3	3	1	0
晋州	鲁研897	10-20		6-13	236	2	25.0	155.9	64.0	41.1	77	2		1	0
平度	鲁研897	10-15		6-17	245	2	19.5	100.2	43.7	43.6	87	2		1	0
陵城	鲁研897	10-20	4-30	6-13	238	2	16.4	127.3	42.7	33.5	78	3	2	1	0
聊城	鲁研897	10-19		6-8	232	2	20.0	89.0	43.0	48.3	70	2+	2	1	0
滨州	鲁研897	10-11		6-10	242	2	11.9	90.0	38.9	43.2	75	3	2	1	0
临沂	鲁研897	10-18		6-6	231	3	19.7	95.7	37.1	38.8	86	2	2	1	0
潍坊	鲁研897	10-30		6-16	224	3	22.1	109.4	48.4	44.2	79	1	1	1	0
泰安	鲁研897	10-23	4-27	6-13	235	2	15.9	93.8	54.3	57.9	73	2+		2	4

（续）

试验点	品种名称	出苗期（月-日）	抽穗期（月-日）	成熟期（月-日）	生育期（天）	幼苗习性	亩基本苗数（万）	亩最高茎蘖数（万）	亩有效穗数（万）	成穗率（%）	株高（厘米）	冬冻程度	春冻程度	倒伏程度	倒伏面积（%）
菏泽	鲁研 897	10-21	4-17	6-6	228	2	21.6	125.1	51.0	40.8	83	2	3	1	0
临汾	鲁研 897	10-15		6-15	251	2	23.2	80.2	48.3	60.2	78	1		1	0
藁城	济麦 22（国）	10-15		6-11	239	2	26.2	112.2	44.4	39.6	77	3—		1	0
邢台	济麦 22（国）	10-22		6-12	233	2	21.0	113.5	45.6	40.1	85	3	2	1	0
景县	济麦 22（国）	10-19		6-9	233	3	23.3	106.5	43.9	41.2	75	2	3	1	0
深州	济麦 22（国）	10-24		6-10	229	3	24.1	115.4	49.2	42.6	75	2	3	1	0
晋州	济麦 22（国）	10-20		6-13	236	2	25.0	163.2	54.7	33.5	78	2		1	0
平度	济麦 22（国）	10-15		6-17	245	2	16.7	89.2	44.3	49.7	85	2		1	0
陵城	济麦 22（国）	10-20	5-1	6-14	239	2	20.5	146.6	43.2	29.5	79	2	2	1	0
聊城	济麦 22（国）	10-19		6-10	234	2	26.3	96.2	45.3	47.1	73	2+	2—	1	0
滨州	济麦 22（国）	10-11		6-11	243	2	10.5	89.0	37.1	41.7	80	2	2	1	0
临沂	济麦 22（国）	10-18		6-6	231	3	20.3	119.0	43.5	36.6	80	2	2	1	0
潍坊	济麦 22（国）	10-31		6-17	224	3	22.9	90.5	45.9	50.7	80	1	1	1	0
泰安	济麦 22（国）	10-23	4-29	6-14	235	2	17.5	91.0	48.5	53.3	82	2		2	5
菏泽	济麦 22（国）	10-21	4-17	6-5	227	2	21.3	117.9	53.6	45.5	81	3	3	1	0
临汾	济麦 22（国）	10-15		6-14	250	2	23.4	76.5	43.0	56.2	78	1		1	0
藁城	衡 4399（冀）	10-14		6-8	237	2	28.9	134.8	51.2	38.0	78	3+		1	0
邢台	衡 4399（冀）	10-22		6-11	232	2	20.6	108.7	49.6	45.7	87	3	2	1	0
景县	衡 4399（冀）	10-20		6-6	229	3	23.1	96.6	47.2	48.8	74	3	3	1	0
深州	衡 4399（冀）	10-23		6-6	226	3	22.8	125.7	51.6	41.1	74	3	3	1	0
晋州	衡 4399（冀）	10-20		6-12	235	2	25.0	154.5	47.8	30.9	70	2		1	0

表 6　2018—2019 年度黄淮冬麦区北片组生产试验各试验点性状（二）

试验点	品种名称	条锈病反应型	叶锈病反应型	白粉病反应型	赤霉病严重度	熟相	穗形	壳色	芒	穗粒数（粒）	粒色	饱满度	粒质	黑胚率（%）	千粒重（克）	容重（克/升）	亩产量（千克）	位次	比济麦22增产（%）	比衡4399增产（%）
藁城	济麦 44	1	1	1	1	3	1	1	5	31.4	1	2	1	0	36.8	813	563.54	5	0.22	1.00
邢台	济麦 44	2	2	2—	1	3	1	1	5	36.4	1	1	1	0	48.8	799	656.96	6	0.32	—0.38
景县	济麦 44	1	2	2	1	1	1	1	5	31.1	1	2	1	2	42.9	812	532.04	6	3.40	—6.32
深州	济麦 44	1	2	2	1	1	1	1	5	31.5	1	3	1	1	47.5	800	647.58	6	3.31	—1.20
晋州	济麦 44	1	1	1	1	1	3	1	5	32.8	1	2	1	4	42.8	815	639.65	5	1.35	1.78
平度	济麦 44	1	2	2	1	1	3	1	5	40.3	1	1	1	2	49.5	806	738.80	3	5.86	
陵城	济麦 44	1	1	2	1	3	3	1	5	34.8	1	2	1	10.5	42.5	808	511.50	5	2.21	
聊城	济麦 44	1	1	2	1	1	1	1	5	29.1	1	3	1	2	47.3	826	524.42	3	4.61	
滨州	济麦 44	1	1	1	1	2	3	1	5	39.9	1	2	1	1	47.9	820	609.65	5	4.10	
临沂	济麦 44	1	2	1	1	3	3	1	5	33.5	1	1	1	0	41.7	788	593.78	5	1.48	
潍坊	济麦 44	3	3	1	1	1	3	1	5	38.1	1	1	1	3.5	50.3	834	610.20	5	0.74	
泰安	济麦 44					1	5	1	5	30.2	1	2	1	1	46.7	799	668.60	3	4.90	
菏泽	济麦 44	1	1	3	1	1	1	1	5	34.2	1	1	1	0	45.4	813	598.70	4	2.11	
临汾	济麦 44	1	1	2	1	1	4	1	5	35.4	1	1	1	0	45.2	841	549.12	4	3.63	
藁城	泰科麦 493	1	1	1	1	1	3	1	5	38.9	1	1	1	0	45.1	813	637.28	2	13.33	14.22
邢台	泰科麦 493	2	1	2	1	1	1	1	5	36.4	1	1	1	0	47.1	807	701.35	1	7.09	6.35
景县	泰科麦 493	1	3	2	1	3	1	1	5	32.3	1	2	1	3	45.9	828	595.15	1	15.66	4.79
深州	泰科麦 493	1	2	2	1	3	1	1	5	32.4	1	3	1	1	46.9	820	688.06	2	9.76	4.97
晋州	泰科麦 493	1	1	2	1	1	3	1	5	32.0	1	3	1	3	37.2	813	642.94	2	1.87	2.31
平度	泰科麦 493	1	2	2	1	1	3	1	5	43.5	1	1	1	2	46.5	797	737.50	4	5.67	
陵城	泰科麦 493	1	1	3	1	3	3	1	5	37.1	1	2	1	10	41.5	814	519.30	4	3.77	
聊城	泰科麦 493	1	1	3	1	1	3	1	5	32.3	1	3	1	8	47.0	823	512.02	5	2.13	

（续）

试验点	品种名称	条锈病反应型	叶锈病反应型	白粉病反应型	赤霉病严重度	熟相	穗形	壳色	芒	穗粒数（粒）	粒色	饱满度	粒质	黑胚率（%）	千粒重（克）	容重（克/升）	亩产量（千克）	位次	比济麦22增产（%）	比衡4399增产（%）
滨州	泰科麦493	1	1	1	1	3	3	1	5	38.9	1	2	1	2	48.4	821	635.48	4	8.52	
临沂	泰科麦493	1	2	1	1	3	3	1	5	35.6	1	3	1	0	39.9	808	611.14	3	4.45	
潍坊	泰科麦493	3	3	1	1	1	3	1	5	41.9	1	2	1	3.0	42.0	811	648.55	2	7.07	
泰安	泰科麦493					3	3	1	5	31.8	1	2	3	1.5	41.7	803	669.20	2	4.90	
菏泽	泰科麦493	1	1	3	1	3	1	1	5	33.8	1	1	1	0	41.6	807	615.90	1	5.05	
临汾	泰科麦493	1	1	2	1	1	4	1	5	35.1	1	1	1	0	44.8	837	557.96	3	5.30	
藁城	鲁研373	1	1	1	1	1	3	1	5	37.8	1	1	1	0	45.2	777	588.05	3	4.58	5.39
邢台	鲁研373	2	2	2+	1	3	3	1	5	33.9	1	1	1	0	49.9	813	658.84	5	0.60	−0.09
景县	鲁研373	1	2	2	1	3	1	1	5	32.7	1	3	1	2	45.4	792	538.83	4	4.72	−5.13
深州	鲁研373	1	2	2	1	3	1	1	5	33.8	1	2	1	0	50.3	800	675.22	4	7.72	3.01
晋州	鲁研373	1	1	2	1	1	1	1	5	33.2	1	2	1	2	42.5	806	641.82	3	1.69	2.13
平度	鲁研373	1	2	2	1	1	3	1	5	44.8	1	1	1	0	51.6	789	750.00	1	7.47	
陵城	鲁研373	1	1	3	1	1	1	1	5	34.6	1	2	1	4.5	44.8	794	526.50	3	5.20	
聊城	鲁研373	1	1	3	1	1	1	1	5	30.2	1	3	1	2	51.1	806	539.92	1	7.70	
滨州	鲁研373	1	1	1	1	3	3	1	5	38.5	1	2	1	0	51.1	786	646.68	3	10.43	
临沂	鲁研373	1	2	1	1	3	3	1	5	39.2	1	1	1	2	45.6	772	605.93	4	3.56	
潍坊	鲁研373	3	4	1	1	3	3	1	5	35.2	1	1	1	2.0	53.8	800	660.12	1	8.98	
泰安	鲁研373					3	5	1	5	27.1	1	1	3	1.5	50.6	794	657.10	4	4.20	
菏泽	鲁研373	1	1	3	1	3	3	1	5	32.7	1	1	1	0	44.1	761	598.10	5	2.01	
临汾	鲁研373	1	1	2	1	1	4	1	5	34.2	1	1	3	0	46.4	798	546.99	5	3.23	
藁城	衡H15-5115	1	1	1	1	3	1	1	5	34.1	1	2	1	0	44.1	815	657.19	1	16.88	17.78
邢台	衡H15-5115	2	2	3	1	3	4	1	5	34.0	1	3	3	0	46.6	815	694.78	2	6.09	5.36

（续）

试验点	品种名称	条锈病反应型	叶锈病反应型	白粉病反应型	赤霉病严重度	熟相	穗形	壳色	芒	穗粒数（粒）	粒色	饱满度	粒质	黑胚率（%）	千粒重（克）	容重（克/升）	亩产量（千克）	位次	比济麦22增产（%）	比衡4399增产（%）
景县	衡 H15－5115	1	2	2	1	1	1	1	5	32.0	1	2	1	1	43.4	813	588.35	2	14.34	3.59
深州	衡 H15－5115	1	2	2	1	1	1	1	5	32.5	1	2	1	1	46.8	813	679.17	3	8.35	3.61
晋州	衡 H15－5115	1	1	1	1	1	3	1	5	30.2	1	2	1	4	40.7	793	641.42	4	1.63	2.07
平度	衡 H15－5115	1	2	2	1	1	3	1	5	41.5	1	1	1	2	49.2	779	733.60	5	5.12	
陵城	衡 H15－5115	1	3	3	1	3	3	1	5	34.1	1	2	1	4	40.8	804	553.40	1	10.57	
聊城	衡 H15－5115	1	1	5	1	1	1	1	5	29.1	1	3	1	1	46.3	829	526.20	2	4.96	
滨州	衡 H15－5115	1	1	1	1	1	3	1	5	38.3	1	2	1	1	48.8	813	656.37	2	12.08	
临沂	衡 H15－5115	2	1	1	3	3	3	1	5	30.7	1	1	3	2	43.8	785	621.56	2	6.23	
潍坊	衡 H15－5115	4	4	1	1	3	3	1	5	34.2	1	1	1	3.5	49.5	782	615.71	4	1.65	
泰安	衡 H15－5115					3	5	1	5	30.1	1	1	5	1.7	47.2	825	671.00	1	6.40	
菏泽	衡 H15－5115	1	1	3	1	1	1	1	5	31.0	1	1	1	0	43.6	793	601.10	3	2.52	
临汾	衡 H15－5115	1	1	3	1	1	4	1	5	35.6	1	2	1	0	45.4	821	559.60	2	5.61	
藁城	鲁研 897	1	1	1	1	3	1	1	5	35.1	1	1	1	0	45.8	788	578.04	4	2.80	3.60
邢台	鲁研 897	2	2	4	1	3	3	1	5	36.0	1	1	1	0	48.4	761	666.28	3	1.74	1.03
景县	鲁研 897	1	2	2	1	3	1	1	5	31.1	1	2	1	1	46.6	800	535.92	5	4.15	—5.64
深州	鲁研 897	1	2	2	1	3	1	1	5	32.4	1	2	1	1	49.2	796	692.00	1	10.39	5.57
晋州	鲁研 897	1	1	1	1	1	1	1	5	36.2	1	3	1	3	39.6	795	646.96	1	2.51	2.95
平度	鲁研 897	1	2	2	1	1	3	1	5	43.2	1	1	1	0	46.2	781	739.60	2	5.98	
陵城	鲁研 897	1	1	3	1	1	1	1	5	34.7	1	2	1	6.5	47.0	791	537.50	2	7.39	
聊城	鲁研 897	1	1	2	1	1	1	1	5	28.2	1	3	3	1	48.6	803	518.18	4	3.36	
滨州	鲁研 897	1	1	1	1	3	3	1	5	38.1	1	2	1	1	52.9	793	675.24	1	15.30	
临沂	鲁研 897	1	2	1	1	3	3	1	5	41.3	1	1	1	0	46.5	774	626.77	1	7.12	

（续）

试验点	品种名称	条锈病反应型	叶锈病反应型	白粉病反应型	赤霉病严重度	熟相	穗形	壳色	芒	穗粒数（粒）	粒色	饱满度	粒质	黑胚率（%）	千粒重（克）	容重（克/升）	亩产量（千克）	位次	比济麦22增产（%）	比衡4399增产（%）
潍坊	鲁研 897	4	3	1	1	1	3	1	5	32.1	1	1	1	1.5	47.9	775	621.23	3	2.56	
泰安	鲁研 897					1	5	1	5	25.4	1	1	3	0	46.0	786	645.90	5	2.40	
菏泽	鲁研 897	1	1	4	1	3	1	1	5	36.2	1	1	1	0	42.1	776	604.10	2	3.04	
临汾	鲁研 897	1	1	3	1	1	3	1	5	34.8	1	1	1	0	46.3	806	568.87	1	7.36	
藁城	济麦 22（国）	1	1	1	1	1	1	1	5	30.4	1	1	1	0	43.4	816	562.30	6	—	0.78
邢台	济麦 22（国）	2	2	3+	1	3	1	1	5	34.5	1	3	1	0	48.2	807	654.90	7	—	−0.69
景县	济麦 22（国）	1	2	2	1	3	1	1	5	31.7	1	2	1	4	44.2	821	514.56	7	—	−9.40
深州	济麦 22（国）	1	2	2	1	3	1	1	5	33.7	1	2	1	4	45.1	811	626.85	7	—	−4.37
晋州	济麦 22（国）	1	1	1	1	1	3	1	5	33.4	1	2	1	5	41.6	814	631.14	6	—	0.43
平度	济麦 22（国）	1	2	2	1	1	3	1	5	43.2	1	1	1	3	48.2	796	697.90	6	—	
陵城	济麦 22（国）	1	1	2	1	3	3	1	5	34.2	1	1	1	6.5	45.8	805	500.50	6	—	
聊城	济麦 22（国）	1	1	4	1	1	1	1	5	28.5	1	2	1	6	46.0	833	501.33	6	—	
滨州	济麦 22（国）	1	1	1	1	3	3	1	5	41.5	1	2	1	3	47.5	806	585.64	6	—	
临沂	济麦 22（国）	1	2	1	1	3	3	1	5	34.6	1	2	1	0	41.7	818	585.10	6	—	
潍坊	济麦 22（国）	3	3	1	1	1	3	1	5	30.8	1	1	1	4.5	49.7	756	605.74	6	—	
泰安	济麦 22（国）					3	3	1	5	33.6	1	3	3	2	44.7	799	630.90	6	—	
菏泽	济麦 22（国）	1	1	3	1	3	1	1	5	33.1	1	1	1	0	42.8	811	586.30	6	—	
临汾	济麦 22（国）	1	1	2	1	1	3	1	5	37.9	1	2	1	0	45.8	825	529.88	6	—	
藁城	衡 4399（冀）	1	1	1	1	1	1	1	5	38.2	1	1	1	0	33.1	805	557.96	7	−0.77	—
邢台	衡 4399（冀）	2	2	3+	1	1	1	1	5	35.1	1	1	3	1	41.2	840	659.46	4	0.70	—
景县	衡 4399（冀）	1	2	2	1	1	1	1	5	32.1	1	2	1	4	43.4	814	567.96	3	10.38	—
深州	衡 4399（冀）	1	2	2	1	1	1	1	5	32.7	1	3	1	4	45.8	824	655.48	5	4.57	—
晋州	衡 4399（冀）	1	1	3	1	3	1	1	5	30.1	1	2	1	3	36.7	819	628.44	7	−0.43	—

7. 产量表现　2017—2018 年度大区试验，21 点汇总，平均亩产 471.6 千克，比对照济麦 22 增产 2.48%，居 19 个参试品种的第十七位，增产点率 71.4%，增产≥2.0%点率 42.9%；2018—2019 年度继续试验，21 点汇总，平均亩产 586.3 千克，比对照济麦 22 增产 3.66%，居 17 个参试品种的第十位，增产点率 85.7%，增产≥2%点率 61.9%；两年平均亩产 529.0 千克，比对照济麦 22 增产 3.08%，增产点率 78.6%，增产≥2%点率 52.4%。2018—2019 年度生产试验，14 点汇总，平均亩产 603.2 千克，较对照济麦 22 增产 2.82%，居 5 个参试品种的第五位，增产点率 100%。

8. 处理意见　该品种品质指标达到强筋小麦标准，属于绿色优质品种。两年大区试验、1 年生产试验平均产量达到审定标准，推荐申报国家审定。

9. 适宜地区　黄淮冬麦区北片的山东省，河北省中南部，山西省南部水肥地种植。

10. 栽培技术要点　适宜播期 10 月 5～20 日，亩基本苗数 18 万左右，建议适当晚播，避免冬前旺长。拔节前后结合浇水亩施尿素 15 千克，抽穗前后应及时防治麦蚜，扬花期、灌浆期应及时防治赤霉病和其他叶部病害。

（二）泰科麦 493

1. 品种名称　泰科麦 493。

2. 选育单位　泰安市农业科学研究院。

3. 申请单位　泰安市农业科学研究院。

4. 品种来源　泰山 28/济麦 22。

5. 省级审定情况　未审定。

6. 特征特性　半冬性，生育期 232.9 天，比对照济麦 22 晚熟 0.2 天。幼苗半匍匐，分蘖力较强，株型稍松散，叶色浓绿、蜡质较厚，旗叶上冲，叶功能好，抗病性一般，熟相中等。穗长方形，小穗排列紧密，结实性好，长芒，白壳，白粒，籽粒硬质。2018 年/2019 年大区试验平均亩穗数 45.8 万/47.1 万，穗粒数 32.0 粒/35.5 粒，千粒重 39.5 克/44.2 克，平均株高 75.9 厘米/80.3 厘米；2019 年生产试验平均亩穗数 49.0 万，穗粒数 35.9 粒，千粒重 44.0 克，平均株高 81.8 厘米。2018 年/2019 年大区试验倒伏程度≤3 级或倒伏面积≤40%点率 85.7%/95.2%；2019 年生产试验，倒伏程度≤3 级或倒伏面积≤40%点率 100%。两年抗寒性评价鉴定，平均死茎率 15.9%，抗寒性级别 3 级，抗寒性评价中等。抗病性接种鉴定：2018 年结果，感条锈病，高感叶锈病，中抗白粉病，中感纹枯病和赤霉病；2019 年结果，中抗条锈病、白粉病、叶锈病和纹枯病，高感赤霉病。2018 年/2019 年抗旱节水鉴定，节水指数 0.897/1.213，两年平均节水指数 1.055。2018 年/2019 年品质测定结果：粗蛋白（干基）含量 15.6%/14.5%，湿面筋含量 30.1%/35.1%，吸水率 51.7%/69.7%，稳定时间 4.8 分钟/2.3 分钟，最大拉伸阻力 472.0EU/173.0EU，拉伸面积 85.0 厘米^2/34.5 厘米^2。

7. 产量表现　2017—2018 年度大区试验，21 点汇总，平均亩产 490.2 千克，比对照济麦 22 增产 6.52%，居 19 个参试品种的第四位，增产点率 90.5%，增产≥2.0%点率 76.2%；2018—2019 年度继续试验，21 点汇总，平均亩产 606.9 千克，比对照济麦 22 增产 7.29%，居 17 个参试品种的第四位，增产点率 90.5%，增产≥2.0%点率 90.5%；两

年平均亩产 548.6 千克，比对照济麦 22 增产 6.95%，增产点率 90.5%，增产≥2.0%点率 83.3%。2018—2019 年度生产试验，14 点汇总，平均亩产 626.6 千克，较对照济麦 22 增产 6.80%，居 5 个参试品种的第二位，增产点率 100%。

8. 处理意见 该品种节水指数大于 1.0，节水性较强，属于绿色节水品种。两年大区试验、1 年生产试验平均产量和增产点数达到审定标准，推荐申报国家审定。

9. 适宜地区 黄淮冬麦区北片的山东省，河北省中南部，山西省南部水肥地种植。

10. 栽培技术要点 适宜播期 10 月 5～15 日，亩基本苗数 18 万左右，抽穗前后应及时防治麦蚜，扬花期、灌浆期应及时防治赤霉病和其他叶部病害，高水肥地注意防倒伏。

（三）鲁研 373

1. 品种名称 鲁研 373。

2. 选育单位 山东鲁研农业良种有限公司，山东省农业科学院原子能农业应用研究所。

3. 申请单位 山东鲁研农业良种有限公司。

4. 品种来源 鲁原 502/鲁原 205//邯农 3475。

5. 省级审定情况 未审定。

6. 特征特性 半冬性，生育期 232.0 天，比对照济麦 22 早熟 0.7 天。幼苗半匍匐，分蘖力较强，株型稍紧凑，叶色浅绿、蜡质较厚，旗叶上冲，熟相较好，抗倒伏性好。穗下节较短，穗纺锤形，小穗排列较紧密，结实性好，长芒，白壳，白粒，籽粒较饱满，硬质，黑胚率较低。2018 年/2019 年大区试验平均亩穗数 42.8 万/43.7 万，穗粒数 32.4 粒/34.7 粒，千粒重 42.6 克/47.6 克，平均株高 71.5 厘米/78.3 厘米；2019 年生产试验平均亩穗数 45.4 万，穗粒数 34.9 粒，千粒重 48.0 克，平均株高 78.2 厘米。2018 年/2019 年大区试验倒伏程度≤3 级或倒伏面积≤40%点率 95.2%/95.2%；2019 年生产试验，倒伏程度≤3 级或倒伏面积≤40%点率 100%。两年抗寒性评价鉴定，平均死茎率 18.7%，抗寒性级别 3 级，抗寒性评价中等。抗病性接种鉴定：2018 年结果，高感条锈病、叶锈病病、纹枯病和赤霉病，中感白粉病；2019 年结果，中感条锈病、叶锈病、白粉病和纹枯病，高感赤霉病。2018 年/2019 年抗旱节水鉴定，节水指数 1.032/0.781，两年平均节水指数 0.907。2018 年/2019 年品质测定结果：粗蛋白（干基）含量 15.4%/13.2%，湿面筋含量 31.2%/31.4%，吸水率 61.7%/66.5%，稳定时间 5.2 分钟/3.8 分钟，最大拉伸阻力 363.0EU/259.3EU，拉伸面积 53.0 厘米^2/34.5 厘米^2。

7. 产量表现 2017—2018 年度大区试验，21 点汇总，平均亩产 483.0 千克，比对照济麦 22 增产 4.95%，居 19 个参试品种的第七位，增产点率 81.0%，增产≥2.0%点率 66.7%；2018—2019 年度继续试验，21 点汇总，平均亩产 591.9 千克，比对照济麦 22 增产 4.65%，居 17 个参试品种的第九位，增产点率 76.2%，增产≥2.0%点率 71.4%；两年平均亩产 537.5 千克，比对照济麦 22 增产 4.79%，增产点率 78.6%，增产≥2.0%点率 69.1%。2018—2019 年度生产试验，14 点汇总，平均亩产 616.7 千克，较对照济麦 22 增产 5.13%，居 5 个参试品种的第四位，增产点率 100%。

8. 处理意见 该品种两年大区试验、1 年生产试验平均产量和增产点数达到审定标

准，推荐申报国家审定。

9. 适宜地区　黄淮冬麦区北片的山东省，河北省中南部，山西省南部水肥地种植。

10. 栽培技术要点　适宜播期10月5～15日，亩基本苗数18万左右，抽穗前后应及时防治麦蚜，扬花期、灌浆期应及时防治赤霉病和其他叶部病害。

（四）衡H15－5115

1. 品种名称　衡H15－5115。

2. 选育单位　河北省农林科学院旱作农业研究所。

3. 申请单位　河北省农林科学院旱作农业研究所。

4. 品种来源　衡4568/山农05－066。

5. 省级审定情况　未审定。

6. 特征特性　半冬性，生育期232.6天，与对照济麦22熟期相当。幼苗半匍匐，分蘖力强，株型紧凑，叶色深绿、蜡质较厚，旗叶上冲，叶功能好，熟相较好。穗长方形，小穗排列紧凑，结实性好，长芒，白壳，白粒，籽粒较饱满，硬质。2018年/2019年大区试验平均亩穗数44.3万/48.1万，穗粒数32.8粒/33.7粒，千粒重39.8克/45.2克，平均株高73.9厘米/78.2厘米；2019年生产试验平均亩穗数49.3万，穗粒数33.4粒，千粒重45.4克，平均株高77.9厘米。2018年/2019年大区试验倒伏程度≤3级或倒伏面积≤40%点率95.2%/100%；2019年生产试验，倒伏程度≤3级或倒伏面积≤40%点率100%。两年抗寒性评价鉴定，平均死茎率15.5%，抗寒性级别3级，抗寒性评价中等。抗病性接种鉴定：2018年结果，成株期抗条锈病，高抗叶锈病，高感白粉病和赤霉病，中感纹枯病；2019年结果，高感条锈病和赤霉病，中感白粉病，中抗叶锈病和纹枯病。2018年/2019年抗旱节水鉴定，节水指数1.008/1.090，两年平均节水指数1.049。2018年/2019年品质测定结果：粗蛋白（干基）含量15%/13.3%，湿面筋含量25.7%/31.0%，吸水率59.4%/66.0%，稳定时间5.0分钟/4.2分钟，最大拉伸阻力569.0EU/351.5EU，拉伸面积97.0厘米^2/51.5厘米^2。

7. 产量表现　2017—2018年度大区试验，22点汇总，平均亩产475.3千克，比对照济麦22增产3.28%，居19个参试品种的第十三位，增产点率81.0%，增产≥2.0%点率66.7%；2018—2019年度继续试验，21点汇总，平均亩产606.6千克，比对照济麦22增产7.25%，居17个参试品种的第五位，增产点率100%，增产≥2.0%点率90.5%；两年平均亩产541.0千克，比对照济麦22增产5.27%，增产点率90.5%，增产≥2.0%点率78.6%。2018—2019年度生产试验，14点汇总，平均亩产628.5千克，较对照济麦22增产7.14%，居5个参试品种的第一位，增产点率100%。

8. 处理意见　该品种节水指数大于1.0，节水性较强，属于绿色节水品种。两年大区试验、1年生产试验平均产量和增产点数达到审定标准，推荐申报国家审定。

9. 适宜地区　黄淮冬麦区北片的山东省，河北省中南部，山西省南部水肥地种植。

10. 栽培技术要点　适宜播期10月5～15日，亩基本苗数18万左右，抽穗前后应及时防治麦蚜，扬花期、灌浆期应及时防治赤霉病和其他叶部病害，高水肥地注意防倒伏。

（五）鲁研897

1. 品种名称 鲁研897。

2. 选育单位 山东鲁研农业良种有限公司，山东省农业科学院原子能农业应用研究所。

3. 申请单位 山东鲁研农业良种有限公司。

4. 品种来源 鲁原502/济麦22。

5. 省级审定情况 未审定。

6. 特征特性 半冬性，生育期232.1天，比对照济麦22早熟0.6天。幼苗半匍匐，分蘖力较强，株型紧凑，叶色浅绿、蜡质较厚，旗叶上冲，叶功能好，熟相较好，抗倒伏性好。穗纺锤形，小穗排列紧密，结实性好，长芒，白壳，白粒，籽粒硬质，黑胚率较低。2018年/2019年大区试验平均亩穗数41.4万/44.4万，穗粒数32.4粒/35.1粒，千粒重41.7克/46.9克，平均株高72.8厘米/77.3厘米；2019年生产试验平均亩穗数47.0万，穗粒数34.6粒，千粒重46.7克，平均株高77.8厘米。2018年/2019年大区试验倒伏程度≤3级或倒伏面积≤40%点率95.2%/100%；2019年生产试验，倒伏程度≤3级或倒伏面积≤40%点率100%。两年抗寒性评价鉴定，平均死茎率16.9%，抗寒性级别3级，抗寒性评价中等。接种抗病性鉴定：2018年结果，高感条锈病、叶锈病、白粉病和赤霉病，中感纹枯病；2019年结果，高感条锈病、白粉病和赤霉病，中感纹枯病和叶锈病。2018年/2019年抗旱节水鉴定，节水指数0.820/0.864，两年平均节水指数0.842。2018年/2019年品质测定结果：粗蛋白（干基）含量14.7%/13.6%，湿面筋含量31.2%/32.3%，吸水率61.1%/66.3%，稳定时间5.7分钟/4.4分钟，最大拉伸阻力401.0EU/290.0EU，拉伸面积55.0厘米^2/39.3厘米^2。

7. 产量表现 2017—2018年度大区试验，21点汇总，平均亩产479.4千克，比对照济麦22增产4.17%，居19个参试品种的第十一位，增产点率76.2%，增产≥2.0%点率66.7%；2018—2019年度继续试验，21点汇总，平均亩产598.6千克，比对照济麦22增产5.83%，居17个参试品种的第六位，增产点率90.5%，增产≥2.0%点率90.5%；两年平均亩产539.0千克，比对照济麦22增产5.08%，增产点率83.6%，增产≥2.0%点率78.6%。2018—2019年度生产试验，14点汇总，平均亩产618.3千克，较对照济麦22增产5.40%，居5个参试品种的第三位，增产点率100%。

8. 处理意见 该品种两年大区试验、1年生产试验平均产量和增产点数达到审定标准，推荐申报国家审定。

9. 适宜地区 黄淮冬麦区北片的山东省，河北省中南部，山西省南部水肥地种植。

10. 栽培技术要点 适宜播期10月5～15日，亩基本苗数18万左右，抽穗前后应及时防治麦蚜，扬花期、灌浆期应及时防治赤霉病和其他叶部病害。

2018—2019 年度广适性小麦新品种试验赤霉病抗性鉴定报告（扬州）

按照全国农业技术推广服务中心《关于印发〈2018—2019 年度国家小麦良种重大科研联合攻关广适性品种试验实施方案〉的通知》要求，分别在江苏里下河地区农业科学研究所试验基地（江苏扬州）和安徽农业大学皖中试验站（安徽省庐江县）开展了小麦赤霉病抗性鉴定。

一、供试材料

本年度负责长江上游和长江中下游联合体参试品系鉴定任务，提供鉴定的新品种（系）共计 51 个（不含对照）（表 1）。

表 1　供试小麦品种（系）来源

试验组别	鉴定品种（系）数（个）
长江中下游组大区试验	6
长江中下游组新品系鉴定	11
长江上游组大区试验	4
长江上游组新品系鉴定	30
合计	51

二、鉴定方法

赤霉病抗性鉴定方法参照《国家小麦良种重大科研联合攻关小麦抗赤霉病鉴定实施方案》。

（一）扬州试验点

位于扬州市湾头镇，采用孢子液人工单花滴注鉴定。

1. 试验设置　所有参试品种（系）均种植于具保湿设施的抗赤霉病鉴定圃中，前茬作物为水稻。于 2018 年 10 月 27 日进行人工播种，每个材料种 2 行，行长 1.33 米，行距 27 厘米。根据参试材料数量，共设置 2 组对照品种，田间管理同大田生产。

2. 接种方法　人工单花滴注：在小麦扬花初期（2019 年 4 月 8 日）将 10 微升孢子悬浮液注入麦穗中部的一朵小花内，并对接种穗进行标记，每份材料至少接种 20 穗，穗部接种后，弥雾保湿 3～4 周。所用孢子液为包含有 3 个强致病力菌株的混合菌种。

3. 鉴定评价方法　分别以苏麦 3 号、扬麦 158、扬麦 13 和安农 8455 为高抗对照品

种、中抗对照品种、中感对照品种、高感对照品种，于小麦灌浆中期（2019 年 5 月 5 日）进行抗性调查。调查及评价方法如下：

（1）田间严重度分级标准。

0：接种小穗无可见发病症状；

1：仅接种小穗发病；或相邻的个别小穗发病，但病斑不扩展到穗轴；

2：穗轴发病，发病小穗占总小穗的 1/4 以下；

3：穗轴发病，发病小穗占总小穗的 1/4～1/2；

4：穗轴发病，发病小穗占总小穗的 1/2 以上。

（2）穗部接种条件下的抗性评价。当鉴定圃中感病对照材料达到其相应感病程度（3 级以上）时，该批次材料抗赤霉病鉴定视为有效。依据鉴定的病害发生平均严重度确定其对赤霉病的抗性水平，划分标准见表 2。

表 2　穗部接种条件下小麦对赤霉病抗性评价标准

平均严重度	抗性评价
0	免疫 immune（I）
0<平均严重度<2.0	抗病 resistant（R）
2.0≤平均严重度<3.0	中抗 moderately resistant（MR）
3.0≤平均严重度<3.5	中感 moderately susceptible（MS）
平均严重度≥3.5	感病 susceptible（S）

（二）安徽试验点

位于安徽省庐江县郭河镇安徽农业大学皖中试验站，自然鉴定。

1. 鉴定材料的播种　鉴定材料按参试材料类别由主持单位统一编号，实行实名制。病圃种植规格为行长 100 厘米，行距 25 厘米，每份鉴定材料种植 1 行。土壤肥力水平和耕作管理与大田生产相同。鉴定材料于 2018 年 10 月 26 日播种。

2. 病情调查及评价　2019 年 5 月 13 日于鉴定材料的乳熟中后期，每份鉴定材料连续随机选取 30 个生长发育较为一致的麦穗，调查和记载每个麦穗赤霉病发生的严重度，以此计算每份鉴定材料的病穗率、平均严重度和病情指数。

具体参照以下标准：

（1）病穗率。

$$病穗率=\frac{病穗数}{调查总数}\times 100\%$$

（2）病情严重度。根据病穗上发病小穗数占全部小穗数的比例，将病情严重度分为 5 个级别：

0：感病小穗无或极少，不扩展到穗轴；

1：病部占全穗的 1/4 以下；

2：病部占全穗的 1/4～1/2；

3：病部占全穗的 1/2～3/4；

4：病部占全穗的3/4以上或全穗枯死。

$$平均严重度=\frac{1级病穗数\times1+2级病穗数\times2+3级病穗数\times3+4级病穗数\times4}{总病穗数}$$

（3）病情指数。

$$病情指数（DI）=\frac{\sum 各级病穗数(0\sim4)\times相应级别}{调查穗数\times4}\times100$$

抗性评价参照表3。

表3　依据病情指数对小麦赤霉病的抗性评价标准

病情指数	抗性评价
$DI=0$	免疫（I）
$0<DI<DI_{CK-R}$	抗病（R）
$DI_{CK-R}\leqslant DI<DI_{CK-MR}$	中抗（MR）
$DI_{CK-MR}\leqslant DI<DI_{CK-S}$	中感（MS）
$DI>DI_{CK-S}$	感病（S）

注：DI：病情指数；DI_{CK-R}：抗病对照病情指数；DI_{CK-MR}：中抗对照病情指数；DI_{CK-S}：感病对照病情指数。

三、鉴定结果分析

共有51个参试品种（系）进行了赤霉病抗性鉴定并进行了抗性评价，其中，扬州和安徽庐江两个鉴定试验点不同抗性品种（系）分数及比例见表4，来自不同麦区的参试品种（系）在两个试验点抗性分类结果见表5，每个参试品种（系）的抗性评价见表6。

扬州和安徽庐江两地鉴定结果达到中抗以上的品种（系）数分别占参试材料总数的66.67%和31.37%。其中长江中下游麦区大区试验6个品种（系），在扬州和安徽庐江均达中抗以上。

通过综合比较扬州和安徽庐江两点的赤霉病抗性鉴定结果（表6），在鉴定的51个品种（系）中，扬16-157和宁1710在扬州达到R级，扬16-157和扬15-133在安徽庐江达到R级；另有13个新品种（系）在两点均稳定达中抗（MR，含）以上，分别为扬辐麦5054、华麦1062、扬11品19、信麦156、皖西麦1189、华麦1064、扬17G83、扬16-214、2017TP506、18P123、蜀麦1803、绵麦908、2018P1-6。其中前8个品种（系）来自长江中下游麦区，后5个品种（系）来自长江上游麦区。

表4　参试品种（系）赤霉病抗性鉴定结果分布

鉴定地点	材料数（个）	R级		MR级		MS级		S级	
		数量（个）	占比（%）	数量（个）	占比（%）	数量（个）	占比（%）	数量（个）	占比（%）
江苏扬州	51	2	3.92	32	62.75	15	29.41	2	3.92
安徽庐江	51	2	3.92	14	27.45	27	52.94	8	15.69

表 5　不同试验组别参试品种（系）赤霉病抗性表现

试验组别	材料数（个）	扬州（针注接种）				安徽庐江（自然鉴定）			
		R	MR	MS	S	R	MR	MS	S
长江上游组大区试验	4	—	3	1	—	—	1	2	1
长江上游组新品系鉴定	30	—	16	12	2	—	4	19	7
长江中下游组大区试验	6	1	5	—	—	2	4	—	—
长江中下游组新品系鉴定	11	1	8	2	—	—	5	6	—
合计	51	2	32	15	2	2	14	27	8

表 6　2018—2019 年度国家小麦良种联合攻关新品系鉴定、大区试验等参试品种（系）赤霉病抗性鉴定结果

编号	品种名称	参试类别	江苏扬州（单花滴注接种）		安徽庐江（自然鉴定）	
			严重度	抗性评价	病情指数	抗性评价
1	苏麦 3 号	CK（R）	1.0	R	18.0	R
2	安农 8455	CK（S）	3.9	S	89.2	S
3	扬麦 13	CK（MS）	3.0	MS	53.2	MS
4	扬麦 158	CK（MR）	2.1	MR	40.5	MR
5	郑 9023	CK（MR）			48.0	MR
6	扬辐麦 5054	长江中下游组大区试验	2.1	MR	40.0	MR
7	华麦 1062	长江中下游组大区试验	2.1	MR	36.7	MR
8	扬 16 - 157	长江中下游组大区试验	1.4	R	16.7	R
9	扬 11 品 19	长江中下游组大区试验	2.1	MR	35.0	MR
10	扬 15 - 133	长江中下游组大区试验	2.3	MR	13.8	R
11	信麦 156	长江中下游组大区试验	2.7	MR	39.2	MR
12	宁麦 1710	长江中下游组新品系鉴定	1.6	R	28.7	MR
13	皖西麦 1189	长江中下游组新品系鉴定	2.2	MR	39.4	MR
14	华麦 17P06	长江中下游组新品系鉴定	3.0	MS	81.3	MS
15	华麦 17P15	长江中下游组新品系鉴定	3.1	MS	57.0	MS
16	华麦 17P24	长江中下游组新品系鉴定	2.0	MR	64.2	MS
17	华麦 1064	长江中下游组新品系鉴定	2.7	MR	42.5	MR
18	T60279	长江中下游组新品系鉴定	2.1	MR	78.3	MS
19	扬 17G83	长江中下游组新品系鉴定	2.0	MR	30.8	MR
20	扬 16 - 214	长江中下游组新品系鉴定	2.3	MR	36.7	MR
21	扬辐麦 7298	长江中下游组新品系鉴定	2.1	MR	85.8	MS
22	信麦 179	长江中下游组新品系鉴定	2.0	MR	69.0	MS
23	川麦 1690	长江上游组大区试验	3.1	MS	90.0	S
24	2017TP506	长江上游组大区试验	2.2	MR	48.3	MR
25	SW1747	长江上游组大区试验	2.1	MR	51.7	MS
26	川麦 82	长江上游组大区试验	2.2	MR	79.5	MS

（续）

编号	品种名称	参试类别	江苏扬州（单花滴注接种）		安徽庐江（自然鉴定）	
			严重度	抗性评价	病情指数	抗性评价
27	国豪麦 538	长江上游组新品系鉴定	3.0	MS	95.0	S
28	国豪麦 550	长江上游组新品系鉴定	2.1	MR	70.2	MS
29	国豪麦 570	长江上游组新品系鉴定	2.1	MR	68.5	MS
30	18P203	长江上游组新品系鉴定	2.2	MR	65.3	MS
31	18P123	长江上游组新品系鉴定	2.1	MR	26.7	MR
32	内麦 538	长江上游组新品系鉴定	3.5	S	90.0	S
33	内麦 416	长江上游组新品系鉴定	3.1	MS	67.5	MS
34	蜀麦 1803	长江上游组新品系鉴定	2.0	MR	44.8	MR
35	蜀麦 1858	长江上游组新品系鉴定	3.0	MS	64.7	MS
36	蜀麦 1870	长江上游组新品系鉴定	3.5	S	91.1	S
37	蜀麦 1812	长江上游组新品系鉴定	2.0	MR	70.8	MS
38	蜀麦 1840	长江上游组新品系鉴定	2.2	MR	55.8	MS
39	绵麦 58	长江上游组新品系鉴定	3.1	MS	90.8	S
40	绵麦 907	长江上游组新品系鉴定	2.9	MR	49.2	MS
41	绵麦 908	长江上游组新品系鉴定	2.0	MR	30.8	MR
42	渝麦 1778	长江上游组新品系鉴定	2.8	MR	56.0	MS
43	渝麦 1887	长江上游组新品系鉴定	3.1	MS	88.3	MS
44	渝麦 18216	长江上游组新品系鉴定	3.1	MS	90.3	S
45	川麦 1691	长江上游组新品系鉴定	2.1	MR	96.8	S
46	川麦 1699	长江上游组新品系鉴定	3.4	MS	63.7	MS
47	川麦 1650	长江上游组新品系鉴定	3.2	MS	94.4	S
48	SW1634	长江上游组新品系鉴定	3.1	MS	50.0	MS
49	18AYT9	长江上游组新品系鉴定	3.0	MS	88.7	MS
50	2018P1－6	长江上游组新品系鉴定	2.0	MR	47.5	MR
51	2018P1－11	长江上游组新品系鉴定	2.1	MR	73.1	MS
52	2018P2－10	长江上游组新品系鉴定	2.1	MR	64.2	MS
53	18 单粒 41	长江上游组新品系鉴定	3.3	MS	70.3	MS
54	18 单粒 122	长江上游组新品系鉴定	2.4	MR	54.8	MS
55	川辐 22	长江上游组新品系鉴定	2.5	MR	64.2	MS
56	黔 1141	长江上游组新品系鉴定	3.1	MS	55.6	MS

四、相关问题说明

（1）本年度江苏扬州针注接种对照抗性结果见表 7，基本符合行业标准中评价标准参数要求，故直接采用本文中表 2 标准对抗性进行分类。

表 7　2018—2019 年度对照赤霉病发生情况及抗性评价（江苏扬州）

品种名称	平均严重度	抗性评价
苏麦 3 号（R）	1.0	R
扬麦 158（MR）	2.1	MR
扬麦 13（MS）	3.0	MS
安农 8455（S）	3.9	S

（2）安徽庐江鉴定点采用自然发病鉴定，对照品种抗性结果见表 8，以郑 9023 病情指数 48 作为中抗划分的临界值。

表 8　2018—2019 年度对照赤霉病发生情况及抗性评价（安徽庐江）

品种名称	病穗率（%）	平均严重度	病情指数	备注
苏麦 3 号（R）	50	0.7	18.0	DI<20，R 级
扬麦 158（MR）	93	1.6	40.5	
郑麦 9023（MR）	92	1.9	48.0	MR 划分临界值
安农 8455（S）	100	3.6	89.2	

2018—2019年度广适性小麦新品种试验赤霉病抗性鉴定报告（南阳）

按照《国家小麦良种重大科研联合攻关黄淮麦区小麦赤霉病抗性鉴定方案》和2018年国家小麦良种重大科研联合攻关专家委员会会议要求，对2018—2019年度国家小麦良种攻关各类试验参试品系进行了人工接种条件下的赤霉病抗性鉴定，现将鉴定结果总结如下。

一、品系材料来源

本年度共鉴定国家小麦良种重大科研联合攻关品系187个，其中包括黄淮冬麦区北片广适组品比试验参试品系57个，黄淮冬麦区南片西部组品比试验参试品系35个，黄淮冬麦区南片东部组品比试验参试品系33个，黄淮冬麦区北片广适组大区试验参试品系17个，黄淮冬麦区北片抗旱节水组大区试验参试品系16个，黄淮冬麦区南片广适组大区试验参试品系17个，黄淮冬麦区南片抗赤霉病组大区试验参试品系12个。

二、鉴定方法

赤霉病抗性鉴定方法参照《国家小麦良种重大科研联合攻关黄淮麦区小麦赤霉病抗性鉴定方案》，具体内容如下。

1. 试验环境及种植方法 所有参试品系和种质资源材料均种植于具有保湿功能的小麦赤霉病抗性鉴定圃中，鉴定圃土壤为黄褐土，前茬作物为玉米，土壤肥力水平为全氮1.20克/千克，碱解氮45.01毫克/千克，有效磷23.34毫克/千克，速效钾113.62毫克/千克，有机质16.48克/千克。于2018年10月25日进行人工播种，每个材料种2行，行长1.5米，行距30厘米。每50个鉴定材料设置1组对照品种，田间管理同当地大田生产。

2. 接种方法 利用包含有3个黄淮冬麦区赤霉病强致病力菌株和1个长江中下游麦区赤霉病强致病力菌株的混合菌种对供试品种进行人工接种鉴定。接种采用土表接种和喷雾接种相结合的方式。土表接种：于小麦抽穗前分两次（3月25日和4月1日）将病粒均匀撒于鉴定圃的小麦行间，每次接种量为2千克/亩，土表接种后喷雾保湿1周。喷雾接种：于开花期用孢子悬浮液对各种植行一端0.5米区段进行喷雾接种，接种后喷雾保湿至发病充分。

3. 鉴定评价方法 分别以苏麦3号、郑麦9023、郑麦0943和周麦18为高抗对照品种、中抗对照品种、中感对照品种、高感对照品种，于小麦乳熟中后期进行抗性调查，根据不同花期分别对各供试品种的病穗率、病情严重度进行调查，计算其平均严重度和病情指数，并参照对照品种的病情指数对其抗性进行评价。

（1）病穗率。

$$病穗率=\frac{病穗数}{调查总数}\times 100\%$$

（2）病情严重度。根据病穗上发病小穗数占全部小穗数的比例，将病情严重度分为 5 个级别：

0：感病小穗无或极少，不扩展到穗轴；

1：病部占全穗的 1/4 以下；

2：病部占全穗的 1/4～1/2；

3：病部占全穗的 1/2～3/4；

4：病部占全穗的 3/4 以上或全穗枯死。

$$平均严重度=\frac{1\text{ 级病穗数}\times 1+2\text{ 级病穗数}\times 2+3\text{ 级病穗数}\times 3+4\text{ 级病穗数}\times 4}{总病穗数}$$

（3）病情指数。

$$病情指数\ (DI)\ =\frac{\sum 各级病穗数(0\sim 4)\times 相应级别}{调查穗数\times 4}$$

根据参试品种及对照品种的病情指数，将抗性分为 5 个级别：

免疫（I）：$DI=0$；

高抗（HR）：$0<DI\leqslant 0.01$（高抗对照品种的病情指数）；

中抗（MR）：$0.01<DI\leqslant 0.20$（中抗对照品种的病情指数）；

中感（MS）：$0.20<DI\leqslant 0.50$（中感对照品种的平均病情指数）；

高感（HS）：$DI>0.50$。

三、鉴定结果

1. 总体鉴定结果　在 187 个参试品系中，中抗赤霉病品系 13 个，占总参试品系的 6.95%；中感赤霉病品系 27 个，占总参试品系的 14.44%；高感赤霉病品系 147 个，占总参试品系的 78.61%。

2. 国家小麦良种联合攻关各试验鉴定结果

（1）黄淮冬麦区北片广适组品比试验。鉴定结果表明，在黄淮冬麦区北片广适组品比试验 57 个参试品系中，中抗品系 2 个，中感品系 6 个，高感品系 49 个（表 1）。

表 1　国家小麦良种联合攻关黄淮冬麦区北片广适组品比试验鉴定结果

序号	品系名称	病穗率（%）	平均严重度	病情指数	抗性级别*
1	中麦 523	100	3.2	0.80	HS
2	中麦 527	90	3.4	0.77	HS
3	中麦 7138	100	3.8	0.95	HS

（续）

序号	品系名称	病穗率（%）	平均严重度	病情指数	抗性级别*
4	中麦 7158	80	2.6	0.52	HS
5	邢科 32	80	2.6	0.52	HS
6	衡麦 174048	100	2.6	0.65	HS
7	衡麦 175345	90	2.8	0.63	HS
8	衡麦 T175236	100	2.4	0.60	HS
9	衡 H1840	70	3.0	0.53	HS
10	鲁研 235	70	3.2	0.56	HS
11	鲁研 583	100	2.6	0.65	HS
12	鲁研 615	100	3.2	0.80	HS
13	鲁研 664	100	3.4	0.85	HS
14	鲁研 745	90	2.6	0.59	HS
15	鲁研 859	90	2.2	0.50	MS
16	鲁研 865	80	2.4	0.48	MS
17	菏麦 1608	100	3.8	0.95	HS
18	LS2422	100	3.4	0.85	HS
19	LS2497	100	3.0	0.75	HS
20	LS2589	100	2.6	0.65	HS
21	LS3515	90	2.2	0.50	MS
22	SN1126	100	3.4	0.85	HS
23	SN1191	100	3.0	0.75	HS
24	ML 广 1801	70	3.0	0.53	HS
25	ML 优 1801	40	1.8	0.18	MR
26	TKM0317	100	3.2	0.80	HS
27	TKM0958	80	2.6	0.52	HS
28	邯 154335	40	2.2	0.22	MS
29	科农 728	100	2.4	0.60	HS
30	科农 1006	80	2.8	0.56	HS
31	临 181	100	3.2	0.80	HS
32	临 182	90	2.8	0.63	HS
33	石 16-4316	90	2.6	0.59	HS
34	烟农 27	90	3.0	0.68	HS
35	烟农 103	80	2.6	0.52	HS
36	烟农 1809	90	3.0	0.68	HS
37	济麦 6074	90	2.6	0.59	HS
38	济麦 4174	100	4.0	1.00	HS
39	JM803	80	3.0	0.60	HS
40	JM899	90	3.0	0.68	HS
41	济麦 4075	80	4.0	0.80	HS

（续）

序号	品系名称	病穗率（%）	平均严重度	病情指数	抗性级别*
42	BC15PT117	60	3.2	0.48	MS
43	BC16PT017	90	4.0	0.90	HS
44	潍麦 1715	100	2.6	0.65	HS
45	潍麦 1816	100	3.0	0.75	HS
46	金禾 16461	90	2.4	0.54	HS
47	金禾 17281	90	2.4	0.54	HS
48	临麦 5311	80	2.8	0.56	HS
49	品育 8176	90	2.6	0.59	HS
50	站选 4 号	40	1.6	0.16	MR
51	BH5309	80	2.2	0.44	MS
52	BH8568	80	3.6	0.72	HS
53	By39	100	4.0	1.00	HS
54	By40	100	4.0	1.00	HS
55	冀麦 515	100	3.8	0.95	HS
56	冀麦 868	100	3.8	0.95	HS
57	冀麦 691	100	3.2	0.80	HS

* MR 表示中抗，MS 表示中感，HS 表示高感。

（2）黄淮冬麦区南片西部组品比试验。鉴定结果表明，在黄淮冬麦区南片西部组品比试验 35 个参试品系中，中抗品系 2 个，中感品系 4 个，高感品系 29 个（表 2）。

表 2　国家小麦良种联合攻关黄淮冬麦区南片西部组品比试验鉴定结果

序号	品系名称	病穗率（%）	平均严重度	病情指数	抗性级别*
1	兆丰 30	100	3.8	0.95	HS
2	兆丰 36	40	2.0	0.20	MR
3	LS2367	100	2.6	0.65	HS
4	天麦 189	90	2.4	0.54	HS
5	洛麦 47	100	2.6	0.65	HS
6	新麦 9366	40	2.2	0.22	MS
7	安麦 20	90	3.2	0.72	HS
8	新麦 9369	100	3.8	0.95	HS
9	漯麦 49	40	2.0	0.20	MR
10	洛麦 48	100	3.0	0.75	HS
11	咸麦 069	100	4.0	1.00	HS
12	漯麦 47	60	2.0	0.30	MS
13	尚农 5	100	3.8	0.95	HS
14	濮麦 115	100	2.8	0.70	HS
15	濮麦 185	100	3.0	0.75	HS
16	兆丰 16	100	3.8	0.95	HS
17	周麦 48	50	2.6	0.33	MS

（续）

序号	品系名称	病穗率（%）	平均严重度	病情指数	抗性级别*
18	天麦 159	60	2.2	0.33	MS
19	濮麦 187	100	3.8	0.95	HS
20	郑麦 1835	100	3.8	0.95	HS
21	西农 139	100	3.4	0.85	HS
22	百农 368	100	2.2	0.55	HS
23	中麦 7058	90	3.2	0.72	HS
24	郑麦 1831	100	3.2	0.80	HS
25	金禾 688	100	2.8	0.70	HS
26	西农 158	100	3.2	0.80	HS
27	中麦 7189	100	2.6	0.65	HS
28	安麦 21	100	2.6	0.65	HS
29	宛麦 632	100	3.0	0.75	HS
30	泛麦 65	100	3.4	0.85	HS
31	西农 1518	100	3.2	0.80	HS
32	百农 779	100	2.6	0.65	HS
33	宛 1390	100	2.4	0.60	HS
34	西农 933	80	2.8	0.56	HS
35	中麦 6032	60	3.4	0.51	HS

* MR 表示中抗，MS 表示中感，HS 表示高感。

（3）黄淮冬麦区南片东部组品比试验。鉴定结果表明，在黄淮冬麦区南片东部组品比试验 33 个参试品系中，中抗品系 5 个，中感品系 8 个，高感品系 20 个（表 3）。

表 3　国家小麦良种联合攻关黄淮冬麦区南片东部组品比试验鉴定结果

序号	品系名称	病穗率（%）	平均严重度	病情指数	抗性级别*
1	皖垦麦 1708	40	2.4	0.24	MS
2	安农 188	60	3.4	0.51	HS
3	安科 1803	100	3.0	0.75	HS
4	百农 207	80	2.6	0.52	HS
5	安科 1805	80	2.2	0.44	MS
6	华皖麦 10 号	40	1.0	0.10	MR
7	安农 181	60	2.2	0.33	MS
8	徐麦 DH9	40	1.0	0.10	MR
9	徐麦 16123	60	3.8	0.57	HS
10	LS4954	80	2.8	0.56	HS
11	宁 17460	80	3.0	0.60	HS
12	隆麦 1 号	60	3.4	0.51	HS
13	安农 876	60	3.6	0.54	HS

（续）

序号	品系名称	病穗率（%）	平均严重度	病情指数	抗性级别*
14	安科 1801	40	1.6	0.16	MR
15	皖宿 1209	40	2.6	0.26	MS
16	安科 1804	80	1.8	0.36	MS
17	皖宿 1237	100	3.4	0.85	HS
18	安科 1802	60	2.4	0.36	MS
19	安农 837	90	3.4	0.77	HS
20	徐麦 16144	70	3.4	0.60	HS
21	LS2293	70	3.4	0.60	HS
22	鲁研 583	60	3.4	0.51	HS
23	中麦 8178	90	3.6	0.81	HS
24	华麦 2801	30	2.2	0.17	MR
25	皖垦麦 1720	60	3.6	0.54	HS
26	华麦 15056	40	2.6	0.26	MS
27	华麦 17V65	60	3.6	0.54	HS
28	皖宿 1232	20	2.4	0.12	MR
29	华麦 2803	60	3.6	0.54	HS
30	TKM0209	100	4.0	1.00	HS
31	涡麦 1216	80	3.0	0.60	HS
32	涡麦 707	60	3.4	0.51	HS
33	华麦 2802	40	2.2	0.22	MS

* MR 表示中抗，MS 表示中感，HS 表示高感。

（4）黄淮冬麦区北片广适组大区试验。鉴定结果表明，在黄淮冬麦区北片广适组大区试验 17 个参试品系中，中感品系 1 个，高感品系 16 个（表 4）。

表 4 国家小麦良种联合攻关黄淮冬麦区北片广适组大区试验鉴定结果

序号	品系名称	病穗率（%）	平均严重度	病情指数	抗性级别*
1	TKM6007	100	4.0	1.00	HS
2	鲁研 733	100	3.4	0.85	HS
3	鲁研 454	100	2.4	0.60	HS
4	临农 11	100	3.6	0.90	HS
5	LH1703	100	4.0	1.00	HS
6	邢麦 29	100	2.4	0.60	HS
7	LS4155	100	3.2	0.80	HS
8	TKM0311	100	3.2	0.80	HS
9	潍麦 1711	100	3.2	0.80	HS

（续）

序号	品系名称	病穗率（%）	平均严重度	病情指数	抗性级别*
10	中麦 6079	100	4.0	1.00	HS
11	衡 H165171	100	3.6	0.90	HS
12	鲁原 309	100	4.0	1.00	HS
13	衡 H1608	80	2.4	0.48	MS
14	石 15－6375	100	3.4	0.85	HS
15	济麦 418	100	3.4	0.85	HS
16	冀麦 659	100	4.0	1.00	HS
17	鲁研 951	100	3.4	0.85	HS

* MS 表示中感，HS 表示高感。

（5）黄淮冬麦区北片抗旱节水组大区试验。鉴定结果表明，在黄淮冬麦区北片抗旱节水组大区试验 16 个参试品系中，中感品系 1 个，高感品系 15 个（表 5）。

表 5 国家小麦良种联合攻关黄淮冬麦区北片抗旱节水组区域试验鉴定结果

序号	品系名称	病穗率（%）	平均严重度	病情指数	抗性级别*
1	沧麦 2016－2	70	2.8	0.49	MS
2	鲁研 897	100	3.8	0.95	HS
3	石 15 鉴 21	100	2.4	0.60	HS
4	鲁研 1403	100	4.0	1.00	HS
5	金禾 330	100	3.2	0.80	HS
6	中麦 6032	100	4.0	1.00	HS
7	航麦 3290	100	4.0	1.00	HS
8	济麦 44	100	3.8	0.95	HS
9	LH1706	100	3.8	0.95	HS
10	LS018R	100	4.0	1.00	HS
11	LS3666	100	4.0	1.00	HS
12	济麦 0435	100	4.0	1.00	HS
13	鲁研 373	80	3.0	0.60	HS
14	衡 H15－5115	100	3.6	0.90	HS
15	LH16－4	100	4.0	1.00	HS
16	泰科麦 493	100	3.6	0.90	HS

* MS 表示中感，HS 表示高感。

（6）黄淮冬麦区南片广适组大区试验。鉴定结果表明，在黄淮冬麦区南片广适组大区试验 17 个参试品系中，中感品系 2 个，高感品系 15 个（表 6）。

表 6　国家小麦良种联合攻关黄淮冬麦区南片广适组大区试验鉴定结果

序号	品系名称	病穗率（%）	平均严重度	病情指数	抗性级别*
1	郑麦 6694	100	4.0	1.00	HS
2	天麦 160	100	3.2	0.80	HS
3	濮麦 8062	100	2.4	0.60	HS
4	安科 1701	60	2.2	0.33	MS
5	华麦 15112	100	2.8	0.70	HS
6	华成 6068	60	3.4	0.51	HS
7	涡麦 303	80	3.0	0.60	HS
8	安科 1705	100	3.2	0.80	HS
9	徐麦 15158	80	2.4	0.48	MS
10	新麦 52	100	4.0	1.00	HS
11	天麦 196	100	3.2	0.80	HS
12	漯麦 40	100	2.8	0.70	HS
13	郑麦 9699	100	4.0	1.00	HS
14	漯麦 39	100	3.4	0.85	HS
15	中麦 6052	100	3.4	0.85	HS
16	咸麦 073	100	4.0	1.00	HS
17	LS3852	100	3.8	0.95	HS

* MS 表示中感，HS 表示高感。

（7）黄淮冬麦区南片抗赤霉病组大区试验。鉴定结果表明，在黄淮冬麦区南片抗赤霉病组大区试验 12 个参试品系中，中抗品系 4 个，中感品系 5 个，高感品系 3 个（表 7）。

表 7　国家小麦良种联合攻关黄淮冬麦区南片抗赤霉病组大区试验鉴定结果

序号	品系名称	病穗率（%）	平均严重度	病情指数	抗性级别*
1	涡麦 606	40	1.4	0.14	MR
2	WK1602	40	1.4	0.14	MR
3	皖垦麦 1702	60	2.2	0.33	MS
4	宛 1204	40	2.0	0.20	MR
5	皖宿 1510	40	1.8	0.18	MR
6	濮麦 087	80	2.4	0.48	MS
7	昌麦 20	100	3.6	0.90	HS
8	中麦 7152	100	2.4	0.60	HS
9	淮麦 510	70	2.8	0.49	MS
10	皖宿 0891	60	3.2	0.48	MS
11	濮麦 117	100	4.0	1.00	HS
12	安农 1589	100	1.6	0.40	MS

* MR 表示中抗，MS 表示中感，HS 表示高感。

四、相关问题说明

按照《国家小麦良种重大科研联合攻关黄淮麦区小麦赤霉病抗性鉴定方案》的要求，本鉴定试验分别以苏麦3号、郑麦9023、郑麦0943和周麦18为赤霉病高抗对照品种、中抗对照品种、中感对照品种和高感对照品种，其调查结果见表8。中抗对照郑麦9023病穗率达到25%以上，中感对照郑麦0943病穗率达到75%以上，根据NY/T 1443.4—2007《小麦抗病虫性评价技术规范　第4部分：小麦抗赤霉病评价技术规范》和NY/T 2954—2016《小麦区域试验品种抗赤霉病鉴定技术规程》，本批次赤霉病抗性鉴定视为有效。

表8　对照品种的调查结果

品种名称	土表接种		
	病穗率（%）	平均严重度	病情指数
苏麦3号	5	0.8	0.01
郑麦9023	40	2.0	0.20
郑麦0943	80	2.5	0.50
周麦18	100	3.2	0.80

2018—2019 年度广适性小麦新品种试验锈病抗性鉴定报告

小麦是最重要的粮食作物，为人类提供 1/3 以上的口粮。小麦病虫害是限制小麦丰产增收的主要因素。中国小麦病虫害每年发生面积约 10 亿亩次，由此导致粮食损失占小麦总产量的 1/3 左右，给粮食安全生产带来严重威胁。选育和种植抗病虫品种是防治小麦病虫害最经济、有效和安全的措施。全面及时地了解和掌握我国小麦主要产区主栽品种和后备品种的抗病虫现状，可以为育种部门及时了解品种抗病虫动态以及农业生产上利用不同抗病虫品种的合理布局控制病虫害提供信息，同时可作为病虫害预测预报和综合防控重要的参考依据。

依据《2018—2019 年度国家小麦良种联合攻关广适性品种试验实施方案》的精神，条锈病、叶锈病的抗病性鉴定由西北农林科技大学植物保护学院承担。

一、小麦条锈病抗性鉴定与评价

本年度在陕西杨凌、甘肃天水（平南镇）和四川江油对广适性品种试验的 271 份材料进行了条锈病抗性鉴定和评价，以期为小麦品种在生产上合理利用提供依据。

（一）材料与方法

1. 材料　苗期条锈病抗性鉴定分别采用近年产生的对小麦 *Yr26* 基因有毒性的条锈菌新菌系条中 34 号（CYR34）、条中 33 号（CYR33）和条中 32 号（CYR32）。成株期鉴定采用条锈菌小种 CYR32、CYR33 和 CYR34，菌种由西北农林科技大学植物病理研究所分离和保藏。供试菌种均经过单孢分离并经鉴别寄主鉴定后，隔离繁殖备用。

2. 鉴定方法

（1）人工诱发条锈病抗性鉴定。田间成株期条锈病抗性鉴定试验于 2018—2019 年度在西北农林科技大学试验站进行，参照韩德俊（2010）的方法，每个小麦材料种 2 行，行长 1.5 米，每隔 20 份材料种小偃 22 做对照，在材料行两端每隔 50 厘米种感病品种铭贤 169 做诱发行。2019 年 3 月初，在诱发行中等量移栽于室内分别接种了 2 个条锈菌小种的感病的铭贤 169 幼苗，使诱发行充分感病，按一般麦田管理。分别于 4 月底（4 月 27 日）、5 月上旬（5 月 8 日）和 5 月中旬（5 月 16 日）分 3 次记载小麦顶 3 叶反应型和严重度，按 1～9 九级标准记载反应型（*IT*），以 0、1%、5%、10%、30%、60%、80%和 100%八级标准记载严重度（*S*）。条锈病抗性评价分级依据：抗病 R（*IT*：0～3；*S*<10%）；中抗 MR（*IT*：4～6；*S*<30%）；中感 MS（*IT*：7；*S*>30%）和感病 S（*IT*：8～9；*S*>30%）。

（2）自然诱发条锈病抗性鉴定。参鉴小麦品种（系）于 2018 年 9 月中旬，播种于甘肃省天水平南镇万家村（东经 105°56′、北纬 34°27′，海拔 1 697 米）小麦条锈病自然发病圃，每份材料播种 2 行，行长 1 米，每隔 20 行种植 2 行铭贤 169 作为感病指示品种，鉴定材料周围间隔种植铭贤 169 作为诱发行。于 2018 年 11 月初进行苗期发病调查，分别于 2019 年 5 月 19 日和 6 月 2 日分两次进行成株期调查。

（二）鉴定结果

为准确鉴定和评价参鉴品种是否具有成株期抗性，在杨凌设置混合小种的鉴定圃，根据当前各流行小种的频率，按比例接种混合小种以创造人工流行环境。2019 年 4 月初，诱发行全面感病，4 月底，感病对照铭贤 169 均已发病（$IT \geqslant 7$；$S \geqslant 60\%$），表明鉴定圃已具有鉴定力。271 份材料中，1 份因收到材料时间过晚，已过当地种植时间，其余 270 份材料中，感病（高感、中感）材料共计 180 份，占 66.7%；抗病材料共计 90 份，占 33.3%（表 1 至表 12）。

表 1　黄淮冬麦区南片抗赤霉病组大区试验参试品种条锈病抗性鉴定结果

材料编号	材料名称	送鉴单位	条锈病
19SJ - 41	中麦 7152	安徽省农业科学院作物研究所	高感
19SJ - 42	皖垦麦 1702	龙亢农场现代农业科技公司	高感
19SJ - 43	皖宿 1510	安徽省农业科学院作物研究所	高感
19SJ - 44	安农 1589	安徽农业大学	中抗
19SJ - 45	宛 1204	南阳市农业科学院	中抗
19SJ - 46	濮麦 087	濮阳市农业科学院	中抗
19SJ - 47	皖宿 0891	宿州市农业科学院	中感
19SJ - 48	涡麦 606	亳州市农业科学研究院	高感
19SJ - 49	淮麦 510	江苏徐淮地区淮阴农业科学研究所	高感
19SJ - 50	WK1602	泰安市农业科学研究院	高感
19SJ - 51	濮麦 117	濮阳市农业科学院	高感
19SJ - 52	昌麦 20	许昌市农业科学研究所	慢锈
19SJ - 271	华成 3077	宿州市天益青种业科学研究所	—

表 2　黄淮冬麦区南片（东部）品比试验参试品种条锈病抗性鉴定结果

材料编号	材料名称	送鉴单位	条锈病
19SJ - 110	华麦 17v65	江苏省大华种业集团有限公司	高感
19SJ - 111	徐麦 DH9	徐州市农业科学院	高感
19SJ - 112	百农 207	河南科技学院	中感
19SJ - 113	徐麦 16144	徐州市农业科学院	中抗
19SJ - 114	LS2292	山东农业大学	中感

（续）

材料编号	材料名称	送鉴单位	条锈病
19SJ－115	LS4954	山东农业大学	高感
19SJ－116	皖垦麦 1720	龙亢农场现代农业科技公司	慢锈
19SJ－117	鲁研 583	山东省农业良种有限公司，山东省农业科学院原子能农业应用研究所	中感
19SJ－118	宁 17460	江苏省农业科学院	中感
19SJ－119	隆麦 1 号	安徽华皖种业有限公司	高感
19SJ－120	涡麦 1216	亳州市农业科学研究院	中抗
19SJ－121	华麦 15056	江苏省大华种业集团有限公司	高感
19SJ－122	皖宿 1237	宿州市农业科学院	中感
19SJ－123	华麦 2803	江苏省大华种业集团有限公司	中感
19SJ－124	安科 1804	安徽省农业科学院	中感
19SJ－125	华麦 2802	江苏省大华种业集团有限公司	中感
19SJ－126	安农 188	安徽农业大学	中感
19SJ－127	徐麦 16123	徐州市农业科学院	中感
19SJ－128	皖宿 1232	宿州市农业科学院	中感
19SJ－129	皖垦麦 1708	龙亢农场现代农业科技公司	中感
19SJ－130	华皖麦 10 号	安徽华皖种业有限公司	中感
19SJ－131	安科 1802	安徽省农业科学院	中感
19SJ－132	安科 1803	安徽省农业科学院	中感
19SJ－133	安科 1801	安徽省农业科学院	高感
19SJ－134	安科 1805	安徽省农业科学院	中感
19SJ－135	安农 876	安徽农业大学	中抗
19SJ－136	安农 181	安徽农业大学	中感
19SJ－137	安农 837	安徽农业大学	中抗
19SJ－138	皖宿 1209	宿州市农业科学院	中感
19SJ－139	中麦 8178	中国农业科学院作物科学研究所	中感
19SJ－140	涡麦 707	亳州市农业科学研究院	中感
19SJ－141	TKM0209	泰安综合试验站	中感
19SJ－142	华麦 2801	江苏省大华种业集团有限公司	中感

表 3　黄淮冬麦区北片节水组品比试验参试品种条锈病抗性鉴定结果

材料编号	材料名称	送鉴单位	条锈病
19SJ－1	金禾 15174	河北省农林科学院遗传生理研究所	高感
19SJ－2	金禾 17278	河北省农林科学院遗传生理研究所	中抗
19SJ－3	金禾 15397	河北省农林科学院遗传生理研究所	高感
19SJ－4	金禾 13297	河北省农林科学院遗传生理研究所	高感

表 4　黄淮冬麦区北片节水组大区试验参试品种条锈病抗性鉴定结果

材料编号	材料名称	送鉴单位	条锈病
19SJ－7	LH1706	河北大地种业有限公司	慢锈
19SJ－8	LH16－4	河北大地种业有限公司	慢锈
19SJ－178	沧麦 2016－2	沧州市农林科学院	高感
19SJ－179	LS3666	山东农业大学	高感
19SJ－180	LS018R	山东农业大学	高感
19SJ－181	航麦 3290	中国农业科学院作物科学研究所	高感
19SJ－182	济麦 0435	山东省农业科学院作物研究所	高感
19SJ－183	济麦 44	山东省农业科学院作物研究所	中感
19SJ－184	鲁研 1403	山东鲁研农业良种有限公司	中感
19SJ－185	金禾 330	河北省农林科学院遗传生理研究所	中感
19SJ－186	石 15 鉴 21	石家庄市农林科学研究院	中感
19SJ－187	中麦 6032	中国农业科学院作物科学研究所	中感
19SJ－188	鲁研 373	山东鲁研农业良种有限公司，山东省农业科学院原子能农业应用研究所	中感
19SJ－189	鲁研 897	山东鲁研农业良种有限公司，山东省农业科学院原子能农业应用研究所	高感
19SJ－190	衡 H15－5115	河北省农林科学院旱作农业研究所	高感
19SJ－191	泰科麦 493	泰安市农业科学研究院	中抗

表 5　黄淮冬麦区南片广适组大区试验参试品种条锈病抗性鉴定结果

材料编号	材料名称	送鉴单位	条锈病
19SJ－6	徐麦 15158－1	徐州市农业科学院	高感
19SJ－10	郑麦 6694	河北省农林科学院小麦研究所	中抗
19SJ－11	濮麦 8062	濮阳市农业科学院	中抗
19SJ－12	华麦 15112	江苏省大华种业集团有限公司	高感
19SJ－13	涡麦 303	亳州市农业科学研究院	中感
19SJ－14	徐麦 15158－2	徐州市农业科学院	高感
19SJ－15	天麦 196	河南天存种业科技有限公司	中感
19SJ－16	郑麦 9699	河南省农业科学院小麦研究所	中抗
19SJ－17	中麦 6052	中国农业科学院作物科学研究所	高感
19SJ－18	LS3582	山东农业大学	高感
19SJ－19	天麦 160	河南天存种业科技有限公司	高感
19SJ－20	安科 1701	安徽省农业科学院作物研究所	中感
19SJ－21	华成 6068	宿州市天益青种业科学研究所	高感
19SJ－22	安科 1705	安徽省农业科学院作物研究所	高感
19SJ－23	新麦 52	新乡市农业科学院	高感
19SJ－24	漯麦 40	漯河市农业科学院	中抗
19SJ－25	漯麦 39	漯河市农业科学院	中抗
19SJ－26	咸麦 073	咸阳市农业科学研究院	中抗

表 6　黄淮冬麦区南片（西部）品比试验参试品种条锈病抗性鉴定结果

材料编号	材料名称	送鉴单位	条锈病
19SJ - 143	漯麦 47	漯河市农业科学院	中感
19SJ - 144	洛麦 48	洛阳农林科学院	中抗
19SJ - 145	西农 139	西北农林科技大学	中抗
19SJ - 146	郑麦 1831	河南省农业科学院小麦研究所	中感
19SJ - 147	中麦 6032	中国农业科学院作物科学研究所	中感
19SJ - 148	百农 368	河南科技学院	中抗
19SJ - 149	兆丰 16	河南省兆丰种业公司	高抗
19SJ - 150	洛麦 47	洛阳农林科学院	中感
19SJ - 151	西农 933	西北农林科技大学	中抗
19SJ - 152	濮麦 115	濮阳市农业科学院	免疫
19SJ - 153	天麦 159	河南天存种业科技有限公司	中抗
19SJ - 154	兆丰 30	河南省兆丰种业公司	近免疫
19SJ - 155	宛麦 632	南阳市农业科学院	高感
19SJ - 156	尚农 5	商丘市农林科学院，河南农业大学	中抗
19SJ - 157	安麦 20	安阳市农业科学院	中抗
19SJ - 158	新麦 9369	新乡市农业科学院	中感
19SJ - 159	泛麦 65	河南黄泛区地神种业有限公司	中抗
19SJ - 160	周麦 48	周口市农业科学院	中感
19SJ - 161	LS2367	山东农业大学	中感
19SJ - 162	金禾 688	河北省农林科学院遗传生理研究所，中国农业科学院作物科学研究所	中抗
19SJ - 163	中麦 7058	中国农业科学院作物科学研究所	中感
19SJ - 164	西农 158	西北农林科技大学	中感
19SJ - 165	百农 779	河南科技学院	中感
19SJ - 166	濮麦 185	濮阳市农业科学院	中感
19SJ - 167	天麦 189	河南天存种业科技有限公司	中感
19SJ - 168	漯麦 49	漯河市农业科学院	中抗
19SJ - 169	兆丰 36	河南省兆丰种业公司	中抗
19SJ - 170	郑麦 1835	河南省农业科学院小麦研究所	中抗
19SJ - 171	濮麦 187	濮阳市农业科学院	中抗
19SJ - 172	中麦 7189	中国农业科学院作物科学研究所	高感
19SJ - 173	安麦 21	安阳市农业科学院	高抗
19SJ - 174	西农 1518	西北农林科技大学，中国农业科学院作物科学研究所	免疫
19SJ - 175	咸麦 069	咸阳市农业科学研究院	中抗
19SJ - 176	新麦 9366	新乡市农业科学院	慢锈
19SJ - 177	宛 1390	南阳市农业科学院	中感

表 7　节水高产组参试品种条锈病抗性鉴定结果

材料编号	材料名称	送鉴单位	条锈病
19SJ－203	衡 Y165254	衡水综合试验站	中感
19SJ－204	衡 H176049	衡水综合试验站	高感
19SJ－205	衡 H176208	衡水综合试验站	高感
19SJ－206	衡 H166074	衡水综合试验站	高感
19SJ－207	衡 T175312	衡水综合试验站	中感
19SJ－208	衡 H174245	衡水综合试验站	慢锈
19SJ－209	衡 H174269	衡水综合试验站	慢锈
19SJ－210	衡 H175087	衡水综合试验站	慢锈
19SJ－211	衡 H175293	衡水综合试验站	慢锈
19SJ－212	衡 H175336	衡水综合试验站	中感
19SJ－213	衡 H175396	衡水综合试验站	高感
19SJ－214	衡 H176007	衡水综合试验站	中感
19SJ－215	衡 H176029	衡水综合试验站	高感
19SJ－216	衡 H176041	衡水综合试验站	中感
19SJ－217	衡 H176062	衡水综合试验站	高感
19SJ－218	衡 H176082	衡水综合试验站	中感
19SJ－219	衡 H176086	衡水综合试验站	中感
19SJ－220	衡 H176164	衡水综合试验站	慢锈
19SJ－221	衡 H176183	衡水综合试验站	中感
19SJ－222	衡 H176197	衡水综合试验站	中感
19SJ－223	衡 H176206	衡水综合试验站	中感
19SJ－224	衡 H176212	衡水综合试验站	中感
19SJ－225	衡 H17 观 239	衡水综合试验站	中感
19SJ－226	衡 H166151	衡水综合试验站	中感
19SJ－227	衡 T175012	衡水综合试验站	中感
19SJ－228	衡 Y173209	衡水综合试验站	中感
19SJ－229	衡 Y173236	衡水综合试验站	中感
19SJ－230	衡 Y173246	衡水综合试验站	高感
19SJ－231	衡 Y175053	衡水综合试验站	中感
19SJ－232	衡 H175085	衡水综合试验站	中感
19SJ－233	衡 H175096	衡水综合试验站	高感
19SJ－234	衡 H176053	衡水综合试验站	中感
19SJ－235	衡 H176162	衡水综合试验站	中感
19SJ－236	衡 H176176	衡水综合试验站	中感
19SJ－237	衡 Y176192	衡水综合试验站	中感
19SJ－238	济麦 22（CK1）	衡水综合试验站	中感
19SJ－239	衡 4399（CK2）	衡水综合试验站	中感
19SJ－240	石麦 22（CK3）	衡水综合试验站	中感

表 8　长江中下游组大区试验参试品种条锈病抗性鉴定结果

材料编号	材料名称	送鉴单位	条锈病
19SJ－197	扬辐麦 5054	江苏金土地种业有限公司	中感
19SJ－198	扬 11 品 19	江苏里下河地区农业科学研究所	高感
19SJ－199	扬 15－133	江苏里下河地区农业科学研究所	中感
19SJ－200	扬 16－157	江苏里下河地区农业科学研究所	中感
19SJ－201	信麦 156	信阳市农业科学院	中感
19SJ－202	华麦 1062	江苏省大华种业集团有限公司	中感

表 9　黄淮冬麦区北片广适组品比试验参试品种条锈病抗性鉴定结果

材料编号	材料名称	送鉴单位	条锈病
19SJ－53	中麦 523	中国农业科学院作物科学研究所	中抗
19SJ－54	中麦 527	中国农业科学院作物科学研究所	慢锈
19SJ－55	中麦 7138	山东鲁研农业良种有限公司	中感
19SJ－56	中麦 7158	山东鲁研农业良种有限公司	慢锈
19SJ－57	邢科 32	邢台市农业科学研究院	中感
19SJ－58	衡麦 174048	衡水综合试验站	慢锈
19SJ－59	衡麦 175345	衡水综合试验站	中感
19SJ－60	衡麦 T175236	衡水综合试验站	慢锈
19SJ－61	衡 H1840	衡水综合试验站	中感
19SJ－62	鲁研 235	山东鲁研农业良种有限公司	中感
19SJ－63	鲁研 583	山东鲁研农业良种有限公司	高感
19SJ－64	鲁研 615	山东鲁研农业良种有限公司	中感
19SJ－65	鲁研 664	山东鲁研农业良种有限公司	高感
19SJ－66	鲁研 745	山东鲁研农业良种有限公司	高感
19SJ－67	鲁研 859	山东鲁研农业良种有限公司	中感
19SJ－68	鲁研 865	山东鲁研农业良种有限公司	高感
19SJ－69	菏麦 1608	菏泽市农业科学院	慢锈
19SJ－70	LS2422	山东农业大学	中感
19SJ－71	LS2497	山东农业大学	中感
19SJ－72	LS2589	山东农业大学	高感
19SJ－73	LS3515	山东农业大学	中感
19SJ－74	SN1126	山东农业大学	中感
19SJ－75	SN1191	山东农业大学	慢锈
19SJ－76	ML 广 1801	河北大地种业有限公司	高感
19SJ－77	ML 优 1801	河北大地种业有限公司	中感
19SJ－78	TKM0317	泰安市农业科学研究院	中感
19SJ－79	TKM0958	泰安市农业科学研究院	高感
19SJ－80	邯 154335	邯郸市农业科学院	中感

（续）

材料编号	材料名称	送鉴单位	条锈病
19SJ－81	科农 728	中国科学院遗传与发育生物学研究所	慢锈
19SJ－82	科农 1006	中国科学院遗传与发育生物学研究所	高感
19SJ－83	临 181	临沂市农业科学院	中感
19SJ－84	临 182	临沂市农业科学院	慢锈
19SJ－85	石 16－4316	石家庄市农林科学研究院	高感
19SJ－86	烟农 27	烟台市农业科学研究院	慢锈
19SJ－87	烟农 103	烟台市农业科学研究院	中感
19SJ－88	烟农 1809	烟台市农业科学研究院	中感
19SJ－89	济麦 6074	山东省农业科学院作物研究所	高感
19SJ－90	济麦 4174	山东省农业科学院作物研究所	中抗
19SJ－91	JM803	山东省农业科学院作物研究所	中感
19SJ－92	JM899	山东省农业科学院作物研究所	高感
19SJ－93	济麦 4075	山东省农业科学院作物研究所	中感
19SJ－94	BC15PT117	山东省农业科学院作物研究所	中感
19SJ－95	BC16PT017	山东省农业科学院作物研究所	中感
19SJ－96	潍麦 1715	潍坊市农业科学院	中感
19SJ－97	潍麦 1816	潍坊市农业科学院	高感
19SJ－98	金禾 16461	河北省农林科学院	中感
19SJ－99	金禾 17281	河北省农林科学院	高感
19SJ－100	临麦 5311	山西省农业科学院小麦研究所	中抗
19SJ－101	品育 8176	山西省农业科学院小麦研究所	近免疫
19SJ－102	站选 4 号	中国农业大学	高感
19SJ－103	BH5309	北京杂交小麦工程技术研究中心	高感
19SJ－104	BH8568	北京杂交小麦工程技术研究中心	高感
19SJ－105	By39	滨州市农业科学院	中感
19SJ－106	By40	滨州市农业科学院	高感
19SJ－107	冀麦 515	河北省农林科学院粮油作物研究所	中感
19SJ－108	冀麦 868	河北省农林科学院粮油作物研究所	高感
19SJ－109	冀麦 691	河北省农林科学院粮油作物研究所	高感

表 10　黄淮冬麦区北片广适组大区试验参试品种条锈病抗性鉴定结果

材料编号	材料名称	送鉴单位	条锈病
19SJ－192	衡 H165171	河北省农林科学院旱作农业研究所	中感
19SJ－9	LH1703	河北大地种业有限公司	慢锈
19SJ－5	临农 11	临沂市农业科学院	慢锈
19SJ－27	冀麦 659	河北省农林科学院粮油作物研究所	中抗
19SJ－28	中麦 6079	中国农业科学院作物科学研究所	高感

（续）

材料编号	材料名称	送鉴单位	条锈病
19SJ - 29	济麦 418	山东省农业科学院作物研究所	高感
19SJ - 30	鲁研 454	山东鲁研农业良种有限公司	高感
19SJ - 31	TKM0311	泰安市农业科学研究院	中抗
19SJ - 32	LS4155	山东农业大学	高感
19SJ - 33	鲁原 309	山东鲁研农业良种有限公司	慢锈
19SJ - 34	邢麦 29	邢台市农业科学研究院	中感
19SJ - 35	石 15 - 6375	石家庄市农林科学研究院	中抗
19SJ - 36	潍麦 1711	潍坊市农业科学院	中感
19SJ - 37	鲁研 951	山东鲁研农业良种有限公司	近免疫
19SJ - 38	鲁研 733	山东鲁研农业良种有限公司	中感
19SJ - 39	衡 H1608	河北省农林科学院旱作农业研究所	中感
19SJ - 40	TKM6007	泰安市农业科学研究院	高感

表 11　长江上游组大区试验参试品种条锈病抗性鉴定结果

材料编号	材料名称	送鉴单位	条锈病
19SJ - 193	SW1747	四川国豪种业有限公司	高抗
19SJ - 194	川麦 82	四川国豪种业有限公司	慢锈
19SJ - 195	川麦 1690	四川国豪种业有限公司	高抗
19SJ - 196	2017TP506	四川国豪种业有限公司	高抗

表 12　长江上游组品比试验参试品种条锈病抗性鉴定结果

材料编号	材料名称	送鉴单位	条锈病
19SJ - 241	18 单 122	四川国豪种业有限公司	高感
19SJ - 242	绵麦 52	四川国豪种业有限公司	近免疫
19SJ - 243	渝麦 228	四川国豪种业有限公司	免疫
19SJ - 244	蜀麦 1812	四川国豪种业有限公司	中感
19SJ - 245	蜀麦 1870	四川国豪种业有限公司	慢锈
19SJ - 246	2018P2 - 10	四川国豪种业有限公司	高抗
19SJ - 247	18 单粒 412018	四川国豪种业有限公司	中感
19SJ - 248	渝麦 18216	四川国豪种业有限公司	中感
19SJ - 249	国豪麦 570	四川国豪种业有限公司	中感
19SJ - 250	川麦 1656 - 7	四川国豪种业有限公司	慢锈
19SJ - 251	18P203	四川国豪种业有限公司	中感
19SJ - 252	SW1634	四川国豪种业有限公司	中抗
19SJ - 253	2018P1 - 6	四川国豪种业有限公司	中抗
19SJ - 254	2018P123	四川国豪种业有限公司	中抗

（续）

材料编号	材料名称	送鉴单位	条锈病
19SJ-255	蜀麦 1840	四川国豪种业有限公司	慢锈
19SJ-256	18AYT9	四川国豪种业有限公司	免疫
19SJ-257	内麦 416	四川国豪种业有限公司	近免疫
19SJ-258	川麦 1699	四川国豪种业有限公司	近免疫
19SJ-259	渝 1887	四川国豪种业有限公司	中感
19SJ-260	黑金 1141	四川国豪种业有限公司	中感
19SJ-261	内麦 538	四川国豪种业有限公司	高抗
19SJ-262	蜀麦 1803	四川国豪种业有限公司	中抗
19SJ-263	川辐 22	四川国豪种业有限公司	免疫
19SJ-264	绵麦 907	四川国豪种业有限公司	高抗
19SJ-265	国豪麦 538	四川国豪种业有限公司	高抗
19SJ-266	2018P1-11	四川国豪种业有限公司	高抗
19SJ-267	蜀麦 1858	四川国豪种业有限公司	高抗
19SJ-268	国豪麦 550	四川国豪种业有限公司	免疫
19SJ-269	川麦 1691	四川国豪种业有限公司	近免疫
19SJ-270	绵麦 908	四川国豪种业有限公司	高抗

二、小麦叶锈病抗性鉴定

（一）鉴定方法

1. 材料种植　采用开畦条播、等行距配置方式。畦埂宽 50 厘米，畦宽 250 厘米，畦长视地形、地势而定；距畦埂 125 厘米处顺畦种 1 行诱发行，在诱发行两侧 20 厘米横向种植鉴定材料，行长 100 厘米，行距 33 厘米，重复 1～3 次，顺序排列，编号，鉴定圃四周设 100 厘米宽的保护区。每份材料播种 1 行，每隔 20 份鉴定材料播种 1 行感病的对照品种铭贤 169，鉴定材料每行均匀播种 100 粒；诱发行按每 100 厘米行长均匀播种 100 粒。

2. 人工接种鉴定

（1）供试菌种。叶锈菌小种为 PHT 和 THT 及自然采集的菌株。

（2）方法。利用叶锈菌和秆锈菌混合优势小种在田间分别对供鉴品种进行人工接种鉴定（喷雾法）。诱发行每隔 500 厘米设 100 厘米长的接种段，用手持式喷雾器将夏孢子悬浮液均匀喷洒在接种段的小麦叶片上，之后迅速覆盖塑料薄膜，四周用土压严，次日清晨揭去薄膜。

3. 调查记载　小麦灌浆期调查，调查记载严重度、侵染型，计算普遍率、平均严重度和病情指数，调查 2 次，间隔 10 天。

4. 侵染型记载及标准　成株期小麦病斑侵染型按 0、;、1、2、3、4 六个类型划分，苗期病斑侵染型按 0、;、1、2、X、Y、Z、3、4 九个类型划分（表 13），成株期侵染型分级见图 1。

表 13 小麦叶锈病侵染型级别及其症状描述

侵染型	症状描述
0	无症状
;	产生枯死斑点或失绿反应，不产生夏孢子堆
1	夏孢子堆很小，数量很少，常不破裂，周围有枯死反应
2	夏孢子堆小到中等，周围有失绿反应
X	不同大小的夏孢子堆随机分布
Y	不同大小的夏孢子堆规则排列，大夏孢子堆排列在叶尖
Z	不同大小的夏孢子堆规则排列，大夏孢子堆排列在叶基
3	夏孢子堆中等大小，周围组织无枯死反应，但有轻微失绿现象
4	夏孢子堆大而多，周围组织无枯死或褪绿反应

注：侵染型级别经常用如下符号进行精细划分，即“－”：夏孢子堆较正常侵染型夏孢子堆略小；“＋”：夏孢子堆较正常侵染型夏孢子堆略大；“C”：褪绿较正常侵染型多；“N”：坏死较正常侵染型多。在单个叶片上有几种侵染型时可用“,”隔开，主要侵染型记录在前，如 4,;或者 2=，2+或者 1，3C 等。

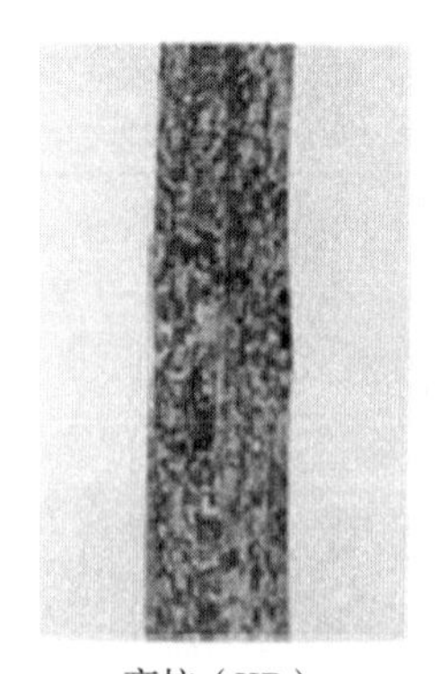
高抗（HR）

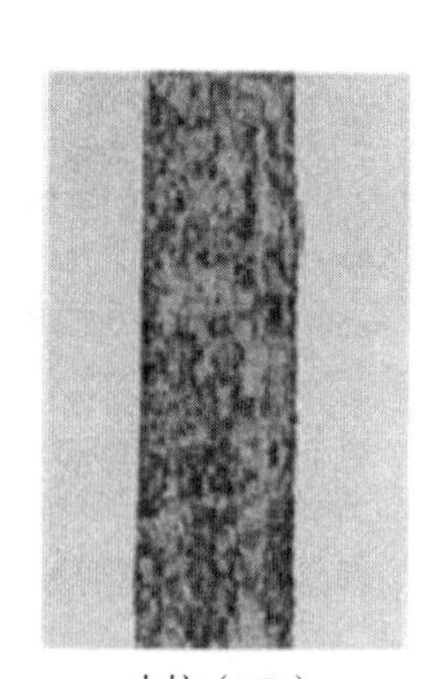
中抗（MR）

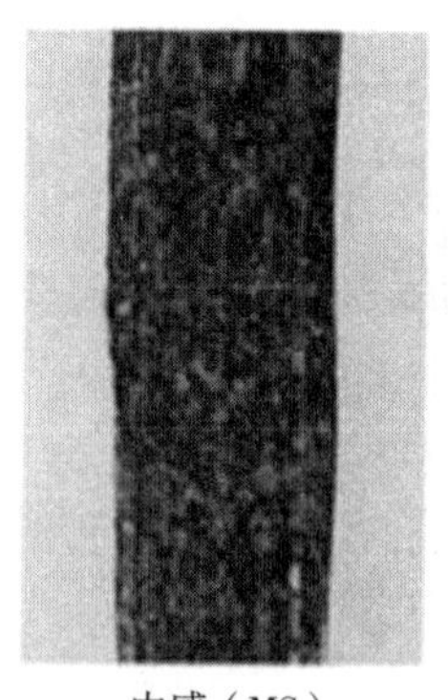
中感（MS）

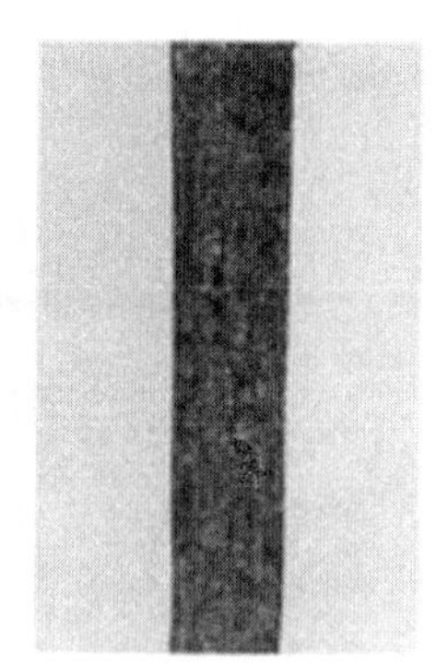
高感（HS）

图 1 小麦叶锈病成株期侵染型分级

5. 严重度记载及标准 严重度用分级法表示，设 1%、5%、10%、20%、40%、60%、80%、100%八级。调查时每份材料随机抽样调查 50 片叶，记载严重度，计算平均严重度。

$$\overline{S}=\frac{\sum_{i=1}^{n}(X_i \cdot S_i)}{\sum_{i=1}^{n}X_i}\times 100\%$$

式中：$\overline{S}$——平均严重度（%）；

i——病级数（$1\sim n$）；

X_i——病情为 i 级的单元数；

S_i——病情为 i 级的严重度值（如小麦叶锈病各级的百分数）。

6. 普遍率记载及标准 每一鉴定材料随机调查 50 片叶，计数发病叶片数，计算普遍率。

$$普遍率=\frac{发病叶片数}{调查总叶片数}\times 100\%$$

7. 抗性评价　依据鉴定材料发病程度（病情指数和侵染型）确定其对叶锈病的抗性水平（表 14）。如果两年鉴定结果不一致，以抗性弱的发病程度为准。若一个鉴定群体中出现明显的抗、感类型差异，应在调查表中注明“抗性分离”，其比例以“/”隔开。

鉴定方法和调查记载标准参见《小麦抗病虫性评价技术规范》系列标准（NY/T 1443.2～1443.3—2007）。

表 14　小麦对叶锈病抗性评价标准

侵染型	病情指数	抗性评价
0	—	免疫（immune，I）
;	—	近免疫（nearly immune，NIM）
1	—	高抗（highly resistant，HR）
2	—	中抗（moderately resistant，MR）
3～4	≤30	慢锈（slow rusting，SR）
3	>30	中感（moderately susceptible，MS）
4	>30	高感（highly susceptible，HS）

（二）鉴定结果

鉴定结果详见表 15 至表 26。271 份材料中，68 份因收到材料时间过晚，已过当地种植时间，其余 203 份材料中，感病（高感、中感）材料共计 156 份，占 76.8%；抗病材料共计 47 份，占 23.2%。

表 15　黄淮冬麦区南片抗赤霉病组大区试验参试品种叶锈病抗性鉴定结果

材料编号	材料名称	送鉴单位	叶锈病
19SJ - 41	中麦 7152	安徽省农业科学院作物研究所	慢锈
19SJ - 42	皖垦麦 1702	龙亢农场现代农业科技公司	中感
19SJ - 43	皖宿 1510	安徽省农业科学院作物研究所	中感
19SJ - 44	安农 1589	安徽农业大学	中抗
19SJ - 45	宛 1204	南阳市农业科学院	慢锈
19SJ - 46	濮麦 087	濮阳市农业科学院	中抗
19SJ - 47	皖宿 0891	宿州市农业科学院	高感
19SJ - 48	涡麦 606	亳州市农业科学研究院	中感
19SJ - 49	淮麦 510	江苏徐淮地区淮阴农业科学研究所	高感
19SJ - 50	WK1602	泰安市农业科学研究院	高感
19SJ - 51	濮麦 117	濮阳市农业科学院	高感
19SJ - 52	昌麦 20	许昌市农业科学研究所	中抗
19SJ - 271	华成 3077	宿州市天益青种业科学研究所	—

表 16　黄淮冬麦区南片（东部）品比试验参试品种叶锈病抗性鉴定结果

材料编号	材料名称	送鉴单位	叶锈病
19SJ-110	华麦 17v65	江苏省大华种业集团有限公司	高感
19SJ-111	徐麦 DH9	徐州市农业科学院	中感
19SJ-112	百农 207	河南科技学院	中感
19SJ-113	徐麦 16144	徐州市农业科学院	中感
19SJ-114	LS2292	山东农业大学	高感
19SJ-115	LS4954	山东农业大学	高感
19SJ-116	皖垦麦 1720	龙亢农场现代农业科技公司	中感
19SJ-117	鲁研 583	山东省农业良种有限公司，山东省农业科学院原子能农业应用研究所	高感
19SJ-118	宁 17460	江苏省农业科学院	高感
19SJ-119	隆麦 1 号	安徽华皖种业有限公司	高感
19SJ-120	涡麦 1216	亳州市农业科学研究院	中感
19SJ-121	华麦 15056	江苏省大华种业集团有限公司	中感
19SJ-122	皖宿 1237	宿州市农业科学院	中感
19SJ-123	华麦 2803	江苏省大华种业集团有限公司	高感
19SJ-124	安科 1804	安徽省农业科学院	中感
19SJ-125	华麦 2802	江苏省大华种业集团有限公司	高感
19SJ-126	安农 188	安徽农业大学	中感
19SJ-127	徐麦 16123	徐州市农业科学院	中感
19SJ-128	皖宿 1232	宿州市农业科学院	高感
19SJ-129	皖垦麦 1708	龙亢农场现代农业科技公司	慢锈
19SJ-130	华皖麦 10 号	安徽华皖种业有限公司	中感
19SJ-131	安科 1802	安徽省农业科学院	高感
19SJ-132	安科 1803	安徽省农业科学院	高感
19SJ-133	安科 1801	安徽省农业科学院	中感
19SJ-134	安科 1805	安徽省农业科学院	高感
19SJ-135	安农 876	安徽农业大学	中感
19SJ-136	安农 181	安徽农业大学	高抗
19SJ-137	安农 837	安徽农业大学	高感
19SJ-138	皖宿 1209	宿州市农业科学院	中感
19SJ-139	中麦 8178	中国农业科学院作物科学研究所	高抗
19SJ-140	涡麦 707	亳州市农业科学研究院	高感
19SJ-141	TKM0209	泰安综合试验站	高感
19SJ-142	华麦 2801	江苏省大华种业集团有限公司	高感

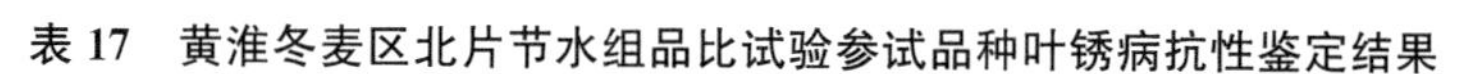

表17　黄淮冬麦区北片节水组品比试验参试品种叶锈病抗性鉴定结果

材料编号	材料名称	送鉴单位	叶锈病
19SJ-1	金禾 15174	河北省农林科学院遗传生理研究所	高感
19SJ-2	金禾 17278	河北省农林科学院遗传生理研究所	高感
19SJ-3	金禾 15397	河北省农林科学院遗传生理研究所	高感
19SJ-4	金禾 13297	河北省农林科学院遗传生理研究所	高感

表18　黄淮冬麦区北片节水组大区试验参试品种叶锈病抗性鉴定结果

材料编号	材料名称	送鉴单位	叶锈病
19SJ-7	LH1706	河北大地种业有限公司	高感
19SJ-8	LH16-4	河北大地种业有限公司	高感
19SJ-178	沧麦 2016-2	沧州市农林科学院	高感
19SJ-179	LS3666	山东农业大学	高抗
19SJ-180	LS018R	山东农业大学	高抗
19SJ-181	航麦 3290	中国农业科学院作物科学研究所	高感
19SJ-182	济麦 0435	山东省农业科学院作物研究所	高感
19SJ-183	济麦 44	山东省农业科学院作物研究所	高感
19SJ-184	鲁研 1403	山东鲁研农业良种有限公司	中感
19SJ-185	金禾 330	河北省农林科学院遗传生理研究所	高感
19SJ-186	石 15 鉴 21	石家庄市农林科学研究院	中感
19SJ-187	中麦 6032	中国农业科学院作物科学研究所	中感
19SJ-188	鲁研 373	山东鲁研农业良种有限公司，山东省农业科学院原子能农业应用研究所	中感
19SJ-189	鲁研 897	山东鲁研农业良种有限公司，山东省农业科学院原子能农业应用研究所	中感
19SJ-190	衡 H15-5115	河北省农林科学院旱作农业研究所	中抗
19SJ-191	泰科麦 493	泰安市农业科学研究院	中抗

表19　黄淮冬麦区南片广适组大区试验参试品种叶锈病抗性鉴定结果

材料编号	材料名称	送鉴单位	叶锈病
19SJ-6	徐麦 15158-1	徐州市农业科学院	慢锈
19SJ-10	郑麦 6694	河北省农林科学院小麦研究所	慢锈
19SJ-11	濮麦 8062	濮阳市农业科学院	高感
19SJ-12	华麦 15112	江苏省大华种业集团有限公司	高感
19SJ-13	涡麦 303	亳州市农业科学研究院	中抗
19SJ-14	徐麦 15158-2	徐州市农业科学院	高感

（续）

材料编号	材料名称	送鉴单位	叶锈病
19SJ-15	天麦 196	河南天存种业科技有限公司	中抗
19SJ-16	郑麦 9699	河南省农业科学院小麦研究所	高抗
19SJ-17	中麦 6052	中国农业科学院作物科学研究所	高感
19SJ-18	LS3582	山东农业大学	高感
19SJ-19	天麦 160	河南天存种业科技有限公司	中感
19SJ-20	安科 1701	安徽省农业科学院作物研究所	高感
19SJ-21	华成 6068	宿州市天益青种业科学研究所	高感
19SJ-22	安科 1705	安徽省农业科学院作物研究所	高感
19SJ-23	新麦 52	新乡市农业科学院	高抗
19SJ-24	漯麦 40	漯河市农业科学院	高抗
19SJ-25	漯麦 39	漯河市农业科学院	免疫
19SJ-26	咸麦 073	咸阳市农业科学研究院	中感

表 20　黄淮冬麦区南片（西部）品比试验参试品种叶锈病抗性鉴定结果

材料编号	材料名称	送鉴单位	叶锈病
19SJ-143	漯麦 47	漯河市农业科学院	中抗
19SJ-144	洛麦 48	洛阳农林科学院	中感
19SJ-145	西农 139	西北农林科技大学	高抗
19SJ-146	郑麦 1831	河南省农业科学院小麦研究所	高抗
19SJ-147	中麦 6032	中国农业科学院作物科学研究所	中感
19SJ-148	百农 368	河南科技学院	慢锈
19SJ-149	兆丰 16	河南省兆丰种业公司	中感
19SJ-150	洛麦 47	洛阳农林科学院	免疫
19SJ-151	西农 933	西北农林科技大学	中感
19SJ-152	濮麦 115	濮阳市农业科学院	中抗
19SJ-153	天麦 159	河南天存种业科技有限公司	中抗
19SJ-154	兆丰 30	河南省兆丰种业公司	高抗
19SJ-155	宛麦 632	南阳市农业科学院	中感
19SJ-156	尚农 5	商丘市农林科学院，河南农业大学	高感
19SJ-157	安麦 20	安阳市农业科学院	中抗
19SJ-158	新麦 9369	新乡市农业科学院	高感
19SJ-159	泛麦 65	河南黄泛区地神种业有限公司	高感
19SJ-160	周麦 48	周口市农业科学院	高抗
19SJ-161	LS2367	山东农业大学	高感
19SJ-162	金禾 688	河北省农林科学院遗传生理研究所，中国农业科学院作物科学研究所	高抗

（续）

材料编号	材料名称	送鉴单位	叶锈病
19SJ - 163	中麦 7058	中国农业科学院作物科学研究所	高感
19SJ - 164	西农 158	西北农林科技大学	中抗
19SJ - 165	百农 779	河南科技学院	中抗
19SJ - 166	濮麦 185	濮阳市农业科学院	高感
19SJ - 167	天麦 189	河南天存种业科技有限公司	慢锈
19SJ - 168	漯麦 49	漯河市农业科学院	慢锈
19SJ - 169	兆丰 36	河南省兆丰种业公司	高感
19SJ - 170	郑麦 1835	河南省农业科学院小麦研究所	高感
19SJ - 171	濮麦 187	濮阳市农业科学院	免疫
19SJ - 172	中麦 7189	中国农业科学院作物科学研究所	高感
19SJ - 173	安麦 21	安阳市农业科学院	中抗
19SJ - 174	西农 1518	西北农林科技大学，中国农业科学院作物科学研究所	中感
19SJ - 175	咸麦 069	咸阳市农业科学研究院	中感
19SJ - 176	新麦 9366	新乡市农业科学院	免疫
19SJ - 177	宛 1390	南阳市农业科学院	免疫

表 21　节水高产参试品种叶锈病抗性鉴定结果

材料编号	材料名称	送鉴单位	叶锈病
19SJ - 203	衡 Y165254	衡水综合试验站	高感
19SJ - 204	衡 H176049	衡水综合试验站	—
19SJ - 205	衡 H176208	衡水综合试验站	—
19SJ - 206	衡 H166074	衡水综合试验站	—
19SJ - 207	衡 T175312	衡水综合试验站	—
19SJ - 208	衡 H174245	衡水综合试验站	—
19SJ - 209	衡 H174269	衡水综合试验站	—
19SJ - 210	衡 H175087	衡水综合试验站	—
19SJ - 211	衡 H175293	衡水综合试验站	—
19SJ - 212	衡 H175336	衡水综合试验站	—
19SJ - 213	衡 H175396	衡水综合试验站	—
19SJ - 214	衡 H176007	衡水综合试验站	—
19SJ - 215	衡 H176029	衡水综合试验站	—
19SJ - 216	衡 H176041	衡水综合试验站	—
19SJ - 217	衡 H176062	衡水综合试验站	—
19SJ - 218	衡 H176082	衡水综合试验站	—
19SJ - 219	衡 H176086	衡水综合试验站	—

（续）

材料编号	材料名称	送鉴单位	叶锈病
19SJ-220	衡 H176164	衡水综合试验站	—
19SJ-221	衡 H176183	衡水综合试验站	—
19SJ-222	衡 H176197	衡水综合试验站	—
19SJ-223	衡 H176206	衡水综合试验站	—
19SJ-224	衡 H176212	衡水综合试验站	—
19SJ-225	衡 H17 观 239	衡水综合试验站	—
19SJ-226	衡 H166151	衡水综合试验站	—
19SJ-227	衡 T175012	衡水综合试验站	—
19SJ-228	衡 Y173209	衡水综合试验站	—
19SJ-229	衡 Y173236	衡水综合试验站	—
19SJ-230	衡 Y173246	衡水综合试验站	—
19SJ-231	衡 Y175053	衡水综合试验站	—
19SJ-232	衡 H175085	衡水综合试验站	—
19SJ-233	衡 H175096	衡水综合试验站	—
19SJ-234	衡 H176053	衡水综合试验站	—
19SJ-235	衡 H176162	衡水综合试验站	—
19SJ-236	衡 H176176	衡水综合试验站	—
19SJ-237	衡 Y176192	衡水综合试验站	—
19SJ-238	济麦 22（CK1）	衡水综合试验站	—
19SJ-239	衡 4399（CK2）	衡水综合试验站	—
19SJ-240	石麦 22（CK3）	衡水综合试验站	—

表 22　长江中下游组大区试验参试品种叶锈病抗性鉴定结果

材料编号	材料名称	送鉴单位	叶锈病
19SJ-197	扬辐麦 5054	江苏金土地种业有限公司	高感
19SJ-198	扬 11 品 19	江苏里下河地区农业科学研究所	高感
19SJ-199	扬 15-133	江苏里下河地区农业科学研究所	高感
19SJ-200	扬 16-157	江苏里下河地区农业科学研究所	高感
19SJ-201	信麦 156	信阳市农业科学院	高感
19SJ-202	华麦 1062	江苏省大华种业集团有限公司	高感

表 23　黄淮冬麦区北片广适组品比试验参试品种叶锈病抗性鉴定结果

材料编号	材料名称	送鉴单位	叶锈病
19SJ-53	中麦 523	中国农业科学院作物科学研究所	高感
19SJ-54	中麦 527	中国农业科学院作物科学研究所	中感
19SJ-55	中麦 7138	山东鲁研农业良种有限公司	高感

（续）

材料编号	材料名称	送鉴单位	叶锈病
19SJ－56	中麦 7158	山东鲁研农业良种有限公司	高感
19SJ－57	邢科 32	邢台市农业科学研究院	高感
19SJ－58	衡麦 174048	衡水综合试验站	高感
19SJ－59	衡麦 175345	衡水综合试验站	高感
19SJ－60	衡麦 T175236	衡水综合试验站	高感
19SJ－61	衡 H1840	衡水综合试验站	高感
19SJ－62	鲁研 235	山东鲁研农业良种有限公司	高感
19SJ－63	鲁研 583	山东鲁研农业良种有限公司	高感
19SJ－64	鲁研 615	山东鲁研农业良种有限公司	中感
19SJ－65	鲁研 664	山东鲁研农业良种有限公司	中感
19SJ－66	鲁研 745	山东鲁研农业良种有限公司	高感
19SJ－67	鲁研 859	山东鲁研农业良种有限公司	高感
19SJ－68	鲁研 865	山东鲁研农业良种有限公司	高感
19SJ－69	菏麦 1608	菏泽市农业科学院	中感
19SJ－70	LS2422	山东农业大学	高感
19SJ－71	LS2497	山东农业大学	中感
19SJ－72	LS2589	山东农业大学	高感
19SJ－73	LS3515	山东农业大学	高感
19SJ－74	SN1126	山东农业大学	高感
19SJ－75	SN1191	山东农业大学	高感
19SJ－76	ML 广 1801	河北大地种业有限公司	高感
19SJ－77	ML 优 1801	河北大地种业有限公司	高感
19SJ－78	TKM0317	泰安市农业科学研究院	高感
19SJ－79	TKM0958	泰安市农业科学研究院	高感
19SJ－80	邯 154335	邯郸市农业科学院	高感
19SJ－81	科农 728	中国科学院遗传与发育生物学研究所	高感
19SJ－82	科农 1006	中国科学院遗传与发育生物学研究所	高感
19SJ－83	临 181	临沂市农业科学院	中感
19SJ－84	临 182	临沂市农业科学院	高感
19SJ－85	石 16－4316	石家庄市农林科学研究院	高感
19SJ－86	烟农 27	烟台市农业科学研究院	高感
19SJ－87	烟农 103	烟台市农业科学研究院	免疫
19SJ－88	烟农 1809	烟台市农业科学研究院	高感
19SJ－89	济麦 6074	山东省农业科学院作物研究所	高抗
19SJ－90	济麦 4174	山东省农业科学院作物研究所	高感
19SJ－91	JM803	山东省农业科学院作物研究所	高感
19SJ－92	JM899	山东省农业科学院作物研究所	高感

（续）

材料编号	材料名称	送鉴单位	叶锈病
19SJ - 93	济麦 4075	山东省农业科学院作物研究所	高感
19SJ - 94	BC15PT117	山东省农业科学院作物研究所	高感
19SJ - 95	BC16PT017	山东省农业科学院作物研究所	中抗
19SJ - 96	潍麦 1715	潍坊市农业科学院	高感
19SJ - 97	潍麦 1816	潍坊市农业科学院	中感
19SJ - 98	金禾 16461	河北省农林科学院	高感
19SJ - 99	金禾 17281	河北省农林科学院	高感
19SJ - 100	临麦 5311	山西省农业科学院小麦研究所	中感
19SJ - 101	品育 8176	山西省农业科学院小麦研究所	高感
19SJ - 102	站选 4 号	中国农业大学	中感
19SJ - 103	BH5309	北京杂交小麦工程技术研究中心	高感
19SJ - 104	BH8568	北京杂交小麦工程技术研究中心	中感
19SJ - 105	By39	滨州市农业科学院	中感
19SJ - 106	By40	滨州市农业科学院	中感
19SJ - 107	冀麦 515	河北省农林科学院粮油作物研究所	高感
19SJ - 108	冀麦 868	河北省农林科学院粮油作物研究所	高感
19SJ - 109	冀麦 691	河北省农林科学院粮油作物研究所	高感

表 24　黄淮冬麦区北片广适组大区试验参试品种叶锈病抗性鉴定结果

材料编号	材料名称	送鉴单位	叶锈病
19SJ - 192	衡 H165171	河北省农林科学院旱作农业研究所	高感
19SJ - 9	LH1703	河北大地种业有限公司	高感
19SJ - 5	临农 11	临沂市农业科学院	中感
19SJ - 27	冀麦 659	河北省农业科学院粮油作物研究所	高感
19SJ - 28	中麦 6079	中国农业科学院作物科学研究所	高感
19SJ - 29	济麦 418	山东省农业科学院作物研究所	高感
19SJ - 30	鲁研 454	山东鲁研农业良种有限公司	高感
19SJ - 31	TKM0311	泰安市农业科学研究院	中感
19SJ - 32	LS4155	山东农业大学	高感
19SJ - 33	鲁原 309	山东鲁研农业良种有限公司	高感
19SJ - 34	邢麦 29	邢台市农业科学研究院	高感
19SJ - 35	石 15 - 6375	石家庄市农林科学研究院	中抗
19SJ - 36	潍麦 1711	潍坊市农业科学院	高感
19SJ - 37	鲁研 951	山东鲁研农业良种有限公司	高感
19SJ - 38	鲁研 733	山东鲁研农业良种有限公司	高感
19SJ - 39	衡 H1608	河北省农林科学院旱作农业研究所	高感
19SJ - 40	TKM6007	泰安市农业科学研究院	高感

表 25　长江上游组大区试验参试品种叶锈病抗性鉴定结果

材料编号	材料名称	送鉴单位	叶锈病
19SJ - 193	SW1747	四川国豪种业有限公司	免疫
19SJ - 194	川麦 82	四川国豪种业有限公司	免疫
19SJ - 195	川麦 1690	四川国豪种业有限公司	免疫
19SJ - 196	2017TP506	四川国豪种业有限公司	免疫

表 26　长江上游组品比试验参试品种叶锈病抗性鉴定结果

材料编号	材料名称	送鉴单位	叶锈病
19SJ - 241	18 单 122	四川国豪种业有限公司	—
19SJ - 242	绵麦 52	四川国豪种业有限公司	—
19SJ - 243	渝麦 228	四川国豪种业有限公司	—
19SJ - 244	蜀麦 1812	四川国豪种业有限公司	—
19SJ - 245	蜀麦 1870	四川国豪种业有限公司	—
19SJ - 246	2018P2 - 10	四川国豪种业有限公司	—
19SJ - 247	18 单粒 412018	四川国豪种业有限公司	—
19SJ - 248	渝麦 18216	四川国豪种业有限公司	—
19SJ - 249	国豪麦 570	四川国豪种业有限公司	—
19SJ - 250	川麦 1656 - 7	四川国豪种业有限公司	—
19SJ - 251	18P203	四川国豪种业有限公司	—
19SJ - 252	SW1634	四川国豪种业有限公司	—
19SJ - 253	2018P1 - 6	四川国豪种业有限公司	—
19SJ - 254	2018P123	四川国豪种业有限公司	—
19SJ - 255	蜀麦 1840	四川国豪种业有限公司	—
19SJ - 256	18AYT9	四川国豪种业有限公司	—
19SJ - 257	内麦 416	四川国豪种业有限公司	—
19SJ - 258	川麦 1699	四川国豪种业有限公司	—
19SJ - 259	渝 1887	四川国豪种业有限公司	—
19SJ - 260	黑金 1141	四川国豪种业有限公司	—
19SJ - 261	内麦 538	四川国豪种业有限公司	—
19SJ - 262	蜀麦 1803	四川国豪种业有限公司	—
19SJ - 263	川辐 22	四川国豪种业有限公司	—
19SJ - 264	绵麦 907	四川国豪种业有限公司	—
19SJ - 265	国豪麦 538	四川国豪种业有限公司	—
19SJ - 266	2018P1 - 11	四川国豪种业有限公司	—
19SJ - 267	蜀麦 1858	四川国豪种业有限公司	—
19SJ - 268	国豪麦 550	四川国豪种业有限公司	—
19SJ - 269	川麦 1691	四川国豪种业有限公司	—
19SJ - 270	绵麦 908	四川国豪种业有限公司	—

（三）相关说明

鉴定结果仅对来样负责。

2018—2019 年度广适性小麦新品种试验白粉病和纹枯病抗性鉴定报告

根据全国农业技术推广服务中心和《2018—2019 年度国家小麦良种重大科研联合攻关广适性品种试验实施方案》的统一安排，对 2018—2019 年度联合体提供的广适性小麦品种进行了白粉病和纹枯病的抗性鉴定。

一、鉴定品种

按试验方案共计 143 个品种（含对照品种）。

二、鉴定方法

依据农业行业标准《小麦抗病虫性评价技术规范 第 5 部分：小麦抗纹枯病评价技术规范》中规定的方法和“小麦白粉病评价技术规范”的要求分别进行小麦纹枯病和白粉病抗性鉴定和抗性评价。

（一）鉴定圃田间设置

试验在湖北省农业科学院试验农场进行，前茬作物为大豆，还田做绿肥。将供试小麦品种（系）分成两套，分别播于 2 个独立的病害鉴定圃进行白粉病和纹枯病抗性鉴定。每品种在每个圃中播种 2 行，每行播种 100 粒，行长 1 米，行距 20 厘米。抗白粉病鉴定圃中种植一条与待鉴定品种行垂直的由混合高感白粉病品种组成的诱发行；鉴定品种行每隔 40 行播绵麦 37、鄂恩 1 号和晋麦 47 各 1 行，分别做抗、中抗和感病对照品种。抗纹枯病鉴定圃中鉴定品种行每隔 40 行播扬麦 158、鄂恩 1 号和郑麦 98 各 1 行，分别做中抗、中感和感病对照品种。田间管理与大田一致。

（二）接种方法

白粉病的抗性鉴定接种病原菌为本实验室保存的 32 个已知毒性的白粉病混合菌株，分别在苗期（2018 年 12 月 12 日）和返青期（2019 年 2 月 16 日）将 32 个菌株的混合分生孢子抖接于待鉴品种和诱发行植株上。

纹枯病接种菌株为本实验室分离到的纹枯菌 64－1、29－1，接种方法是在 2019 年 2 月中旬将接种了纹枯菌的病麦粒置于鉴定品种的茎基部土表，并用土稍微覆盖，同时进行必要的保湿处理。

（三）病害调查

病情稳定期进行一次性调查。白粉病调查方法：按 0～9 级分级标准，每品种定点定株调查 30 株上所有叶片的病害严重度（2019 年 4 月 25～26 日）。纹枯病调查方法：按 0～5 级分级标准每品种拔 20 株进行调查（2019 年 5 月 4～5 日）。

（四）抗性评价标准

品种的抗性评价以最终病情指数（*DI*）为依据，详见表 1。

表 1　品种对白粉病和纹枯病的抗性评价标准

病　　害	抗病性类型				
	免疫（I）	高抗（HR）	中抗（MR）	中感（MS）	高感（HS）
白粉病、纹枯病	$DI=0$	$DI\leqslant10$	$10<DI\leqslant25$	$25<DI\leqslant50$	>50

三、鉴定结果

白粉病和纹枯病鉴定结果详见表 2。

（一）白粉病鉴定结果

1. 黄淮冬麦区南片抗赤霉病组大区试验　共计 14 个品种（含对照周麦 18 和百农 207）。皖宿 0891、涡麦 606、宛 1204 表现为中抗；皖宿 1510 表现为高感，其余品种中感。

2. 黄淮冬麦区南片广适组大区试验　共计 19 个品种（含对照周麦 18 和百农 207）。郑麦 6694、安科 1701、华麦 15112、华成 6068、涡麦 303、郑麦 9699、漯麦 39 表现为中抗；新麦 52、漯麦 40、咸麦 073、LS3582 表现为高感；其余品种中感。

3. 黄淮冬麦区北片节水组大区试验　共计 17 个品种（含对照济麦 22）。济麦 44、泰科麦 493、中麦 6032、航麦 3290、LH1706 和济麦 22（CK）表现为中抗；鲁研 897、济麦 0435、石 15 鉴 21 表现为高感，其余品种中感。

4. 长江上游组大区试验　共计 6 个品种（含对照川麦 42，但 2017P313 未收到种子）。川麦 82 表现为中抗，川麦 42（CK）高感，其余品种中感。

5. 长江中下游组大区试验　共计 7 个品种（含对照扬麦 20）。扬 11 品 19 表现为中抗；信麦 156 高感；其余品种中感。

6. 黄淮冬麦区北片广适组大区试验　共计 18 个品种（含对照济麦 22）。衡 H165171、LS4155、潍麦 1711、TKM6007 和济麦 22（CK）表现为中抗；鲁研 454、LH1703、鲁研 733 高感；其余品种中感。

7. 黄淮冬麦区北片广适组品种比较试验　共计 57 个品种。中麦 527、中麦 7158、衡麦 174048、衡麦 T175236、LS2422、LS3515、SN1126、ML 广 1801、TKM0317、科农 1006、临 181、临 182、烟农 27、济麦 6074、济麦 4174、JM803、济麦 4075、临麦 5311、

BY39、BY40 表现为中抗；衡 H1840、鲁研 235、鲁研 583、鲁研 615、BH5309、冀麦 868 表现为高感；其余品种中感。

8. 其他 另收到金禾 13297、金禾 15174、金禾 17278、金禾 15397 和徐麦 15158 等 5 个品种，其中金禾 15397 表现为中抗，金禾 13297、金禾 17278 和徐麦 15158 表现为中感，金禾 15174 表现为高感。

（二）纹枯病鉴定结果

1. 黄淮冬麦区南片抗赤霉病组大区试验 共计 14 个品种（含对照周麦 18 和百农 207）。濮麦 117、皖宿 1510 表现为中抗；其余品种均表现为中感。

2. 黄淮冬麦区南片广适组大区试验 共计 19 个品种（含对照周麦 18 和百农 207）。华成 6068、徐麦 15158、新麦 52 表现为中抗；其余品种均表现为中感。

3. 黄淮冬麦区北片节水组大区试验 共计 17 个品种（含对照济麦 22）。泰科麦 493、衡 H15－5115、济麦 0435、LS3666、航麦 3290、金禾 330 表现为中抗；其余品种表现为中感。

4. 长江上游组大区试验 共计 6 个品种（含对照川麦 42，但 2017P313 未收到种子）。全部品种表现为中感。

5. 长江中下游组大区试验 共计 7 个品种（含对照扬麦 20）。扬 16－157、扬 15－133、扬辐麦 5054 表现为中感；扬 11 品 19、信麦 156、华麦 1062、扬麦 20（CK）表现为高感。

6. 黄淮冬麦区北片广适组大区试验 共计 18 个品种（含对照济麦 22）。LS4155、邢麦 29 表现为中抗；中麦 6079、济麦 418 表现为高感；其余品种表现为中感。

7. 黄淮冬麦区北片广适组品种比较试验 共计 57 个品种。鲁研 235、鲁研 859、BC15PT117 表现为中抗；中麦 7138、TKM0317、BC16PT017、BY39 表现为高感；其余品种表现为中感。

8. 其他 另外收到的金禾 13297、金禾 15174、金禾 17278、金禾 15397 和徐麦 15158 等 5 个品种，均表现为中感。

表 2 2018—2019 年小麦广适性品种白粉病和纹枯病抗性鉴定结果

品种名称	来源	方案编号	白粉病		纹枯病	
			病情指数	抗性评价	病情指数	抗性评价
濮麦 117	黄淮冬麦区南片抗赤霉病组大区试验	1	41.6	MS	25.0	MR
皖宿 0891	黄淮冬麦区南片抗赤霉病组大区试验	2	10.9	MR	35.2	MS
安农 1589	黄淮冬麦区南片抗赤霉病组大区试验	3	31.5	MS	30.0	MS
濮麦 087	黄淮冬麦区南片抗赤霉病组大区试验	4	32.4	MS	33.8	MS
涡麦 606	黄淮冬麦区南片抗赤霉病组大区试验	5	21.1	MR	32.0	MS
淮麦 510	黄淮冬麦区南片抗赤霉病组大区试验	6	30.9	MS	27.0	MS
皖垦麦 1702	黄淮冬麦区南片抗赤霉病组大区试验	7	30.2	MS	49.0	MS
宛 1204	黄淮冬麦区南片抗赤霉病组大区试验	8	11.2	MR	30.5	MS
皖宿 1510	黄淮冬麦区南片抗赤霉病组大区试验	9	54.2	HS	25.0	MR

（续）

品种名称	来　源	方案编号	白粉病		纹枯病	
			病情指数	抗性评价	病情指数	抗性评价
中麦 7152	黄淮冬麦区南片抗赤霉病组大区试验	10	36.8	MS	29.0	MS
昌麦 20	黄淮冬麦区南片抗赤霉病组大区试验	11	30.3	MS	32.7	MS
WK1602	黄淮冬麦区南片抗赤霉病组大区试验	12	30.2	MS	41.0	MS
周麦 18（CK）	黄淮冬麦区南片抗赤霉病组大区试验	13	30.9	MS	42.0	MS
百农 207（CK）	黄淮冬麦区南片抗赤霉病组大区试验	14	44.5	MS	36.3	MS
郑麦 6694	黄淮冬麦区南片广适组大区试验	1	11.3	MR	33.0	MS
天麦 160	黄淮冬麦区南片广适组大区试验	2	30.5	MS	32.0	MS
濮麦 8062	黄淮冬麦区南片广适组大区试验	3	34.8	MS	43.0	MS
安科 1701	黄淮冬麦区南片广适组大区试验	4	21.8	MR	30.0	MS
华麦 15112	黄淮冬麦区南片广适组大区试验	5	22.1	MR	31.0	MS
华成 6068	黄淮冬麦区南片广适组大区试验	6	23.7	MR	21.0	MR
涡麦 303	黄淮冬麦区南片广适组大区试验	7	11.9	MR	40.0	MS
安科 1705	黄淮冬麦区南片广适组大区试验	8	30.4	MS	38.9	MS
徐麦 15158	黄淮冬麦区南片广适组大区试验	9	41.3	MS	22.7	MR
新麦 52	黄淮冬麦区南片广适组大区试验	10	51.5	HS	24.0	MR
天麦 196	黄淮冬麦区南片广适组大区试验	11	30.5	MS	30.0	MS
漯麦 40	黄淮冬麦区南片广适组大区试验	12	55.3	HS	34.0	MS
郑麦 9699	黄淮冬麦区南片广适组大区试验	13	23.1	MR	26.0	MS
漯麦 39	黄淮冬麦区南片广适组大区试验	14	14.2	MR	34.0	MS
中麦 6052	黄淮冬麦区南片广适组大区试验	15	33.0	MS	44.8	MS
咸麦 073	黄淮冬麦区南片广适组大区试验	16	57.0	HS	29.0	MS
LS3582	黄淮冬麦区南片广适组大区试验	17	51.4	HS	37.0	MS
周麦 18（CK）	黄淮冬麦区南片广适组大区试验	18	27.2	MS	39.0	MS
百农 207（CK）	黄淮冬麦区南片广适组大区试验	19	48.6	MS	34.7	MS
济麦 44	黄淮冬麦区北片节水组大区试验	1	15.8	MR	33.0	MS
泰科麦 493	黄淮冬麦区北片节水组大区试验	2	15.1	MR	25.0	MR
鲁研 373	黄淮冬麦区北片节水组大区试验	3	25.9	MS	44.0	MS
衡 H15－5115	黄淮冬麦区北片节水组大区试验	4	30.4	MS	21.0	MR
鲁研 897	黄淮冬麦区北片节水组大区试验	5	60.2	HS	33.8	MS
LS018R	黄淮冬麦区北片节水组大区试验	6	34.1	MS	25.5	MS
LH16－4	黄淮冬麦区北片节水组大区试验	7	33.0	MS	32.2	MS
中麦 6032	黄淮冬麦区北片节水组大区试验	8	24.0	MR	45.0	MS
济麦 0435	黄淮冬麦区北片节水组大区试验	9	54.1	HS	20.6	MR
鲁研 1403	黄淮冬麦区北片节水组大区试验	10	34.0	MS	35.8	MS

（续）

品种名称	来　源	方案编号	白粉病		纹枯病	
			病情指数	抗性评价	病情指数	抗性评价
石 15 鉴 21	黄淮冬麦区北片节水组大区试验	11	67.5	HS	36.7	MS
沧 2016－2	黄淮冬麦区北片节水组大区试验	12	43.5	MS	30.0	MS
LS3666	黄淮冬麦区北片节水组大区试验	13	37.3	MS	16.0	MR
航麦 3290	黄淮冬麦区北片节水组大区试验	14	15.0	MR	17.0	MR
LH1706	黄淮冬麦区北片节水组大区试验	15	20.5	MR	31.0	MS
金禾 330	黄淮冬麦区北片节水组大区试验	16	32.1	MS	21.0	MR
济麦 22（CK）	黄淮冬麦区北片节水组大区试验	17	20.2	MR	46.0	MS
2017P313	长江上游组大区试验	1	—	—	—	—
川麦 82	长江上游组大区试验	2	22.2	MR	26.7	MS
SW1747	长江上游组大区试验	3	30.5	MS	45.0	MS
川麦 1690	长江上游组大区试验	4	31.5	MS	40.0	MS
2017TP506	长江上游组大区试验	5	34.1	MS	40.0	MS
川麦 42（CK）	长江上游组大区试验	6	54.0	HS	48.2	MS
扬 11 品 19	长江中下游组大区试验	1	23.9	MR	57.0	HS
信麦 156	长江中下游组大区试验	2	53.3	HS	57.0	HS
扬 16－157	长江中下游组大区试验	3	30.5	MS	42.0	MS
华麦 1062	长江中下游组大区试验	4	30.9	MS	61.5	HS
扬 15－133	长江中下游组大区试验	5	30.7	MS	44.0	MS
扬辐麦 5054	长江中下游组大区试验	6	30.2	MS	47.0	MS
扬麦 20（CK）	长江中下游组大区试验	7	30.7	MS	54.3	HS
冀麦 659	黄淮冬麦区北片广适组大区试验	1	40.5	MS	38.9	MS
中麦 6079	黄淮冬麦区北片广适组大区试验	2	48.8	MS	72.7	HS
济麦 418	黄淮冬麦区北片广适组大区试验	3	31.6	MS	60.0	HS
鲁研 454	黄淮冬麦区北片广适组大区试验	4	62.5	HS	25.7	MS
临农 11	黄淮冬麦区北片广适组大区试验	5	30.8	MS	48.0	MS
衡 H165171	黄淮冬麦区北片广适组大区试验	6	23.3	MR	45.0	MS
TKM0311	黄淮冬麦区北片广适组大区试验	7	41.0	MS	32.0	MS
LS4155	黄淮冬麦区北片广适组大区试验	8	21.9	MR	17.9	MR
鲁原 309	黄淮冬麦区北片广适组大区试验	9	38.0	MS	35.0	MS
LH1703	黄淮冬麦区北片广适组大区试验	10	55.2	HS	43.0	MS
邢麦 29	黄淮冬麦区北片广适组大区试验	11	33.1	MS	20.0	MR
石 15－6375	黄淮冬麦区北片广适组大区试验	12	44.2	MS	47.0	MS
潍麦 1711	黄淮冬麦区北片广适组大区试验	13	20.8	MR	47.1	MS
鲁研 951	黄淮冬麦区北片广适组大区试验	14	49.9	MS	34.0	MS

（续）

品种名称	来　源	方案编号	白粉病		纹枯病	
			病情指数	抗性评价	病情指数	抗性评价
鲁研733	黄淮冬麦区北片广适组大区试验	15	56.9	HS	26.7	MS
衡H1608	黄淮冬麦区北片广适组大区试验	16	46.5	MS	39.0	MS
TKM6007	黄淮冬麦区北片广适组大区试验	17	24.2	MR	35.0	MS
济麦22（CK）	黄淮冬麦区北片广适组大区试验	18	21.0	MR	44.0	MS
中麦523	黄淮冬麦区北片广适组品种比较试验	1	26.7	MS	37.0	MS
中麦527	黄淮冬麦区北片广适组品种比较试验	2	21.1	MR	35.0	MS
中麦7138	黄淮冬麦区北片广适组品种比较试验	3	32.1	MS	52.0	HS
中麦7158	黄淮冬麦区北片广适组品种比较试验	4	21.2	MR	44.0	MS
邢科32	黄淮冬麦区北片广适组品种比较试验	5	45.1	MS	42.0	MS
衡麦174048	黄淮冬麦区北片广适组品种比较试验	6	21.9	MR	38.0	MS
衡麦175345	黄淮冬麦区北片广适组品种比较试验	7	44.0	MS	30.5	MS
衡麦T175236	黄淮冬麦区北片广适组品种比较试验	8	20.8	MR	37.0	MS
衡H1840	黄淮冬麦区北片广适组品种比较试验	9	59.4	HS	49.0	MS
鲁研235	黄淮冬麦区北片广适组品种比较试验	10	57.9	HS	21.0	MR
鲁研583	黄淮冬麦区北片广适组品种比较试验	11	59.6	HS	47.0	MS
鲁研615	黄淮冬麦区北片广适组品种比较试验	12	54.0	HS	33.0	MS
鲁研664	黄淮冬麦区北片广适组品种比较试验	13	43.5	MS	28.0	MS
鲁研745	黄淮冬麦区北片广适组品种比较试验	14	36.4	MS	26.0	MS
鲁研859	黄淮冬麦区北片广适组品种比较试验	15	34.0	MS	23.0	MR
鲁研865	黄淮冬麦区北片广适组品种比较试验	16	33.1	MS	31.0	MS
菏麦1608	黄淮冬麦区北片广适组品种比较试验	17	32.2	MS	32.0	MS
LS2422	黄淮冬麦区北片广适组品种比较试验	18	21.7	MR	46.0	MS
LS2497	黄淮冬麦区北片广适组品种比较试验	19	34.7	MS	37.0	MS
LS2589	黄淮冬麦区北片广适组品种比较试验	20	40.7	MS	36.0	MS
LS3515	黄淮冬麦区北片广适组品种比较试验	21	21.5	MR	43.0	MS
SN1126	黄淮冬麦区北片广适组品种比较试验	22	21.5	MR	41.0	MS
SN1191	黄淮冬麦区北片广适组品种比较试验	23	34.4	MS	36.0	MS
ML广1801	黄淮冬麦区北片广适组品种比较试验	24	20.5	MR	36.0	MS
ML优1801	黄淮冬麦区北片广适组品种比较试验	25	27.5	MS	33.3	MS
TKM0317	黄淮冬麦区北片广适组品种比较试验	26	10.3	MR	57.0	HS
TKM0958	黄淮冬麦区北片广适组品种比较试验	27	28.1	MS	31.0	MS
邯154335	黄淮冬麦区北片广适组品种比较试验	28	41.9	MS	27.0	MS
科农728	黄淮冬麦区北片广适组品种比较试验	29	29.2	MS	29.0	MS
科农1006	黄淮冬麦区北片广适组品种比较试验	30	20.9	MR	26.0	MS

（续）

品种名称	来源	方案编号	白粉病		纹枯病	
			病情指数	抗性评价	病情指数	抗性评价
临 181	黄淮冬麦区北片广适组品种比较试验	31	20.7	MR	41.0	MS
临 182	黄淮冬麦区北片广适组品种比较试验	32	20.5	MR	31.0	MS
石 16-4316	黄淮冬麦区北片广适组品种比较试验	33	33.1	MS	32.0	MS
烟农 27	黄淮冬麦区北片广适组品种比较试验	34	20.2	MR	38.0	MS
烟农 103	黄淮冬麦区北片广适组品种比较试验	35	40.5	MS	37.6	MS
烟农 1809	黄淮冬麦区北片广适组品种比较试验	36	32.6	MS	34.0	MS
济麦 6074	黄淮冬麦区北片广适组品种比较试验	37	20.7	MR	45.0	MS
济麦 4174	黄淮冬麦区北片广适组品种比较试验	38	20.4	MR	42.5	MS
JM803	黄淮冬麦区北片广适组品种比较试验	39	22.2	MR	26.0	MS
JM899	黄淮冬麦区北片广适组品种比较试验	40	28.8	MS	42.0	MS
济麦 4075	黄淮冬麦区北片广适组品种比较试验	41	20.4	MR	28.0	MS
BC15PT117	黄淮冬麦区北片广适组品种比较试验	42	31.3	MS	25.0	MR
BC16PT017	黄淮冬麦区北片广适组品种比较试验	43	28.0	MS	57.0	HS
潍麦 1715	黄淮冬麦区北片广适组品种比较试验	44	25.5	MS	49.0	MS
潍麦 1816	黄淮冬麦区北片广适组品种比较试验	45	30.8	MS	41.0	MS
金禾 16461	黄淮冬麦区北片广适组品种比较试验	46	33.6	MS	38.0	MS
金禾 17281	黄淮冬麦区北片广适组品种比较试验	47	30.7	MS	44.8	MS
临麦 5311	黄淮冬麦区北片广适组品种比较试验	48	20.6	MR	42.6	MS
品育 8176	黄淮冬麦区北片广适组品种比较试验	49	30.9	MS	33.0	MS
站选 4 号	黄淮冬麦区北片广适组品种比较试验	50	45.6	MS	33.3	MS
BH5309	黄淮冬麦区北片广适组品种比较试验	51	57.5	HS	27.0	MS
BH5868	黄淮冬麦区北片广适组品种比较试验	52	30.3	MS	42.0	MS
BY39	黄淮冬麦区北片广适组品种比较试验	53	22.3	MR	70.0	HS
BY40	黄淮冬麦区北片广适组品种比较试验	54	20.2	MR	27.0	MS
冀麦 515	黄淮冬麦区北片广适组品种比较试验	55	27.6	MS	40.0	MS
冀麦 868	黄淮冬麦区北片广适组品种比较试验	56	55.5	HS	42.0	MS
冀麦 691	黄淮冬麦区北片广适组品种比较试验	57	32.0	MS	29.0	MS
金禾 13297	联合攻关黄河北片节水组		30.3	MS	50.0	MS
金禾 15174	联合攻关黄河北片节水组		65.0	HS	33.0	MS
金禾 17278	联合攻关黄河北片节水组		31.3	MS	26.0	MS
金禾 15397	联合攻关黄河北片节水组		16.3	MR	29.5	MS
徐麦 15158	黄河南片广适组区试		30.2	MS	43.0	MS

注：2017P313 未收到种子。MR 表示中抗；MS 表示中感；HS 表示高感。

2018—2019年度广适性小麦新品种试验抗旱节水性鉴定报告

一、试验目的

为落实国家小麦良种重大科研联合攻关工作任务，鉴定筛选节水、高产小麦品种应用于生产从而有效地提高水分利用率，减少水资源消耗，进而实现农业增效、农民节支增收；同时，既能提高自然资源利用率，又能改善和保护生态环境，为品种审定及推广应用提供技术支撑。

二、供试品种

供试品种33个（不含对照），对照品种济麦22。包括黄淮冬麦区北片广适组大区试验、黄淮冬麦区北片节水组大区试验。

三、试验方法、地点及评价标准

在田间自然和干旱棚模拟干旱环境下，分别设水处理（足墒出苗基础上，全生育期灌2水，灌水量150米^3/亩）和限水处理（足墒出苗基础上，全生育期灌1水，灌水量75米^3/亩）。

田间区组排列方法：随机区组，重复3次，行距0.18米，每小区9行，小区面积12.4米^2，总占地面积9亩（河北省农林科学院旱作农业研究所小麦育种课题）。

干旱棚区组排列方法：随机区组，重复3次，小区长2.2米、宽1米，行距0.2米，每小区5行，小区面积2.2米^2（河北省农林科学院旱作农业研究所农作物抗旱性鉴定课题）。

试验地点：河北省农林科学院旱作农业研究所旱作节水试验站。

节水性鉴定指标及评价标准：按河北省地方标准《冬小麦节水性鉴定评价技术规范》（DB13/T 2792—2018）进行，见表1。

节水性鉴定指标（water saving index，*WSI*）：

$$WSI = Y_a^4 \cdot Y_m^{-1} \cdot Y_M \cdot (Y_A^4)^{-1}$$

式中：*WSI*——节水指数；

Y_a——待测材料胁迫处理籽粒产量（千克）；

Y_m——待测材料对照处理籽粒产量（千克）；

Y_M——对照品种对照处理籽粒产量（千克）；

Y_A——对照品种胁迫处理籽粒产量（千克）。

表 1　节水鉴定等级划分

级别	节水指数（*WSI*）	节水性分级
1	≥1.400	极强（HR）
2	1.200～1.399	强（R）
3	1.000～1.199	较强（RR）
4	0.800～0.999	中等（MR）
5	0.600～0.799	弱（S）
6	≤0.599	极弱（HS）

四、田间管理

前茬作物为青贮玉米，土质为黏土。基肥：复合肥 50 千克/亩。2019 年 3 月 25 日浇返青—拔节水，5 月 5 日浇扬花灌浆水。中耕除草：4 月 5 日锄草，5 月 2 日人工拔草。4 月 28 日用毒死蜱（亩施 320 克，拌土 50 千克）和高效氯氟氰菊酯＋吡虫啉（亩施 50 毫升＋10 克，加水 15 千克）防止吸浆虫及蚜虫，效果较好，无吸浆虫、蚜虫危害。

旱棚播期：2018 年 10 月 10 日，播量：亩基本苗数 22 万。

大田播期：2018 年 10 月 5 日。播量：亩基本苗数 22 万。

播种方法：采用小区精量播种机播种。

五、气候因素对小麦生育及试验的影响

由于播前浇足底墒水，底墒充足，多数小麦适时播种，播种质量较好，冬前积温高，大部分麦田苗情较好，一般有 2～3 个大蘖，群体多在每亩 50 万基本苗左右，抗旱抗逆能力较强。冬季气温与常年持平，冬小麦越冬期冻害较轻，品种间冻害较轻，但有个别品种应该是区域适应性问题，出现死茎四级冻害。越冬期降水量 2.7 毫米，旱情较为严重。小麦孕穗期气温与常年持平，升温平稳，有利于小麦抽穗灌浆，从而提高了成穗率。2019 年 2 月下旬末至 3 月上旬冬小麦进入返青期，接近常年。返青之后，小麦进入起身—拔节期，3～4 月气温平稳升高，接近常年，热量条件可满足冬小麦拔节孕穗的需要。4 月下旬至 5 月上旬，小麦进入孕穗、抽穗时期，有 15 毫米的降水，在 4 月上旬和下旬各自有 15 毫米降水，其他时期降水远远低于常年。5 月中下旬小麦进入灌浆期后直至收获，只有不到 10 毫米的降水，总体 2018—2019 年度整个小麦季较往年干旱，播种后整个生育期降水 52.6 毫米左右（图 1）。品种各种病害均不严重，不影响小麦正常生长，抽穗期略早，开花期接近常年。5 月下旬气温偏高，平均为 28～30℃，5 月 28～30 日有点干热风现象，小麦成熟期较往年有所提前。

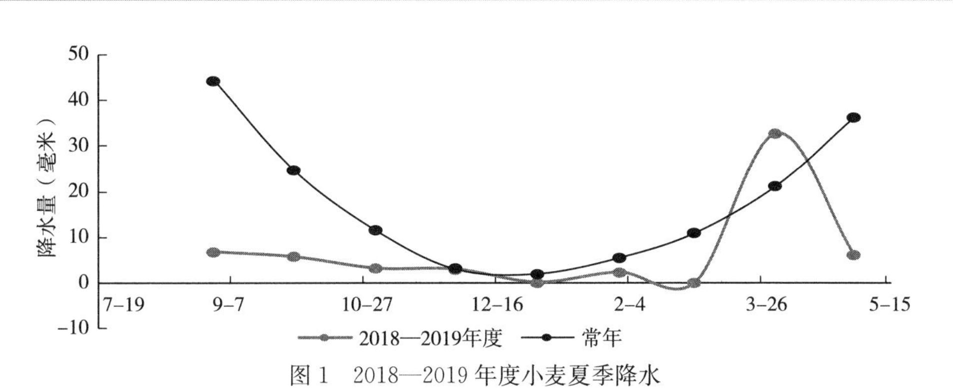

图 1　2018—2019 年度小麦夏季降水

六、节水性鉴定结果

在干旱棚模拟和大田自然干旱两种环境条件下对参试品种进行了节水性鉴定。鉴于本年度小麦生育期降水量低于常年，对于鉴定小麦的节水性有利。具体结果如下：

黄淮冬麦区北片节水组大区试验参试品种 16 个，按地方标准《冬小麦节水性鉴定评价技术规范》，节水性鉴定结果表明：节水性强的品种 5 个，为泰科麦 493、LS018R、LH16－4、LS3666、航麦 3290；节水性较强品种 6 个，为衡 H15－5115、中麦 6032、济麦 0435、石 15 鉴 21、沧麦 2016－2、LH1706；节水性中等品种 2 个，为鲁研 897、金禾 330；节水性弱的品种 2 个，为济麦 44、鲁研 373；鲁研 1403 为节水性极弱品种（表 2）。

表 2　节水组节水性鉴定结果

序号	品种名称	大田 *WSI*	旱棚 *WSI*	*WSI* 平均值	节水性分级
1	LH16－4	1.359	1.347	1.353	强
2	LS3666	1.282	1.413	1.348	强
3	LS018R	1.300	1.251	1.275	强
4	泰科麦 493	1.130	1.296	1.213	强
5	航麦 3290	1.298	1.110	1.204	强
6	中麦 6032	1.108	1.288	1.198	较强
7	济麦 0435	1.033	1.252	1.142	较强
8	衡 H15－5115	1.134	1.046	1.090	较强
9	沧麦 2016－2	0.935	1.170	1.053	较强
10	LH1706	0.929	1.140	1.034	较强
11	石 15 鉴 21	1.185	0.857	1.021	较强
12	金禾 330	1.121	0.731	0.926	中等
13	鲁研 897	0.880	0.848	0.864	中等
14	鲁研 373	0.687	0.874	0.781	弱
15	济麦 44	0.488	0.848	0.668	弱
16	鲁研 1403	0.455	0.197	0.326	极弱
17	济麦 22（CK）	1.000	1.000		

黄淮冬麦区北片广适组大区试验参试品种 17 个，按地方标准《冬小麦节水性鉴定评价技术规范》，节水性鉴定结果表明：节水性强的品种 3 个，为中麦 6079、衡 H165171、TKM0311；节水性较强品种 7 个，为临农 11、LS4155、邢麦 29、潍麦 1711、鲁研 951、衡 H1608、TKM6007；节水性中等品种 4 个，为冀麦 659、LH1703、石 15－6375、鲁原 309；节水性弱的品种 3 个，为济麦 418、鲁研 454、鲁研 733（表 3）。

表 3　广适组节水性鉴定结果

序号	品种名称	大田 *WSI*	旱棚 *WSI*	*WSI* 平均值	节水性分级
1	TKM0311	1.314	1.425	1.369	强
2	中麦 6079	1.236	1.257	1.246	强
3	衡 H165171	1.229	1.245	1.237	强
4	衡 H1608	1.104	1.284	1.194	较强
5	鲁研 951	1.102	1.214	1.158	较强
6	LS4155	1.112	1.151	1.131	较强
7	邢麦 29	1.073	1.121	1.097	较强
8	潍麦 1711	1.009	1.163	1.086	较强
9	TKM6007	0.887	1.183	1.035	较强
10	临农 11	1.018	1.028	1.023	较强
11	冀麦 659	1.012	0.949	0.980	中等
12	LH1703	0.803	1.157	0.980	中等
13	石 15－6375	0.775	0.997	0.886	中等
14	鲁原 309	0.772	0.863	0.818	中等
15	鲁研 733	0.620	0.888	0.754	弱
16	济麦 418	0.703	0.654	0.678	弱
17	鲁研 454	0.656	0.549	0.602	弱
18	济麦 22（CK）	1.000	1.000	1.000	

七、试验中存在的问题及处理意见

鉴于小麦生育期间有效降水较少，节水指数以大田和旱棚平均值鉴定结果为准。

八、节水性鉴定负责及报告撰写人

张文英、李强、乔文臣。

2018—2019年度广适性小麦新品种试验冬季抗寒性鉴定报告

一、试验目的

对国家小麦良种联合攻关新品种（系）抗寒性进行鉴定，为小麦品种审定及推广应用提供技术支撑。

二、供试品种

来自国家小麦良种联合攻关成员单位的53份材料，对照品种为中麦12和相应生态区对照品种（表1）。

表1 供试品种

序号	品种名称	序号	品种名称	序号	品种名称
1	冀麦659	19	TKM6007	37	邯135008
2	中麦6079	20	济麦44	38	菏麦019
3	济麦418	21	泰科麦493	39	BC15PT379
4	鲁研454	22	中麦175	40	衡麦176001
5	临农11	23	鲁研373	41	衡麦17观105
6	衡H165171	24	衡H15-5115	42	衡麦175364
7	TKM0311	25	鲁研897	43	石16-6042
8	LS4155	26	LS018R	44	冀麦196
9	中麦12	27	LH16-4	45	冀麦686
10	鲁原309	28	中麦6032	46	冀麦980
11	LH1703	29	济麦0435	47	金禾13297
12	邢麦29	30	鲁研1403	48	金禾15174
13	石15-6375	31	石15鉴21	49	金禾15397
14	潍麦1711	32	沧麦2016-2	50	金禾17278
15	鲁研951	33	LS3666	51	邢麦33
16	济麦22	34	航麦3290	52	站选3号
17	鲁研733	35	LH1706	53	站选5号
18	衡H1608	36	金禾330		

三、鉴定方法

（一）田间自然鉴定

试验于 2018 年 9 月 30 日播种于北京昌平（中国农业科学院作物科学研究所试验基地），4 行区种植，行长 4 米，行距 0.30 米，2 次重复，播种密度为 20 粒/米。

1. 试验设计与数据调查

（1）样点选择和确定。小麦 3 叶期定样点，每小区按两点取样法（图 1）选定 2 个样段，即在每小区内选定 2 行（边行除外），按照对角线（两条对角线均可）每行截取出苗均匀的 2 米作为样点。用于调查基本苗、冬前分蘖、死茎等相关数据。

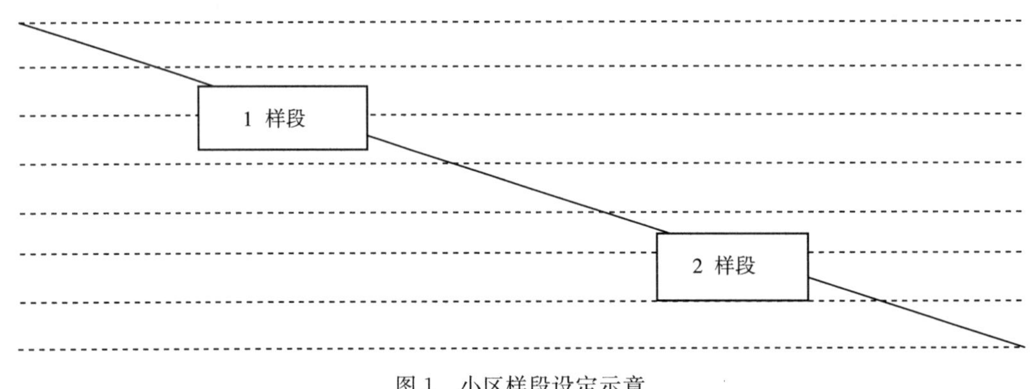

图 1　小区样段设定示意

（2）基本苗和冬前分蘖调查。小麦 3 叶期前调查样段苗株数；平均气温低于 3℃，小麦越冬前分蘖完成，停止生长时调查冬前总茎数。

（3）死株和死茎率调查。小麦返青后，尚未出现新蘖时，将每小区样段内的麦苗全部挖出，分别调查总株数、总茎数、死茎数。取两样点平均值，计算越冬死茎率（保留一位小数）。

$$越冬死茎率=\frac{调查的死茎数}{调查总茎数}\times 100\%$$

2. 抗寒性分级标准　根据越冬死茎率将抗寒性分为五级（表 2）。

表 2　抗寒性分级标准

抗寒性级别	越冬死茎率（%）	抗寒性评价标准
1 级	≤10	好
2 级	10.1～15.0	较好
3 级	15.1～20.0	中等
4 级	20.1～25.0	较差
5 级	>25.0	差

（二）人工模拟逆境鉴定

供试材料为国家小麦良种联合攻关广适性品种试验黄淮冬麦区北片大区 36 个参试品种（含对照）。利用程控人工气候箱中低温胁迫处理进行抗寒性鉴定。

供试材料于 2018 年 10 月 1 日播种在育苗盒，田间自然环境下生长，在幼苗 5 叶 1 心至 6 叶时放置程控人工气候箱中处理。

幼苗锻炼：5℃（昼）/12 小时/8 000 勒克斯/0℃（夜）（3 天）。

程控冷冻：$-5℃\xrightarrow{1天}-10℃\xrightarrow{1天}-18℃\xrightarrow{1天}-10℃$（平衡）。

鉴定指标：存活率（*SR*）$=\frac{冰冻存活株}{冻前存活株数}\times100\%$

鉴定指标分五级，分级指标见表 3。

表 3　抗寒性分级指标

抗寒性级别	存活率（%）
1 级	>90
2 级	81～90
3 级	71～80
4 级	61～70
5 级	<60

四、气候条件

2018 年 9 月底出现一次有效降水，土壤墒情适宜，有利于出苗。10 月平均气温 12.7℃，11 月平均气温 5.4℃，12 月平均气温－2.5℃，2019 年 1 月平均气温－1.1℃，2 月平均气温 0.3℃。2018 年 12 月 26 日至 2019 年 1 月 2 日，连续 9 天日最低气温低于－10℃，其中极端最低气温－13℃，出现在 2018 年 12 月 27 日。2018 年 10 月至 2019 年 3 月底，无有效降水。

五、鉴定结果

（一）田间自然条件下鉴定结果

2019 年 3 月 11 日调查总茎数和死茎数，计算死茎率。根据越冬死茎率评价品种的抗寒性。从调查结果看，参试品种的越冬死茎率为 0.6%～3.4%，抗寒性评价为好（表 4）。

表 4　田间抗寒性鉴定结果

品种名称	死茎率（%）			抗寒性等级	抗寒性评价	品种名称	死茎率（%）			抗寒性等级	抗寒性评价
	Ⅰ	Ⅱ	平均				Ⅰ	Ⅱ	平均		
冀麦 659	1.9	2.1	2.0	1	好	中麦 6032	1.1	1.4	1.3	1	好
中麦 6079	1.3	1.7	1.5	1	好	济麦 0435	2.8	2.5	2.7	1	好
济麦 418	2.6	2.6	2.6	1	好	鲁研 1403	1.9	3.0	2.5	1	好
鲁研 454	2.1	3.1	2.6	1	好	石 15 鉴 21	1.9	1.4	1.7	1	好
临农 11	2.9	2.6	2.8	1	好	沧麦 2016 - 2	1.7	1.5	1.6	1	好
衡 H165171	1.9	1.4	1.7	1	好	LS3666	2.4	2.1	2.3	1	好
TKM0311	2.3	2.3	2.3	1	好	航麦 3290	1.4	1.2	1.3	1	好
LS4155	1.8	4.2	3.0	1	好	LH1706	1.8	3.8	2.8	1	好
中麦 12	0.3	0.8	0.6	1	好	金禾 330	2.8	2.8	2.8	1	好
鲁原 309	2.2	2.3	2.3	1	好	邯 135008	3.9	2.6	3.3	1	好
LH1703	1.7	4.1	2.9	1	好	菏麦 019	3.2	2.1	2.7	1	好
邢麦 29	2.6	2.3	2.5	1	好	BC15PT379	4.3	2.4	3.4	1	好
石 15 - 6375	1.3	1.6	1.5	1	好	衡麦 176001	2.2	2.2	2.2	1	好
潍麦 1711	2.5	2.9	2.7	1	好	衡麦 17 观 105	2.0	2.1	2.1	1	好
鲁研 951	2.1	2.2	2.2	1	好	衡麦 175364	2.5	2.0	2.3	1	好
济麦 22	2.7	2.5	2.6	1	好	石 16 - 6042	2.8	2.6	2.7	1	好
鲁研 733	2.2	2.7	2.5	1	好	冀麦 196	2.7	2.5	2.6	1	好
衡 H1608	1.7	1.9	1.8	1	好	冀麦 686	2.1	2.6	2.4	1	好
TKM6007	2.5	2.0	2.3	1	好	冀麦 980	2.8	2.6	2.7	1	好
济麦 44	2.9	2.7	2.8	1	好	金禾 13297	3.2	2.2	2.7	1	好
泰科麦 493	1.9	2.3	2.1	1	好	金禾 15174	3.6	2.1	2.9	1	好
中麦 175	0.7	0.9	0.8	1	好	金禾 15397	3.2	2.3	2.8	1	好
鲁研 373	2.2	2.7	2.5	1	好	金禾 17278	2.4	2.3	2.4	1	好
衡 H15 - 5115	1.8	1.4	1.6	1	好	邢麦 33	3.1	2.5	2.8	1	好
鲁研 897	2.3	2.2	2.3	1	好	站选 3 号	2.2	2.4	2.3	1	好
LS018R	2.2	2.4	2.3	1	好	站选 5 号	2.5	2.4	2.5	1	好
LH16 - 4	1.5	1.7	1.6	1	好						

（二）人工模拟逆境鉴定结果

程控人工气候箱中进行模拟逆境鉴定，根据存活率评价品种的抗寒性。从统计结果看，在−18℃低温胁迫处理下，存活率变幅为 27.0%～73.3%，其中中麦 12 和中麦 175 存活率分别为 73.3%和 72.0%，航麦 3290 存活率 63.7%，其余品种均在 50%以下（表 5）。

表 5　模拟逆境鉴定结果

序号	品种名称	存活率（%）			抗寒性评价	序号	品种名称	存活率（%）			抗寒性评价
		Ⅰ	Ⅱ	平均				Ⅰ	Ⅱ	平均	
1	冀麦 659	42.3	43.7	43.0	5	19	TKM6007	34.6	42.5	38.6	5
2	中麦 6079	47.8	46.8	47.3	5	20	济麦 44	27.8	26.2	27.0	5
3	济麦 418	28.0	31.6	29.8	5	21	泰科麦 493	39.6	40.6	40.1	5
4	鲁研 454	32.6	31.0	31.8	5	22	中麦 175	72.7	71.2	72.0	3
5	临农 11	32.0	31.8	31.9	5	23	鲁研 373	28.3	30.0	29.2	5
6	衡 H165171	36.4	33.3	34.8	5	24	衡 H15－5115	43.5	47.1	45.3	5
7	TKM0311	32.7	38.1	35.4	5	25	鲁研 897	38.0	36.1	37.1	5
8	LS4155	32.7	31.7	32.2	5	26	LS018R	31.4	31.6	31.5	5
9	中麦 12	75.4	71.1	73.3	3	27	LH16－4	31.6	33.3	32.5	5
10	鲁原 309	30.2	29.7	30.0	5	28	中麦 6032	42.9	44.4	43.6	5
11	LH1703	37.3	38.5	37.9	5	29	济麦 0435	30.9	30.2	30.6	5
12	邢麦 29	28.8	30.7	29.8	5	30	鲁研 1403	28.8	30.7	29.8	5
13	石 15－6375	28.6	30.5	29.5	5	31	石 15 鉴 21	33.3	31.8	32.6	5
14	潍麦 1711	31.8	30.2	31.0	5	32	沧麦 2016－2	46.9	43.2	45.1	5
15	鲁研 951	29.8	30.6	30.2	5	33	LS3666	30.9	34.1	32.5	5
16	济麦 22	30.4	31.8	31.1	5	34	航麦 3290	61.7	65.7	63.7	4
17	鲁研 733	32.0	34.1	33.0	5	35	LH1706	32.1	32.5	32.3	5
18	衡 H1608	38.0	42.1	40.1	5	36	金禾 330	33.3	32.1	32.7	5

2018—2019 年度广适性小麦新品种试验冬春性鉴定报告

一、试验目的

为了进一步明确新育成小麦品种的春化特性，防范因品种定性不准造成的冬春冻害风险，准确鉴定小麦品种的冬春性类型，为小麦品种审定、合理布局及良种良法配套推广提供科学依据。根据《2018—2019 年度国家小麦良种联合攻关广适性品种试验实施方案》的要求，由洛阳农林科学院负责小麦新品种冬春性鉴定试验。

二、参试品种

2018—2019 年度国家小麦良种联合攻关黄淮冬麦区南片组大区试验参试品种共计 29 个（广适组 17 个、抗赤霉病组 12 个）。

三、鉴定方法

试验采用田间分期春播的鉴定方法，在洛阳农林科学院试验田进行鉴定试验。

1. 试验处理 春播设置 3 个播期。第一播期为候平均气温达 3℃后的次日，2018—2019 年度第一播期设置为 2019 年 2 月 23 日；第二播期为候平均气温达 7℃后的次日，2018—2019 年度播期设置为 2019 年 3 月 20 日；第三播期为候平均气温达 10℃后的次日，2018—2019 年度播期设置为 2019 年 4 月 8 日。

2. 田间设计 随机区组排列，3 行区，行长 2 米，2 次重复。出苗后人工定苗，3 行定 100 株苗，株距均匀。

3. 调查项目 播期、出苗期、始穗期、抽穗期、成熟期、基本苗数、最高总茎数、抽穗数。

4. 苗穗期 春播小麦出苗期到始穗期的天数。

5. 春播抽穗率 同一播期某品种春播平均抽穗数占该品种春播平均最高茎蘖数的百分比。

6. 春播抽穗率的计算 春播抽穗率 y 按公式计算。

$$y=\frac{x}{p}\times100\%$$

式中：y——春播抽穗率（%）；

x——平均抽穗数；

p——最高茎蘖数。

四、分级标准（NY/T 2644—2014）

（一）冬春性类型

分为 4 种类型：冬性、半冬性、弱春性、春性。

（二）冬春性判定

1. 分类标准　依据春播第二播期进行分类。春播抽穗率>30%为春性类品种，春播抽穗率≤30%为冬性类品种。

2. 分级标准　在冬春性分类基础上，冬性类品种依据春季第一播期、春性类品种依据春季第三播期进一步划分。判定指标依次为春播抽穗率、抽穗所需低温春化天数、苗穗期。

3. 冬性类品种分级　依据春季第一播期进行冬性类品种分级（表 1）。

表 1　冬性类品种分级标准

级别	类　型	春播抽穗率（%）	春化时间（天）	苗穗期（天）
1	冬　性	≤5	>35	>85
2	半冬性	>5	≤35	≤85

4. 春性类品种分级　依据春季第三播期进行春性类品种分级（表 2）。

表 2　春性类品种分级标准

级别	类　型	春播抽穗率（%）	春化时间（天）	苗穗期（天）
3	弱春性	<30	>5	>45
4	春　性	≥30	≤5	≤45

五、田间管理措施

试验设在洛阳农林科学院试验田，前茬晒旱地，试验地平整，肥力均匀，土质为黏壤。播种前人工精细整地，每亩施 3%辛硫磷颗粒 10 千克。春播试验分别于 2019 年 2 月 23 日、3 月 20 日和 4 月 8 日人工耧播，出苗后 3 叶 1 心定苗，每个试验组别基本苗均定为 3 行 100 株（行长 2 米）。试验分别于 3 月 30 日、4 月 15 日、5 月 12 日、6 月 1 日进行灌溉。并于 4 月 6 日、4 月 16 日、4 月 28 日、5 月 10 日、5 月 22 日等多次喷施烯唑醇、高氯·噻虫嗪防治病虫害，在小麦生育期内进行多次中耕除草，按照试验方案调查记载，春播试验抽穗和成熟情况调查截止时间为 6 月 20 日。

六、气象条件

与 2018 年相比 2019 年春播气候特点：①春季干旱少雨，且分布不均匀。2 月、3 月

和 4 月 3 个月累计降水 45.4 毫米，但 4 月一个月的降水量为 37.2 毫米，占总降水量的 81.9%。2019 年总降水量较 2018 年同期春播降水量减少 73.4 毫米。②日照时数减少。2019 年春播日照时数为 679.8 小时，较 2018 年减少 33.2 小时。③日平均气温略低。2019 年日平均气温较 2018 年低 0.6℃，且有一定的起伏。2018 年春播日均温为 11.9℃，2019 年日均温为 11.3℃。3 月 5 日、3 月 20 日、3 月 28 日、4 月 5 日、4 月 17 日分别出现 18.4℃、26.7℃、28.2℃、31.6℃、32.9℃的高温天气，3 月 8 日、3 月 13 日、3 月 23 日、4 月 5 日最低气温达 2.4℃、3.3℃、3.1℃、4.5℃。④4 月上旬出现灾害性天气。4 月 1～10 日，气温大起大落，由 4 月 1 日最低 4.5℃升至 4 月 5 日最高 31.6℃，连续日最高温 25℃左右，4 月 8～9 日突降至日最高温度 13.3℃，最低温度降至 7.4℃。

七、试验结果

依据冬春性判定分类标准（春播第二播期），小麦良种联合攻关 29 个参试品种中，表现为春性类的品种有 4 个，分别是华城 6068、徐麦 15158、淮麦 510、WK1602，其春播抽穗率依次为 38.0%、35.5%、38.6%、38.3%，苗穗期依次为 64 天、66 天、60 天、65 天，成熟情况均表现为基本成熟；其余 25 个品种表现为冬性类。从调查结果看，冬性类品种抽穗率为 0%～26.7%，成熟情况表现为未成熟（表 3、表 4）。

表 3　2018—2019 年度小麦良种联合攻关黄淮冬麦区南片广适组参试品种冬春性鉴定结果

（春播第二播期）

序号	品种名称	幼苗习性	苗穗期（天）	抽穗率（%）	成熟情况	类别
1	华城 6068	3	64	38.0	基本成熟	春性类
2	徐麦 15158	3	66	35.5	基本成熟	春性类
3	郑麦 6694	3	74	5.8	未成熟	冬性类
4	天麦 160	3	—	0.2	未成熟	冬性类
5	濮麦 8062	3	—	1.1	未成熟	冬性类
6	安科 1701	3	—	0.0	未成熟	冬性类
7	华麦 15112	3	72	20.9	未成熟	冬性类
8	涡麦 303	3	—	0.0	未成熟	冬性类
9	安科 1705	3	—	0.1	未成熟	冬性类
10	新麦 52	3	—	0.0	未成熟	冬性类
11	天麦 196	3	—	0.5	未成熟	冬性类
12	漯麦 40	3	—	0.0	未成熟	冬性类
13	郑麦 9699	3	—	0.0	未成熟	冬性类
14	漯麦 39	3	—	0.0	未成熟	冬性类
15	中麦 6052	3	—	0.2	未成熟	冬性类
16	咸麦 073	3	—	1.3	未成熟	冬性类
17	LS3582	1	69	26.7	未成熟	冬性类

表 4　2018—2019 年度小麦良种联合攻关黄淮冬麦区南片抗赤霉病组参试品种冬春性鉴定结果

（春播第二播期）

序号	品种名称	幼苗习性	苗穗期（天）	抽穗率（%）	成熟情况	类别
1	淮麦 510	3	60	38.6	基本成熟	春性类
2	WK1602	3	65	38.3	基本成熟	春性类
3	濮麦 117	3	—	0.0	未成熟	冬性类
4	皖宿 0891	3	—	0.0	未成熟	冬性类
5	安农 1589	3	—	0.0	未成熟	冬性类
6	濮麦 087	3	—	0.6	未成熟	冬性类
7	涡麦 606	3	—	0.0	未成熟	冬性类
8	皖垦麦 1702	3	73	15.6	未成熟	冬性类
9	宛 1204	3	—	0.2	未成熟	冬性类
10	皖宿 1510	3	—	0.2	未成熟	冬性类
11	中麦 7152	3	—	0.0	未成熟	冬性类
12	昌麦 20	3	—	0.8	未成熟	冬性类

2018—2019 年度广适性小麦新品种试验抗穗发芽特性鉴定报告

依据《2018—2019 年度国家小麦良种联合攻关广适性品种试验实施方案》的要求，安徽农业大学对参试品种的抗穗发芽特性进行鉴定。

一、供试材料

本年度参加抗穗发芽特性鉴定的品种共计 40 个（表 1）。分别以扬麦 20、矮早 64 系、周麦 18 作为抗穗发芽（R）、中抗穗发芽（MR）、高感穗发芽（HS）对照品种。

表 1　供试小麦品种来源

试验组别	鉴定品种数（个）
黄淮冬麦区南片广适组大区试验	17
黄淮冬麦区南片抗赤霉病组大区试验	12
长江中下游组大区试验	6
长江上游组大区试验	5
合计	40

二、试验设置及鉴定方法

（一）试验设置

本年度国家小麦良种联合攻关的黄淮冬麦区南片及长江上游、长江中下游组大区试验的穗发芽鉴定由安徽农业大学承担。

（二）鉴定方法

参照穗发芽鉴定标准（NY/T 1739—2009），具体如下：

1. 试样准备　按试验设计需要确定小区面积，随机区组排列。正季播种，常规栽培管理。在开花当天选择有代表性的 25～30 个植株主茎穗，挂牌并注明开花日期。于开花后第 35 天或小麦生理成熟期（穗颈和颖壳转黄时期）选择挂牌的正常穗 20 个，从穗下颈 15～20 厘米处剪取，备用。

2. 发芽率测定　将剪取的 20 个整穗随机分成两组，每组 10 个穗，分别于自来水中浸泡 4 小时，再用 0.1%次氯酸钠溶液消毒 5 分钟，然后在光照培养箱（22℃、相对湿度 100%）中培养 96 小时，随即在 60℃烘箱中烘干。手工剥粒，以籽粒胚部表皮破裂为发

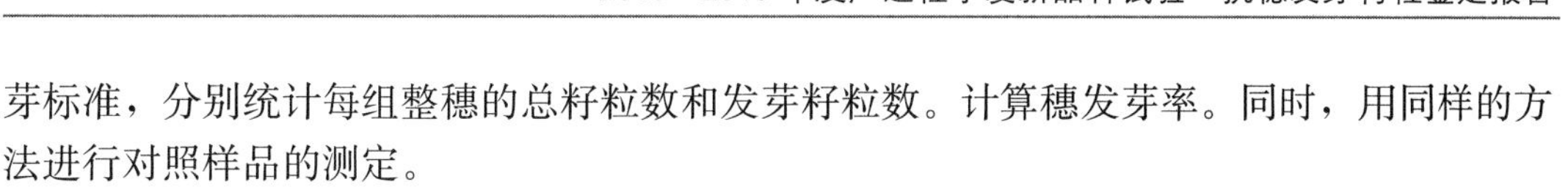

芽标准，分别统计每组整穗的总籽粒数和发芽籽粒数。计算穗发芽率。同时，用同样的方法进行对照样品的测定。

3. 结果计算

（1）穗发芽率。穗发芽率以 X 计，按公式计算：

$$X=\frac{n}{N}\times 100\%$$

式中：n——20个主穗发芽籽粒数（粒）；

N——20个主穗总籽粒数（粒）。

计算结果精确到小数点后一位。

（2）相对穗发芽指数。相对穗发芽指数以 I 计，数值以小数表示，按公式计算：

$$I=\frac{X_1}{X_2}$$

式中：X_1——待检样品穗发芽率（%）；

X_2——对照样品穗发芽率（%）。

本鉴定试验对照品种为周麦18。

结果以两组平均穗发芽指数表示，计算结果精确到小数点后两位。

4. 抗穗发芽特性评价标准　按照表2的标准，根据检测样品的相对穗发芽指数（I）确定其抗穗发芽特性。

表2　小麦抗穗发芽特性评价标准

等级	抗穗发芽特性	相对穗发芽指数（I）
1	高抗（HR）	<0.05
2	抗（R）	0.05～0.20
3	中抗（MR）	0.20～0.40
4	感（S）	0.40～0.60
5	高感（HS）	>0.60

三、鉴定结果分析

本年度的抗穗发芽特性鉴定中，分别以扬麦20、矮早64系、周麦18作为抗穗发芽（R）、中抗穗发芽（MR）、感穗发芽（S）对照品种，对照品种的其他相关鉴定结果均在正常结果范围内（表3）。

表3　对照品种的抗穗发芽特性评价

品种名称	相对穗发芽指数	抗性评价
扬麦20	0.16	R
矮早64系	0.36	MR
周麦18	1.00	HS

从抗穗发芽特抗性鉴定结果（表 4）可以看出：①来自黄淮冬麦区南片广适组大区 17 个品种的抗穗发芽特性均为高感（HS）；②来自黄淮冬麦区南片抗赤霉病组的 12 个品种中，有 5 个品种的抗穗发芽特性为感（S），分别为皖宿 0891、安农 1589、昌麦 20、中麦 7152、WK1602，余下 7 个品种的抗穗发芽特性均为高感（HS）；③来自长江中下游组大区的 6 个品种的抗穗发芽特性均达到抗级别（R）；④来自长江上游组大区的 5 个品种的抗穗发芽特性差异很大，其中，川麦 82 和川 1690 的抗穗发芽特性分别达到抗（R）和高抗（HR）水平，SW1747 抗穗发芽特性为感（S），2017P313 和 2017TP506 的抗穗发芽特性为高感（HS）。

表 4　2018—2019 年度供试小麦品种抗穗发芽特性鉴定汇总

编号	品种名称	参试组别	相对穗发芽指数	抗性评价
1	郑麦 6694	黄淮冬麦区南片广适组大区试验	0.83	HS
2	天麦 160	黄淮冬麦区南片广适组大区试验	0.91	HS
3	濮麦 8062	黄淮冬麦区南片广适组大区试验	0.97	HS
4	安科 1701	黄淮冬麦区南片广适组大区试验	0.93	HS
5	华麦 15112	黄淮冬麦区南片广适组大区试验	0.91	HS
6	华成 6068	黄淮冬麦区南片广适组大区试验	0.70	HS
7	涡麦 303	黄淮冬麦区南片广适组大区试验	0.78	HS
8	安科 1705	黄淮冬麦区南片广适组大区试验	0.68	HS
9	徐麦 15158	黄淮冬麦区南片广适组大区试验	0.78	HS
10	新麦 52	黄淮冬麦区南片广适组大区试验	0.82	HS
11	天麦 196	黄淮冬麦区南片广适组大区试验	0.64	HS
12	漯麦 40	黄淮冬麦区南片广适组大区试验	0.79	HS
13	郑麦 9699	黄淮冬麦区南片广适组大区试验	0.82	HS
14	漯麦 39	黄淮冬麦区南片广适组大区试验	0.75	HS
15	中麦 6052	黄淮冬麦区南片广适组大区试验	0.84	HS
16	咸麦 073	黄淮冬麦区南片广适组大区试验	0.76	HS
17	LS3582	黄淮冬麦区南片广适组大区试验	0.87	HS
18	濮麦 117	黄淮冬麦区南片抗赤霉病组大区试验	0.87	HS
19	皖宿 0891	黄淮冬麦区南片抗赤霉病组大区试验	0.58	S
20	安农 1589	黄淮冬麦区南片抗赤霉病组大区试验	0.49	S
21	濮麦 087	黄淮冬麦区南片抗赤霉病组大区试验	0.78	HS
22	涡麦 606	黄淮冬麦区南片抗赤霉病组大区试验	0.77	HS
23	淮麦 510	黄淮冬麦区南片抗赤霉病组大区试验	0.77	HS
24	皖垦麦 1702	黄淮冬麦区南片抗赤霉病组大区试验	0.95	HS
25	宛 1204	黄淮冬麦区南片抗赤霉病组大区试验	0.75	HS
26	皖宿 1510	黄淮冬麦区南片抗赤霉病组大区试验	0.62	HS
27	中麦 7152	黄淮冬麦区南片抗赤霉病组大区试验	0.46	S
28	昌麦 20	黄淮冬麦区南片抗赤霉病组大区试验	0.57	S
29	WK1602	黄淮冬麦区南片抗赤霉病组大区试验	0.58	S

（续）

编号	品种名称	参试组别	相对穗发芽指数	抗性评价
30	扬11品19	长江中下游组大区试验	0.15	R
31	信麦156	长江中下游组大区试验	0.10	R
32	扬16-157	长江中下游组大区试验	0.13	R
33	华麦1062	长江中下游组大区试验	0.05	R
34	扬15-133	长江中下游组大区试验	0.06	R
35	扬辐麦5054	长江中下游组大区试验	0.18	R
36	2017P313	长江上游组大区试验	0.73	HS
37	川麦82	长江上游组大区试验	0.05	R
38	SW1747	长江上游组大区试验	0.50	S
39	川麦1690	长江上游组大区试验	0.03	HR
40	2017TP506	长江上游组大区试验	0.83	HS

2018—2019年度广适性小麦新品种试验春季低温晚霜抗性鉴定报告

按照《2018—2019年度国家小麦良种联合攻关广适性品种试验实施方案》的要求，商丘市农林科学院对广适性品种试验的参试品种（系）进行春季低温晚霜抗性鉴定。

一、试验设备

试验在商丘市梁园区双八镇商丘市农林科学院试验示范中心实施，为盆栽控制试验，试验用盆直径25厘米、高度35厘米，盆内用土为耕层土壤，每盆按照容重1.39克/厘米^{3}称重回填，做到上虚下实，盆埋入地下，上部边缘和地面持平。由低温室提供低温处理环境，低温室面积60米^2，室内温度由电脑程序控制，高80厘米平面温度差值<1℃。

试验材料由各小麦试验站和种子公司提供，共计72份（包括对照品种周麦22一份）。试验种植分为两部分，一是每个品种种植1.5米长3行区，用于小麦生长发育时期调查，二是盆内按照3-5-3种植，每盆种植11株，每个品种种植3盆，用于抗霜品种筛选低温处理。

二、试验方法

处理时期为小麦幼穗发育时期小凹期（Ⅰ）、柱头凸起期（Ⅱ）和柱头羽毛凸起期（Ⅲ）；处理温度为每个时期设置2个温度梯度，由高至低为造成小麦较重冻害温度和造成小麦较轻冻害温度。根据前期试验结果，试验温度设定：小凹期（Ⅰ）为xwt_1－10℃、xwt_2－8℃，柱头凸起期（Ⅱ）为ztt_1－9℃、ztt_2－7℃，柱头羽毛凸起期（Ⅲ）为ytt_1－8℃、ytt_2－6℃，低温处理时间为室温降到处理温度后持续4小时，处理结束后开启通风设备使室内温度回升。处理温度为小麦植株体温度，这和气象预报的气象温度不同，气象预报的温度为1.5米处百叶箱温度，为空气温度，气象温度对小麦的影响因受到空气湿度、风速以及小麦生长的环境等条件影响会产生不同的冻害结果，气象温度为产生小麦冻害的间接温度，试验中设定的温度为试验条件下小麦植株体达到的温度，植株体温度是小麦植株受胁迫的直接温度。

小麦发育时期调查从3月12日开始，5天剥穗调查一次，并记录小麦生长发育情况。在小麦幼穗发育时期进入设定处理时期时，调查小麦分蘖情况并将小麦移进低温室处理，处理结束后把小麦移回原处，小麦生长后期调查抽穗结实和植株变化，收获后调查株产量。

调查幼穗发育时期参照表1的标准，以幼穗中部发育最早的小花达到的程度为发育时

期，以进入同一发育时期的小花数量为这一时期的发育程度。

表 1　小麦幼穗发育描述及对应大小

单棱期	二棱期	护颖期	小花期	雌雄蕊	小凹	凹	大凹	柱头凸起	柱头伸长	柱头羽毛凸起	柱头羽毛伸长	柱头羽毛形成
1	2	3	4	5	6	7	8	9	10	11	12	13

三、试验品种及田间编号

根据收集材料时邮寄人员提供的品种信息对收集到的材料整理编号（表 2）。

表 2　试验品种信息

序号	品种名称	组　别
1	郑麦 6694	黄淮冬麦区南片广适组大区试验
2	天麦 160	黄淮冬麦区南片广适组大区试验
3	濮麦 8062	黄淮冬麦区南片广适组大区试验
4	安科 1701	黄淮冬麦区南片广适组大区试验
5	华麦 15112	黄淮冬麦区南片广适组大区试验
6	华成 6068	黄淮冬麦区南片广适组大区试验
7	涡麦 303	黄淮冬麦区南片广适组大区试验
8	安科 1705	黄淮冬麦区南片广适组大区试验
9	徐麦 15158	黄淮冬麦区南片广适组大区试验
10	新麦 52	黄淮冬麦区南片广适组大区试验
11	天麦 196	黄淮冬麦区南片广适组大区试验
12	漯麦 40	黄淮冬麦区南片广适组大区试验
13	郑麦 9699	黄淮冬麦区南片广适组大区试验
14	漯麦 39	黄淮冬麦区南片广适组大区试验
15	中麦 6052	黄淮冬麦区南片广适组大区试验
16	咸麦 073	黄淮冬麦区南片广适组大区试验
17	LS3582	黄淮冬麦区南片广适组大区试验
18	濮麦 117	黄淮冬麦区南片抗赤霉病组大区试验
19	皖宿 0891	黄淮冬麦区南片抗赤霉病组大区试验
20	安农 1589	黄淮冬麦区南片抗赤霉病组大区试验
21	濮麦 087	黄淮冬麦区南片抗赤霉病组大区试验
22	涡麦 606	黄淮冬麦区南片抗赤霉病组大区试验
23	淮麦 510	黄淮冬麦区南片抗赤霉病组大区试验
24	皖垦麦 1702	黄淮冬麦区南片抗赤霉病组大区试验
25	宛 1204	黄淮冬麦区南片抗赤霉病组大区试验
26	皖宿 1510	黄淮冬麦区南片抗赤霉病组大区试验
27	中麦 7152	黄淮冬麦区南片抗赤霉病组大区试验
28	昌麦 20	黄淮冬麦区南片抗赤霉病组大区试验

（续）

序号	品种名称	组　别
29	WK1602	黄淮冬麦区南片抗赤霉病组大区试验
30	冀麦 659	黄淮冬麦区北片广适组大区试验
31	中麦 6079	黄淮冬麦区北片广适组大区试验
32	济麦 418	黄淮冬麦区北片广适组大区试验
33	鲁研 454	黄淮冬麦区北片广适组大区试验
34	临农 11	黄淮冬麦区北片广适组大区试验
35	衡 H165171	黄淮冬麦区北片广适组大区试验
36	TKM0311	黄淮冬麦区北片广适组大区试验
37	LS4155	黄淮冬麦区北片广适组大区试验
38	鲁原 309	黄淮冬麦区北片广适组大区试验
39	LH1703	黄淮冬麦区北片广适组大区试验
40	邢麦 29	黄淮冬麦区北片广适组大区试验
41	石 15 - 6375	黄淮冬麦区北片广适组大区试验
42	潍麦 1711	黄淮冬麦区北片广适组大区试验
43	鲁研 951	黄淮冬麦区北片广适组大区试验
44	鲁研 733	黄淮冬麦区北片广适组大区试验
45	衡 H1608	黄淮冬麦区北片广适组大区试验
46	TKM6007	黄淮冬麦区北片广适组大区试验
47	济麦 44	黄淮冬麦区北片节水组大区试验
48	泰科麦 493	黄淮冬麦区北片节水组大区试验
49	鲁研 373	黄淮冬麦区北片节水组大区试验
50	衡 H15 - 5115	黄淮冬麦区北片节水组大区试验
51	鲁研 897	黄淮冬麦区北片节水组大区试验
52	LS018R	黄淮冬麦区北片节水组大区试验
53	中麦 6032	黄淮冬麦区北片节水组大区试验
54	济麦 0435	黄淮冬麦区北片节水组大区试验
55	鲁研 1403	黄淮冬麦区北片节水组大区试验
56	石 15 鉴 21	黄淮冬麦区北片节水组大区试验
57	沧麦 2016 - 2	黄淮冬麦区北片节水组大区试验
58	LS3666	黄淮冬麦区北片节水组大区试验
59	航麦 3290	黄淮冬麦区北片节水组大区试验
60	LH1706	黄淮冬麦区北片节水组大区试验
61	金禾 330	黄淮冬麦区北片节水组大区试验
62	川麦 82	长江上游组大区试验
63	SW1747	长江上游组大区试验
64	川麦 1690	长江上游组大区试验
65	2017TP506	长江上游组大区试验
66	扬 11 品 19	长江中下游组大区试验
67	信麦 156	长江中下游组大区试验

（续）

序号	品种名称	组　别
68	扬 16－157	长江中下游组大区试验
69	华麦 1062	长江中下游组大区试验
70	扬 15－133	长江中下游组大区试验
71	扬辐麦 5054	长江中下游组大区试验
72	周麦 22	对照

本试验以小麦单茎生长点（幼穗）冻死率（DR）、株高变化程度（HR）和产量变化程度（YR）为指标鉴定小麦抗晚霜冻害能力（*LTF*）。

$$X=\frac{X_i-X_{CK}}{X_{CK}}\times 100\%$$

数据处理：

$$LTF=\frac{K_{DR}X_{DR}+K_{HR}X_{HR}+K_{YR}X_{YR}}{1000}$$

式中：$K_{DR}=5$；

$K_{HR}=3$；

$K_{YR}=2$；

X_{DR}——生长点（幼穗）冻死率较 CK 变化；

X_{HR}——株高较 CK 变化；

X_{YR}——产量较 CK 变化。

分析软件：EXCEL 和 SPSS。

四、鉴定结果

本试验主要考察了小麦在低温处理后的成穗数变化、株高变化和产量变化 3 个指标，根据这 3 个指标和冻害的相关性，按照 5∶3∶2 的比例赋予冻死率、株高和产量 3 个性状权重。根据以上权重和试验数据进行分析并对试验品种分类：Ⅰ好，Ⅱ较好，Ⅲ一般，Ⅳ较差（表 3）。鉴定结果表明，本年度参试的 71 个小麦品种中，有 5 个小麦品种皖宿 0891、鲁研 454、衡 H165171、TKM0311、川麦 1690 在拔节期至孕穗期对低温抗性表现好，27 个小麦品种安科 1701、新麦 52、宛 1204、昌麦 20、WK1602、临农 11、LS4155、LH1703、衡 H1608、泰科麦 493、鲁研 373、衡 H15－5115、鲁研 897、LS018R、中麦 6032、鲁研 1403、航麦 3290、LH1706、金禾 330、川麦 82、SW1747、2017TP506、信麦 156、扬 16－157、华麦 1062、扬 15－133、扬辐麦 5054 表现较好，34 个小麦品种天麦 160、濮麦 8062、华麦 15112、涡麦 303、徐麦 15158、漯麦 40、郑麦 9699、漯麦 39、中麦 6052、咸麦 073、LS3582、濮麦 117、安农 1589、濮麦 087、淮麦 510、皖垦麦 1702、皖宿 1510、中麦 7152、冀麦 659、中麦 6079、济麦 418、鲁原 309、邢麦 29、石 15－6375、潍麦 1711、鲁研 951、鲁研 733、TKM6007、济麦 44、济麦 0435、石 15 鉴 21、沧麦 2016－2、LS3666、扬 11 品 19 表现一般，还有 5 个小麦品种郑麦 6694、华成 6068、安科 1705、天麦 196、涡麦 606 对低温抗性表现较差（表 4）。

表 3　小麦抗晚霜低温鉴定及评价标准

级别	抗冻指数	抗冻等级
Ⅰ	≤1.199	好
Ⅱ	1.200～1.299	较好
Ⅲ	1.300～1.399	一般
Ⅳ	≥1.400	较差

表 4　鉴定结果

序号	品种名称	组　别	指数	级别	等级
1	郑麦 6694	黄淮冬麦区南片广适组大区试验	0.419	Ⅳ	较差
2	天麦 160	黄淮冬麦区南片广适组大区试验	0.352	Ⅲ	一般
3	濮麦 8062	黄淮冬麦区南片广适组大区试验	0.385	Ⅲ	一般
4	安科 1701	黄淮冬麦区南片广适组大区试验	0.284	Ⅱ	较好
5	华麦 15112	黄淮冬麦区南片广适组大区试验	0.385	Ⅲ	一般
6	华成 6068	黄淮冬麦区南片广适组大区试验	0.422	Ⅳ	较差
7	涡麦 303	黄淮冬麦区南片广适组大区试验	0.393	Ⅲ	一般
8	安科 1705	黄淮冬麦区南片广适组大区试验	0.410	Ⅳ	较差
9	徐麦 15158	黄淮冬麦区南片广适组大区试验	0.391	Ⅲ	一般
10	新麦 52	黄淮冬麦区南片广适组大区试验	0.241	Ⅱ	较好
11	天麦 196	黄淮冬麦区南片广适组大区试验	0.407	Ⅳ	较差
12	漯麦 40	黄淮冬麦区南片广适组大区试验	0.350	Ⅲ	一般
13	郑麦 9699	黄淮冬麦区南片广适组大区试验	0.374	Ⅲ	一般
14	漯麦 39	黄淮冬麦区南片广适组大区试验	0.315	Ⅲ	一般
15	中麦 6052	黄淮冬麦区南片广适组大区试验	0.329	Ⅲ	一般
16	咸麦 073	黄淮冬麦区南片广适组大区试验	0.300	Ⅲ	一般
17	LS3582	黄淮冬麦区南片广适组大区试验	0.382	Ⅲ	一般
18	濮麦 117	黄淮冬麦区南片抗赤霉病组大区试验	0.314	Ⅲ	一般
19	皖宿 0891	黄淮冬麦区南片抗赤霉病组大区试验	0.189	Ⅰ	好
20	安农 1589	黄淮冬麦区南片抗赤霉病组大区试验	0.306	Ⅲ	一般
21	濮麦 087	黄淮冬麦区南片抗赤霉病组大区试验	0.355	Ⅲ	一般
22	涡麦 606	黄淮冬麦区南片抗赤霉病组大区试验	0.407	Ⅳ	较差
23	淮麦 510	黄淮冬麦区南片抗赤霉病组大区试验	0.380	Ⅲ	一般
24	皖垦麦 1702	黄淮冬麦区南片抗赤霉病组大区试验	0.339	Ⅲ	一般
25	宛 1204	黄淮冬麦区南片抗赤霉病组大区试验	0.259	Ⅱ	较好
26	皖宿 1510	黄淮冬麦区南片抗赤霉病组大区试验	0.375	Ⅲ	一般
27	中麦 7152	黄淮冬麦区南片抗赤霉病组大区试验	0.348	Ⅲ	一般
28	昌麦 20	黄淮冬麦区南片抗赤霉病组大区试验	0.238	Ⅱ	较好
29	WK1602	黄淮冬麦区南片抗赤霉病组大区试验	0.236	Ⅱ	较好
30	冀麦 659	黄淮冬麦区北片广适组大区试验	0.358	Ⅲ	一般
31	中麦 6079	黄淮冬麦区北片广适组大区试验	0.316	Ⅲ	一般

（续）

序号	品种名称	组　别	指数	级别	等级
32	济麦 418	黄淮冬麦区北片广适组大区试验	0.309	Ⅲ	一般
33	鲁研 454	黄淮冬麦区北片广适组大区试验	0.167	Ⅰ	好
34	临农 11	黄淮冬麦区北片广适组大区试验	0.241	Ⅱ	较好
35	衡 H165171	黄淮冬麦区北片广适组大区试验	0.191	Ⅰ	好
36	TKM0311	黄淮冬麦区北片广适组大区试验	0.193	Ⅰ	好
37	LS4155	黄淮冬麦区北片广适组大区试验	0.203	Ⅱ	较好
38	鲁原 309	黄淮冬麦区北片广适组大区试验	0.302	Ⅲ	一般
39	LH1703	黄淮冬麦区北片广适组大区试验	0.281	Ⅱ	较好
40	邢麦 29	黄淮冬麦区北片广适组大区试验	0.343	Ⅲ	一般
41	石 15 - 6375	黄淮冬麦区北片广适组大区试验	0.373	Ⅲ	一般
42	潍麦 1711	黄淮冬麦区北片广适组大区试验	0.343	Ⅲ	一般
43	鲁研 951	黄淮冬麦区北片广适组大区试验	0.379	Ⅲ	一般
44	鲁研 733	黄淮冬麦区北片广适组大区试验	0.314	Ⅲ	一般
45	衡 H1608	黄淮冬麦区北片广适组大区试验	0.270	Ⅱ	较好
46	TKM6007	黄淮冬麦区北片广适组大区试验	0.374	Ⅲ	一般
47	济麦 44	黄淮冬麦区北片节水组大区试验	0.346	Ⅲ	一般
48	泰科麦 493	黄淮冬麦区北片节水组大区试验	0.253	Ⅱ	较好
49	鲁研 373	黄淮冬麦区北片节水组大区试验	0.243	Ⅱ	较好
50	衡 H15 - 5115	黄淮冬麦区北片节水组大区试验	0.268	Ⅱ	较好
51	鲁研 897	黄淮冬麦区北片节水组大区试验	0.244	Ⅱ	较好
52	LS018R	黄淮冬麦区北片节水组大区试验	0.215	Ⅱ	较好
53	中麦 6032	黄淮冬麦区北片节水组大区试验	0.228	Ⅱ	较好
54	济麦 0435	黄淮冬麦区北片节水组大区试验	0.329	Ⅲ	一般
55	鲁研 1403	黄淮冬麦区北片节水组大区试验	0.208	Ⅱ	较好
56	石 15 鉴 21	黄淮冬麦区北片节水组大区试验	0.393	Ⅲ	一般
57	沧麦 2016 - 2	黄淮冬麦区北片节水组大区试验	0.374	Ⅲ	一般
58	LS3666	黄淮冬麦区北片节水组大区试验	0.308	Ⅲ	一般
59	航麦 3290	黄淮冬麦区北片节水组大区试验	0.219	Ⅱ	较好
60	LH1706	黄淮冬麦区北片节水组大区试验	0.245	Ⅱ	较好
61	金禾 330	黄淮冬麦区北片节水组大区试验	0.299	Ⅱ	较好
62	川麦 82	长江上游组大区试验	0.236	Ⅱ	较好
63	SW1747	长江上游组大区试验	0.283	Ⅱ	较好
64	川麦 1690	长江上游组大区试验	0.181	Ⅰ	好
65	2017TP506	长江上游组大区试验	0.225	Ⅱ	较好
66	扬 11 品 19	长江中下游组大区试验	0.335	Ⅲ	一般
67	信麦 156	长江中下游组大区试验	0.245	Ⅱ	较好
68	扬 16 - 157	长江中下游组大区试验	0.214	Ⅱ	较好
69	华麦 1062	长江中下游组大区试验	0.224	Ⅱ	较好
70	扬 15 - 133	长江中下游组大区试验	0.232	Ⅱ	较好
71	扬辐麦 5054	长江中下游组大区试验	0.287	Ⅱ	较好
72	周麦 22	对照	0.280	Ⅱ	较好

2018—2019年度广适性小麦新品种试验氮磷利用效率特性鉴定报告

按照《国家小麦良种重大科研联合攻关小麦养分利用效率特性鉴定实施方案》要求，分别在黄淮南片麦区、黄淮北片麦区和西南麦区开展了小麦氮磷利用效率特性鉴定。

一、供试材料

2018—2019年度参加氮、磷利用效率特性鉴定的品种（系）共计136份，其中黄淮南片麦区鉴定45份，黄淮北片麦区鉴定42份，西南麦区鉴定49份。

二、试验设置及评价标准

（一）试验设置

本年度氮、磷利用效率特性鉴定试验共设置河南、山东、四川3个点，分别由河南省农业科学院小麦研究所、山东农业大学和四川省农业科学院作物研究所承担，其中河南省农业科学院小麦研究所为主持、汇总单位。

1. 黄淮南片麦区试验设置 试验在河南省农业科学院现代农业科技示范基地进行。试验地为轻壤土，基础肥力见表1。

表1 三个处理区的基础肥力水平

处理区	全氮（克/千克）	有机质（克/千克）	碱解氮（毫克/千克）	有效磷（毫克/千克）	速效钾（毫克/千克）
NPK区	0.58	9.54	63.46	36.14	155.8
PK区	0.56	9.80	60.77	35.64	156.7
NK区	0.55	9.49	64.96	25.14	148.6

试验设置NPK（氮、磷、钾正常水平）、PK（磷、钾正常水平，减施氮处理）和NK（氮、钾正常水平，减施磷处理）3个处理区，各处理区的施肥水平见表2。

表2 三个处理区的施肥处理（千克/亩）

处理区	底肥			追施纯N
	纯N	P_2O_5	K_2O	
NPK区	9.35	8.00	5.00	4.65
PK区	0	8.00	5.00	0
NK区	9.35	0	5.00	4.65

处理区间设置2米宽的隔离带。各处理区内设置3次重复，每个材料按每小区4行种植，行长2米，行距23.3厘米，株距3.3厘米。采用间比法顺序排列，每15个材料各种植1个区试对照（周麦18）。成熟期收获中间2米行长的双行区籽粒进行测产。

2. 黄淮北片麦区试验设置 本年度氮、磷利用效率特性鉴定设置在山东省泰安市泰山区，共对42份小麦品种（系）进行了养分利用效率特性鉴定。

试验设置3个处理：正常处理（NPK）、低氮处理（LN）、低磷处理（LP）。4行区，株距2厘米，行距25厘米，行长2米，重复2次。正常处理按照亩产量600千克的目标施肥，低氮、低磷和低钾处理按照亩产量400千克产量目标分别施用相应量的氮、磷和钾，其他养分保持一致。土壤基础养分含量和具体施肥量见表3。各处理间用水泥墙隔开。每个重复内采用间比法顺序排列，每15个材料种植1个区试对照材料（济麦22）。成熟期收获中间2米行长的双行区籽粒进行测产。

表3 泰安矿质养分处理池土壤基础养分含量及施肥量

处理	土壤养分含量（毫克/千克）			施肥量（千克/亩）		
	有效氮	有效磷	速效钾	N	P_2O_5	K_2O
NPK	53.3	23.6	141.3	15.3	2.0	1.5
LN	48.8	24.1	145.2	9.1	1.9	1.5
LP	50.0	7.9	131.9	15.9	2.3	1.7

3. 西南麦区试验设置 试验在广汉示范基地进行。试验设置NPK（氮、磷、钾正常水平）、PK（磷、钾正常水平）、NK（氮、钾正常水平）3个处理区，各处理区施肥水平见表4。处理区间设置2米宽的隔离带。各处理设置3次重复，每个材料按每小区4行种植，行长2米，行距25.0厘米。成熟期收获中间2米行长的双行区籽粒进行测产。

表4 各处理区施肥水平（千克/亩）

处理	纯氮	纯磷	纯钾
NPK	9	5	3
PK	0	5	3
NK	9	0	3

（二）评价指标和标准

1. 评价指标及计算方法 氮素利用效率鉴定指标（*NUI*）和磷素利用效率鉴定指标（*PUI*）计算公式如下：

$$NUI\ (PUI) = G_t^4 \cdot G_c^{-1} \cdot G_C \cdot (G_T^4)^{-1}$$

式中：*NUI*（*PUI*）——氮（磷）效率指数；

G_t——待测材料减氮（磷）处理籽粒产量（千克）；

G_c——待测材料正常处理籽粒产量（千克）；

G_C——对照品种正常处理籽粒产量（千克）；

G_T——对照品种减氮（磷）处理籽粒产量（千克）。

黄淮南片麦区对照品种为周麦 18，黄淮北片麦区对照品种为济麦 22，西南麦区对照品种为绵麦 367。

2. 评价标准 评价标准见表 5。

表 5 氮、磷利用效率鉴定等级划分

级别	氮效率指数（*NUI*）	磷效率指数（*PUI*）	利用效率分级
1	≥1.300	≥1.100	高效
2	0.900～1.299	0.900～1.099	中等
3	≤0.899	≤0.899	低效

三、鉴定结果

（一）黄淮南片麦区氮磷利用效率特性鉴定结果

1. 参加黄淮冬麦区南片广适组大区试验品种（系）的鉴定结果 在 NPK、PK 两个处理下，对 17 份参试材料进行了氮素利用效率特性鉴定，鉴定结果：氮素利用高效的材料有 3 份，分别为郑麦 6694、涡麦 303、漯麦 40；氮素利用效率中等的材料有 4 份，分别为天麦 160、安科 1701、安科 1705、郑麦 9699；氮素利用低效的有 10 份，分别为濮麦 8062、华麦 15112、华成 6068、徐麦 15158、新麦 52、天麦 196、漯麦 39、中麦 6052、咸麦 073、LS3852（表 6）。

在 NPK、NK 两个处理下，对 17 份参试材料进行了磷素利用效率特性鉴定，鉴定结果：磷素利用高效的材料有 3 份，分别为郑麦 6694、安科 1701、涡麦 303；磷素利用效率中等的材料有 8 份，分别为濮麦 8062、华麦 15112、徐麦 15158、新麦 52、漯麦 40、郑麦 9699、咸麦 073、LS3852；磷素利用低效的有 6 份，分别为天麦 160、华成 6068、安科 1705、天麦 196、漯麦 39、中麦 6052（表 6）。

根据以上鉴定结果，17 份参试材料中氮、磷均高效利用的材料有两份，分别为郑麦 6694 和涡麦 303。

表 6 黄淮冬麦区南片广适组大区试验参试材料氮、磷利用效率特性鉴定结果

编号	材料名称	*NUI*	分级	*PUI*	分级
1	郑麦 6694	1.317	高效	1.196	高效
2	天麦 160	1.252	中等	0.775	低效
3	濮麦 8062	0.899	低效	0.984	中等
4	安科 1701	0.938	中等	1.187	高效
5	华麦 15112	0.834	低效	0.959	中等
6	华成 6068	0.812	低效	0.888	低效
7	涡麦 303	1.352	高效	1.322	高效
8	安科 1705	1.023	中等	0.892	低效

（续）

编号	材料名称	*NUI*	分级	*PUI*	分级
9	徐麦 15158	0.804	低效	1.056	中等
10	新麦 52	0.778	低效	0.936	中等
11	天麦 196	0.735	低效	0.888	低效
12	漯麦 40	1.331	高效	1.016	中等
13	郑麦 9699	1.170	中等	0.942	中等
14	漯麦 39	0.740	低效	0.782	低效
15	中麦 6052	0.742	低效	0.769	低效
16	咸麦 073	0.796	低效	1.005	中等
17	LS3852	0.819	低效	0.945	中等

2. 参加黄淮冬麦区南片抗赤霉病组大区试验品种（系）的鉴定结果　在 NPK、PK 两个处理下，对 12 份参试材料进行了氮素利用效率特性鉴定，鉴定结果：氮素利用高效的材料有 3 份，分别为安农 1589、濮麦 087、中麦 7152；氮素利用效率中等的材料有 7 份，分别为濮麦 117、皖宿 0891、淮麦 510、皖垦麦 1702、宛 1204、皖宿 1510、昌麦 20；氮素利用低效的有 2 份，分别为涡麦 606、WK16029（表 7）。

在 NPK、NK 两个处理下，对 12 份参试材料进行了磷素利用效率特性鉴定，鉴定结果：磷素利用高效的材料有 2 份，分别为濮麦 117、皖垦麦 1702；磷素利用效率中等的材料有 4 份，分别为皖宿 0891、濮麦 087、涡麦 606、中麦 7152；磷素利用低效的材料有 6 份，分别为安农 1589、淮麦 510、宛 1204、皖宿 1510、昌麦 20、WK1602（表 7）。

表 7　黄淮冬麦区南片抗赤霉病组大区试验参试材料氮、磷利用效率特性鉴定结果

编号	材料名称	*NUI*	分级	*PUI*	分级
1	濮麦 117	1.094	中等	1.244	高效
2	皖宿 0891	0.971	中等	0.921	中等
3	安农 1589	1.434	高效	0.799	低效
4	濮麦 087	1.588	高效	0.919	中等
5	涡麦 606	0.726	低效	1.063	中等
6	淮麦 510	0.962	中等	0.802	低效
7	皖垦麦 1702	0.900	中等	1.126	高效
8	宛 1204	1.191	中等	0.844	低效
9	皖宿 1510	1.243	中等	0.833	低效
10	中麦 7152	1.904	高效	1.069	中等
11	昌麦 20	0.917	中等	0.755	低效
12	WK1602	0.860	低效	0.828	低效

3. 各育种单位提供材料的鉴定结果　在 NPK、PK 两个处理下，对 16 份参试材料进行了氮素利用效率特性鉴定，鉴定结果：氮素利用高效的材料有 5 份，分别为郑麦 5135、郑麦 0943、豫农 6309、豫农 804、郑麦 1860；氮素利用效率中等的材料有 6 份，分别为

郑麦1342、郑麦9188、衡H165171、衡H15-5115、徐麦2178、豫农806；氮素利用低效的材料有5份，分别为郑麦9189、临农11、郑麦9134、豫农807、豫农186（表8）。

在NPK、NK两个处理下，对16份参试材料进行了磷素利用效率特性鉴定，鉴定结果：磷素利用高效的材料有4份，分别为郑麦0943、郑麦1860、豫农804、豫农806；磷素利用效率中等的材料有7份，分别为郑麦5135、郑麦1342、郑麦9188、衡H15-5115、徐麦2178、豫农6309、豫农186；磷素利用低效的材料有5份，分别为郑麦9189、衡H165171、临农11、郑麦9134、豫农807（表8）。

根据以上鉴定结果，16份参试材料中氮、磷均高效利用的材料有3份，分别为郑麦0943、郑麦1860、豫农804。

表8 育种单位参试材料氮、磷利用效率特性鉴定结果

编号	材料名称	*NUI*	分级	*PUI*	分级
1	衡H165171	1.247	中等	0.897	低效
2	衡H15-5115	1.224	中等	0.910	中等
3	徐麦2178	1.095	中等	0.988	中等
4	临农11	0.773	低效	0.813	低效
5	郑麦9134	0.860	低效	0.836	低效
6	豫农6309	1.303	高效	0.941	中等
7	豫农804	1.398	高效	1.202	高效
8	豫农806	1.027	中等	1.146	高效
9	豫农807	0.696	低效	0.891	低效
10	豫农186	0.878	低效	1.023	中等
11	郑麦5135	1.366	高效	0.990	中等
12	郑麦0943	1.650	高效	1.142	高效
13	郑麦1860	1.346	高效	1.197	高效
14	郑麦1342	0.937	中等	0.993	中等
15	郑麦9188	0.979	中等	0.934	中等
16	郑麦9189	0.860	低效	0.812	低效

（二）黄淮北片麦区氮磷利用效率特性鉴定结果

在NPK、LN两个处理下，对42份参试材料进行了氮素利用效率特性鉴定，鉴定结果：氮素利用高效的材料有6份，分别为TKM0311、金禾15397、鲁研733、鲁研897、邢科28、中麦6079；氮素利用效率中等的材料有9份，分别为LH1703、LH1706、衡H1608、济麦0435、金禾16461、金禾330、维麦1711、邢麦18、中麦6032，其余27份材料均为氮素利用低效型（表9）。

在NPK、LP两个处理下，对42份参试材料进行了磷素利用效率特性鉴定，鉴定结果：磷素利用高效的材料有11份，分别为衡H15-5115、衡H165171、冀麦659、金禾

16461、金禾 330、鲁研 733、鲁研 897、鲁原 309、邢科 28、中麦 6032、中麦 6079；磷素利用效率中等的材料有 9 份，分别为 LH1706、LS018R、TKM0311、衡 H1608、济麦 0435、金禾 13297、金禾 17281、鲁研 373、邢麦 29，其余 22 份材料均为磷素利用低效型（表 9）。

根据以上鉴定结果，42 份参试材料中氮、磷均高效利用的材料有 4 份，分别为鲁研 733、鲁研 897、邢科 28、中麦 6079。

表 9　黄淮北片麦区参试材料氮、磷利用效率特性鉴定结果

编号	材料名称	*NUI*	分级	*PUI*	分级
1	LH16－4	0.881	低效	0.627	低效
2	LH1703	1.005	中等	0.850	低效
3	LH1706	1.042	中等	0.980	中等
4	LS018R	0.888	低效	0.928	中等
5	LS4155	0.670	低效	0.625	低效
6	TKM0311	1.499	高效	1.073	中等
7	TKM6007	0.464	低效	0.726	低效
8	沧麦 2016－2	0.660	低效	0.532	低效
9	航麦 3290	0.463	低效	0.608	低效
10	衡 H15－5115	0.539	低效	1.355	高效
11	衡 H1608	0.985	中等	0.996	中等
12	衡 H165171	0.889	低效	1.425	高效
13	济麦 0435	1.177	中等	1.075	中等
14	济麦 418	0.496	低效	0.877	低效
15	济麦 44	0.737	低效	0.745	低效
16	冀麦 659	0.678	低效	1.324	高效
17	金禾 13297	0.860	低效	0.905	中等
18	金禾 15174	0.673	低效	0.610	低效
19	金禾 15397	1.370	高效	0.840	低效
20	金禾 16461	1.234	中等	1.182	高效
21	金禾 17278	0.734	低效	0.471	低效
22	金禾 17281	0.468	低效	0.987	中等
23	金禾 330	0.987	中等	1.242	高效
24	临麦 11	0.551	低效	0.582	低效
25	鲁研 1403	0.674	低效	0.660	低效
26	鲁研 373	0.759	低效	0.976	中等
27	鲁研 454	0.814	低效	0.632	低效
28	鲁研 733	1.712	高效	2.131	高效
29	鲁研 897	1.602	高效	1.235	高效
30	鲁研 951	0.858	低效	0.871	低效
31	鲁原 309	0.597	低效	1.609	高效
32	石 15－6375	0.813	低效	0.667	低效

（续）

编号	材料名称	NUI	分级	PUI	分级
33	石15鉴21	0.600	低效	0.571	低效
34	维麦1711	0.908	中等	0.761	低效
35	邢科28	1.635	高效	1.831	高效
36	邢麦13	0.694	低效	0.616	低效
37	邢麦18	1.271	中等	0.774	低效
38	邢麦20	0.624	低效	0.810	低效
39	邢麦26	0.843	低效	0.498	低效
40	邢麦29	0.818	低效	1.063	中等
41	中麦6032	1.252	中等	1.463	高效
42	中麦6079	1.449	高效	1.902	高效

（三）西南麦区氮磷利用效率特性鉴定结果

在NPK、PK两个处理下，对49份参试材料进行了氮素利用效率特性鉴定，鉴定结果：氮素利用高效的材料有8份，分别为18AYT9、2018P1-6、川麦1650、川麦1699、绵麦5706、内麦416、蜀麦1858、蜀麦1870；氮素利用效率中等的材料有10份，分别为18单粒122、18单粒41、SW1634、川麦104、国豪麦570、国豪麦5号、绵麦58、内麦538、黔21、蜀麦1840，其余31份材料为氮素利用低效型（表10）。

在NPK、NK两个处理下，对49份参试材料进行了磷素利用效率特性鉴定，鉴定结果：磷素利用高效的材料有3份，分别为18单粒41、川麦104、国豪麦538；磷素利用效率中等的材料有8份，分别为18P203、2017P3-13、2018P1-6、川麦1650、川麦1699、内麦416、蜀麦1858、易麦122-329，其余38份材料为磷素利用低效型（表10）。

表10　西南麦区参试材料氮、磷利用效率特性鉴定结果

编号	材料名称	NUI	分级	PUI	分级
1	16品10	0.383	低效	0.606	低效
2	18AYT9	1.411	高效	0.565	低效
3	18P123	0.720	低效	0.466	低效
4	18P203	0.639	低效	1.004	中等
5	18单粒122	0.980	中等	0.316	低效
6	18单粒41	1.165	中等	1.399	高效
7	2017P3-13	0.450	低效	0.916	中等
8	2018P1-11	0.571	低效	0.635	低效
9	2018P1-6	3.758	高效	1.053	中等
10	2018P2-10	0.566	低效	0.718	低效
11	BL6 080	0.241	低效	0.583	低效
12	SW1634	1.069	中等	0.647	低效
13	川辐22	0.266	低效	0.454	低效

（续）

编号	材料名称	*NUI*	分级	*PUI*	分级
14	川麦 104	0.972	中等	1.199	高效
15	川麦 1650	3.247	高效	0.907	中等
16	川麦 1691	0.847	低效	0.606	低效
17	川麦 1699	2.176	高效	0.928	中等
18	川麦 82	0.735	低效	0.576	低效
19	春麦 1434	0.493	低效	0.508	低效
20	国豪麦 538	0.389	低效	1.377	高效
21	国豪麦 550	0.704	低效	0.735	低效
22	国豪麦 570	0.953	中等	0.746	低效
23	国豪麦 5 号	1.210	中等	0.721	低效
24	国豪麦 6 号	0.740	低效	0.677	低效
25	科成麦 10 号	0.501	低效	0.890	低效
26	科成麦 11	0.413	低效	0.382	低效
27	科成麦 2 号	0.423	低效	0.685	低效
28	科成麦 4 号	0.446	低效	0.653	低效
29	弥 136 - 7	0.672	低效	0.670	低效
30	绵麦 5706	1.634	高效	0.459	低效
31	绵麦 58	0.910	中等	0.761	低效
32	绵麦 904	0.661	低效	0.449	低效
33	绵麦 907	0.397	低效	0.405	低效
34	绵麦 908	0.886	低效	0.730	低效
35	内麦 416	2.040	高效	0.974	中等
36	内麦 538	1.184	中等	0.874	低效
37	黔 1141	0.267	低效	0.673	低效
38	黔 21	1.134	中等	0.560	低效
39	黔 22	0.225	低效	0.519	低效
40	蜀麦 1803	0.743	低效	0.657	低效
41	蜀麦 1812	0.691	低效	0.625	低效
42	蜀麦 1840	1.070	中等	0.786	低效
43	蜀麦 1858	2.408	高效	1.063	中等
44	蜀麦 1870	1.415	高效	0.623	低效
45	易麦 122 - 329	0.866	低效	0.905	中等
46	易麦 2011 - 1	0.407	低效	0.668	低效
47	渝麦 1778	0.385	低效	0.570	低效
48	渝麦 18216	0.406	低效	0.498	低效
49	渝麦 1887	0.752	低效	0.782	低效

2018—2019 年度广适性小麦新品种试验耐热性鉴定报告

一、鉴定材料

本耐热鉴定试验共计 37 个新品种（系），包括耐热对照品种菏麦 13 和济麦 22 及热敏感对照品种临麦 2 号。

二、鉴定方法

采用大田人工扣塑料棚，模拟热胁迫处理（人工塑料棚见图 1）。

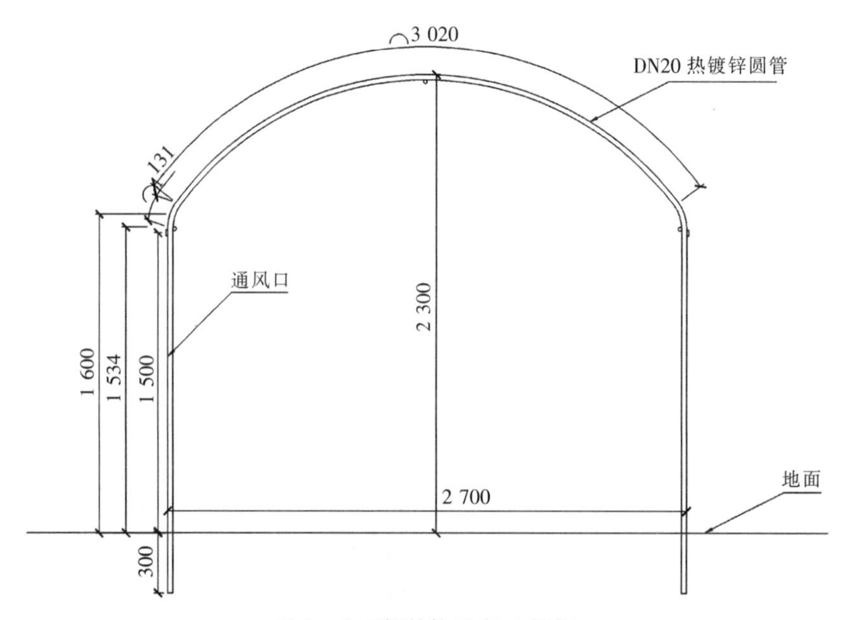

图 1　人工棚结构示意（毫米）

三、种植方法

试验点位于山东省农业科学院作物研究所济南试验基地 15 条田北侧，试验田地力均匀一致，试验管理同常规大田管理。

随机区组设计，正常及热处理各 2 次重复，3 行区种植，行长 2 米，行距 0.25 米，每行均匀点播 60 粒种子；每一重复加耐热（菏麦 13、济麦 22）和热敏感（临麦 2 号）对照。

四、鉴定指标

待鉴定品种（系）扬花后 14 天，分正常不处理和人工扣棚热处理，白天扣棚，晚上移除，共计处理 15 天。在处理 3 天、7 天时，统计旗叶干尖指数；成熟后，收获、脱粒，分别称量正常及热处理材料的千粒重，3 次重复。其中千粒重热感指数（S）计算公式为：

$$S=\frac{1-\frac{YD}{YP}}{1-\frac{\overline{YD}}{\overline{YP}}}$$

式中：YD——某一品种（系）在热胁迫下的千粒重；

YP——某一品种（系）在正常环境下的千粒重；

$\overline{YD}$——品种（系）在热胁迫处理下千粒重的平均值；

$\overline{YP}$——品种（系）在正常环境下千粒重的平均值。

$S<1$ 为耐热性品种，$S\geqslant 1$ 为热敏感品种。

旗叶干尖指数级别分类见图 2，Ⅰ和Ⅱ级定义为耐热，Ⅲ和Ⅳ为热敏感。

结合二者结果，综合判定其耐热特性。

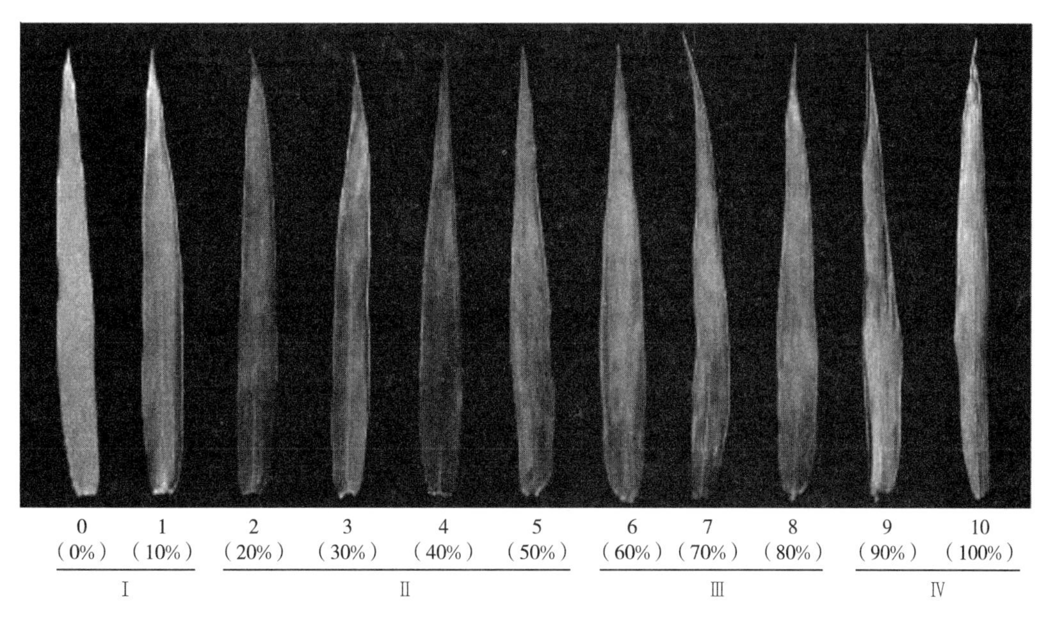

图 2　旗叶干尖指数级别

五、鉴定结果

本年度鉴定材料于 2019 年 5 月 9 日开始人工扣棚处理，共计 15 天，并记录对照及处

理的温度，结果见图 3。由于 2019 年灌浆期在济南阴雨天较多，如 5 月 19 日、5 月 20 日、5 月 21 日，大田温度与处理温度相差较小，但从处理过程的记录温度来看，大棚高温处理满足热处理要求，达到试验要求。

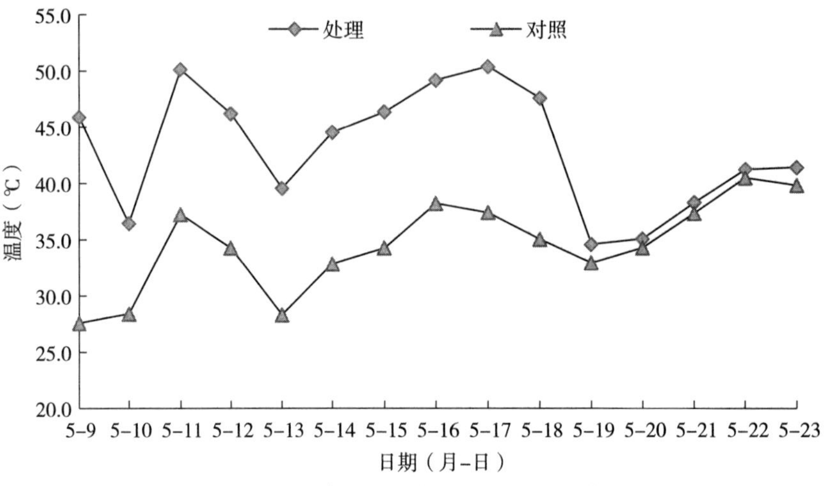

图 3　对照与人工扣棚处理的大田温度

在处理 3 天、7 天分别统计旗叶干尖指数，收获后统计千粒重，汇总结果分析，结果见表 1。根据千粒重热感指数（S）小于 1 和旗叶干尖指数为Ⅰ和Ⅱ级鉴定结果，除去对照品种（菏麦 13 和济麦 22）后，有 9 个品种（系）表现耐热性较好，分别为临农 11、TKM0311、邢麦 29、济麦 44、鲁研 987、LS018R、中麦 6032、LS3666 和金禾 330，其他品种（系）表现较为敏感（表 1）。

表 1　耐热鉴定结果

序号	品种名称	正常处理千粒重（克）	热处理千粒重（克）	千粒重热感指数	旗叶干尖指数	耐热评价
1	冀麦 659	47.36	23.57	1.108	3	S
2	中麦 6079	51.65	23.38	1.208	2	S
3	济麦 418	48.38	25.01	1.066	2	S
4	鲁研 454	49.48	23.87	1.142	4	S
5	临农 11	48.64	27.25	0.970	1	R
6	衡 H165171	44.28	22.05	1.108	3	S
7	TKM0311	44.55	29.70	0.736	2	R
8	LS4155	49.61	27.02	1.005	3	S
9	鲁原 309	49.36	22.26	1.211	2	S
10	LH1703	50.69	26.49	1.054	3	S
11	邢麦 29	41.08	23.61	0.938	2	R
12	石 15－6375	48.52	23.15	1.154	2	S
13	潍麦 1711	48.40	25.04	1.065	2	S

（续）

序号	品种名称	正常处理千粒重（克）	热处理千粒重（克）	千粒重热感指数	旗叶干尖指数	耐热评价
14	鲁研 951	44.66	21.76	1.132	3	S
15	鲁研 733	44.65	21.32	1.153	4	S
16	衡 H1608	40.64	22.19	1.002	2	S
17	TKM6007	43.23	22.82	1.042	2	S
18	济麦 22	45.47	25.80	0.954	2	R
19	济麦 44	44.88	28.95	0.783	2	R
20	泰科麦 493	41.65	20.32	1.130	2	S
21	鲁研 373	50.34	22.74	1.210	4	S
22	衡 H15-5115	42.66	21.93	1.072	3	S
23	鲁研 897	48.10	31.11	0.779	2	R
24	LS018R	38.05	22.18	0.920	2	R
25	LH16-4	49.04	22.31	1.203	3	S
26	中麦 6032	43.82	27.41	0.826	2	R
27	济麦 0435	44.09	22.58	1.077	2	S
28	鲁研 1403	50.67	21.70	1.262	3	S
29	石 15 鉴 21	48.29	20.48	1.271	3	S
30	沧麦 2016-2	38.73	17.64	1.202	4	S
31	LS3666	45.24	28.65	0.809	1	R
32	航麦 3290	48.28	21.97	1.202	3	S
33	LH1706	43.33	18.51	1.264	3	S
34	金禾 330	41.11	25.21	0.853	2	R
35	济麦 22	44.34	29.41	0.743	2	R
36	菏麦 13	45.21	29.26	0.778	2	R
37	临麦 2 号	45.72	20.93	1.196	2	S

2018—2019年度广适性小麦新品种试验耐湿性鉴定报告

鉴定小麦新品种的耐湿性强弱，为品种审定、推广、利用提供科学依据。按照《2018—2019年度国家小麦良种联合攻关广适性品种试验实施方案》的通知，江苏省农业科学院对长江中下游和长江上游冬麦区参试品种的耐湿性进行了鉴定，现将鉴定结果总结如下。

一、供试材料

本年度参加耐湿性鉴定的品种共10个，根据联合攻关专家组建议，设立耐湿性对照品种扬麦25，不耐湿对照品种郑麦1354和国家长江中下游区试对照品种扬麦20，3个对照品种与鉴定品种一起共13个品种随机排列（表1）。

表1 供试小麦品种及其来源

品种名称	供种单位
华麦1062	江苏省大华种业集团有限公司
扬11品19	江苏里下河地区农业科学研究所
扬15-133	江苏里下河地区农业科学研究所
扬16-157	江苏里下河地区农业科学研究所
扬辐麦5054	江苏里下河地区农业科学研究所
信麦156	信阳市农业科学院
川麦82	四川省农业科学院
川麦1690	四川农业大学
SW1747	
2011TP506	
郑麦1354	河南省农业科学院
扬麦25	江苏里下河地区农业科学研究所
扬麦20	江苏里下河地区农业科学研究所

二、试验设计

在江苏省农业科学院六合试验基地进行，2018年10月29日播种，裂区设计，主处理为渍水栽培和常规栽培，副处理为参试品种，各参试品种渍水组和常规组一一对应。每品种种植 3 行，行长 2 米，株距 5 厘米，行距 20 厘米。渍水组四周开沟，在沟外砌水泥墙 30 厘米高，试验在塑料大棚中进行，为了避免降雨干扰，拔节前在大棚顶部覆盖棚膜防雨。大棚两侧保持通风。于小麦拔节初期灌水处理形成渍害，每次灌水至水面淹过地表 2 厘米，待水面平地表时及时补水，持续 2 周，然后排水落干。其他田间管理等同常规，2 次重复。

三、考察性状

以小区籽粒产量作为测定指标。

四、分析方法

$$耐湿指数=\frac{渍水处理小区产量}{对照处理小区产量}\times 100\%$$

五、试验结果

对试验进行方差分析，表 2 显示，渍水处理和基因型处理差异显著。

表 2　方差分析

来源	*df*	*MS*	*F*-value	*P*
渍水处理	1	2.50	56.25	<0.01
基因型	12	0.06	1.37	<0.01
基因型×处理	12	0.01	0.15	
误差	25	0.04		

各品种未处理区、渍水处理区的小区产量及耐湿指数列于表 3。从表 3 可以看出，供试品种耐湿性存在较大差异，5 个品种的耐湿指数高于耐湿性对照品种扬麦 25，1 个小麦品种的耐湿指数低于选定的不耐湿对照品种郑麦 1354。从不同来源的品种看，长江上游麦区的供试品种耐湿性相对稍差；长江中下游供试品种除扬辐麦 5054 外，耐湿指数都在耐湿对照扬麦 20 以上，具有较好的耐湿性。

表 3　供试品种的耐湿性鉴定结果

品种名称	渍水处理区产量（千克）	未处理区（CK）产量（千克）	耐湿指数（%）
华麦 1062	1.225	1.350	90.74
扬 11 品 19	1.325	1.475	89.83
扬 15 - 133	1.150	1.275	90.20
扬 16 - 157	1.200	1.300	92.31

（续）

品种名称	渍水处理区产量（千克）	未处理区（CK）产量（千克）	耐湿指数（%）
扬辐麦 5054	1.050	1.300	80.77
信麦 156	1.200	1.300	92.30
川麦 82	1.150	1.400	82.14
川麦 1690	1.100	1.475	74.57
SW1747	1.200	1.350	88.89
2011TP506	1.200	1.350	88.80
郑麦 1354（不耐湿对照）	0.800	1.050	76.19
扬麦 25（耐湿对照）	0.925	1.125	89.79
扬麦 20（CK）	1.100	1.225	82.22

2018—2019 年度广适性小麦新品种试验品质检测报告

按照《2018—2019 年度国家小麦良种联合攻关广适性品种试验实施方案》要求，河南省粮食科学研究所有限公司对参加广适性品种试验的 72 个品种（系）的品质进行了检测，2019 年检测了黄淮冬麦区北片广适组、黄淮冬麦区北片节水组、黄淮冬麦区南片广适组、黄淮冬麦区南片抗赤霉病组、长江中下游组和长江上游组等 6 组试验 18 个地点 336 个（次）样品，检测结果如下。

一、样品采集情况

本年度样品采集分别从黄淮冬麦区北片、南片和长江中下游和长江上游扦取，涉及 11 省份（含直辖市）17 个市，336 份样品（含对照）。其中，黄淮冬麦区北片广适组衡水、邢台、菏泽、泰安 4 个点 17 个品种（系）68 份样品（不含对照）；黄淮冬麦区北片节水组衡水、邢台、菏泽、泰安 4 个点 16 个品种（系）64 份样品（不含对照）；黄淮冬麦区南片广适组新乡、商丘、驻马店、徐州和宝鸡 5 个点 17 个品种（系）85 份样品（不含对照）；黄淮冬麦区南片抗赤霉病组新乡、商丘、徐州和宝鸡 4 个点 12 个品种（系）48 份样品（不含对照）；长江中下游组扬州、襄樊和六安 3 个点 6 个品种（系）18 份样品（不含对照）；长江上游组绵阳、重庆和昆明 3 个点 4 个品种（系）12 份样品（不含对照）。

二、检测项目与方法

1. 检测项目 检测内容包括容重、粗蛋白（干基）含量、湿面筋（14%水分基）含量、面团粉质特性（吸水率、稳定时间）、面团拉伸特性（最大拉伸阻力、拉伸面积）等项目。

2. 检测方法

（1）籽粒质量。水分：GB 5009.3—2016《食品安全国家标准 食品中水分的测定》。

粗蛋白：GB/T 24899—2010《粮油检验 小麦粗蛋白质含量测定 近红外法》。

（2）小麦粉质量。

湿面筋：GB/T 5506.2—2008《小麦和小麦粉 面筋含量 第 2 部分：仪器法测定湿面筋》。

面筋指数：LS/T 6102—1995《小麦粉湿面筋质量测定法 面筋指数法》。

（3）面团流变学特性。

吸水量、面团形成时间、面团稳定时间：GB/T 14614—2006《小麦粉 面团的物理

特性　吸水量和流变学特性的测定　粉质仪法》。

拉伸面积、最大拉伸阻力：GB/T 14615—2006《小麦粉　面团的物理特性　流变学特性测定　拉伸仪法》。

三、检测结果

按照国家标准规定的检测方法对 18 个地点的 336 份（次）样品进行检测，供试的每个品种（系）的容重、粗蛋白（干基）含量、湿面筋（14%水分基）含量、吸水率、稳定时间、最大拉伸阻力和拉伸面积等指标的检测结果见表 1 至表 6。

表 1　黄淮冬麦区北片广适组参试品种（系）品质检测结果

序号	品种名称	容重（克/升）	粗蛋白（干基，%）	湿面筋（14%水分基，%）	吸水率（%）	稳定时间（分钟）	最大拉伸阻力（EU）	拉伸面积（厘米²）
1	冀麦 659	814.5	14.4	35.8	68.2	2.6	248.0	46.8
2	中麦 6079	813.3	13.6	32.9	66.2	4.0	290.3	57.3
3	济麦 418	824.0	14.1	32.5	66.5	3.5	252.5	41.5
4	鲁研 454	800.0	13.1	31.5	66.4	2.9	199.3	27.3
5	临农 11	827.0	13.5	32.6	64.6	1.6	122.8	19.3
6	衡 H165171	809.8	14.2	36.4	66.9	2.6	367.8	54.0
7	TKM0311	810.3	13.7	31.6	63.4	6.9	433.5	68.0
8	LS4155	816.5	14.6	33.2	69.2	8.5	397.5	66.0
9	鲁原 309	827.0	13.7	29.8	66.4	7.0	346.0	63.5
10	LH1703	813.8	14.4	37.1	67.9	1.8	181.0	36.5
11	邢麦 29	830.8	13.1	31.9	64.8	2.5	195.0	38.3
12	石 15-6375	818.8	13.5	33.7	66.9	2.7	277.8	46.0
13	潍麦 1711	815.8	14.3	35.9	67.4	2.1	201.3	40.0
14	鲁研 951	795.0	13.6	32.8	64.9	3.9	238.5	40.0
15	鲁研 733	789.0	13.6	33.0	66.5	3.8	251.5	36.3
16	衡 H1608	826.8	13.2	32.4	63.8	2.5	216.3	39.3
17	TKM6007	801.0	14.8	38.8	67.0	2.0	136.5	31.3
18	济麦 22（CK）	817.4	14.0	35.9	67.1	2.2	206.9	40.0
19	衡 4399（CK）	827.8	13.2	31.3	64.3	2.2	173.5	34.0

注：黄淮冬麦区北片广适组数据为 4 点平均值。

表2 黄淮冬麦区北片节水组参试品种（系）品质检测结果

序号	品种名称	容重（克/升）	粗蛋白（干基，%）	湿面筋（14%水分基，%）	吸水率（%）	稳定时间（分钟）	最大拉伸阻力（EU）	拉伸面积（厘米²）
1	济麦44	827.5	16.2	33.1	65.4	25.2	574.8	109.8
2	泰科麦493	821.0	14.5	35.1	69.7	2.3	173.0	34.5
3	鲁研373	803.3	13.2	31.4	66.5	3.8	259.3	34.5
4	衡H15-5115	805.5	13.3	31.0	66.0	4.2	351.5	51.5
5	鲁研897	798.8	13.6	32.3	66.3	4.4	290.0	39.3
6	LS018R	824.0	13.3	32.8	67.2	2.7	236.5	41.8
7	LH16-4	810.8	13.8	33.1	59.7	1.9	176.5	28.3
8	中麦6032	811.8	14.2	32.4	63.2	5.7	467.0	83.3
9	济麦0435	822.5	15.9	35.5	64.2	12.9	513.0	92.8
10	鲁研1403	816.3	17.7	39.0	67.2	26.2	622.0	125.0
11	石15鉴21	818.5	14.4	29.0	64.4	15.1	441.8	69.8
12	沧麦2016-2	826.3	14.3	34.6	66.2	4.1	378.8	61.8
13	LS3666	823.0	13.4	32.9	65.2	6.9	395.8	56.5
14	航麦3290	816.5	13.9	35.6	66.5	1.7	194.0	34.5
15	LH1706	804.8	12.9	30.8	59.7	1.6	211.0	39.0
16	金禾330	800.3	13.9	31.4	62.1	9.3	563.5	130.3
17	济麦22（CK）	817.4	14.0	35.9	67.1	2.2	206.9	40.0
18	衡4399（CK）	827.8	13.2	31.3	64.3	2.2	173.5	34.0

注：黄淮冬麦区北片节水组数据为4点平均值。

表3 黄淮冬麦区南片广适组参试品种（系）品质检测结果

序号	品种名称	容重（克/升）	粗蛋白（干基，%）	湿面筋（14%水分基，%）	吸水率（%）	稳定时间（分钟）	最大拉伸阻力（EU）	拉伸面积（厘米²）
1	郑麦6694	804.4	13.3	33.3	63.3	3.3	287.2	52.8
2	天麦160	801.2	13.5	32.6	62.5	1.6	209.2	40.6
3	濮麦8062	808.2	13.3	30.7	62.6	4.0	476.2	71.8
4	安科1701	808.2	13.3	31.2	62.7	7.6	528.0	82.4
5	华麦15112	793.8	12.9	29.0	64.2	7.3	374.4	49.4
6	华成6068	809.2	13.0	31.8	62.1	12.0	403.2	68.4
7	涡麦303	799.2	12.0	27.1	59.9	2.8	237.6	40.4
8	安科1705	806.6	13.6	32.1	54.3	2.3	388.2	63.8
9	徐麦15158	797.8	13.1	30.3	63.6	5.0	414.8	57.4
10	新麦52	811.6	12.6	30.5	63.6	5.4	313.2	51.4
11	天麦196	800.4	14.0	31.7	60.0	8.1	410.6	61.6

（续）

序号	品种名称	容重（克/升）	粗蛋白（干基，%）	湿面筋（14%水分基，%）	吸水率（%）	稳定时间（分钟）	最大拉伸阻力（EU）	拉伸面积（厘米²）
12	漯麦 40	820.4	14.0	32.7	62.9	6.5	365.6	62.6
13	郑麦 9699	812.4	14.6	36.7	70.4	4.5	236.2	44.4
14	漯麦 39	804.0	14.0	34.0	63.2	3.1	262.0	49.6
15	中麦 6052	810.8	12.6	29.6	63.5	7.7	418.6	63.2
16	咸麦 073	807.2	12.4	30.3	64.5	1.7	191.0	33.6
17	LS3582	801.4	12.5	26.3	64.0	10.6	573.4	91.8
18	周麦 18（CK）	797.4	13.3	32.8	62.7	2.1	201.4	41.2
19	百农 207（CK）	814.0	13.8	34.9	62.6	3.2	267.8	57.0
20	淮麦 20（CK）	832.0	12.7	34.8	61.2	6.4	342.0	56.0
21	小偃 22（CK）	802.0	15.7	32.1	64.8	1.9	158.0	42.0
22	偃展 4110（CK）	793.0	14.8	29.5	56.1	1.1	166.0	28.0

注：黄淮冬麦区南片广适组数据为 5 点平均值。

表 4　黄淮冬麦区南片抗赤霉病组参试品种（系）品质检测结果

序号	品种名称	容重（克/升）	粗蛋白（干基，%）	湿面筋（14%水分基，%）	吸水率（%）	稳定时间（分钟）	最大拉伸阻力（EU）	拉伸面积（厘米²）
1	濮麦 117	814.8	12.5	31.7	63.0	3.0	254.8	41.0
2	皖宿 0891	797.5	13.5	30.3	54.3	5.4	475.5	68.8
3	安农 1589	813.0	13.6	34.1	61.9	2.6	301.3	64.3
4	濮麦 087	805.0	12.5	31.3	60.3	1.8	200.5	41.0
5	涡麦 606	810.3	12.3	29.7	62.0	11.1	372.0	43.5
6	淮麦 510	809.8	12.8	27.8	59.7	9.7	382.5	48.3
7	皖垦麦 1702	809.0	14.2	33.0	66.0	2.8	238.7	44.3
8	宛 1204	818.0	13.8	35.1	64.5	2.4	257.3	40.7
9	皖宿 1510	808.3	14.0	35.5	65.5	3.0	277.3	58.0
10	中麦 7152	809.3	14.6	32.1	64.9	27.6	636.3	124.0
11	昌麦 20	796.3	13.5	33.2	57.5	2.1	198.3	43.3
12	WK1602	820.0	13.2	30.3	57.2	3.8	265.7	48.3
13	周麦 18（CK）	797.4	13.3	32.8	62.7	2.1	201.4	41.2
14	百农 207（CK）	814.0	13.8	34.9	62.6	3.2	267.8	57.0
15	淮麦 20（CK）	832.0	12.7	34.8	61.2	6.4	342.0	56.0
16	小偃 22（CK）	802.0	15.7	32.1	64.8	1.9	158.0	42.0
17	偃展 4110（CK）	793.0	14.8	29.5	56.1	1.1	166.0	28.0

注：黄淮冬麦区南片抗赤霉病组数据为 4 点平均值。

表 5　长江中下游组参试品种（系）品质检测结果

序号	品种名称	容重（克/升）	粗蛋白（干基,%）	湿面筋（14%水分基,%）	吸水率（%）	稳定时间（分钟）	最大拉伸阻力（EU）	拉伸面积（厘米²）
1	扬 11 品 19	788.8	11.6	26.5	55.3	3.0	443.3	66.5
2	信麦 156	786.3	11.4	26.4	61.2	2.2	268.3	40.0
3	扬 16-157	790.3	11.6	25.6	57.1	2.7	348.5	54.5
4	华麦 1062	792.3	12.9	26.8	58.8	2.4	199.5	33.3
5	扬 15-133	798.5	13.2	33.6	67.7	2.0	190.0	41.0
6	扬辐麦 5054	788.5	13.4	28.3	57.5	6.6	602.8	78.3
7	扬麦 20（CK）	796.3	11.4	25.2	56.0	2.4	390.0	50.8
8	郑麦 9023（CK）	802.0	13.3	32.6	67.5	5.4	384.0	74.0

注：长江中下游组数据为 3 点平均值。

表 6　长江上游组参试品种（系）品质检测结果

序号	品种名称	容重（克/升）	粗蛋白（干基,%）	湿面筋（14%水分基,%）	吸水率（%）	稳定时间（分钟）	最大拉伸阻力（EU）	拉伸面积（厘米²）
1	川麦 82	767.5	12.7	25.5	58.9	3.1	334.0	64.3
2	SW1747	750.5	13.7	30.7	53.9	2.0	334.5	60.0
3	川麦 1690	769.0	12.7	25.2	55.3	2.7	407.8	71.0
4	2017TP506	768.0	12.9	28.3	52.5	2.2	256.8	50.5
5	川麦 42（CK）	755.5	11.3	20.8	53.4	3.6	551.3	86.8
6	贵农 19（CK）	709.0	11.7	25.0	57.7	2.0	264.0	60.0
7	渝麦 13（CK）	754.0	15.2	32.5	52.0	2.7	220.0	49.0
8	云麦 56（CK）	811.0	11.5	26.4	60.0	1.2	66.0	9.0
9	绵麦 367（CK）	734.0	9.1	17.0	47.1	1.4	530.0	58.0

注：长江上游组数据为 3 点平均值。

2018—2019年度广适性小麦新品种试验DNA指纹检测报告

根据全国农业技术推广服务中心农技种函〔2018〕488号文《关于印发〈2018—2019年度国家小麦良种联合攻关广适性品种试验实施方案〉通知》的要求，北京杂交小麦工程技术研究中心承担该项试验73个品种的DNA指纹检测工作，检测结果报告如下：

一、检测任务

构建参试品种的SSR指纹，对第二年参试品种和生产试验品种进行真实性检测；通过数据库与审定以及参试品种的SSR指纹进行比较，筛查疑似品种。

二、送检品种

共收到72个参试品种，其中仅参加第二年区试品种6个，同时参加第二年区试和生产试验品种13个，具体信息见表1。

三、检测方法

1. 品种真实性检测 依据NY/T 2859—2015《主要农作物品种真实性SSR分子标记检测　普通小麦》进行品种真实性检测。

2. 疑似品种筛查 采用NY/T 2859—2015中的42对SSR引物构建参试品种的DNA指纹，与北京杂交小麦工程技术研究中心DNA指纹数据库中的审定品种及本年度参试品种进行比对，根据42对引物的比对结果计算遗传相似系数（*GS*）。*GS*计算公式：

$$GS=\frac{m}{n+1}$$

式中：m——两品种间基因型相同的位点数目；

n——两品种比对的位点总数目。

全国农业技术推广服务中心文件（农种技34号）《关于印发2016—2017年度国家冬小麦品种区试年会会议纪要的通知》指出，“经DNA指纹检测结果为疑似的品种（$GS>0.90$），由试验组织单位统一向农业部科技发展中心提供疑似品种清单及疑似品种种子样品，并通知育种单位自行联系进行DUS测试，育种单位在品种完成试验程序后及时提交DUS测试报告。”

表 1 2018—2019 年度国家小麦良种联合攻关广适性品种名单

品种编号	品种名称	组合	选育（申请）单位	参试年份	生产试验
QS191132	川麦 82	Singh6/3 * 1231	四川省农业科学院作物研究所	1	
QS191133	SW1747	内 4315/07EW52//SW20812	四川省农业科学院作物研究所	1	
QS191134	川麦 1690	川重组 104/CN16 选-1	四川省农业科学院作物研究所	1	
QS191135	2017TP506	川农 23/川农 19	四川农业大学	1	
QS191136	扬 11 品 19	2 * 扬 17//扬麦 11/豫麦 18	江苏里下河地区农业科学研究所	2	√
QS191137	信麦 156	扬麦 158-1/信麦 69	信阳市农业科学院	2	
QS191138	扬 16-157	苏麦 6 号/97G59//扬麦 19	江苏里下河地区农业科学研究所	1	
QS191139	华麦 1062	华麦 2 号/镇 08066	江苏省大华种业集团有限公司	1	
QS191140	扬 15-133	镇 02166//02Y393/扬麦 15	江苏里下河地区农业科学研究所	1	
QS191141	扬辐麦 5054	扬麦 22/镇麦 9 号 M	江苏金土地种业有限公司，江苏里下河地区农业科学研究所	1	
QS191143	天麦 160	周麦 16/中育 9302	河南天存种业科技有限公司	2	
QS191144	濮麦 8062	周 99343/濮 02072	濮阳市农业科学院	2	
QS191145	安科 1701	6B2169/07ELT203//07ELT203	安徽省农业科学院作物研究所	1	
QS191146	华麦 15112	徐麦 7048/淮核 0615	江苏省大华种业集团有限公司	1	
QS191147	华成 6068	华成 3366/洛麦 23//济麦 22	安徽华成种业股份有限公司	1	
QS191148	涡麦 303	莱州 137/周麦 16//郑育麦 9987	亳州市农业科学研究院	1	
QS191149	安科 1705	07ELT203/皖科 700//许科 1 号	安徽省农业科学院作物研究所	1	
QS191150	徐麦 15158	矮抗 58/08C04	江苏徐淮地区徐州农业科学研究所	1	
QS191151	新麦 52	周麦 27/新麦 26	新乡市农业科学院	1	
QS191152	天麦 196	周麦 22/郑麦 7698	河南天存种业科技有限公司	1	
QS191153	漯麦 40	徐麦 7049/淮麦 18	漯河市农业科学院	1	
QS191154	郑麦 9699	郑麦 04H551/郑麦 7698//郑麦 02H466-2-3	河南省农业科学院小麦研究所	1	
QS191155	漯麦 39	郑麦 7698/周麦 16	漯河市农业科学院	1	
QS191156	中麦 6052	济麦 22/泰农 18	中国农业科学院作物科学研究所	1	

（续）

品种编号	品种名称	组　合	选育（申请）单位	参试年份	生产试验
QS191157	咸麦 073	周麦 16/06CA28	咸阳市农业科学研究院	1	
QS191158	LS3582	LS5047/LS4145	山东农业大学农学院	1	
QS191159	皖垦麦 1702	郑麦 7698/新麦 26	安徽皖垦种业股份有限公司	1	
QS191160	宛 1204	偃展 4110/徐麦 856	南阳市农业科学院	1	
QS191161	皖宿 1510	新麦 21//皖麦 50/新新麦 11	宿州市农业科学院	1	
QS191162	中麦 7152	新麦 26/石优 17	中国农业科学院作物科学研究所	1	
QS191163	昌麦 20	周麦 22/Y7324（昌麦 9 号）	许昌市农业科学研究所	1	
QS191164	WK1602	淮 0566/泛 065050	安徽皖垦种业股份有限公司	1	
QS191165	冀麦 659	YB66180/济麦 0536	河北省农林科学院粮油作物研究所	2	
QS191166	中麦 6079	济麦 22/百农 160	中国农业科学院作物科学研究所	1	
QS191167	济麦 418	济麦 22/泰农 18	山东省农业科学院作物研究所	1	
QS191168	鲁研 454	邯 6172/200832584	山东鲁研农业良种有限公司，山东省农业科学院原子能农业应用研究所	1	
QS191169	临农 11	科农 199/轮选 104	临沂市农业科学院	1	
QS191170	衡 H165171	济麦 22/衡 5362	河北省农林科学院旱作农业研究所	1	
QS191171	TKM0311	泰农 18/齐丰 2 号	泰安市农业科学研究院	1	
QS191172	LS4155	泰农 18/LS0370	山东农业大学，山东圣丰种业科技有限公司	1	
QS191173	鲁原 309	NSA00－0 061/鲁原 202	山东鲁研农业良种有限公司，山东省农业科学院原子能农业应用研究所	1	
QS191174	LH1703	石麦 18/石农 086	河北大地种业有限公司，石家庄市农林科学研究院	1	
QS191175	邢麦 29	衡 4358//科农 9204/邢 1135	邢台市农业科学研究院	1	
QS191176	石 15－6375	济麦 22/衡观 35	石家庄市农林科学研究院	1	
QS191177	潍麦 1711	BPT0536/95－1	潍坊市农业科学院	1	
QS191178	鲁研 951	鲁原 502/济麦 22	山东鲁研农业良种有限公司，山东省农业科学院原子能农业应用研究所	1	
QS191179	鲁研 733	200832573/泰农 18	山东鲁研农业良种有限公司，山东省农业科学院原子能农业应用研究所	1	
QS191180	衡 H1608	衡 0628/山农 16	河北省农林科学院旱作农业研究所	1	

（续）

品种编号	品种名称	组　　合	选育（申请）单位	参试年份	生产试验
QS191181	TKM6007	泰山 21/济麦 22	泰安市农业科学研究院	1	
QS191182	LS018R	泰农 18/临麦 6 号	山东农业大学	2	
QS191183	LH16－4	济麦 22/金禾 9123	河北大地种业有限公司，石家庄市农林科学研究院	2	
QS191184	中麦 6032	济麦 22/周麦 20	中国农业科学院作物科学研究所	1	
QS191185	济麦 0435	10 鉴 435/冀师 02－1	山东省农业科学院作物研究所	1	
QS191186	鲁研 1403	954072/中优 14	山东鲁研农业良种有限公司，山东省农业科学院作物研究所	1	
QS191187	石 15 鉴 21	太谷核不育/石优 17//济麦 22	石家庄市农林科学研究院	1	
QS191188	沧麦 2016－2	HF5050/盐 92－8014	沧州市农林科学院	1	
QS191189	LS3666	LS5420/良星 77	山东农业大学农学院	1	
QS191190	航麦 3290	SPLM2 号/轮选 987	中国农业科学院作物科学研究所	1	
QS191191	LH1706	金禾 9123/良星 99	河北大地种业有限公司	1	
QS191192	金禾 330	漯 9908/金禾 90623	河北省农林科学院遗传生理研究所	1	
QS191193	郑麦 6694	04H551－2－1/郑麦 7698//郑麦 0856	河南省农业科学院小麦研究所	2	√
QS191194	濮麦 117	周麦 27/中育 9307	濮阳市农业科学院	2	√
QS191195	皖宿 0891	淮麦 30/皖麦 50//烟农 19	宿州市农业科学院	2	√
QS191196	安农 1589	济麦 22//M0959/168	安徽农业大学，安徽隆平高科种业有限公司	2	√
QS191197	濮麦 087	浚 K8－4/濮麦 9 号	濮阳市农业科学院	2	√
QS191198	涡麦 606	莱 137/新麦 13//淮麦 25	亳州市农业科学研究院	2	√
QS191199	淮麦 510	淮麦 33/淮麦 18	安徽皖垦种业股份有限公司	2	√
QS191200	济麦 44	954072/济南 17	山东省农业科学院作物研究所，山东鲁研农业良种有限公司	2	√
QS191201	泰科麦 493	泰山 28/济麦 22	泰安市农业科学研究院	2	√
QS191202	鲁研 373	鲁原 502/鲁原 205//邯农 3475	山东鲁研农业良种有限公司，山东省农业科学院原子能农业应用研究所	2	√
QS191203	衡 H15－5115	衡 4568/山农 05－066	河北省农林科学院旱作农业研究所	2	√
QS191204	鲁研 897	鲁原 502/济麦 22	山东鲁研农业良种有限公司，山东省农业科学院原子能农业应用研究所	2	√

四、检测结果

1. 真实性检测 对 6 个第二年参试品种以及 13 个同时参加第二年区试和生产试验品种进行真实性检测。结果显示：通过 42 对引物，采用毛细管电泳方法进行检测，18 个品种本年度样品与上年度样品比较，均未检出位点差异；品种信麦 156 本年度样品与上年度样品比较，检出 15 个位点差异。

2. 疑似品种筛查 将 53 个第一年参试品种与已知审定品种及本年度参试品种 SSR 指纹数据库比较，共筛查出疑似品种 18 对（表 2）；第二年参试和生产试验品种上年度已进行疑似品种筛查，故表 2 中未列出。

表 2 筛查出 *GS*>0.90 的疑似品种

序号	参试品种名称	疑似品种		*GS*
		名称	来源	
1	鲁研 454	鲁研 733	第一年参试	0.907
2	鲁研 454	鲁原 502	审定品种	0.977
3	鲁研 733	鲁研 373	生产试验	0.907
4	鲁研 733	鲁研 897	生产试验	0.953
5	LH1703	潍麦 1711	第一年参试	0.977
6	LH1703	良星 66	审定品种	0.905
7	LH1703	济麦 22	审定品种	0.976
8	LH1703	冀麦 659	第二年参试	0.953
9	潍麦 1711	冀麦 659	第二年参试	0.953
10	潍麦 1711	济麦 22	审定品种	0.977
11	邢麦 29	邯 6172	审定品种	0.953
12	邢麦 29	衡 4399	审定品种	0.953
13	衡 H1608	邯 6172	审定品种	0.930
14	衡 H1608	衡 4399	审定品种	0.953
15	石 15-6375	良星 99	审定品种	0.930
16	石 15-6375	汶农 14	审定品种	0.907
17	石 15-6375	石农 086	审定品种	0.953
18	石 15-6375	连麦 8 号	审定品种	0.953

2018—2019 年度广适性小麦新品种试验关键养分测试报告

一、小麦关键养分测试方案

1. 研究目标 根据“十三五”国家小麦产业技术体系重点任务要求，按照《2018—2019 年度国家小麦良种联合攻关广适性品种试验实施方案》，采集新品种大区试验的小麦样品，测定氮、磷、钾、铁、锌、硒等关键养分含量，为筛选培育优良新品种提供依据。

2. 采样地点 黄淮冬麦区北片 10 个试验点、18 个品种，黄淮冬麦区南片 10 个试验点、18 个品种，长江中下游 11 个试验点、7 个品种，长江上游 10 个试验点、5 个品种，共采集小麦样品 516 份。

3. 采样方法

（1）小麦样品。小麦收获前 3 天左右，在每个小麦品种的种植区内，选择一个远离边行和小区两端，约长 10 米、宽 5 米，可代表该品种特性的区域作为采样区。

在采样区内随机盲抽采集 100 穗的小麦全株，即不看麦穗大小，直接用手将小麦连根拔起，在根茎结合处剪除根系。确认为 100 穗的小麦全株后，扎紧茎秆，将穗与茎叶一并装入大网袋中，扎紧袋口。

（2）土壤样品。用五点取样法采集土壤。在种植小麦的地块均匀选取 5 个样点，取 0～20 厘米的土壤，5 个样点的土壤捏碎混匀后，取约 500 克土壤装入已标记好的白布袋中，绑紧袋口。

（3）注意事项。

①一定按此方法采样，不能用镰刀割麦，以保证测定结果准确。

②只采 100 穗，不多采；用剪刀剪去根系。

③一定扎紧网袋和装土壤的布袋，以免寄送过程中漏出，影响测定。

④样品多、工作量大，请采后尽快寄出，以免发霉和耽误测定。

4. 样品处理与测定方法 样品收到后，将收集的样品晾干、手工脱粒、去除杂质和残缺的籽粒后，称取 50 克左右小麦籽粒样品，先用自来水，后用蒸馏水分别快漂洗 3 次，然后于 65℃烘干至恒重，用高通量植物样品球磨仪（Retsch MM400，德国）、氧化锆研磨罐磨细，塑料自封袋密封保存，用于消解、测定常量和微量元素（表 1）。

表 1　小麦样品主要测定指标及方法

测定项目	测定方法
全氮（N）、全钾（P）	浓 H_2SO_4 加 H_2O_2 消煮，连续流动分析仪测定
全钾（K）	浓 H_2SO_4 加 H_2O_2 消煮，火焰光度计测定
微量元素（Fe、Zn、Se）	65%浓 HNO_3 加 30% H_2O_2 微波消解，ICP-MS 分析测定

二、小麦关键养分测试结果

（一）全氮

小麦籽粒的全氮含量与蛋白质含量呈正相关关系，两者均是评价小麦品质的重要指标。按照我国国家标准 GB/T 17892—2013 规定：强筋小麦品质指标籽粒蛋白质含量≥14.0%（相当于籽粒含氮量≥24.0 克/千克），中强筋小麦品质指标籽粒蛋白质含量≥13.0%（相当于籽粒含氮量≥22.3 克/千克），中筋小麦品质指标籽粒蛋白质含量≥12.5%（相当于籽粒含氮量≥21.6 克/千克）。

蛋白质含量＝全氮含量×全小麦蛋白质换算系数 5.83（WHO，1973）

1. 小麦籽粒全氮含量及其频数分布 2019 年检测的 516 份样品（表 2）中，小麦籽粒全氮含量主要集中在 17.2～26.6 克/千克，占检测样品总数的 90.5%。最低值为 14.0 克/千克，最高值为 29.8 克/千克，平均值为 21.9 克/千克。48.3%的小麦样品籽粒蛋白质含量高于 13.0%，18.8%的小麦样品籽粒蛋白质含量高于 14.0%。

表 2 2019 年参试小麦新品种籽粒全氮含量

全氮含量（克/千克）	频数	频率（%）
＜17.2	33	6.4
17.2～20.3	84	16.3
20.3～23.5	249	48.3
23.5～26.6	134	26.0
＞26.6	16	3.1

2. 小麦新品种的籽粒全氮含量 全国小麦新品种籽粒全氮含量测定结果表明，品种间差异显著。

在黄淮北片麦区（表 3），依据平均含量，排在前 5 位的品种为潍麦 1711、LS4155、TKM6007、冀麦 659 和 LH1703。其中，潍麦 1711 和 LS4155 籽粒全氮含量高于其他小麦品种，在各个试验点都较高，稳定性好，达到了中强筋小麦蛋白质含量标准。排在后 5 位的品种为鲁研 951、TKM0311、衡 H1608、鲁研 454 和邢麦 29。

在黄淮南片麦区（表 4），排在前 5 位的品种为漯麦 40、漯麦 39、郑麦 9699、天麦 169 和周麦 18。其中，漯麦 40 籽粒全氮含量高于其他小麦品种，在各个试验点都较高，达到了强筋小麦蛋白质含量标准。排在后 5 位的品种为华成 6068、郑麦 6694、LS3582、安科 1701 和涡麦 303。

在长江中下游麦区（表 5），排在前两位的品种为华麦 1062 和扬辐麦 5054。其中，华麦 1062 籽粒全氮含量高于其他小麦品种，各个试验点都较高，稳定性比较好。排在后两位的品种为扬 16－157 和扬麦 20。

在长江上游麦区（表 6），排在首位的品种为 SW1747，且 SW1747 籽粒全氮含量高于其他小麦品种，在各个试验点都较高，稳定性比较好。排在末位的品种为川麦 42。

表 3 黄淮北片麦区各小麦品种不同试验点全氮含量

品种名称	全氮含量（克/千克）										
	河北沧州	河北大地	河北邯郸	河北衡水	山东滨州	山东菏泽	山东鲁研	山东泰安	山东潍坊	山西临汾	平均值
潍麦 1711	22.6	23.2	24.5	23.7	21.8	27.4	22.3	22.5	22.9	24.0	23.5a
LS4155	25.2	25.8	24.1	24.3	22.5	25.0	23.5	22.3	20.7	21.1	23.5a
TKM6007	22.2	23.1	24.7	24.4	22.4	27.8	22.5	22.3	22.3	22.5	23.4ab
冀麦 659	25.5	22.7	23.9	23.7	23.2	24.0	23.5	22.7	23.7	20.7	23.4abc
LH1703	22.9	22.6	25.0	23.8	22.2	24.5	23.5	23.9	23.8	20.1	23.2abcd
济麦 418	24.0	22.2	24.1	24.2	22.7	24.9	22.3	21.9	24.0	20.4	23.1abcde
临农 11	23.9	23.3	22.3	23.5	22.0	23.1	22.5	21.6	23.9	23.5	23.0abcde
衡 H165171	21.4	23.7	23.9	24.2	21.7	23.5	21.8	23.1	22.9	22.7	22.9abcde
鲁原 309	25.0	23.9	23.4	22.3	21.4	22.6	22.5	22.8	21.4	23.6	22.9abcde
济麦 22	21.8	22.9	24.1	24.1	21.7	23.0	22.1	21.9	23.1	21.6	22.6abcdef
鲁研 733	23.0	22.4	21.4	24.6	22.9	23.5	20.9	21.7	22.4	21.2	22.4bcdef
中麦 6079	22.9	23.1	21.6	22.2	21.4	21.6	22.9	24.6	21.0	22.4	22.4cdef
石 15-6375	21.3	21.4	22.6	22.2	21.0	23.7	21.8	22.0	23.8	23.4	22.3def
鲁研 951	21.9	20.7	21.4	24.5	21.3	22.1	22.5	24.3	22.3	21.5	22.2def
TKM0311	25.4	22.8	22.0	20.4	20.3	21.8	21.6	22.0	22.0	23.5	22.2ef
衡 H1608	23.9	21.7	22.8	22.2	21.3	23.8	20.7	21.6	22.2	21.0	22.1ef
鲁研 454	25.1	20.3	22.6	21.4	21.6	22.5	20.6	21.3	22.0	23.6	22.1ef
邢麦 29	21.7	20.9	22.8	21.6	19.9	24.3	22.0	21.4	22.8	21.2	21.9f

注：平均值列的不同小写字母表示在 0.05 水平下差异显著。下同。

表 4 黄淮南片麦区各小麦品种不同试验点全氮含量

品种名称	全氮含量（克/千克）										
	安徽亳州	安徽合肥	河南洛阳	河南濮阳	河南商丘	河南天存	河南驻马店	江苏淮安	陕西西农	陕西咸阳	平均值
漯麦 40	23.0	20.8	25.3	28.4	24.3	24.5	25.6	26.5	24.7	28.8	25.2a
漯麦 39	24.6	19.4	23.2	26.1	22.7	25.8	24.7	29.8	22.3	28.5	24.7ab
郑麦 9699	23.6	21.5	26.0	26.1	21.0	27.6	22.3	25.8	23.9	27.8	24.6ab
天麦 169	25.8	20.3	23.7	18.1	25.6	23.4	23.8	25.2	26.0	27.6	23.9abc
周麦 18	23.6	23.1	23.0	24.2	18.0	26.7	22.6	26.9	23.8	23.5	23.5bc
徐麦 15158	25.4	19.7	23.0	23.4	21.3	22.1	23.3	24.0	24.1	27.2	23.4bcd
天麦 160	23.1	20.6	23.6	25.1	17.1	23.7	21.3	26.2	23.7	25.9	23.0cde
安科 1705	25.2	21.9	22.3	26.7	17.6	23.5	22.4	25.8	21.6	23.0	23.0cde
新麦 52	22.3	21.8	22.3	23.8	21.4	20.1	24.5	24.9	22.7	24.0	22.8cdef
濮麦 8062	22.5	21.4	22.1	24.0	17.3	22.3	21.6	24.5	23.4	20.8	22.0def

（续）

品种名称	全氮含量（克/千克）										
	安徽亳州	安徽合肥	河南洛阳	河南濮阳	河南商丘	河南天存	河南驻马店	江苏淮安	陕西西农	陕西咸阳	平均值
华麦 15112	21.2	20.9	21.6	24.1	17.7	21.5	23.0	23.5	22.7	21.9	21.8ef
咸麦 073	22.0	19.9	22.7	24.5	16.8	23.3	21.9	24.8	21.6	20.5	21.8ef
中麦 6052	22.5	18.9	21.8	25.4	18.6	21.1	21.3	23.3	21.8	23.0	21.8ef
华成 6068	22.3	19.9	20.8	25.5	16.5	22.7	23.9	22.8	22.8	20.1	21.7ef
郑麦 6694	22.5	21.9	22.7	24.4	17.8	22.3	21.1	20.4	22.3	20.8	21.6ef
LS3582	21.8	19.9	23.1	24.5	18.8	22.8	20.4	25.1	19.7	19.4	21.6ef
安科 1701	20.0	21.7	20.0	24.9	18.5	21.9	20.1	25.6	21.8	21.0	21.5ef
涡麦 303	20.9	19.1	20.1	22.9	20.3	20.9	19.7	21.8	26.5	21.8	21.4f

表 5　长江中下游麦区各小麦品种不同试验点全氮含量

品种名称	全氮含量（克/千克）											
	安徽六安 1	安徽六安 2	湖北武汉 1	湖北武汉 2	湖北襄阳 1	湖北襄阳 2	江苏金土地	江苏南京 1	江苏南京 2	江苏扬州 1	江苏扬州 2	平均值
华麦 1062	24.1	18.2	17.4	17.9	19.7	25.2	19.5	17.1	24.0	19.8	18.5	20.1a
扬辐麦 5054	18.5	27.4	15.2	18.0	16.3	25.2	21.9	17.8	17.0	20.9	21.5	20.0a
扬 15 - 133	18.9	26.6	22.6	18.5	17.0	20.6	18.4	17.9	19.8	19.5	19.8	20.0a
信麦 156	20.8	19.3	14.9	20.4	14.4	23.5	19.0	17.2	20.0	17.7	21.1	18.9a
扬 11 品 19	21.0	21.4	16.4	18.0	18.4	21.6	21.2	15.7	17.1	18.8	15.9	18.7a
扬 16 - 157	20.2	22.6	14.8	17.3	16.8	21.2	18.2	17.4	19.4	16.4	19.5	18.5a
扬麦 20	21.7	20.3	14.0	16.6	20.4	20.3	20.8	16.7	15.4	20.4	17.1	18.5a

表 6　长江上游麦区各小麦品种不同试验点全氮含量

品种名称	全氮含量（克/千克）										
	贵州贵阳 1	贵州贵阳 2	四川成都	四川国豪 1	四川国豪 2	四川内江 1	四川内江 2	云南昆明	重庆永川 1	重庆永川 2	平均值
SW1747	24.0	22.5	16.8	15.8	22.6	21.6	21.4	24.7	20.1	21.0	21.0a
川麦 1690	17.2	22.0	17.1	18.3	23.6	24.2	24.5	19.5	18.7	23.8	20.9a
2017TP506	19.8	20.8	16.5	17.7	23.6	23.9	25.8	20.6	19.2	20.7	20.9a
川麦 82	18.9	20.1	16.1	17.3	24.5	21.5	25.2	18.9	20.5	21.4	20.4ab
川麦 42	19.7	18.1	14.1	15.6	22.4	21.4	25.7	15.5	18.1	21.4	19.2b

（二）全磷

1. 小麦籽粒全磷含量及其频数分布　2019 年检测的 516 份样品（表 7）中，小麦籽粒全磷含量主要集中在 2.64～4.33 克/千克，占检测样品总数的 93.4%。最低值为 2.07 克/千克，最高值为 4.90 克/千克，平均值为 3.42 克/千克。

表 7 2019 年参试小麦新品种的籽粒全磷含量

全磷含量（克/千克）	频数	频率（%）
<2.64	17	3.3
2.64～3.20	126	24.4
3.20～3.77	271	52.5
3.77～4.33	85	16.5
>4.33	17	3.3

2. 小麦新品种的籽粒全磷含量 全国小麦新品种籽粒全磷含量测定结果（表 8）表明，品种间差异显著。在黄淮北片麦区，依据平均含量，排在前 5 位的品种为临农 11、LH1703、冀麦 659、潍麦 1711 和中麦 6079。其中，临农 11 籽粒全磷含量高于其他小麦品种，在各个试验点都较高，稳定性好。排在后 5 位的品种为鲁原 309、鲁研 733、LS4155、TKM0311 和鲁研 454。

在黄淮南片麦区（表 9），排在前 5 位的品种为周麦 18、漯麦 40、漯麦 39、天麦 169 和郑麦 9699。其中，周麦 18 籽粒全磷含量高于其他小麦品种，在各个试验点都较高。排在后 5 位的品种为中麦 6052、咸麦 073、涡麦 303、华成 6068 和新麦 52。

在长江中下游麦区（表 10），排在前两位的品种为华麦 1062 和扬辐射 5054。其中，华麦 1062 籽粒全磷含量高于其他小麦品种，各个试验点都较高，稳定性较好。排在后两位的品种为扬 16-157 和扬麦 20。

在长江上游麦区（表 11），排在首位的品种为 SW1747。其籽粒全磷含量高于其他小麦品种，各个试验点都较高，稳定性较好。排在末位的品种为川麦 82。

表 8 黄淮北片麦区各小麦品种不同试验点全磷含量

品种名称	全磷含量（克/千克）										
	河北沧州	河北大地	河北邯郸	河北衡水	山东滨州	山东菏泽	山东鲁研	山东泰安	山东潍坊	山西临汾	平均值
临农 11	3.0	3.4	3.7	3.9	3.5	3.8	3.5	3.9	4.4	3.4	3.7a
LH1703	2.4	3.4	4.1	3.4	3.5	3.4	3.8	3.9	4.8	3.5	3.6ab
冀麦 659	3.2	3.4	3.7	3.5	3.6	3.6	3.5	3.9	4.2	3.1	3.6abc
潍麦 1711	2.7	3.6	3.8	3.4	3.3	3.4	3.6	3.9	3.8	3.4	3.5abcd
中麦 6079	2.7	3.3	3.6	3.3	3.1	3.3	3.5	4.6	4.1	3.2	3.5abcde
TKM6007	2.7	3.4	3.9	3.5	3.2	4.0	3.4	3.7	3.9	2.9	3.5abcde
鲁研 951	2.7	3.1	3.5	3.7	3.5	3.4	3.8	3.9	3.9	3.2	3.5abcde
衡 H165171	2.6	3.3	3.6	3.5	3.4	3.5	3.5	3.9	4.5	2.8	3.5abcdef
济麦 22	2.6	3.4	4.0	3.5	3.6	3.3	3.6	3.6	4.2	2.8	3.5abcdef

（续）

品种名称	全磷含量（克/千克）										
	河北沧州	河北大地	河北邯郸	河北衡水	山东滨州	山东菏泽	山东鲁研	山东泰安	山东潍坊	山西临汾	平均值
邢麦 29	2.5	3.1	3.8	3.0	3.1	3.4	3.8	4.0	4.4	3.2	3.4bcdef
济麦 418	2.7	3.3	3.6	3.6	3.2	3.5	3.4	3.7	4.2	2.9	3.4cdef
衡 H1608	2.4	3.3	4.0	3.3	3.2	3.5	3.5	3.4	4.4	3.2	3.4cdef
石 15-6375	2.5	3.1	3.4	3.1	3.5	3.4	3.5	3.8	4.0	3.6	3.4cdef
鲁原 309	2.8	3.6	3.5	3.2	3.2	3.1	3.0	3.8	4.0	3.0	3.3def
鲁研 733	2.6	3.3	3.6	3.4	3.3	3.4	3.3	3.4	4.0	2.7	3.3def
LS4155	2.8	3.8	3.6	3.2	3.2	3.3	3.5	3.8	2.8	2.7	3.3def
TKM0311	2.6	3.4	3.3	2.9	3.2	3.0	3.5	4.1	4.2	2.6	3.3ef
鲁研 454	2.7	3.1	3.2	3.2	3.0	3.2	3.2	3.3	4.0	3.5	3.2f

表 9　黄淮南片麦区各小麦品种不同试验点全磷含量

品种名称	全磷含量（克/千克）										
	安徽亳州	安徽合肥	河南洛阳	河南濮阳	河南商丘	河南天存	河南驻马店	江苏淮安	陕西西农	陕西咸阳	平均值
周麦 18	4.5	3.5	3.0	3.5	3.6	3.9	3.5	3.8	3.2	4.5	3.7a
漯麦 40	3.7	3.0	3.4	3.5	3.9	3.1	3.2	3.8	3.8	4.5	3.6ab
漯麦 39	4.1	3.0	2.9	3.3	3.8	3.3	3.4	4.2	3.5	4.4	3.6ab
天麦 169	3.4	3.9	3.5	4.0	3.2	3.4	3.3	3.4	3.3	4.3	3.6ab
郑麦 9699	3.8	3.4	3.5	3.1	3.3	3.5	3.5	3.7	3.3	4.6	3.6ab
濮麦 8062	3.7	3.3	3.1	3.2	3.5	3.4	3.3	3.7	3.3	3.9	3.5bc
郑麦 6694	3.7	3.2	3.2	3.4	3.9	3.3	3.2	3.7	3.1	3.9	3.5bc
华麦 15112	3.6	3.2	3.0	3.3	4.0	3.1	3.0	3.8	3.5	3.5	3.4bc
天麦 160	3.6	3.0	3.7	2.9	3.7	3.3	2.9	3.7	3.1	4.1	3.4bc
安科 1701	4.0	3.3	2.8	3.3	3.6	3.3	3.0	3.6	3.5	3.4	3.4bc
LS3582	3.3	3.3	3.3	3.2	3.8	3.3	3.0	3.6	3.6	3.7	3.4bc
安科 1705	3.6	3.6	2.8	3.3	3.5	3.0	3.7	3.5	3.2	3.3	3.3c
徐麦 15158	3.9	3.0	3.3	3.4	3.3	3.2	3.2	3.5	2.8	3.7	3.3c
中麦 6052	3.7	3.1	3.0	3.3	3.7	2.8	2.9	3.6	3.4	3.8	3.3c
咸麦 073	3.4	3.1	2.9	3.1	3.9	3.0	3.0	3.8	3.2	3.6	3.3c
涡麦 303	3.9	3.0	2.8	3.3	3.7	3.2	3.1	2.9	3.3	3.4	3.3c
华成 6068	3.4	3.1	2.7	3.4	3.9	3.1	3.5	3.5	3.1	3.2	3.3c
新麦 52	3.9	3.1	2.9	3.1	3.9	2.9	3.1	3.2	3.3	3.1	3.2c

表 10 长江中下游麦区各小麦品种不同试验点全磷含量

品种名称	全磷含量（克/千克）											
	安徽六安 1	安徽六安 2	湖北武汉 1	湖北武汉 2	湖北襄阳 1	湖北襄阳 2	江苏金土地	江苏南京 1	江苏南京 2	江苏扬州 1	江苏扬州 2	平均值
华麦 1062	24.1	18.2	17.4	17.9	19.7	25.2	19.5	17.1	24.0	19.8	18.5	20.1a
扬辐麦 5054	18.5	27.4	15.2	18.0	16.3	25.2	21.9	17.8	17.0	20.9	21.5	20.0a
扬 15 - 133	18.9	26.6	22.6	18.5	17.0	20.6	18.4	17.9	19.8	19.5	19.8	20.0a
信麦 156	20.8	19.3	14.9	20.4	14.4	23.5	19.0	17.2	20.0	17.7	21.1	18.9a
扬 11 品 19	21.0	21.4	16.4	18.0	18.4	21.6	21.2	15.7	17.1	18.8	15.9	18.7a
扬 16 - 157	20.2	22.6	14.8	17.3	16.8	21.2	18.2	17.4	19.4	16.4	19.5	18.5a
扬麦 20	21.7	20.3	14.0	16.6	20.4	20.3	20.8	16.7	15.4	20.4	17.1	18.5a

表 11 长江上游麦区各小麦品种不同试验点全磷含量

品种名称	全磷含量（克/千克）									
	贵州贵阳 1	贵州贵阳 2	四川成都	四川国豪 1	四川国豪 2	四川内江 1	四川内江 2	云南昆明	重庆永川 1	重庆永川 2	平均值
SW1747	4.3	3.5	4.0	3.6	3.8	4.3	3.5	3.0	3.8	4.4	3.8a
2017TP506	4.0	3.3	3.6	3.8	3.6	4.5	3.2	2.8	3.9	3.9	3.7ab
川麦 1690	3.7	3.8	3.3	3.4	3.6	4.9	3.6	2.7	3.5	3.7	3.6ab
川麦 42	3.7	3.5	3.1	4.0	3.5	4.4	3.5	2.1	3.4	3.5	3.5b
川麦 82	3.9	2.9	3.1	3.8	3.6	4.0	3.6	2.1	3.8	3.8	3.5b

（三）全钾

1. 小麦籽粒全钾含量及其频数分布 2019 年检测的 516 份样品（表 12）中，小麦籽粒全钾含量主要集中在 3.67～5.35 克/千克，占检测样品总数的 84.9%。最低值为 3.11 克/千克，最高值为 5.91 克/千克，平均值为 4.05 克/千克。

表 12 2019 年小麦新品种的籽粒全钾含量

全钾含量（克/千克）	频数	频率（%）
＜3.67	76	14.7
3.67～4.23	283	54.8
4.23～4.79	138	26.7
4.79～5.35	17	3.3
＞5.35	2	0.4

2. 小麦新品种的籽粒全钾含量 全国小麦新品种籽粒全钾含量测定结果表明，品种间差异显著。在黄淮北片麦区（表 13），排在前 5 位的品种为鲁研 951、鲁研 733、石 15 - 6375、冀麦 659 和衡 H165171。其中，鲁研 951 籽粒全钾含量高于其他小麦品种，各个试验点都较高，稳定性较好。排在后 5 位的品种为衡 H1608、邢麦 29、鲁原 309、济麦 418

和LS4155。

在黄淮南片麦区（表14），排在前5位的品种为周麦18、漯麦39、新麦52、天麦160和天麦169。其中，周麦18籽粒钾含量高于其他小麦品种，各个试验点都较高，稳定性比较好。排在后5位的品种为徐麦15158、安科1701、安科1705、涡麦303和华成6068。

在长江中下游麦区（表15），排在前两位的品种为信麦156和扬11品19。其中，信麦156籽粒全钾含量高于其他小麦品种，在各个试验点都较高，稳定性较好。排在后两位的品种为扬辐麦5054和扬麦20。

在长江上游麦区（表16），排在首位的品种为SW1747。其籽粒全钾含量高于其他小麦品种，在各个试验点都较高，稳定性好。排在末位的品种为2017TP506。

表13　黄淮北片麦区各小麦品种不同试验点全钾含量

品种名称	全钾含量（克/千克）										
	河北沧州	河北大地	河北邯郸	河北衡水	山东滨州	山东菏泽	山东鲁研	山东泰安	山东潍坊	山西临汾	平均值
鲁研951	4.2	4.4	4.2	4.6	4.4	4.5	4.7	4.8	4.4	4.0	4.4a
鲁研733	4.2	4.5	4.2	4.2	4.4	4.2	4.4	4.2	4.4	4.1	4.3ab
石15-6375	3.9	4.2	3.9	4.0	4.3	4.1	4.4	4.2	4.4	3.8	4.1bc
冀麦659	4.0	4.1	4.0	4.2	4.0	4.3	4.4	4.4	4.3	3.6	4.1bc
衡H165171	3.9	4.0	3.8	4.0	4.0	4.0	4.2	4.5	5.0	3.7	4.1bcd
LH1703	3.6	4.0	4.0	4.0	4.3	4.1	4.3	4.2	4.5	3.8	4.1cde
鲁研454	3.9	4.4	3.9	4.0	3.9	3.8	4.4	4.1	4.5	3.8	4.1cde
济麦22	3.6	4.2	4.2	4.1	4.4	4.0	4.3	4.1	4.1	3.7	4.1cde
潍麦1711	3.9	3.9	4.0	4.0	4.2	3.7	4.4	4.2	4.2	4.0	4.0cdef
临农11	4.2	3.9	4.0	4.0	4.0	3.8	3.9	4.1	4.2	3.9	4.0cdef
TKM6007	3.6	4.1	3.9	3.7	4.0	4.1	4.1	4.2	3.9	3.7	3.9defg
中麦6079	3.5	3.8	3.8	3.7	3.9	3.7	4.0	5.2	4.3	3.4	3.9defg
TKM0311	3.6	4.4	3.8	3.5	4.1	3.8	4.0	4.4	4.2	3.2	3.9efgh
衡H1608	3.3	3.8	3.8	3.7	3.9	3.8	4.1	4.3	4.3	3.7	3.9fgh
邢麦29	3.6	3.7	3.8	3.5	3.7	3.8	4.2	3.8	4.3	3.9	3.8gh
鲁原309	3.5	3.6	3.6	3.8	4.1	3.6	3.7	3.9	4.1	3.7	3.8gh
济麦418	3.6	3.8	3.7	3.7	3.7	3.5	3.9	3.7	4.0	3.9	3.7h
LS4155	3.7	3.9	3.9	3.5	3.9	3.6	4.0	4.0	3.4	3.6	3.7h

表14　黄淮南片麦区各小麦品种不同试验点全钾含量

品种名称	全钾含量（克/千克）										
	安徽亳州	安徽合肥	河南洛阳	河南濮阳	河南商丘	河南天存	河南驻马店	江苏淮安	陕西西农	陕西咸阳	平均值
周麦18	4.9	4.5	3.8	4.3	4.6	4.5	4.6	4.3	3.9	4.1	4.4a
漯麦39	4.5	4.4	3.9	4.3	4.9	4.4	3.9	4.7	4.0	4.0	4.3ab
新麦52	4.6	4.6	4.1	4.0	4.5	4.3	4.3	4.6	3.8	3.9	4.3abc

（续）

品种名称	全钾含量（克/千克）										
	安徽亳州	安徽合肥	河南洛阳	河南濮阳	河南商丘	河南天存	河南驻马店	江苏淮安	陕西西农	陕西咸阳	平均值
天麦 160	4.4	4.4	3.9	4.0	4.6	4.6	4.1	4.4	4.0	4.0	4.2abcd
天麦 169	3.9	4.6	4.3	4.2	4.1	4.7	4.0	4.4	3.8	4.0	4.2abcde
LS3582	3.8	4.7	3.9	4.0	4.3	4.4	3.8	4.6	4.0	4.3	4.2bcdef
中麦 6052	4.4	4.3	3.6	4.0	4.5	4.1	3.9	4.5	4.1	4.1	4.2bcdef
咸麦 073	4.2	4.4	3.9	4.1	4.3	4.3	3.8	4.5	3.9	4.2	4.2bcdef
华麦 15112	4.2	4.4	3.6	4.2	4.8	3.9	3.9	4.7	3.6	3.8	4.1bcdefg
郑麦 9699	4.1	4.5	4.0	3.9	4.3	4.2	4.0	4.4	3.7	4.0	4.1bcdefg
郑麦 6694	4.2	4.2	3.8	4.3	4.3	4.3	3.9	4.4	3.7	4.0	4.1cdefg
漯麦 40	4.1	4.5	3.7	3.9	4.8	4.0	3.6	4.1	4.0	4.0	4.1defg
濮麦 8062	4.0	4.3	3.9	3.9	4.4	4.1	3.9	4.1	3.8	4.0	4.0efgh
徐麦 15158	4.3	4.3	4.2	4.3	4.2	3.9	3.7	4.4	3.5	3.5	4.0efgh
安科 1701	4.2	4.1	3.8	4.1	4.4	4.0	3.7	4.1	4.0	3.8	4.0fgh
安科 1705	4.5	4.1	3.5	3.7	3.7	4.0	3.9	4.3	3.8	3.8	3.9gh
涡麦 303	4.3	4.1	3.6	3.8	4.4	3.7	3.6	3.6	3.7	3.9	3.9hi
华成 6068	3.5	3.7	3.1	3.7	4.5	3.7	3.7	4.0	3.4	3.7	3.7i

表 15　长江中下游麦区各小麦品种不同试验点全钾含量

品种名称	全钾含量（克/千克）											
	安徽六安 1	安徽六安 2	湖北武汉 1	湖北武汉 2	湖北襄阳 1	湖北襄阳 2	江苏金土地	江苏南京 1	江苏南京 2	江苏扬州 1	江苏扬州 2	平均值
信麦 156	3.6	3.8	4.3	4.6	4.5	3.6	3.9	3.9	3.9	3.6	3.3	3.9a
扬 11 品 19	3.5	3.7	4.1	4.4	3.8	3.6	3.5	3.9	3.8	3.6	4.1	3.8ab
华麦 1062	3.3	4.1	3.8	4.0	4.4	3.7	3.7	3.8	3.7	3.7	3.4	3.8ab
扬 16-157	3.9	3.4	4.1	4.4	3.5	3.5	3.8	3.6	3.8	3.7	3.6	3.7ab
扬 15-133	3.9	3.6	3.6	4.0	3.9	3.5	4.0	3.8	3.7	3.8	3.3	3.7ab
扬辐麦 5054	3.8	3.7	4.1	4.1	4.0	3.1	3.8	3.6	3.7	3.6	3.2	3.7b
扬麦 20	3.4	3.3	3.9	3.9	3.6	3.5	3.8	3.7	3.9	3.9	3.3	3.7b

表 16　长江上游麦区各小麦品种不同试验点全钾含量

品种名称	全钾含量（克/千克）										
	贵州贵阳 1	贵州贵阳 2	四川成都	四川国豪 1	四川国豪 2	四川内江 1	四川内江 2	云南昆明	重庆永川 1	重庆永川 2	平均值
SW1747	4.5	4.5	4.3	4.3	4.7	5.9	4.3	3.8	4.7	4.7	4.6a
川麦 42	4.5	4.0	4.0	4.2	5.3	4.9	4.8	3.4	4.5	4.4	4.4a
川麦 82	4.1	4.4	4.0	4.3	5.3	4.7	5.1	3.2	4.5	4.6	4.4a
川麦 1690	4.2	4.2	3.7	4.2	5.0	5.6	4.1	3.6	4.1	4.4	4.3a
2017TP506	3.9	3.8	3.8	4.3	5.0	5.0	4.9	3.7	4.4	4.5	4.3a

（四）铁

1. 小麦籽粒铁含量及其频数分布 2019 年检测的 516 份样品（表 17）中，小麦籽粒铁含量主要集中在 32.4～60.5 毫克/千克，占检测样品总数的 80.0%。最低值为 23.1 毫克/千克，最高值为 69.9 毫克/千克，平均值为 37.1 毫克/千克。

表 17 2019 年小麦新品种的籽粒铁含量

铁含量（毫克/千克）	频数	频率（%）
＜32.4	99	19.2
32.4～41.8	325	63.0
41.8～51.2	76	14.7
51.2～60.5	12	2.3
＞60.5	4	0.8

2. 小麦新品种的籽粒铁含量 全国小麦新品种籽粒铁含量测定结果表明，品种间差异显著。在黄淮北片麦区（表 18），排在前 5 位的品种为衡 H1608、邢麦 29、LS4155、鲁研 733 和临农 11。其中，衡 H1608 籽粒铁含量高于其他小麦品种，各个试验点都较高，稳定性较好。排在后 5 位的品种为潍麦 1711、TKM6007、LH1703、济麦 22 和衡 H165171。

在黄淮南片麦区（表 19），排在前 5 位的品种为漯麦 39、漯麦 40、周麦 18、郑麦 9699 和新麦 52。其中，漯麦 39 籽粒铁含量高于其他小麦品种，各个试验点都较高，稳定性比较好。排在后 5 位的品种为安科 1705、涡麦 303、华成 6068、天麦 160 和郑麦 6694。

在长江中下游麦区（表 20），排在前两位的品种为扬麦 20 和扬辐麦 5054。其籽粒铁含量高于其他小麦品种，各个试验点都较高，稳定性较好。排在后两位的品种为华麦 1062 和扬 11 品 19。

在长江上游麦区（表 21），排在首位的品种为 2017TP506。其籽粒铁含量高于其他小麦品种，各个试验点都较高，稳定性较好。排在末位的品种为川麦 82。

表 18 黄淮北片麦区各小麦品种不同试验点铁含量

品种名称	铁含量（毫克/千克）										
	河北沧州	河北大地	河北邯郸	河北衡水	山东滨州	山东菏泽	山东鲁研	山东泰安	山东潍坊	山西临汾	平均值
衡 H1608	44.0	38.5	44.0	41.8	40.6	37.9	33.8	35.7	41.2	37.9	39.5a
邢麦 29	36.3	40.1	39.5	37.5	35.0	41.5	34.7	42.0	42.0	36.4	38.5ab
LS4155	43.3	37.9	39.3	43.0	35.7	39.0	34.4	40.3	33.4	36.5	38.3abc
鲁研 733	37.5	34.3	38.5	43.0	29.6	35.1	53.2	34.9	35.9	36.7	37.9abcd
临农 11	41.2	33.9	42.1	39.7	37.2	36.8	35.2	37.9	38.7	33.7	37.6abcd
鲁研 454	43.4	32.6	37.0	38.5	35.3	37.8	30.8	34.5	38.0	44.8	37.3abcde

（续）

品种名称	铁含量（毫克/千克）										
	河北沧州	河北大地	河北邯郸	河北衡水	山东滨州	山东菏泽	山东鲁研	山东泰安	山东潍坊	山西临汾	平均值
鲁原 309	44.7	35.2	38.7	35.6	37.1	37.5	35.2	33.3	37.1	38.2	37.3abcde
济麦 418	41.7	36.8	38.0	40.0	36.1	35.6	31.1	34.7	36.4	36.4	36.7bcdef
TKM0311	36.7	37.1	35.6	39.5	36.5	33.4	31.6	41.1	33.2	39.9	36.5bcdef
冀麦 659	41.9	36.4	39.0	41.1	30.7	30.4	31.2	30.3	36.8	40.3	35.8cdefg
中麦 6079	37.5	38.9	34.9	31.7	34.6	33.3	33.5	39.7	35.7	38.0	35.8cdefg
石 15-6375	35.9	36.4	34.8	36.0	35.2	36.0	30.1	33.5	37.7	38.0	35.4defg
鲁研 951	35.2	33.5	37.3	34.8	36.5	32.9	32.8	35.7	36.6	37.9	35.3defg
潍麦 1711	39.3	36.1	33.1	34.9	35.7	37.3	29.1	33.8	32.4	37.2	34.9efg
TKM6007	44.6	31.9	33.4	41.0	33.8	30.9	28.5	30.8	31.5	36.3	34.3fgh
LH1703	35.4	32.1	35.6	32.9	32.6	35.4	30.3	31.9	36.6	34.9	33.8gh
济麦 22	35.5	32.7	34.4	37.0	34.3	31.6	27.9	32.2	34.9	36.9	33.8gh
衡 H165171	33.7	33.0	32.6	33.8	31.3	33.0	28.1	29.0	31.5	33.4	32.0h

表 19 黄淮南片麦区各小麦品种不同试验点铁含量

品种名称	铁含量（毫克/千克）										
	安徽亳州	安徽合肥	河南洛阳	河南濮阳	河南商丘	河南天存	河南驻马店	江苏淮安	陕西西农	陕西咸阳	平均值
漯麦 39	38.4	27.3	41.8	40.2	32.6	43.7	37.4	51.4	33.6	45.8	39.2a
漯麦 40	35.9	29.8	38.3	43.4	26.9	40.2	39.9	40.7	42.7	47.5	38.5ab
周麦 18	40.3	26.9	35.5	37.2	23.8	39.6	35.0	43.2	38.3	40.8	36.1abc
郑麦 9699	30.0	31.9	37.9	35.9	25.5	40.0	44.4	34.8	39.1	40.1	36.0abc
新麦 52	38.9	28.4	38.6	37.0	29.0	31.6	40.9	41.6	33.5	35.5	35.5bcd
中麦 6052	32.7	29.9	34.9	37.2	24.3	31.1	32.3	38.5	35.7	57.8	35.4bcd
徐麦 15158	39.1	33.4	33.5	36.7	31.4	33.7	36.2	26.3	40.8	40.9	35.2bcd
濮麦 8062	38.1	34.1	33.2	36.2	23.1	32.9	39.1	41.7	38.5	33.5	35.0cd
LS3582	34.8	31.3	36.9	35.2	29.5	36.9	34.2	40.6	36.3	28.4	34.4cd
咸麦 073	33.7	30.7	36.0	42.1	26.4	32.2	34.9	43.9	33.9	29.9	34.4cd
安科 1701	34.5	33.7	32.4	34.3	30.5	31.1	39.2	40.2	37.0	29.1	34.2cd
天麦 169	34.5	26.8	33.8	35.4	35.3	33.4	36.3	33.3	34.8	37.8	34.1cd
华麦 15112	34.9	33.5	34.4	34.5	25.2	29.8	35.7	35.5	35.6	36.6	33.6cde
安科 1705	36.3	31.1	29.9	37.7	25.7	31.9	35.9	37.6	32.7	35.3	33.4cde
涡麦 303	32.3	38.4	37.5	30.6	31.2	28.9	31.0	32.2	39.6	31.8	33.3cde
华成 6068	34.8	32.8	31.8	34.9	25.3	30.0	35.2	35.4	36.0	36.0	33.2cde
天麦 160	32.6	28.7	31.6	33.7	25.4	28.2	33.1	38.7	32.5	36.0	32.0de
郑麦 6694	30.3	27.6	34.4	31.6	28.4	26.4	34.2	28.3	31.9	29.8	30.3e

表20　长江中下游麦区各小麦品种不同试验点铁含量

品种名称	铁含量（毫克/千克）											
	安徽六安1	安徽六安2	湖北武汉1	湖北武汉2	湖北襄阳1	湖北襄阳2	江苏金土地	江苏南京1	江苏南京2	江苏扬州1	江苏扬州2	平均值
扬麦20	48.2	43.3	34.0	33.1	39.4	43.2	45.4	40.0	39.0	45.0	48.1	41.7a
扬辐麦5054	43.1	54.8	31.6	33.5	32.3	44.7	46.7	39.0	40.9	40.8	47.8	41.4a
扬15-133	37.0	45.9	50.5	38.0	41.0	39.0	34.7	39.2	37.6	38.2	48.0	40.8a
扬16-157	45.5	44.1	36.5	34.2	39.6	44.1	38.3	43.5	36.3	39.5	40.3	40.2a
信麦156	44.2	37.8	32.6	39.1	35.7	42.2	43.3	39.7	34.7	35.7	44.1	39.0a
华麦1062	42.3	27.1	36.7	34.0	41.5	46.8	26.6	42.3	44.1	38.9	43.6	38.5a
扬11品19	46.9	45.0	34.7	30.6	36.7	40.8	43.3	29.7	42.3	38.3	34.7	38.5a

表21　长江上游麦区各小麦品种不同试验点铁含量

品种名称	铁含量（毫克/千克）										
	贵州贵阳1	贵州贵阳2	四川成都	四川国豪1	四川国豪2	四川内江1	四川内江2	云南昆明	重庆永川1	重庆永川2	平均值
2017TP506	55.2	37.1	43.4	37.0	36.6	43.7	69.9	34.8	44.7	48.6	45.1a
SW1747	59.7	37.6	42.6	35.7	43.0	43.4	59.6	40.2	41.4	46.6	45.0a
川麦1690	51.0	40.6	35.7	36.3	55.6	44.0	62.0	34.9	37.0	49.1	44.6a
川麦42	51.5	37.7	36.2	36.5	43.6	43.9	63.8	31.8	42.2	42.6	43.0a
川麦82	53.9	31.9	35.7	36.5	44.7	39.5	63.9	35.2	40.0	44.5	42.6a

（五）锌

1. 小麦籽粒锌含量及其频数分布　2019年检测的516份样品（表22）中，小麦籽粒锌含量主要集中在25.6～52.6毫克/千克，占检测样品总数的78.1%。最低值为16.6毫克/千克，最高值为61.6毫克/千克，平均值为31.9毫克/千克。

表22　2019年小麦新品种的籽粒锌含量

锌含量（毫克/千克）	频数	频率（%）
<25.6	108	20.9
25.6～34.6	218	42.2
34.6～43.6	151	29.3
43.6～52.6	34	6.6
>52.6	5	1.0

2. 小麦新品种的籽粒锌含量　全国小麦新品种籽粒锌含量测定结果表明，品种间差异显著。在黄淮北片麦区（表23），排在前5位的品种为临农11、鲁研454、TKM0311、LS4155和鲁原309。其中，临农11籽粒锌含量高于其他小麦品种，各个试验点都较高，稳定性较好。排在后5位的品种为中麦6079、冀麦659、潍麦1711、济麦22和石15-6375。

在黄淮南片麦区（表 24），排在前 5 位的品种为郑麦 9699、漯麦 39、漯麦 40、徐麦 15158 和天麦 169。其中，郑麦 9699 籽粒锌含量高于其他小麦品种，各个试验点都较高，稳定性比较好。排在后 5 位的品种为安科 1705、华麦 15112、郑麦 6694、新麦 52 和濮麦 8062。

在长江中下游麦区（表 25），排在前两位的品种为扬 16－157 和扬辐麦 5054。其中，扬 16－157 籽粒锌含量高于其他小麦品种，各个试验点都较高，稳定性比较好。排在后两位的品种为扬麦 20 和扬 11 品 19。

在长江上游麦区（表 26），排在首位的品种为川麦 1690。其籽粒锌含量高于其他小麦品种，各个试验点都较高，稳定性比较好。排在末位的品种为川麦 42。

表 23　黄淮北片麦区各小麦品种不同试验点锌含量

品种名称	锌含量（毫克/千克）										
	河北沧州	河北大地	河北邯郸	河北衡水	山东滨州	山东菏泽	山东鲁研	山东泰安	山东潍坊	山西临汾	平均值
临农 11	47.0	29.8	36.3	31.5	31.0	44.3	38.1	27.9	35.1	38.4	35.9a
鲁研 454	34.7	23.7	28.6	30.3	35.8	34.7	22.5	23.9	35.7	53.5	32.3ab
TKM0311	48.0	23.4	29.6	26.2	25.3	30.2	32.4	36.2	30.1	39.9	32.1ab
LS4155	42.6	24.5	27.4	25.3	26.0	46.0	35.4	24.7	19.4	42.1	31.3bc
鲁原 309	36.2	20.5	33.3	23.8	29.9	34.6	40.5	21.3	29.8	40.8	31.1bc
济麦 418	33.8	21.6	33.7	27.4	32.5	45.6	25.5	21.0	24.9	39.7	30.6bcd
衡 H165171	31.0	19.8	29.5	27.9	29.1	40.2	30.3	19.6	35.8	40.8	30.4bcde
鲁研 733	27.2	27.7	26.1	31.1	25.8	38.6	43.8	22.3	22.3	38.7	30.4bcde
衡 H1608	34.6	27.9	32.7	25.7	32.2	35.4	31.3	20.4	22.3	40.2	30.3bcde
邢麦 29	28.9	24.0	23.5	28.6	29.0	36.1	28.7	25.2	37.6	38.7	30.0bcde
LH1703	28.2	18.6	29.2	25.4	28.4	33.8	31.3	20.8	37.7	37.8	29.1bcde
鲁研 951	27.1	28.3	28.7	26.9	30.9	37.9	27.5	27.1	17.3	39.3	29.1bcde
TKM6007	29.5	26.6	26.3	29.3	29.1	42.1	30.4	21.5	17.5	37.7	29.0bcde
中麦 6079	36.5	16.7	26.4	25.0	31.4	34.8	27.8	25.8	27.5	36.2	28.8bcde
冀麦 659	38.9	16.9	30.2	28.7	25.2	36.7	24.7	20.3	27.1	31.9	28.1cde
潍麦 1711	31.4	25.2	23.1	24.7	25.4	41.2	25.0	18.6	21.6	37.9	27.4cde
济麦 22	27.3	18.5	25.9	27.0	26.7	35.5	28.7	18.7	24.0	38.5	27.1de
石 15－6375	27.4	22.6	27.2	25.8	28.1	26.7	23.6	18.3	29.0	36.0	26.5e

表 24　黄淮南片麦区各小麦品种不同试验点锌含量

品种名称	锌含量（毫克/千克）										
	安徽亳州	安徽合肥	河南洛阳	河南濮阳	河南商丘	河南天存	河南驻马店	江苏淮安	陕西西农	陕西咸阳	平均值
郑麦 9699	20.8	29.7	38.5	42.6	28.3	46.6	39.4	31.3	34.3	36.4	34.8a
漯麦 39	24.6	17.9	36.3	43.7	28.4	45.1	37.8	32.9	40.0	35.9	34.3ab
漯麦 40	19.3	27.3	39.7	38.0	26.0	38.3	34.9	34.8	40.5	39.3	33.8abc

（续）

品种名称	锌含量（毫克/千克）										
	安徽亳州	安徽合肥	河南洛阳	河南濮阳	河南商丘	河南天存	河南驻马店	江苏淮安	陕西西农	陕西咸阳	平均值
徐麦 15158	19.0	30.8	29.8	39.7	30.2	32.6	29.5	31.2	44.5	43.5	33.1abcd
天麦 169	37.9	24.4	20.2	30.8	39.6	42.4	33.1	26.3	38.7	33.8	32.7abcd
咸麦 073	20.2	19.4	34.4	61.6	24.7	39.6	30.2	33.3	32.7	24.3	32.0abcde
涡麦 303	22.1	26.5	32.4	41.1	30.1	36.8	29.8	26.5	47.7	27.0	32.0abcde
中麦 6052	21.1	19.9	34.6	41.8	24.9	38.4	23.7	31.6	39.4	41.6	31.7abcdef
周麦 18	28.1	19.4	31.8	41.3	27.4	39.4	34.1	28.3	31.1	33.3	31.4abcdef
天麦 160	18.1	23.5	32.9	41.0	27.1	34.7	34.9	30.5	33.8	36.5	31.3abcdef
LS3582	19.2	19.9	34.6	42.3	31.9	37.9	27.9	29.8	37.9	23.8	30.5bcdef
华成 6068	16.6	18.0	27.6	41.6	27.6	34.7	29.5	29.2	43.9	33.6	30.2bcdef
安科 1701	22.0	18.8	26.5	38.3	23.1	35.0	32.0	30.9	45.1	28.3	30.0cdef
安科 1705	18.4	26.0	28.4	38.8	22.4	36.4	32.5	28.3	37.6	27.0	29.6def
华麦 15112	17.2	18.7	27.8	29.4	28.3	35.3	33.6	25.3	44.0	35.3	29.5def
郑麦 6694	18.3	21.6	32.1	31.5	26.4	33.1	30.3	24.4	32.1	31.4	28.1ef
新麦 52	17.4	25.0	28.0	28.3	32.3	25.5	30.3	26.5	35.7	29.2	27.8f
濮麦 8062	17.6	18.9	25.6	35.6	22.0	36.1	32.8	29.7	31.6	27.3	27.7f

表 25　长江中下游麦区各小麦品种不同试验点锌含量

品种名称	锌含量（毫克/千克）											
	安徽六安 1	安徽六安 2	湖北武汉 1	湖北武汉 2	湖北襄阳 1	湖北襄阳 2	江苏金土地	江苏南京 1	江苏南京 2	江苏扬州 1	江苏扬州 2	平均值
扬 16 - 157	39.4	49.5	42.6	43.1	31.4	31.7	24.4	33.9	25.3	27.1	30.5	34.4a
扬辐麦 5054	36.5	56.0	36.8	34.3	32.7	31.4	27.9	28.8	25.4	33.3	32.7	34.2a
扬 15 - 133	31.6	47.7	35.0	35.0	37.2	26.1	24.4	28.9	27.0	39.0	31.7	33.1ab
华麦 1062	35.6	32.4	38.9	34.8	37.5	38.0	26.4	27.0	28.7	30.9	32.1	32.9ab
信麦 156	31.8	35.0	36.5	44.7	34.8	33.3	28.6	31.6	26.5	22.7	36.7	32.9ab
扬麦 20	34.1	39.1	35.9	36.1	39.8	31.4	30.2	26.6	25.2	25.3	35.6	32.7ab
扬 11 品 19	30.1	33.0	33.5	31.0	35.6	28.4	22.5	24.4	28.3	22.0	41.0	30.0b

表 26　长江上游麦区各小麦品种不同试验点锌含量

品种名称	锌含量（毫克/千克）										
	贵州贵阳 1	贵州贵阳 2	四川成都	四川国豪 1	四川国豪 2	四川内江 1	四川内江 2	云南昆明	重庆永川 1	重庆永川 2	平均值
川麦 1690	43.9	42.2	39.6	46.3	38.8	36.1	51.2	41.7	44.2	41.2	42.5a
SW1747	43.8	35.2	40.1	49.8	32.8	27.9	47.4	41.5	41.4	42.9	40.3a
2017TP506	41.0	33.2	39.0	44.8	23.5	54.4	49.4	33.6	47.7	35.9	40.2a
川麦 82	42.6	28.4	36.3	48.8	38.0	32.3	48.0	31.5	54.4	41.3	40.2a
川麦 42	42.1	25.7	35.3	48.5	33.8	38.8	47.1	31.6	45.1	34.8	38.3a

（六）硒

1. 小麦籽粒硒含量及其频数分布 2019 年检测的 516 份样品（表 27）中，小麦籽粒硒含量主要集中在<118.5 微克/千克，占检测样品总数的 88.8%。最低值为 2.73 微克/千克，最高值为 581.6 微克/千克，平均值为 65.7 微克/千克。

表 27 2019 年小麦新品种的籽粒硒含量

硒含量（微克/千克）	频数	频率（%）
<118.5	458	88.8
118.5～234.3	40	7.8
234.3～350.1	10	1.9
350.1～465.9	6	1.2
>465.9	2	0.4

2. 小麦新品种的籽粒硒含量 全国小麦新品种籽粒硒含量测定结果表明，品种间差异显著。在黄淮北片麦区（表 28），排在前 5 位的品种为衡 H1608、济麦 22、TKM6007、冀麦 659 和石 15－6375。其中，衡 H1608 籽粒硒含量高于其他小麦品种，各个试验点都较高，稳定性较好。排在后 5 位的品种为衡 H165171、济麦 418、鲁研 733、鲁原 309 和鲁研 454。

在黄淮南片麦区（表 29），排在前 5 位的品种为徐麦 15158、华成 6068、咸麦 073、天麦 160 和郑麦 6694。其中，徐麦 15158 籽粒硒含量高于其他小麦品种，各个试验点都较高，稳定性比较好。排在后 5 位的品种为漯麦 40、安科 1701、新麦 52、漯麦 39 和郑麦 9699。

在长江中下游麦区（表 30），排在前两位的品种为扬 16－157 和扬辐麦 5054。其中，扬 16－157 籽粒硒含量高于其他小麦品种，各个试验点都较高，稳定性较好。排在后两位的品种为信麦 156 和扬 11 品 19。

在长江上游麦区（表 31），排在首位的品种为川麦 82。其籽粒硒含量高于其他小麦品种，各个试验点都较高，稳定性较好。排在末位的品种为 2017TP506。

表 28 黄淮北片麦区各小麦品种不同试验点硒含量

品种名称	硒含量（微克/千克）										
	河北沧州	河北大地	河北邯郸	河北衡水	山东滨州	山东菏泽	山东鲁研	山东泰安	山东潍坊	山西临汾	平均值
衡 H1608	16.5	28.7	58.0	2.7	66.9	41.3	157.6	48.8	245.4	402.1	106.8a
济麦 22	40.3	25.9	35.0	21.6	95.9	39.8	106.0	27.9	249.9	61.0	70.3b
TKM6007	25.2	26.9	59.8	11.0	112.5	53.7	116.0	22.2	190.1	73.8	69.1b
冀麦 659	44.5	14.1	104.8	7.0	112.3	25.0	47.1	58.6	168.6	106.6	68.9b
石 15－6375	18.3	26.1	112.6	12.8	171.9	30.5	96.5	20.8	124.0	74.1	68.8b
邢麦 29	32.2	11.7	74.2	19.2	117.2	31.3	111.7	30.8	146.4	103.3	67.8b

（续）

品种名称	硒含量（微克/千克）										
	河北沧州	河北大地	河北邯郸	河北衡水	山东滨州	山东菏泽	山东鲁研	山东泰安	山东潍坊	山西临汾	平均值
LS4155	27.4	23.6	85.1	5.2	117.9	33.5	119.7	27.3	98.4	138.6	67.7b
鲁研 951	34.3	24.5	43.9	6.1	138.1	29.8	126.6	28.9	146.2	93.5	67.2b
潍麦 1711	23.4	35.2	106.0	12.4	106.0	30.3	90.6	66.8	109.3	81.4	66.2b
中麦 6079	25.0	25.5	72.8	11.7	67.1	32.7	165.0	35.4	133.5	78.9	64.7b
LH1703	18.8	35.0	46.9	2.8	110.1	28.1	80.7	42.6	181.2	101.0	64.7b
临农 11	10.8	17.4	61.8	24.9	112.7	22.5	85.1	17.3	190.1	90.5	63.3b
TKM0311	47.7	27.5	53.4	19.7	84.5	28.1	150.3	18.7	83.9	88.8	60.3b
衡 H165171	28.3	26.8	36.1	14.3	90.2	27.2	113.7	39.2	103.0	83.1	56.2b
济麦 418	16.2	17.7	33.4	6.9	87.3	22.1	98.7	21.4	176.3	56.7	53.7b
鲁研 733	6.4	15.4	51.1	26.3	35.1	57.6	135.6	43.8	106.2	49.8	52.7b
鲁原 309	11.6	5.0	81.4	12.1	70.3	35.0	19.6	27.3	145.4	92.7	50.1b
鲁研 454	15.7	13.0	29.7	22.8	45.3	18.3	56.5	20.4	152.2	102.2	47.6b

表 29　黄淮南片麦区各小麦品种不同试验点硒含量

品种名称	硒含量（微克/千克）										
	安徽亳州	安徽合肥	河南洛阳	河南濮阳	河南商丘	河南天存	河南驻马店	江苏淮安	陕西西农	陕西咸阳	平均值
徐麦 15158	74.0	53.1	79.8	35.8	51.3	581.6	72.9	41.2	25.6	31.1	104.6a
华成 6068	67.8	76.8	59.3	40.8	18.5	486.2	67.8	21.5	39.9	36.0	91.5ab
咸麦 073	75.9	57.9	59.3	77.2	9.5	358.1	65.4	70.4	20.9	58.0	85.3abc
天麦 160	67.1	66.7	154.7	40.2	34.1	198.9	67.7	59.6	47.8	37.7	77.5abc
郑麦 6694	60.8	174.0	30.2	17.8	33.5	265.1	37.6	60.6	36.4	56.4	77.2abc
安科 1705	91.8	49.7	82.7	43.3	18.8	324.6	47.0	36.6	34.1	24.2	75.3abc
周麦 18	77.1	34.7	82.5	11.9	11.3	312.5	74.4	41.6	27.1	59.7	73.3abc
中麦 6052	50.4	56.9	48.5	52.5	11.5	260.9	68.8	64.4	27.4	58.9	70.0abc
LS3582	52.0	53.7	50.0	25.8	112.1	204.1	77.3	46.6	21.6	47.3	69.0abc
涡麦 303	75.0	47.6	94.9	35.9	18.3	295.1	53.7	44.5	8.6	15.3	68.9abc
华麦 15112	43.0	65.9	64.6	54.1	57.1	222.0	76.6	40.0	32.1	32.2	68.8abc
天麦 169	35.4	10.8	71.0	88.8	49.8	212.1	47.4	77.8	22.0	59.3	67.4bc
濮麦 8062	83.7	41.5	57.9	29.1	24.7	198.0	67.4	41.3	40.3	71.8	65.6bc
漯麦 40	116.0	50.6	41.9	42.9	15.1	179.8	67.8	43.4	21.9	71.2	65.1bc
安科 1701	68.8	102.8	75.7	27.8	27.5	201.3	51.5	35.2	34.6	19.6	64.5bc
新麦 52	50.6	51.5	35.4	23.8	26.9	266.5	64.6	24.5	13.6	37.5	59.5bc
漯麦 39	104.1	41.2	38.9	30.5	19.1	216.1	51.2	31.1	22.8	35.1	59.0bc
郑麦 9699	49.8	18.7	62.3	39.1	8.0	141.9	72.5	46.3	13.1	64.7	51.6c

表 30 长江中下游麦区各小麦品种不同试验点硒含量

品种名称	硒含量（微克/千克）											
	安徽六安 1	安徽六安 2	湖北武汉 1	湖北武汉 2	湖北襄阳 1	湖北襄阳 2	江苏金土地	江苏南京 1	江苏南京 2	江苏扬州 1	江苏扬州 2	平均值
扬 16-157	32.7	19.9	27.0	53.9	31.6	41.7	63.9	80.8	67.2	49.2	39.8	46.1a
扬辐麦 5054	63.6	39.2	49.4	27.2	18.0	13.7	30.7	49.9	68.3	27.1	64.6	41.1ab
扬麦 20	65.0	32.3	29.0	30.4	24.3	39.9	35.6	53.3	59.1	16.7	65.0	40.9ab
扬 15-133	57.2	31.7	63.5	38.4	17.0	22.7	40.9	30.0	48.3	16.0	49.4	37.8ab
华麦 1062	26.9	50.4	9.0	45.5	25.1	19.5	34.0	50.2	100.4	29.9	9.5	36.4ab
信麦 156	12.6	20.0	38.9	16.6	24.4	28.6	32.6	20.8	56.3	32.4	69.6	32.1b
扬 11 品 19	29.9	23.7	15.6	39.1	35.4	12.9	43.6	44.7	25.5	39.1	11.2	29.2b

表 31 长江中下游麦区各小麦品种不同试验点硒含量

品种名称	硒含量（微克/千克）										
	贵州贵阳 1	贵州贵阳 2	四川成都	四川国豪 1	四川国豪 2	四川内江 1	四川内江 2	云南昆明	重庆永川 1	重庆永川 2	平均值
川麦 82	162.6	15.4	79.9	197.9	407.4	31.7	31.9	17.8	36.4	54.7	103.6a
川麦 1690	83.9	39.4	69.4	214.4	439.4	21.6	39.8	13.3	44.6	31.6	99.8a
SW1747	117.4	18.6	48.3	123.9	413.7	31.1	27.9	21.5	61.0	29.2	89.3a
川麦 42	80.9	51.0	78.2	167.6	272.6	18.7	49.2	20.2	19.4	32.6	79.0a
2017TP506	135.7	32.3	68.9	92.8	309.4	18.0	30.5	6.5	54.8	33.7	78.3a

附录1　参加试验人员名录

（按姓氏笔画排序）

于亚雄　万隆　马小飞　马传喜　马鸿翔　王伟　王友坤　王中兴
王永玖　王先如　王伟中　王伟伟　王华俊　王怀恩　王奉芝　王金明
王晓杰　王朝辉　王瑞霞　王新华　牛迪　尹成华　孔长江　邓元宝
卢杰　田文仲　代昌富　代雪凤　冯国华　冯盛烨　吉剑　朱卫生
朱冬梅　朱统泉　朱高纪　乔文臣　乔祥梅　任勇　任德超　刘飞
刘成　刘钊　刘太国　刘玉金　刘丽华　刘建军　刘保华　刘美玲
刘洪福　刘艳屏　闫长生　江学兵　阮仁武　孙军伟　孙果忠　严双义
杜小凤　杜小英　李丁　李华　李俊　李艳　李淦　李强
李东晓　李亚伟　李伯群　李金榜　李宝强　李建平　李思同　李思梅
李俊明　李彦红　李瑞奇　李瑞国　杨德　杨子光　杨立军　杨在东
杨武云　杨杰智　杨春玲　吴兰云　吴海彬　何井瑞　何庆才　何松银
何明琦　邹贤斌　汪德义　张冲　张勇　张文英　张平治　张会云
张安静　张林巧　张学财　张定一　张建周　张保亮　张晓利　张笑晴
张海萍　张登宏　陆靖博　陈旭　陈万权　陈世雄　陈兰金　陈金平
陈锦珠　武利峰　武越峰　林坤　林治安　金彦刚　周凤明　庞斌双
郑敏生　赵延勃　赵昌平　胡琳　胡新　施立安　姜文武　姜鸿明
秦海英　贾丹　党建友　钱兆国　钱海艳　徐宏　凌冬　高春保
高洪泽　高致富　高海涛[1]　高海涛[2]　高德荣　郭会君　郭利磊　唐清
姬虎太　黄宁　黄辉跃　曹文昕　常青　康振生　葛勇　董剑
蒋志凯　韩玉林　景东林　储焰芳　游晴晴　谢文芳　廖平安　谭飞泉
翟冬峰　翟胜男　黎代胜　薛力祯　薛志伟　魏秀华

---

① 该人员所属单位为洛阳农林科学院。

② 该人员所属单位为云南省文山壮族苗族自治州农业科学院。

附录 2　国家小麦品种区域试验记载项目与标准

1　导言

试验的记载项目与标准力求简明扼要，避免烦琐。所有记载项目均应记载，未包括在记载项目内的特殊情况，也应补充记载。

除穗形、芒、壳色、粒色、饱满度、粒质外，其余性状应有 2～3 个重复的数据，并以其平均值或综合评价填入汇总表内。

为便于应用计算机储存、分析试验资料，全部记载均需要数量化。一般采用五级制（1、2、3、4、5 级），沿用三级制的一些性状，为了记载的标准化，以 1、3、5 级表示。

记载级别由小值到大值，表示幼苗习性由匍匐到直立；芒由短到长；抗逆性由强到弱；熟相由好到差；壳色、粒色由白到红；种子由饱到瘪。

生育期、株高、生育动态、每穗粒数、千粒重、容重以及病害的普遍率、严重度等已按数值或百分率记载的项目不予分级。

株高、有效分蘖和越冬百分率保留整数。

2　田间记载

2.1　物候期

2.1.1　出苗期

全区 50%以上幼苗胚芽鞘露出地面 1 厘米时的日期（以月-日表示，以下均同）。

2.1.2　抽穗期

全区 50%以上麦穗顶部小穗（不算芒）露出叶鞘，或在叶鞘中上部裂开见小穗时的日期。

2.1.3　成熟期

大多数麦穗的籽粒变硬，大小及颜色呈现本品种固有特征的日期。

2.1.4　生育期

出苗至成熟的天数。

2.2　形态特征

2.2.1　幼苗习性

分蘖盛期观察，分三级：

1 级　匍匐；

2 级　半匍匐；

3 级　直立。

2.2.2　株高

从地面至穗的顶端，不连芒，以厘米计算。

2.2.3　芒

分五级：

1 级　无芒　完全无芒或芒极短；

2 级　顶芒　穗顶部有芒，芒长 5 毫米以下，下部无芒；

3 级　曲芒　芒的基部膨大弯曲；

4 级　短芒　穗的上下均有芒，芒长 40 毫米以下；

5 级　长芒　芒长 40 毫米以上。

2.2.4　穗形

分五级：

1 级　纺锤形　穗子两头尖，中部稍大；

2 级　椭圆形　穗短，中部宽，两头稍小，近似椭圆形；

3 级　长方形　穗子上、下、正面、侧部基本一致，呈柱形；

4 级　棍棒形　穗子下小、上大，上部小穗着生紧密，呈大头状；

5 级　圆锥形　穗子下大，上小或分枝，呈圆锥状。

2.2.5　壳色

分两级，以 1、5 级表示：

1 级　白壳（包括淡黄色）；

5 级　红壳（包括淡红色）。

2.3　生育动态

2.3.1　基本苗数

3 叶期前在小区内选取 2～3 个出苗均匀的样点（条播选取 1 米长样段），数其苗数，折算成万苗/亩表示。

2.3.2　最高茎蘖数

拔节前分蘖数达到最高峰时调查，在原样点调查，方法与基本苗相同。

2.3.3　有效穗数

成熟前数取有效穗数，在原样点调查，方法与要求同基本苗。

2.3.4　有效分蘖率（即成穗率）

有效分蘖率按（1）计算：

$$W=\frac{M}{K}\times 100\% \tag{1}$$

式中：W——有效分蘖率；

M——有效穗数；

K——最高茎蘖数。

2.4 抗逆性

2.4.1 抗寒性

根据地上部分冻害，冬麦区分越冬、春季两阶段记载，春麦区分前期、后期两阶段记载，均分五级：

1级 无冻害；

2级 叶尖受冻发黄；

3级 叶片冻死一半；

4级 叶片全枯；

5级 植株或大部分分蘖冻死。

2.4.2 抗旱性

发生旱情时，在午后日照最强、温度最高的高峰过后，根据叶片萎缩程度分五级记载：

1级 无受害症状；

2级 小部分叶片萎缩，并失去应有光泽；

3级 叶片萎缩，有较多的叶片卷成针状，并失去应有光泽；

4级 叶片明显卷缩，色泽显著深于该品种的正常颜色，下部叶片开始变黄；

5级 叶片明显萎缩严重，下部叶片变黄至变枯。

2.4.3 耐湿性

在多湿条件下于成熟前调查，分三级记载：

1级 茎秆呈黄熟且持续时间长，无枯死现象；

3级 有不正常成熟和早期枯死现象，程度中等；

5级 不能正常成熟，早期枯死严重。

2.4.4 耐青干能力

根据穗、叶、茎青枯程度，分无、轻、中、较重、重五级，分别以1、2、3、4、5表示，同时记载青干的原因和时间。

2.4.5 抗倒伏性

分最初倒伏、最终倒伏两次记载，记载倒伏日期、倒伏程度和倒伏面积，以最终倒伏数据进行汇总。倒伏面积为倒伏部分面积占小区面积的百分率。倒伏程度分五级记载：

1级 不倒伏；

2级 倒伏轻微，植株倾斜角度≤30°；

3级 中等倒伏，植株倾斜角度30°～45°（含45°）；

4级 倒伏较重，植株倾斜角度45°～60°（含60°）；

5级 倒伏严重，植株倾斜角度60°以上。

2.4.6 落粒性

完熟期调查，分三级记载：

1级 口紧，手用力撮方可落粒，机械脱粒较难；

3级 易脱粒，机械脱粒容易；

5 级　口松，麦粒成熟后，稍加触动容易落粒。

2.4.7　穗发芽

在自然状态下目测，分无、轻、重三级，以 1、3、5 表示，同时记载发芽百分率。

2.5　熟相

根据茎叶落黄情况分为好、中、差三级，以 1、3、5 表示。

2.6　病虫害

2.6.1　锈病

对最主要的锈病记载普遍率、严重度和反应型：

a）普遍率　目测估计病叶数（条锈病、叶锈病）占叶片数的百分比或病秆数的百分比；

b）严重度　目测病斑分布占叶（鞘、茎）面积的百分比；

c）反应型　分五级：

1 级　免疫　完全无症状，或偶有极小淡色斑点；

2 级　高抗　叶片有黄白色枯斑，或有极小孢子堆，其周围有明显枯斑；

3 级　中抗　夏孢子堆少而分散，周围有褪绿或死斑；

4 级　中感　夏孢子堆较多，周围有褪绿现象；

5 级　高感　夏孢子堆很多，较大，周围无褪绿现象。

对次要锈病，可将普遍率与严重度合并，分为轻、中、重三级，分别以 1、3、5 表示。

2.6.2　赤霉病

记载病穗率和严重度：

a）病穗率　目测病穗占总穗数的百分比；

b）严重度　目测小穗发病严重程度，分五级：

1 级　无病穗；

2 级　1/4（含 1/4）以下小穗发病；

3 级　1/4～1/2（含 1/2）小穗发病；

4 级　1/2～3/4（含 3/4）小穗发病；

5 级　3/4 以上小穗发病。

2.6.3　白粉病

一般在小麦抽穗时白粉病盛发期分五级记载：

1 级　叶片无肉眼可见症状；

2 级　基部叶片发病；

3 级　病斑蔓延至中部叶片；

4 级　病斑蔓延至剑叶；

5 级　病斑蔓延至穗及芒。

2.6.4　叶枯病

目测病斑占叶片面积的百分率，分五级：

1 级　免疫　无症状；

2 级　高抗　病斑占 1%～10%；

3 级　中抗　病斑占 11%～25%；

4 级　中感　病斑占 26%～40%；

5 级　高感　病斑占 40%以上。

2.6.5　根腐病

反应型按叶部及穗部分别记载：

a）叶部　于乳熟末期调查，分五级：

1 级　旗叶无病斑，倒数第二叶偶有病斑；

2 级　病斑占旗叶面积的 1/4（含 1/4）以下，小；

3 级　病斑占旗叶面积的 1/4～1/2（含 1/2），较小，不连片；

4 级　病斑占旗叶面积的 1/2～3/4（含 3/4），大小中等，连片；

5 级　病斑占旗叶面积的 3/4 以上，大而连片。

b）穗部　分三级：

1 级　穗部有少数病斑；

3 级　穗部病斑较多，或一两个小穗有较大病斑或变黑；

5 级　穗部病斑连片，且变黑。

记载时以叶部反应型做分子，穗部反应型做分母，如 3/3 表示叶部与穗部反应型均为 3 级。

2.6.6　黄萎病

记载普遍率和严重度：

a）普遍率　目测发病株数占总数的百分率；

b）严重度　分五级：

1 级　无病株；

2 级　个别分蘖发病，一般仅旗叶表现病状，植株无低矮现象；

3 级　半数分蘖发病，旗叶及倒二叶发病，植株有低矮现象；

4 级　多数分蘖发病，旗叶及倒二、三叶发病，明显低矮；

5 级　全部分蘖发病，多数叶片病变，严重低矮植株超过 1/2。

2.6.7　纹枯病

冬麦区小麦齐穗后发病高峰期剥茎观察：

1 级　无病症；

2 级　叶鞘发病但未侵入茎秆；

3 级　病斑侵入茎秆，不足茎周的 1/4（含 1/4）；

4 级　病斑侵入茎秆，占茎周的 1/4～3/4（含 3/4）；

5 级　病斑侵入茎秆，占茎周的 3/4 以上。

在病害严重发生，出现枯白穗的年份，应增加记录枯白穗率（%）。

2.6.8　其他病虫害

如发生散黑穗病、黑颖病、土传花叶病、蚜虫、黏虫、吸浆虫等时，也按三级或五级

记载。

3　室内考种

3.1　每穗粒数

做 2～3 个重复，每小区边行除外随机选取 50 穗混合脱粒，数其总粒数，求得平均每穗粒数。

3.2　饱满度

分饱、较饱、中等、欠饱、瘪五级，分别以 1、2、3、4、5 表示。

3.3　粒质

分硬质、半硬质、软（粉）质三级，分别以 1、3、5 表示。

3.4　粒色

分白粒、琥珀色、红粒，以 1、3、5 表示，其他颜色以文字表述。

3.5　千粒重

做两次重复（单位克），每次随机取1 000粒种子，取其平均值（如两次误差超过 0.5 克应重做），数据精确到一位小数。

3.6　容重

以晒干扬净的籽粒用容重器称量两次（单位克/升），取其平均值（如两次误差超过 5 克/升应重做）。

3.7　黑胚率

随机取 200 粒，数黑胚粒数，做两次重复，取平均值，以百分率表示。